能源互联网与智慧能源

冯庆东　编著

机 械 工 业 出 版 社

本书分上下两篇。上篇主要从能源互联网的角度分析了其发展背景、定义、功能、特征和架构；详细阐述了建设能源互联网需要的关键技术，包括能源基础设施关键技术、信息和通信关键技术、电力电子技术和平台技术。下篇主要研究、介绍了以先进信息和通信技术为基础的智慧能源体系；分析了国际和国内能源产业的发展现状；然后给出了智慧能源的定义、功能、特征和体系结构；指出了智慧能源网络的特点是能源的多元化、集约化、清洁化、精益化、低碳化和智能化，其目标是推动能源生产智能化与能源消费的根本性变革，通过能量总量控制、能源生产与消费的智能配置，保证我国能源安全、清洁、高效。

图书在版编目（CIP）数据

能源互联网与智慧能源/冯庆东编著．—北京：机械工业出版社，2015.9（2024.11 重印）
ISBN 978-7-111-51571-5

Ⅰ.①能… Ⅱ.①冯… Ⅲ.①新能源-互联网络-研究 Ⅳ.①F407.2②TP393

中国版本图书馆 CIP 数据核字（2015）第 214317 号

机械工业出版社（北京市百万庄大街 22 号 邮政编码 100037）
策划编辑：王 欢 责任编辑：王 欢
版式设计：霍永明 责任校对：陈秀丽 刘秀丽
封面设计：路恩中 责任印制：常天培
固安县铭成印刷有限公司印刷
2024 年 11 月第 1 版·第 10 次印刷
184mm×260mm·22.75 印张·560 千字
标准书号：ISBN 978-7-111-51571-5
定价：58.00 元

序

能源互联网是当前国内外关注的一个热点问题，也是一个正在探讨中发展的概念。

人类发展遭遇的资源、环境制约和应对气候变化的需求，注定了能源体系必须向绿色、低碳、高效转型。终端能源将日益电气化，而电力结构将经历一个化石能源与非化石能源并存的多元阶段，最终走向以非化石能源为主的局面。另一方面，以“大智移云”（大数据、智能化、移动互联网、云计算）为代表的信息技术的发展，也为能源体系的变革提供了新的手段和动力。在这样的背景下，“能源互联网”和“智慧能源”等概念应运而生。我理解，其基本思想是，运用互联网理念及信息技术与可再生能源的融合，构成一个新型的能源网络；同时，通过信息技术对能源体系的动态测控、互联互通，提高能源效率，降低能源成本，推动智能电网和分布式能源的发展，促进能源低碳化，以质的变革重塑能源。这和我国提出的“能源革命”的思想，在方向上是高度一致的。“能源互联网”的发展将推动能源（特别是电力）技术、管理、体制和商业模式的一系列变革与创新，而分布式的能源“产消者”（生产者与消费者合一）的出现，“智慧低碳社区/乡村”的建设，将带来社会“细胞”的进步和公民素质的提高，意义不可低估。

今年国务院颁布的《国务院关于积极推进“互联网+”行动的指导意见》中，专门讲到了“互联网+智慧能源”，标志着我国“能源互联网”的构建已开始提上日程。在我国，“能源互联网”不仅引起了热烈的讨论，也存在着不同的理解。本书作者冯庆东先生基于他多年工作的实践，从我国国情和能源实际出发，全面阐述了他对“能源互联网”和“智慧能源”的理解，介绍了国内外的最新进展与发展趋势，可供大家学习、参考和研讨。

作者把书的样稿寄给我，给了我一个先睹为快的学习机会。上面所写，算是初步的学习心得，也以此表示对他的感谢，并祝愿本书的出版将有助于学界深化共识，扎实推动我国能源革命的发展。

杜祥琬

2015年9月28日

前言

我们正处在能源转型的大背景下，将带来以下变化：太阳能与风能大量接入将改变电力系统结构；电源侧基荷火电厂将逐步减少，可再生能源发电比例将逐步提高；电网侧将实现灵活扩容、灵活接线、灵活的拓扑结构，支撑区域能源优化与分布式能源的协调控制；负荷侧将提升用能优化及需求响应水平，实施能源总量控制，发展柔性负荷与主动负荷。

目前，我国的能源利用效率还低于国际平均水平，能源发展要从实际出发，因地制宜，走“开源与节流”并重的方针，开源的主要任务是尽可能多地接纳与使用可再生能源，节流的主要任务是节能与提高能源利用效率。

能源互联网与智慧能源将成为未来的发展趋势。期望通过能源互联网与智慧能源建设，能够为尽可能多地接纳可再生能源、提高能源利用效率、推动能源生产与能源消费实现根本性改变提供可行的解决方案。

能源互联网是以电力系统为核心，以智能电网为基础，以接入可再生能源为主，采用先进信息和通信技术及电力电子技术，通过分布式动态能量管理系统对分布式能源设备实施广域优化协调控制，实现冷、热、气、水、电等多种能源互补，提高用能效率的智慧能源管控系统。从系统科学的角度来说，能源互联网是智能电网的扩展和延伸，本质上也属于复杂交互式网络与系统（Complex Interactive Networks/Systems Initiative，CIN/SI）的范畴。

能源互联网是智能电网的丰富和发展，能源互联网与智能电网研究的内容高度交叉重叠。从系统科学的角度来说，能源互联网与智能电网，都是要通过能源互联、信息互联、能量信息融合、能量高效转换、集成能量及信息架构（Integrated Energy and Communication Systems Architecture，IECSA），来建设复杂交互式网络与系统。

我国的智慧能源体系建设要从我国实际出发，因地制宜、循序渐进，按照技术成熟度，以分布式能源、微网、需求侧管理、需求响应、储能、节能及提高能效为切入点，首先在终端用能层面实现全监测、全计量、全互动、选择性控制及数据可视化，然后采用先进信息和通信技术（Information Communication Technology，ICT）遵循开放性体系架构，融合模型、技术标准、通信协议，将电力网、热力网、天然气管网、交通网、及电动汽车充电站（桩）等互联，形成“智慧能源网”，实现智能协同控制，开展能量管理及能量交易。

本书的编写目的主要是为国家能源互联网与智慧能源建设提供参考与服务。

本书分上下两篇。上篇主要从能源互联网的角度分析了其发展背景、定义、功能、特征和架构；详细阐述了能源互联网需要的关键技术，包括能源基础设施关键技术、信息和通信关键技术、电力电子技术和平台技术。下篇主要研究、介绍了以先进信息和通信技术为基础的智慧能源体系；分析了国际和国内能源产业的发展现状；然后给出了智慧能源的定义、功能、特征和体系结构；指出了智慧能源网络的特点是能源的多元化、集约化、清洁化、精益化、低碳化和智能化；其目标是尽可能多地接入可再生能源，实现能源总量控制，提高能效，节约能源，推动能源生产与能源消费实现根本性改变。

本书在编写过程中得到了牛曙斌先生、冯东先生、杜升云先生、周治国先生、王林青先生、陈梦园博士等的大力支持，在此表示感谢。

本书的编写结合了作者多年从事电力科研项目、工程实践、调度运行工作积累的第一手资料、数据、案例，以及总结和体会。

原中国工程院副院长、中国工程院院士杜祥琬为本书做序，在此表示感谢。

由于作者编写水平有限，只能抛砖引玉，敬请读者不吝赐教，更希望听到读者的真知灼见。

作　者

2015 年 10 月

目　录

下篇 智 慧 能 源

上　篇

能源互联网

第1章　能源互联网的定义与特征

目前，对于能源互联网还没有广泛认可的定义，能源互联网的理论体系、技术体系、标准体系、产业体系还没有形成，能源互联网建设不只是能源行业的任务，我们期待社会各界以开放的心态，从实际出发，调动全社会的资源，借助能源互联网与智慧能源的开放平台，采用科学方法，遵循客观规律，以创新为驱动力，以解决我国能源供应与消费实际问题为基本原则，以尽可能多地接纳可再生能源及提高能源利用效率作为切入点，采取科学合理的商业模式，让各参与方从能源市场交易中获利，从而促进我国的能源互联网健康发展。本章主要介绍国内外关于能源互联网的定义与特征、发展目标与原则、战略意义及对我国能源生产与消费模式的影响。

1.1　能源互联网的定义

“能源互联网”这一概念最早是由美国经济学家杰里米·里夫金在《第三次工业革命》一书中提出的。里夫金认为可以通过互联网技术与可再生能源相融合，将全球的电力网变为能源共享网络，使亿万人能够在家中、办公室、工厂生产可再生能源并与他人分享。这个共享网络的工作原理类似互联网，分散型可再生能源可以跨越国界自由流动，正如信息在互联网上自由流动一样，每个自行发电者都将成为遍布整个大陆的没有界限的绿色电力网络中的节点[1]。能源互联网示意图如图1-1所示。

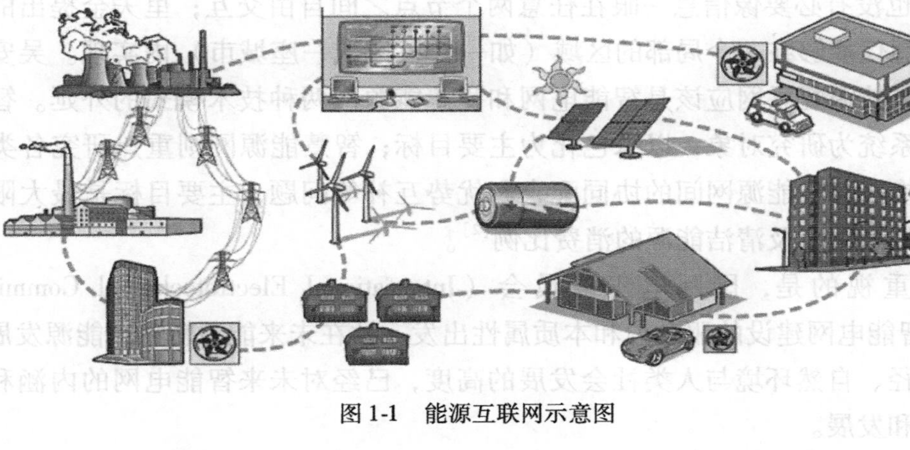

图1-1　能源互联网示意图

我们认为，能源互联网不是一个虚无缥缈的概念，最终是要落地的。里夫金提出的能源互联网更多的是愿景，没有提出具体的实现方法。我们的任务是脚踏实地地研究如何将美好的愿景变为现实。在我国建设能源互联网还需要走很长的路，需要从实际出发，开展理论研究、技术创新、科学实验、工程实践等一系列活动，需要研究建设能源互联网所需的关键技术及装备，带动能源产业发展，推动能源体制改革，探索出能够真正解决中国能源生产与消费中的实际问题的发展模式。

我国的能源互联网与智慧能源建设要从我国的实际出发，因地制宜，遵循基本的客观规律。目前，我国能源的实际是“富煤、贫油、少气”，已探明的天然气储量很少，页岩气开采技术储备不足，城市管网不发达，缺乏统筹规划与设计，能源品种之间耦合度与协调性不高，能源利用率低于国际平均水平，能源资源分布不均衡，地区之间差异较大，人均占有能源资源比例偏低。我国的电网是同步大电网，电源结构、电网结构、负荷结构与欧美国家也有许多不同之处，为了适应未来能源转型的需要，面向未来建设先进能源基础设施，我国的电源结构、电网结构、负荷结构均需进行长期的调整与变革。

能源互联网与智能电网不是对立的关系，也不是非此即彼的关系，而是高度协调与深度融合的关系，能源互联网与智能电网的技术标准及架构都在不断发展之中，能源互联网与智能电网的研究内容高度重叠。里夫金提出的能源互联网是愿景，如果在可再生能源高渗透率区域能源网络基本形成的情况下，可能在某些局部地区出现，但实际上短期内不具有普遍意义。开展我国能源互联网与智慧能源研究与建设，不能盲目照搬照抄别国模式，而需要从我国能源实际出发，兼顾战略性、必要性、技术可行性与经济可行性，以严谨务实的态度，脚踏实地的精神，在进行充分的科学合理论证的基础上，开展试点及相关实践活动。

我国学者吴安平认为里夫金的构想符合能源革命的方向，但其中存在着不可忽视的技术失误：由于能源共享网络（即电网）和互联网截然不同的特性，能源（电力）难以也没有必要像信息一眼在任意两个节点之间自由交互；里夫金提出的能源互联网构想仅能够在一个局部的区域（如一片社区或一座城市）内实现。吴安平进一步提出了能源互联网应该是智能电网和智慧能源网两种技术模式的外延。智能电网以电力系统为研究对象，以绿色化为主要目标；智慧能源网则重点研究各类能源的相互转换及各种能源网间的协同配合和优势互补等问题，主要目标是最大限度地提高能源的利用率及清洁能源的消费比例[2]。

值得重视的是，国际电工委员会（International Electrotechnical Commission，IEC）从智能电网建设的驱动力和本质属性出发，站在未来能源转型、能源发展战略和发展路径、自然环境与人类社会发展的高度，已经对未来智能电网的内涵和外延做了丰富和发展。

2011 年 10 月国际电工委员会在墨尔本会议上决定把以电力系统智能化为基础的网架定义为智能电网的 1.0 版（Smart Grid 1.0）；把以多种能源网络智能化为基础的多能源网架定义为智能电网的 2.0 版（Smart Grid 2.0），它更加注重集成多种能源网络和用能终端的协调因素，努力实现多种能源网络协调互补。

国际电工委员会把实现能源网络、社会网络、信息网络、环境网络及自然网络的整体融合定义为智能电网的 3.0 版（Smart Grid 3.0）。

这不是随便定义的，国际电工委员会后续在开放性平台、架构及标准方面将是有行动计划作为支撑的。我们已经注意到，除了已经发布的 IEC 62357、IEC 61850、IEC 61970、IEC 61968、IEC 62351 五个核心标准之外，国际电工委员会已经发布了如下能源互联标准：

- 新增能源服务供应商接口标准 NAESB REQ-21；
- 智能电表数据第三方访问标准 NAESB REQ-22；
- 宽带电力线载波共享技术标准 NISTIR 7862；
- 智慧能源规范协议 SEP 2.0 等；
- IEC 18880 社区智慧能源标准。

综合国内外学者的观点，我们认为能源互联网是以电力系统为核心，以智能电网为基础，以接入分布式可再生能源为主，采用先进信息和通信技术及电力电子技术，通过分布式智能能量管理系统（Intelligent EMS，IEMS）对分布式能源设备实施广域协调控制，实现冷、热、气、水、电等多种能源互补，提高用能效率的智慧能源系统。

智能电网是能源互联网的基础，能源互联网是智能电网的丰富和发展，从系统科学的角度来说，能源互联网与智能电网，都是要通过能源互联、信息互联、能量信息融合、能量高效转换、集成能量及信息架构（Integrated Energy and Communication Systems Architecture，IECSA），来建设复杂交互式网络与系统（Complex Interactive Networks/Systems Initiative，CIN/SI）。

1.2 能源互联网的特征

基于上述定义，能源互联网的主要特征如下[3]：

（1）可再生能源高渗透率

能源互联网中的能量供给主要是清洁的可再生能源。

（2）非线性随机特性

能源互联网中能量来源和使用的复杂使其呈现出非线性的随机特性。能量来源主要是分布式可再生能源，相比传统能源，其不确定性和不可控性大；能量使用侧用户负荷、运行模式等都会实时变化。

（3）多元大数据特性

能源互联网工作在由类型多样、数量庞大的数据组成的高度信息化的环境中。这些数据既包括发、输、配、用电的电量相关数据，也包括温度、压力、湿度等非用电量数据。

（4）多尺度动态特性

能源互联网是能量、物质和信息高度耦合的复杂系统，而这些系统对应的动态特性尺度各不相同。同时能源互联网按层次从上而下可分为主干网、广域网、局域网三层，每一层的工作环境和功能特性均不相同，这也造成每一层的动态特性尺度差别巨大。

1.3　发展目标和原则

1.3.1　发展目标

根据工业和信息化部开展的能源互联网发展战略课题研究，能源互联网的发展目标是在一个相当长的时期内基本建成能源基础设施和信息技术深度融合、开放对等的信息能源一体化平台及泛在、融合、智能、低碳的能源互联网络，并形成与之相适应的以可再生能源为重点的分布式能源供应与消费系统。具体来说，能源互联网建设要实现以下目标：

（1）可再生能源供应与消费比重大幅提升

通过建设区域性微网，可靠连接在地理上分散性、随机性、波动性和不可控的多元化可再生能源生产端及消费端，来最大限度地适应分布式可再生能源的接入。通过大规模建设分布式可再生能源生产和存储基础设施、加强区域协调，实现可再生能源的就地收集、就地存储、就地使用，有效降低能源传输损耗，基本解决弃风、弃光等问题。完善针对可再生能源的差异化价格补贴机制，鼓励可再生能源的生产和消费，基本实现可再生能源生产成本与化石能源相当，使可再生能源占一次能源比重逐年提升，有力支撑国家应对气候战略、环境可持续发展战略和国家能源安全战略，从而有力推动能源生产革命。

（2）各类市场主体无差别可靠接入

电力体制改革取得重大进展，构建平台开放、信息透明、公平竞争、诚信守则、创新活跃的市场环境；在能源互联网关键技术及与之匹配的能源基础设施建设上取得重大突破，分布式清洁能源生产、存储技术，大规模间歇式能源并网技术，能量路由器技术，能源大数据的智能信息挖掘、处理技术等的研究及应用日臻成熟，为能源互联网各主体无差别可靠接入提供重要支撑，初步形成创新驱动、服务导向、应用引导、协同发展、安全可控的能源互联网发展格局，从而有力推动能源消费革命。

（3）能源及信息交互共享平台成熟运营

建立能源生产和消费的预测、监测与精准调控体系，基本实现能源生产与消费的信息实时收集及汇总、趋势预判调节，提供利益最大化的能源供应和消费策略，实现泛在的智能监管、资源科学调配、安全管理、有效集成；在本地用户之间直接或通过储能装置进行电能交换的基础上，逐步扩展为区域内乃至全局性的能源资源共享体系，使能源按照市场化运营。设立全国性及区域性的电能现货及期货交易中心，提供与能源交易相关的交易、传输、存储、金融及信息等服务，通过市场化实现能量的高效配置，起到能源的战略储备、调节物价、组织生产和套期保值四大基本功能，推动能源的全局共享和存储资源的最大化利用，实现能源的高效配置和动态平衡。

（4）能源互联网产业体系全面构建

在分布式清洁能源生产、分布式能源存储等技术的研究及应用方面取得重大突破，涵盖能源生产、消费、交易、服务的能源互联网标准体系初步完善，初步形成门类齐全、布局合理、结构优化的能源互联网产业体系，从而有力推动能源技术革命。

1.3.2 发展原则

以《能源发展战略行动计划（2014—2020年）》和《中共中央国务院关于进一步深化电力体制改革的若干意见》为指导，坚持战略性、前瞻性原则，从我国能源现状与国情出发，满足国家发展需求，依靠自主创新，锐意改革，加快能源互联网建设，促进解决我国能源总量短缺问题、能源结构不均衡及能源体制机制市场化不足的问题，在应对能源安全及全球气候变化等国际事务中赢得更大主动权和影响力。

（1）坚持政府引导和市场导向相结合

既要充分开放供需主体进入，面向需求发挥好市场的优化资源配置作用，又要加强政府调控引导，加大政策支撑力度，打破体制机制束缚，营造良好的产业发展环境；充分考虑清洁能源一定时期内生产单价高于化石能源等实际，在一定限度内对化石能源征收污染税，并用于定向补贴清洁能源生产及消费企业，鼓励清洁能源生产及消费，促进产业快速健康发展。

（2）坚持全国统筹与区域发展相结合

可再生能源分布不均衡、呈现明显的地域性，需要各区域依据自身可再生能源的富集状况，明确发展方向和重点，培育特色可再生能源产业集群。与此同时，可再生能源还具有间歇性、富集区与负荷区背离等特点，需要做好顶层设计、统筹规划、系统布局，拉近供需两端，引导合理的生产消费并保证供需平衡，促进跨区域资源利用和经济效益的最大化。

（3）坚持技术创新与产业培育相结合

着力推进原始创新，组织电力企业、高校、研究机构产学研结合，研究制定符合能源互联网发展要求的技术标准，抢占能源互联网发展的制高点；针对关键技术实施重点突破，加强对国外先进技术的消化、吸收和再创新，解决影响产业发展的瓶颈问题。大力培育特色产业集群，支持重点骨干企业发展，形成重点引领、优势互补的产业发展态势。

（4）坚持示范带动与全面推进相结合

在发展初期，开展能源互联网区域试点工作，选择部分区域，开展分布式发电（Distributed Generation，DG）和并网、分布式储能技术的实践，进行电网多元化主体的开放接入和区域能源交易平台示范，摸索发展规律，发现解决问题，根据示范逐步推广，推进全社会能源互联网的规模化应用。

（5）坚持产业发展与安全保障相结合

能源互联网具有主体多样性、供应间歇性、接入不稳定性等特点，相比传统网络对网络的鲁棒性提出了更高的要求，对整个能源互联网的安全保障提出了重大考验。同步考虑战争威胁等情况，需要在技术研发、产业布局的同时，从战略高度统筹考量能源互联网自身的安全性问题。

1.4　对我国能源战略的意义

能源互联网建设对我国能源具有重要战略意义，具体有以下几点。

（1）实现供能方式多样化，突破化石能源制约，发展清洁能源，优化能源结构，实现节能减排目标

近10年，我国能源消费弹性系数平均高达0.7左右，能源环境压力和发展瓶颈日益增大。与此同时，我国太阳能、风能发电装机容量在未来几年会呈现指数级增长，且成本每两年就会降低一半，可再生能源利用的边际成本逐步递减，未来利用成本将更低廉，具有更好的经济效益。杰里米·里夫金预测我国在35年后有望脱离碳基能源。但目前可再生能源实际应用还远远不能满足气候战略的需要，化石能源燃烧带来的环境污染日益严重，节能减排压力巨大。发展能源互联网，可使我国突破化石能源制约，优化能源结构，实现节能减排目标。

（2）促进能源自给自足，有效保障能源安全

在经过了近30年以环境与资源为代价的粗犷式发展以后，能源安全已经成为摆

在我们面前不得不思考的问题。简单来说，能源安全问题大致可以分为两个方面的内容：一是我国石化能源对外依存度过高，而新型地缘政治影响全球能源安全，2014年我国石油对外依存度已超过60%、天然气对外依存度超过30%；二是电网安全是国家安全的重要组成部分，这是一个在世界范围内都存在隐患的问题。而可再生能源和信息技术的融合将从根本上变革传统的能源生产与消费方式，并有希望更好地解决能源安全的问题。从电力网络和设施安全来讲，能源互联网的实时感知、远程监测、预测性维护能力更强，能够更好地保障电网和电力设施安全。

(3) 提高能源配置效率，实现资源高效配置

能源互联网的信息透明及信息对称有利于实现发电端清洁能源与传统化石能源的协同发电，使清洁能源装机和电网优化协同，使更多清洁能源能够接入电网，减少弃水、弃风、弃光现象。同时，能源互联网也可实现供需对接，统筹规划能源基地和电网建设，减少或消除窝电、缺电、负荷不均衡、轻载损耗现象，促进供需平衡。

(4) 理顺能源价格形成机制，恢复能源的商品属性，激发市场活力

当前的能源价格管制，扭曲了能源价格水平及不同能源品种之间的比价关系，无法实现对优质资源的高效、合理配置。能源体制改革就是保证还原能源商品属性，发挥市场资源配置的作用，通过能源交易平台，打破信息不对称现象，实现能源供应和需求对接，做到余量上网、自由交易、市场定价，从而开放市场。

(5) 奠定新工业革命的基石

每一次工业革命都与能源变革密不可分，可以说能源革命是工业革命的基石。第一次工业革命中蒸汽机的发明实现了煤炭的大规模利用，第二次工业革命的标志是电力的广泛应用。当前正是新型的信息和通信技术与能源体系交会之际，正是经济革命发生之时。我国工业能源消费占总能源消费的70%，能源互联网可以使工业企业通过能源交易平台降低能源成本，从而降低生产成本。

1.5 对能源生产与消费模式的影响

(1) 基于大数据分析、机器学习、认知计算技术提高可再生能源发电预测准确度和电网调度能力，使能源结构从化石能源为主变为化石能源与可再生能源并重

通过开发自学习天气模型和可再生能源预测技术，将区域数据、来自传感器的数据、本地气象台的数据、空中摄像头和卫星观测点获取的云层运动物理数据及多种天气预报模型结合起来，持续改进从大量天气模型中获取的太阳能及风能活动数据，实现可再生能源功率的预测优化。

能源互联网需要解决的关键技术之一就是可再生能源的并网接入问题。当前风

能、太阳能等可再生能源接入电网的能力不足，还存在严重的弃风、弃光现象，原因是可再生能源具有波动性、间歇性、随机性、电能质量较差等问题，不能直接入网。同时，由于我国电源结构不合理，缺少燃气发电类调峰电源，目前的解决方式是配套建设相应的基于火电的调峰电源或大型储能设备，配比一般为1:0.9，这种做法很不经济性且仍存在严重污染，不能维持长久。要从根本上解决问题，就需要对我国的电源结构、电网结构、负荷结构进行调整，逐步建立合理的电源结构、电网结构、负荷结构。能源互联网基于大数据分析、机器学习、认知计算技术，一方面能够极大提高风能、太阳能等可再生能源发电能力预测的准确性，降低调峰电源或储能设备容量，提高经济性，降低并网调节难度；另一方面电网能够进行智能分析、预警和决策，实现智能调度，使电网运行调度更加灵活、高效。

(2) 通过互联网技术使信息流由单向流动变为双向流动，使能源生产模式由传统的以大规模集中式供能为主向集中式与分布式并重发展

能源生产从集中到分布，需要将单向通信变为双向通信，这个过程中，能源互联网将扮演重要角色。一方面，对于集中式发电来说，当前电厂规划与电网规划各自独立，存在能源信息不对称问题。通过能源互联网可以解决信息不对称问题，有利于统筹规划能源基地和电网建设，实现发电端清洁能源与传统化石能源的协同发电，使清洁能源装机和电网优化协同发展。另一方面，能源互联网通过局域自治消纳和广域对等互联，可最大限度地适应可再生能源接入的动态特性，通过分散协同的管理和调度实现动态平衡。对于分布式发电来说，能源互联网有助于促进分布式能源就近发电、就近使用、就地平衡，减少能源传输损耗，对传统电网远距离供电形成有效补充。

(3) 能源互联网实现智能终端开放接入，终端用户从单纯的能源消费者向生产与消费一体化的生产型消费者转变

随着能源互联网的发展，分布式电源、微网、燃气管网、冷库、热力网、冷热电联供（Combined Cooling Heating and Power，CCHP）机组、电动汽车（如V2G）、电转气、电转气（Pouer to Gas，P2G）储能装置、可控负荷、智能建筑大量出现，能量的流动方向由单向向“双向互动、互联”转换，相对传统负荷它们具有更多的智能特性，不但可以受控，而且可以主动提供能量，在能源整体控制过程中可以作为局部的“虚拟发电厂”参与能源调度控制。这将带来两个转变：一方面是终端用户转变将导致供用电业务模型的彻底变革，电网规划、调度、运行控制将产生巨大变化；另一方面，能源互联网最终要走向消费端，不再是封闭的电力体系，而是引入智能家居、智慧社区、电动汽车、能量管理等多种产业主体和智能系统的开放体系与平台，具有更大的想象空间和创新的商业模式。

(4) 能源互联网将造就第三方服务平台出现，将改变能源产业格局，创造巨大

产业空间

消费者将转变为既是能源消费者又是能源生产者，将产生成千上万的买家和卖家、开发商和使用者，包括各种各样的能源形式，这必然会带来一个复杂的市场体系。在这个庞大的市场中，将产生新的产业主体，如能源虚拟运营商、区域能源运营商、第三方能源交易平台、能源客户终端开发者等。能源互联网在新增产业主体的同时，将彻底改变产业链结构，在当前以电网为中心统购统销的产业链基础上，增加供需直购、虚拟交易等多种方式，能源互联网产业链结构比传统能源产业复杂很多。产业链结构变化将伴随价值环节的转移，新主体将从传统垄断企业中转移一部分利益，同时部分垄断利益将通过市场化方式转移给用户，让利于民。

(5) 通过能源互联网打破供需信息不对称，使能源交易从电网统购统销变为统购统销与供需直接交易并存，能源价格由政府定价变为政府定价与市场竞价并存

当前电力交易是电网统购统销模式，发电企业将电能卖给电网，电网将电能卖给用户，这之间的价格体系完全封闭。管制下固定价格模式，一方面不利于调节峰谷差，导致电能利用效率不高，旋转备用容量过大，能源浪费严重；另一方面部分用电需求被抑制。例如，发电企业可以低价出售当前过量的电能，用电方也能够以更便宜的价格满足自身需求。能源互联网将通过电力交易平台，解决当前供需不匹配情况，通过公开交易价格、用能信息、发电信息等，实现供需有效对接，解决窝电和缺电并存现象，这种开放体系促进市场化价格机制的建立。

第2章 国内外能源互联网的研究与进展

在能源互联网中，能源基础设施与信息网络系统相互耦合，形成信息物理系统。未来的能源互联网，一方面，基于丰富的能源生产、转换和传输手段，使得能源的利用更具灵活性；另一方面，基于先进信息通信技术的控制、管理、交互工具，在安全性、可靠性等前提下，实现能源利用效率的最大化。

在这样的总体特征下，目前学术界和工业界对能源互联网的总体架构有一些不同的观点，这些观点各有侧重点，也各有特色，这是很正常的，有利于开阔能源互联网理论研究和技术研究的视野。所以，我国能源互联网的发展应该从我国能源实际出发，博采众家之长、脚踏实地、反复实践，探索出符合我国能源实际的发展之路。这里我们对一些国家主要的观点进行简单综述。

2.1 美国："FREEDM"系统与能源互联网

美国学者 Huang 等人[1]针对可再生能源的消纳问题，在美国国家科学基金（National Science Foundation，NSF）的支持下开展了名为未来可再生能源电力能源转换与管理（Futux Renewable Electric Energy Delivery and Management，FREEDM）的能源互联网（Energy Internet，EI）系统项目。图2-1所示为FREEDM能源互联网系统的主要架构[3]。项目指出了能源互联网的三个主要的技术特征：

1）具有即插即用的接口。

2）具有能量路由器。

3）具有开放标准的操作运行系统。

其中，他们认为基于电力电子技术的固态变压器（Solid-State Transformer）将是能量路由器的主要技术形式。从技术特征上看，该系统主要面向中低压电网而设计，考虑了分布式发电（DG）装置、智能负荷等元素，强调了“分布式智能”在网络运行中的重要作用。可以看出，FREEDM能源互联网系统在空间、能源种类等方面覆盖范围有限，储能技术及电力电子技术所占的比重相对较大，未来发展还依赖储能技术和电力电子技术的成熟度。

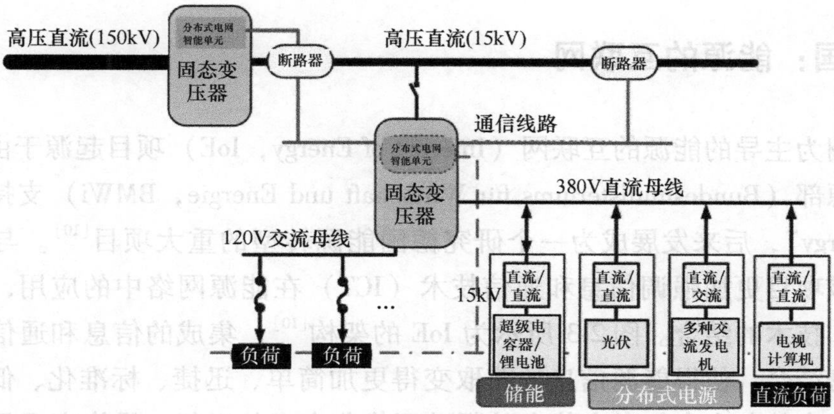

图 2-1　FREEDM 系统的主要架构

2.2　美国：能源网络集成

美国国家可再生能源实验室（National Renewable Energy Laboratory，NREL）也一直在从事有关能源互联网的研究，主要的工作在一个名称为能源网络集成（Energy System Integration，ESI）的大型项目下展开[5,6]。和 FREEDM 项目类似，NREL 也将可再生能源的接入作为最重要的目标之一，但相比而言，NREL 所提出的设计更具系统性。图 2-2 所示为 ESI 的架构[5]。NREL 认为未来能源网络是一个“电力，热/冷，燃料 + 数据”，并在终端用户、社区及区域等不同空间范围内均有应用的综合系统。在这一总体设计的指导下，NREL 基于其强大的研究实力在可再生能源并网发电、分布式电网、可再生能源功率预测、数据可视化和量测感知系统等多个领域取得了丰富的成果。可以看到，NREL 对未来能源网络的描述相对抽象，这和 NREL 整合自身工作的需求有一定关系；此外，NREL 对信息在能源网络中的作用还没有上升到互联网层面，近年来也没有涉及“能源互联网”的概念。

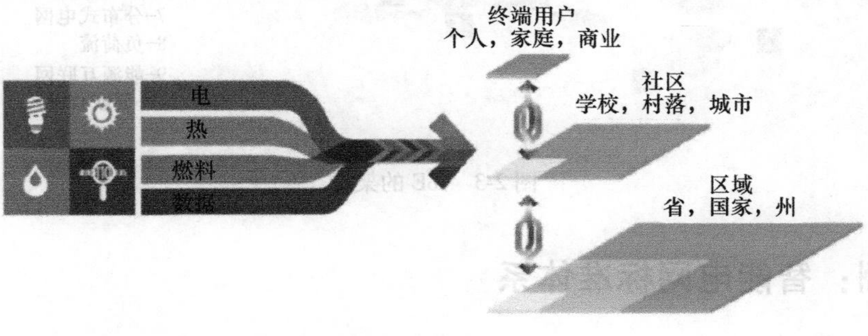

图 2-2　ESI 的设计结构架构

2.3　德国：能源的互联网

以欧洲为主导的能源的互联网（Internet of Energy，IoE）项目起源于由德国联邦经济与能源部（Bundesministeriums für Wirtschaft und Energie，BMWi）支持的技术项目“E-Energy”，后来发展成为一个研究德国能源转型的重大项目[10]。与上述的项目相比，该项目更加强调信息和通信技术（ICT）在能源网络中的应用，更注重商业、市场和技术的结合。图 2-3 所示为 IoE 的架构[10]：集成的信息和通信系统与能源网络紧密结合，使得能源信息的获取变得更加简单、迅捷、标准化、低成本，促使能源网络中的各个参与者在信息的帮助下优化自身的运行，最终实现显著的经济效益、社会效益和环境效益。IoE 应该实现对包括常规电源、可再生能源发电设施、普通/智能用户、输电网和配电网的整个电力系统的对接。较特别的是，IoE 的技术限制在信息和通信系统的范畴内，将其与电力基础设施区分开来；同时，认为用于实现互联网的技术有很多是已有或成熟的，而未来仍有待重点研究和拓展应用的技术主要包括，家庭分布式能量管理及其自动化、输电网、配电网的智能能量管理系统、智能表计、能源互联网与能源设施/设备的标准接口、面向经济和商业的能源服务应用等。

与美国的能量路由器概念不同，在德国莱茵-鲁尔的 E-DeMe 试点项目中认为能量路由器可以有多种：可以是逆变器，也可以是储能单元，还可以是智能电表。在 Smart Watts 项目中，也主要通过智能电表获悉实时电价信息实现互动。可见德国莱茵-的 E-DeMe 试点项目在现阶段还是比较务实的。

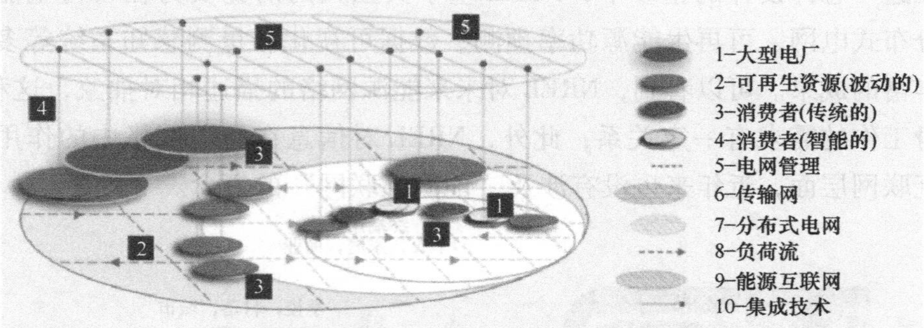

图 2-3　IoE 的架构

2.4　欧洲：智能电网标准体系

为了促进欧洲智能电网的发展，在欧盟委员会的指导下，欧洲电工技术标准化委员会（Comite Europeen de Normalisation Electrotechnique，CENELEC）、欧洲标准化委员会（Comite Europeen de Normalisation，CEN）、欧洲电信标准研究院（European Telecommunications Standard Institute，ETSI）组成了联合工作组“智能电网协调工作组”自2010年起对智能电网的未来形态及对应的标准体系进行了研究。与德国IoE项目类似，ICT也是该工作组重点关注的对象，为此，该工作组提出了一个智能电网架构模型（Smart Grid Architecture Model，SGAM），将电网描述成一次设备与信息管理系统相互耦合的体系，并将这个体系分为了五个层次[11,12]：

1）元件层，包括基本的物理元件。

2）通信层，包括元件间交换信息的各种协议和机制。

3）信息层，包含功能所需的在通信中交换的各种信息对象和数据模型。

4）功能层，包括各种独立于物理实现的逻辑功能与应用。

5）商业层，包含各种商业流程，以及用于服务和商业交互的数据流和控制流。

标准体系也是未来能源互联网发展的重要环节。由于能源互联网是一个庞大的复杂交互超级网络与系统化工程，需要众多主体的共同参与，所以在顶层设计的指导下开展标准体系研究与制定，提供易用、开放、可扩展的标准将有利于实现能源互联网的高效整合与系统集成。可见，该工作组提出的未来智能电网架构模型对于未来开展能源互联网建设也非常有参考意义。

2.5　欧洲：综合能源网络

在能源的跨品种互联中，欧洲也进行了诸多研究与实践活动，并取得一定的进展，这一点和美国的ESI项目是类似的。能源的跨种类互联，强调将电、热、冷、气等主要形式的能源通过各类能源转化手段耦合在一起。这种耦合大大加强了能源网络的灵活度，从而带来更高的经济效益。欧洲开展多种能源互联的探索具有优势，因为在欧洲（尤其是英国）电力网络和天然气网络的耦合有很好的工业和技术基础。这种耦合在现阶段主要体现在燃气机组、热电联供机组（CHP）和冷热电联供（CCHP）等设备的应用上，而欧洲的研究机构在研究电力和天然气网络耦合关系上已经积累了近10年的经验[13]。未来，随着电制氢、热泵、储热的成熟和推广，整个能源网络将会耦合得越来越紧密，并与交通网络深度融合。

实现多种能源互联有两个层面的关键问题：第一是基础设施层面，如上文所述，需要开发高效、可靠的能源转化工具，基于信息物理系统开发先进能源基础设施；第二是信息技术层面——我们需要能够管理未来复杂能源网络的手段，包括融合建模、仿真、分析、评估等一系列技术。当然也需要相应的市场和辅助政策机制来促使人们充分利用能源网络的灵活性来实现用能成本的最小化和用能效率的最大化。

图2-4所示为丹麦的未来能源网络的设计构想，其目的是希望在一定区域内建成一个零碳的能源网络。如果能够实现，将是多种能源耦合互联网络的一次重要实践[14]。

图2-4　丹麦的未来能源网络设计构想

欧洲能源互联网建设的路径主要是以能源交易与服务平台带动能源互联网发展，并基于智能电网和智能电表发展能源互联网，这一点值得我国学习和借鉴。

与美国的能量路由器概念不同，瑞士苏黎世联邦理工学院提出了能量集线器（energy hub）的概念。其主要特点如下：

1）通过超短期负荷预测以及实时在线监测分布式发电、配电网的潮流数据，对各发电侧及受控负荷侧进行优化控制。

2）能量集线器的规模可大可小，小到覆盖一个家庭，大到覆盖一个城市。

3）与配电网相连，实现对配电网上能量的补充、转换、调节和存储的作用。

4）其能量流动也是双向的。

能量集线器上的端口分为输入和输出两种。输入侧一部分为从配电网流入集线器（hub）的电量，另一部分为从各分布式电源中流入集线器的不同形式的能量；输出侧一部分为供给各种负荷（电/热，冷）用的不同形式的能量。

5）能量集线器侧重于需求侧综合能源互联互补。

2.6　日本：以智能电网为核心的智慧能源共同体

2010年，日本启动了名为“新一代能源和社会体系示范计划”（Demonstration of a Next-Generation Energy and Social System）的项目，开始发力建设有日本特色的智能电网体系[15]。该项目中所提到的新一代能源和社会体系的关键特点包括，显著地节能减排、大规模可再生能源接入、多层次的能量管理系统部署、区域与全局能量管理协调、电力在交通领域的高效应用等。图 2-5 体系构想包含了一些主要技术。该计划选取了横滨、东京、京都、北九州四地作为示范区域，采用城市与大型技术企业（日本东芝、美国 IBM、日本三菱等公司）结对的方式，各有特色和侧重地开展了智慧能源的探索。其中，横滨市主攻居民的家庭能量管理系统，北九州则关注废热和环境热的利用以及需求侧管理。从整个计划来看，日本并没有提出明确的能源网络构想，采用了比较务实的态度和工作机制，鼓励技术和产业创新。除此之外，日本还同时开展了围绕能源（以电力为主）的“智慧社区”项目，和上述计划是一脉相承的，本质上就是实现各个层次能量管理系统的部署和整合（HEMS㊀、BEMS㊁、EMS㊂、AEMS㊃、CEMS㊄）。

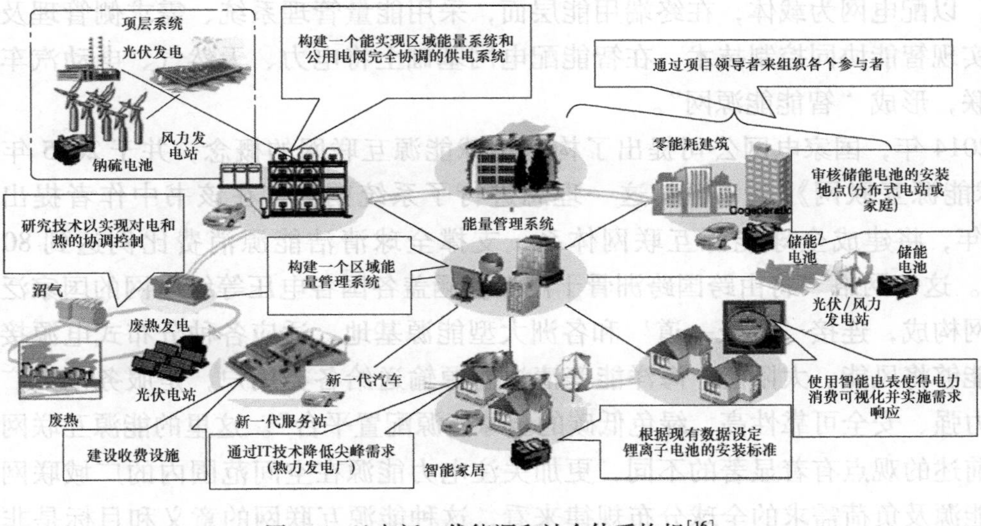

图 2-5　日本新一代能源和社会体系构想[16]

2.7　日本：数字电网

数字电网是由日本东京大学 Rikiya Abe 教授等人提出的未来电网构想[18]。他的基本构想是基于信息与通信技术对电力能量进行控制并导流（routing），非常接近现在较为流行的能量路由器的概念。通过在电网中适当部署数字电网路由器，将电网

㊀ HEMS：Home Energy Management System，家庭能量管理系统。

㊁ BEMS：Building Energy Management System，楼宇能量管理系统。

㊂ EMMS：Microgrid Energy Management System，微网能量管理系统。

㊃ AEMS：Area Energy Management System，局部能量管理系统。

㊄ CEMS：Community Energy Management System，区域能量管理系统。

分为在运行上相互独立的分区，而数字电网路由器负责在不同的分区之间可控地进行能量和信息传递，并对各自所在的区域内的电源和负荷进行管理。为了方便管理，在这个系统中的每一个设备都有一个对应的 IP 地址。在此基础上，使得电力系统能够以灵活的方式运行。与 FREEDM 项目类似，基于电力电子技术的数字电网路由是该项目的主要特色。

2.8　我国：能源互联网

我国在2011年开展了针对我国智能能源体系方面的专题研究，提出了我国智能能源体系架构、模型、技术标准、通信协议、实施方案等。它主要是以智能电网为基础，以配电网为载体，在终端用能层面，采用能量管理系统、需求侧管理及需求响应实现智能协同控制技术，在智能配电网基础上将电力、天然气、电动汽车充电站互联，形成“智能能源网”。

2014 年，国家电网公司提出了构建全球能源互联网的概念，并于 2015 年推出《全球能源互联网》一书，对这一理念进行了系统阐释。在该书中作者提出，到 2050 年，将建成全球能源互联网体系，支撑全球清洁能源消费比例达到 80% 左右[19]。这一网络“将由跨国跨洲骨干网架和涵盖各国各电压等级电网的国家泛在智能电网构成，连接‘一极一道’和各洲大型能源基地，适应各种分布式电源接入需要，能够将风能、太阳能、海洋能等清洁能源输送给各类用户，是服务范围广、配置能力强、安全可靠性高、绿色低碳的全球能源配置平台”。这里的能源互联网的概念与前述的观点有着显著的不同，更加关注电力能源在空间范围内的广域联网。从清洁能源及负荷需求的全球分布规律来看，这种能源互联网的意义和目标是非常明确的。当然，相关项目面临的政治风险、政策风险、技术风险也不容忽视。

具体来说，我国能源互联网的发展路线图（见图 2-6）为，2015—2020 年，主要是分布式能源、储能、充电桩、智能电表、智能逆变器等能源互联网基础设施的普及；在 2017—2020 年，通过逐渐放开电力市场，使得不同背景的个体均可成为电力市场的主体，从而基本搭建电力交易市场机制；2020—2025 年，在电力市场逐步完善和分布式能源渗透率提高的情况下，配电必然需要更加智能化；2020—2030 年，灵活的配电调度和智能组网再辅以云计算、人工智能等技术形成一个自组织的网络。

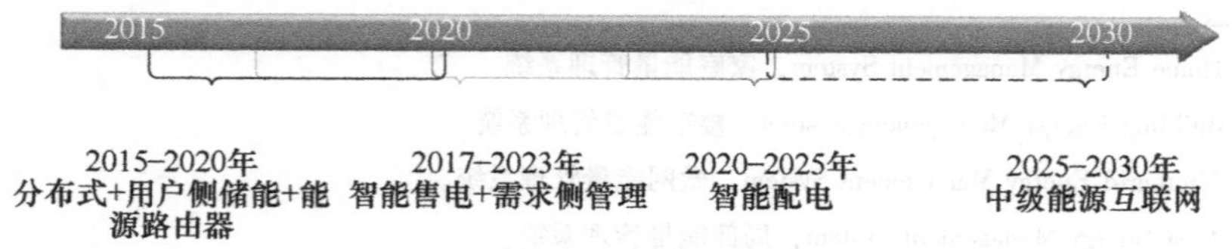

图 2-6　我国能源互联网发展路线图

第3章　能源互联网的功能定位与技术需求

从本书第2章对不同的能源互联网架构设计的综述可以看到，能源互联网目前并没有确定的形式，各个国家、不同研究机构对能源互联网的设计都是从各自的国情出发，考虑各自的能源需求背景，以解决某一个具体问题或者针对某些特定区域、特定目标而提出的，并不是单纯为了“能源互联网”这个概念而设计的。但综合来看，这些设计还是有很多重叠、交叉和共性的内容，尤其是与智能电网中配用电领域的内容高度重叠。本章主要通过归纳其中主要的共同点来梳理能源互联网的功能与技术需求。

3.1　可再生能源与清洁能源接入

这一需求几乎为所有的能源互联网架构设计所强调。改善能源供应与消费结构，降低化石能源消耗是目前人类在能源利用中需要解决的一个突出问题。可再生能源对传统化石能源的替代，对能源网络的运行控制及能源网络中不同参与者之间的协调提出了更高的要求。一方面，以风能和太阳能为主要形式的可再生能源有较大的随机性和不确定性，不能像常规能源一样可调可控；而能源网络中，尤其是电力系统又对供需的实时匹配有较高要求，必须保证实时的功率平衡。这就要求提高能源网络的运行水平，在可再生能源高渗透率的情形下仍然能保证电力系统的稳定性、安全性和可靠性。另一方面，从可再生能源的接入电网的方式来看，既有集中式并网又有分布式并网，通过推广分布式可再生能源与微网，很多传统意义下的能源消费者同时又具有了生产者的特征［即“产消者”（prosumer）］，这很大程度上改变了能源网络中不同主体之间的互动关系。

为了更好地解决可再生能源、清洁能源接入的问题，目前在分布式可再生能源发电及并网装置、集中式可再生能源并网及能量管理、风力发电及光伏发电功率预测、主动配电网、储能、分布式控制与优化等领域还有许多理论问题及技术问题需要进行长期的研究。

3.2　需求侧参与能源网络互动

因为具有提高能源网络灵活性和效率的潜力，目前在能源网络中能源需求侧的地位也越来越高。在科学合理的机制下，加强需求侧与全系统的互动不仅能够降低需求侧自身的用能成本，还能改善系统的运行状态，实现更好的供需匹配，最终达到能源网络的“多赢”局面。需求侧参与能源网络互动主要有两个层面：需求侧管理和需求响应。需求侧管理是一个更面向本地、局部的概念，要求能源消费者主体（家庭、楼宇、工厂等），具备自身能量管理的能力，包括采取一系列有效措施减少不必要的能源消耗、制定科学合理的能源使用计划以及对用能设备进行实时动态的调节。需求响应则是一个广域和系统的概念，需求侧通过响应能源价格信号及能源峰值信号的变化、在服务合同约定内执行调节指令等方式参与系统互动。

充分发挥需求侧用能灵活性同样是一项复杂的系统性工程。除了下面将提到的分布式能源优化管理工具之外，最重要的就是要建立起需求响应的市场机制和对应的需求响应平台，实现各种分布式动态能量管理系统和相关系统的对接和互动，通过实施智能用电、需求响应及直接负荷控制，尽可能多地接纳可再生能源，提高能源利用效率。

3.3 基于分布式能源网络的优化管理

电力系统是人类构造出的最复杂的系统之一，它包含无数的节点和控制对象。长期以来，电力系统的运行管理都以集中式为主，而随着应对气候战略、能源转型、节能减排战略的提出，人们对能源使用水平的要求也越来越高，未来能源网络的运行管理将发展成为“集中式+分布式”相互协调的模式：在本地，以设备及相关主体为单位进行局域自律控制；在全局，考虑各个分布式动态能量管理系统的功能和决策特性，考虑全局最优目标进行集中协调控制。在现有的技术中，电网系统中推行的智能变电站就是一个很好的例子，而能源优化管理中的智能家居、企业能量管理也都具有鲜明的分布式能量管理特征，但目前这些技术都还处于起步阶段，理论和工程实践方面都有待完善。

在理论方面，分布式计算理论是分布式能源动态优化管理的重要基础。在该理论的指导下，系统协调层可以对协调变量、分布式能量管理的边界等开展科学合理的设计，并使得全局和本地的协调效果达到最优。

在工程方面，各类不同对象的分布式动态能源优化管理工具还有待进一步研发和完善，其中包括纵向和横向两个层次的问题。从纵向来看，首先，要实现本地能源网络的“可观测与可控制”，包括基于信息物理系统（Cyber Physical System，CPS）解决用能设备对外接口的标准化和开放性问题，各个能源网络关键节点的传感器选择与配置问题；其次，要实现本地能源网络的信息化联网，借助 IEEE 1888 等通信标准，建立即插即用、互联开放的本地能源信息网络；在此基础上，再部署各类本地能量管理应用功能，实现真正的本地“智慧能源”。从横向来看，楼宇能量管理系统（BEMS）、家庭能量管理系统（HEMS）、工厂能量管理系统（Factory Energy Management System，FEMS）、微网能量管理系统（MEMS）等都是未来兼具技术可行性和商业可行性的发展方向。

3.4 能源的灵活转换与能源综合利用

不同品质、品种能源之间的转换技术是增加能源网络灵活性的重要手段。不同品质、品种能源在自身物理特性、需求和供给特性等方面的区别给予了能源转换方面巨大的发展潜力。

在能源动态特性方面，电力系统动态过程最短，对实时平衡的要求最高，而热力网络和燃料网络动态过程相对更慢。

在能源品质方面，不仅不同的能源形式有品质高低之分，用户对能源需求也有不同的层次（有时人们需要用高品质的能源供给去满足低品质的能源需求）；各种能源的生产和消费也都有显著的时间特征（不同时刻、不同季节），如各类用户的特定种类能源消费都有典型的负荷曲线，又如可再生能源发电呈现随机性和波动性的特征。充分利用和综合这些不同品质、品种能源的特征，从全能源网络的视角保障我国能源网络安全，实现不同时间尺度的能源供需高效匹配，会显著降低能源网络的运行成本，提高能源利用效率，这是实现我国能源转型与变革所面临的长期任务。

目前，以（冷）热电联产、热泵、制氢、地源热泵、余热发电、光热发电等为代表的能源转换技术已经受到了高度重视，未来将会进一步向低成本化发展；值得重视的是，目前欧洲一些国家和地区也在尝试以（冷）热电联产、地源热泵、电动汽车、储能、制氢、余热发电、光热发电为技术路径，构建分布式的独立微型能源网络或广域协调的能源网络，以便为100%接纳可再生能源创造条件。这些技术的广泛使用将进一步要求我们将分布式动态能量管理系统扩展到综合能源网络的范畴，实现多种能源网络的综合监控、安全分析、联合优化调度和协调控制。这对我国保证能源安全，实现能源生产革命、能源消费革命、能源技术革命、能源体制改革，实现低成本地接纳可再生能源，低成本地提高能源利用效率，具有重要的借鉴意义。

3.5 能源交易与商业服务模式

专业化分工与协作是社会生产发展的必然趋势，而市场则为专业化分工与协作提供了制度基础。在能源网络中，当能源生产、传输和消费对技术和效率的要求越来越高时，分工就不可避免了。而其中，能源利用技术的专业化分工水平方面尤其显得低下。必须指出，提高能源利用效率、降低能源使用成本本身也是有代价的。在社会生产率不断提高，使得提高能源利用效率的效益不断凸显的背景下，相关能源技术的成本却仍然居高不下，在某种程度上也阻碍了能源变革的进程。培养能源服务的商业模式、促进专业力量提供能源服务、发挥规模效益、推动能源生产与消费的革命，是实现能源转型、提高能效、降低成本的重要途径。一旦能源成本降低到临界点以下，巨大的效益就会被释放出来。

目前，我国节能服务企业在合同能源管理方面也积累了大量的经验。在美国加利福尼亚州，需求侧管理的专业服务也已经形成了成熟的市场机制。当然，目前能源服务在效益核算、利益分配等方面也遇到了一些瓶颈，这些瓶颈的突破有待于技术和机制的共同进步。除此之外，基于大数据与云计算的能源咨询业务，以及更多能源网络专业化服务外包（设备状态监测与检修、管网和线路维护、排放监测等），也具有广阔的发展前景。

3.6 输电网与配电网管理智能化

考虑到电力系统在能量大规模、远距离输送上的重要优势和能源使用中的核心枢纽地位，电力网络作为能源互联网的骨架已经越来越成为共识。因此，电力网络的进一步智能化在能源互联网的建设中显得尤为重要，是能源互联网发展的基础。电网主要分为输电网和配电网两个层次。在输电网方面，进一步研发大容量、远距离输电设备被认为是解决我国能源供给和需求空间匹配的重要手段；同时，提升网络运行安全水平和可靠性，尤其是在波动性强的可再生能源高渗透率的情况下，如何不断避免大规模连锁故障，仍然是各地区电网运行的首要课题之一。当然，这些和“智能电网”的内涵是一致的，能源互联网的功能定位与智能电网中配电环节、用电环节智能化的功能定位高度重叠。这些说明能源互联网与智能电网不是对立的关系，也不是非此即彼的关系，而是高度协调与深度融合的关系。在尽可能多地接纳可再生能源、提高能源利用效率大目标下，能源互联网与智能电网可以说是异曲同工、殊途同归的美妙关系。在这种情况下，如何开展我国能源互联网的建设显得尤其重要，需要以严谨慎重的态度、脚踏实地的精神进行充分的科学合理的论证。未来将通过建设主动配电网实现深度融合：一方面，目前配电网智能化程度还比较低，要实现低成本的信息化和自动化，包括建立量测体系、远程控制、自动故障检测与隔离等系统；另一方面，通过建设主动配电网进一步实现对分布式发电（DG）、微网、储能、电动汽车充电的高度协调控制，保证大量分布式电源、微网、储能、电动汽车充电接入配电网后的安全运行；最终，通过建设智能配电网、高级量测体系（Advanced Metering Infrastructure，AMI）、能源互联网实现与用户的友好互动，并与需求响应相结合改善配电网的运行状态，以实现尽可能多地接纳可再生能源，提高能源网络的整体经济性及能源利用效率。

输电网和配电网的智能化还会在相当长的时间内驱动巨大的能源基础设施需求，尤其是配电网自动化相关设备。未来配电网也将向着交直流混合的方向发展；特殊需求场景下，柔性直流配电、直流供电方式也将逐步出现；基于电力电子的能量转化设备未来在配电网中也将占有相当大的比例。有的研究机构已经提出实现直流配电网、直流供电与直流微网的概念。我们认为，未来电网的发展方向是分层、分区、分布式、智能化。为了更多地接入可再生能源，提高能源利用效率，要从我国大电网的实际情况出发，在对配电网电压等级进行科学合理分层的基础上，采用柔性直流配电技术对配电网进行合理分区，根据特殊运行方式需求基于柔性电力电子技术实现柔性组网，是一种值得研究与实际验证的解决方案。在此基础上，可以进一步建设“Cells”（智能配电网中的基本单元）、接入分布式发电、智能微网群、电动汽车充电设施等；也可以探索建设技术型虚拟电厂及商务型虚拟电厂的商业模式。

第 4 章　能源互联网的技术框架

从上述对能源互联网总体设计的综述和各项主要功能与技术需求的分析中可以看到，能源互联网是一个开放式的概念，也是一个不断丰富和发展的概念，还是人们对于未来能源网络发展方向和前景构想的集合。

在“能源”“互联”“网络”和“智慧”四个核心概念的指导下，为了解决能源网络中的不同问题、满足能源网络参与者的不同需求，从不同角度研究能源生产与消费问题也是十分有价值的，因此，提出各种能源互联网的构想都有不同的侧重点和突出的特色。尤其是在如何对待能源互联网与智能电网的关系问题上，这些不同观点既不代表利益的冲突与对立，也不代表学术观点的相互替代，更不是逻辑上的非此即彼，而是对智能电网、智慧能源及能源互联网的有益补充、完善、探索、丰富和发展。

从电网的角度研究能源问题与从能源的角度研究电网的问题，由于角度不同，研究的方法和得出的结论可能会有所不同，但是，有一点是可以肯定的，能源互联网与智能电网的关系不是冲突与对立的关系，而是高度协调与深度融合的关系。因此，描述能源互联网技术框架的时候应该跳出概念和标签的束缚，从更一般性的视角来阐述技术问题。任何满足用户需求的技术、能够落地的技术、具有一定成熟度及经济可行性的技术，都会在市场中得到应用，反之则不然。

在对智能电网、能源互联网、智慧能源全面深入研究的基础上，我们需要用客观的实事求是的态度，以发展的眼光看问题，既要有高度、又要有视野，要全面看待智能电网与能源互联网的问题，而不是片面地看问题，不要炒作概念，要从我国能源实际出发，脚踏实地地进行技术创新与商业模式创新。

本章，我们将按照能源基础设施、信息和通信技术、开放互动平台和标准架构四个层次来对未来能源互联网的相关技术进行梳理与分析。如图 4-1 所示，其中能源基础设施类似电力系统中“一次设备”的概念，主要是指直接参与能源生产、传输、转换、使用等过程的装备设施；而信息和通信技术则是通过信息物理系统附着在能源基础设施之上的提供能源监控、管理、优化、交易等一系列功能的技术集合；开放互动平台与信

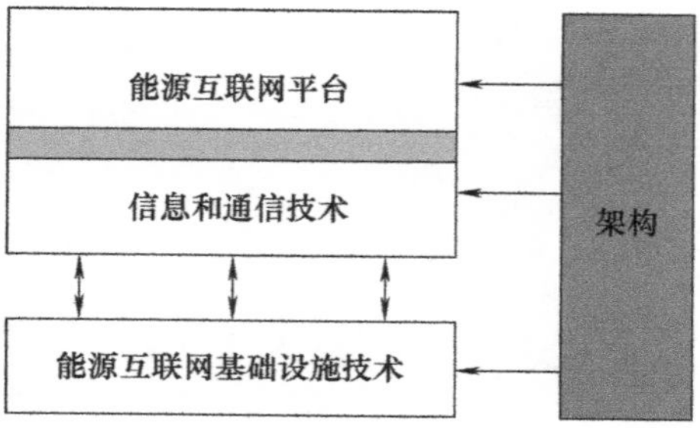

图 4-1　能源互联网的技术框架

息和通信技术有一定的关联，这里主要指一些区域性、覆盖面较广的枢纽系统，为了某一个特定目的实现能源网络不同参与者的相互对接，以解决信息不对称条件下的能源交易与竞争问题；最后，标准架构是组建能源互联网所依据的“总设计图”，它对以上这些技术的集成和部署有指导性的作用。

4.1 能源基础设施

面向能源互联网的能源基础设施关键技术，充分体现了能源互联网的核心特征。在能源生产、传输、转换和使用的过程中，能源互联网应在节能、环保及提高能效的基本前提下，实现对可再生能源的充分接入和就地消纳；增加能源网络的灵活性和可靠性，提高自愈性和容灾性；提供多样化的能源消费方案，使得多种能源形式能够相互转换和互补。为了应对这些要求，能源互联网建设需要大量新型的能源基础设施提供支撑，这些基础设施的首要特征就是具有较高的数字化、信息化、自动化、互动化、智能化水平，具体而言有以下几点：

1）在能源生产环节，各类新型的分布式能源生产设备将成为能源互联网的重要组件。

2）在能源传输和转化环节，以电力电子技术为基础的能量传输接口将成为未来能源设备和能源网络相连的主要形式之一。能量路由器作为其中的重要代表，将被用以解决能量的精确分配问题。此外，各类能源转化技术将实现多能源网络的联网，而微网技术则将在分布式能源设施和能量路由器等技术的支持下，构造集中-分布式两级的未来能源网络结构。当然，储能设备也将是未来能源网络运行不可或缺的一部分，是提高能源网络灵活性的重要手段。能源传输和转换环节的基础设施技术还包括大容量能量输送设备、主动配电网设备等。

3）在能源使用环节，以新能源汽车为代表的新型用能设备将改变消费者的能源消费模式；各类能源梯级利用技术若能科学配置，也能显著提高能源使用效率。

当然，也应该注意到，能量路由器并非能源互联网的专利。其中的固态变压器（SST）与储能也不是新事物，美国电力研究院（Electric Power Research Institute，EPRI，也常译为美国电科院）早就提出了智能万用变压器（IUT）的概念，并完成了样机及试验。配电网中的分布式储能及公共储能装置同样能够完成能量路由器的功能。能源互联网为能量路由器提供了一个对这些技术进行深度整合和系统集成的视角。当然，这种技术通过信息和通信技术将SST与储能深度整合和系统集成距商业化还有很长的路要走，其普遍性、必要性、技术可行性与经济可行性还有待深入研究及实践检验。在前面的章节中已经介绍过，不同的国家、不同的应用场景，对能量路由器的理解、定义也是不完全相同的，这一点是进行能源互联网建设过程中需要注意的。

4.2 信息和通信技术

相比而言，信息和通信技术在能源网络中的应用有更鲜明的特色和创新性。能源互联网基础设施只是提供了基本的物质条件，而要使得整个能源网络高效运行、良性互动，更主要的还是依赖基于信息与通信技术的支持。由此看来，能源互联网将是一个能量流和信息流相互交织、相互影响的系统。

信息获取的第一步是数字化。而目前，能源网络的数字化水平还远未达到真正实现能源互联网的要求。相比而言，大型能源生产设施及电力系统中的输变电设备的数字化程度较高，而配电网、燃气网、热力网、交通网及用户侧用能设备的数字化水平都比较低。这一现状表明，未来能源网络对传感器有巨大的需求：一方面传感器要提高准确度和可靠性；另一方面，还要实现低成本、低功耗、小型化、无线通信及大规模的部署。通过传感器对特定物理量的采集和转换，整个能源网络将成为一个“可观测”和“可控制”的系统。

数字化的信息需要借助网络在系统中进行传递。用于能源信息传输的网络也分为本地局域网和广域互联网两部分。首先，在本地，主要是完成本地服务器和各类传感器、智能设备之间的通信，而不同传感器和智能设备往往采用不同的通信协议，这就需要能源网关对不同的协议进行处理，并实现信息的上通下达。为了保证本地信息网络的可扩展性和即插即用性，具有较强通用性和规范性的通信标准就显得非常重要。目前，在广域互联网层面，主要是解决海量能源数据的输送和信息安全等问题，这和目前不断发展的 IPv6 技术、移动互联网技术的需求是一致的。此外，正如前文所述，能源信息网络的一个突出特点就是能量流和信息流的高度耦合，为了保证两者的合理互动，尤其是保证能源网络的安全，需要信息物理系统理论在融合建模、分析、仿真及验证等方面的进一步发展。

原始的数据只有经过处理才会变成有效的“知识”，而这些“知识”往往要经过合理的可视化后才能更好地被人接受。这些过程都是开展控制和进行决策的重要前提。因此，未来能源互联网还需要借助大量自动分析、评估和可视化软件工具与系统，才能实现更高级的功能。

在此基础上，各类优化控制、优化决策类的工具的应用，将大大改善能源网络的运行水平，最大限度地发挥能源网络的技术特性。

通过对以上几个方面的信息与通信技术进行归纳，可以大致将其分为四个层次：传感器层（物理层）、通信层、基础层和高级应用层。对这些不同层次进行纵向的整合，就形成了完整的能源优化管理系统。面对不同的对象（家庭、楼宇、企业、燃气管网、热力管网、交通网及发电厂等），面向不同对象的能源优化管理系统的功能需求是不同的，其技术路线也各有特点，因此，除了以上提到的具体技术的研发外，也需要专业集成商针对不同对象进行合理的整合与系统集成。

4.3　开放互动平台

开放互动平台是对能源网络中不同参与者进行协调和对接的工具。从经济学角度来看，这些面向具体目标的平台往往具有公共物品的特征，需要政府和民间资本的共同参与。根据当前能源互联网发展的主流需求，各类不同级别、不同标的物的能源市场交易平台（批发市场/零售市场、能量市场/辅助服务市场）、能源需求侧管理平台、能源需求响应平台、碳排放交易平台、污染权交易平台、企业能源填报和审计平台都有非常强的应用需求和前景。这些平台一方面促进了信息的开放和共享，帮助能源网络的参与者进行更合理的决策；另一方面也降低了交易费用，使得资源能够通过交易实现低成本的最优配置。

4.4　架构

架构是技术集成的基本思路和理念。能源互联网的实现不能靠无序的底层探索，适当的顶层设计能够更好地促进技术进步和整合集成。相比基础设施而言，包含开放互动平台在内的能源互联网信息和通信技术具有丰富的层次和多样化的实施方案，因此合理的架构设计显得尤为重要。在这方面，包括面向服务的架构（Service Oriented Architecture，SOA）、分布式自治实时（Distributed Autonomous Real Time，DART）架构、软件定义光网络（Software Defined Optical Network，SDON）架构等相对成熟的架构设计方法都提供了面向多参与主体的系统设计思路，是能源互联网架构设计可以参考的重要依据。

第 5 章　能源互联网基础设施关键技术

能源互联网建设需要一系列能源基础设施及先进信息和通信技术的支撑，既要对关键技术进行创新、提升技术可行性，又要努力降低成本、提高经济可行性。要实现这些目标，还需要做好基础研究，重视原始创新，按照技术成熟度循序渐进地导入相关技术。本章重点介绍能源互联网基础设施关键技术，主要包括固态变压器（SST）与功率器件、能量路由器、分布式能源设备、微网技术、储能技术及主动配电网技术等。

5.1　固态变压器与功率器件

5.1.1　固态变压器原理及其与传统变压器的区别

在电力系统中，变压器的主要作用是变换电压，因为输电线的热损耗和电流的二次方呈正比，在远距离输电时就需要变压器升高电压来减小电流从而降低线损。根据输电距离的远近，一般用大型变压器将电压升至35kV、110kV、220kV、500kV等高电压；电能传输到用户时，再用降压变压器将电压降低，以保证用电安全。在整个发电、输电、配电到用电的过程中，一般需要进行3～5次的变压。这就导致，在电力系统运行过程中，占总发电量10%左右的电能损失在变压器变压环节[20]。

传统变压器的主要作用是变压和隔离，功能单一，且存在一系列问题。例如，铁心饱和会产生谐波，在投入电网时造成较大励磁涌流，在变压器过载时造成电压下降等[21]。所以，传统变压器一般仅适用于传统电网中的单向输变电过程。而在能源互联网的微网中，电能存在双向流动，就需要与能源互联网具有很好相容性的固态变压器实现变压，固态变压器的原理图如图5-1所示。

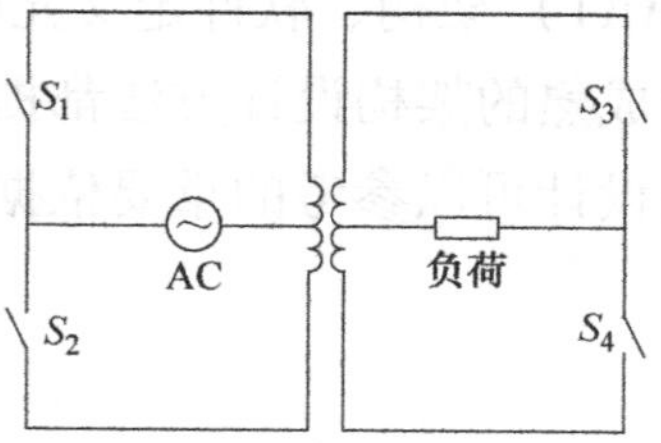

图 5-1　固态变压器的原理图

5.1.2　固态变压器的特征

固态变压器是能源互联网系统中实现能量转换的核心。为了满足能源互联网的特殊要求，与传统变压器相比，它具有如下优点：

（1）多功能性

固态变压器不仅能实现电压转换（高压和低压间的转换），还能实现传统变压器不能实现的频率转换（直流和交流电之间的转换）。总体来说，固态变压器可以实现直流低压、交流低压、直流高压、交流高压这四种状态间的转换，从而满足分布式电力设备灵活接入电力系统的需求。

（2）小巧性

固态变压器体积小且重量轻。变压器的尺寸主要由铁心尺寸决定，而铁心大小和工作频率呈反比。固态变压器通过提高工作频率极大地缩小了体积，减轻了重量，因而可适应能源互联网海量装备的特点。

（3）双向传递性

固态变压器可实现电压的双向输入、输出，且兼具故障隔离功能。相比传统变压器只能适用于单一频率、单向电压的传递，固态变压器几乎可以适用于所有情况下的电压双向传递。例如，固态变压器可将风力发电并入电网，实现低压交流电向高压交流电的转化；可将太阳能发电并入电网，实现低压直流电向高压交流电的转化；可为电动汽车充电，实现低压交流电向低压直流电的转化；可将分布式储能装置与电力总线相连，实现直流电与交流电的双向传导。同时，固态变压器在实现频率和电压变换方面非常灵活，因此可以有效阻断变压器两端的故障传递[21,22]。

5.1.3　固态变压器现状及未来对电力电子技术的要求

目前，固态变压器的研究还处于起步阶段，还存在着转换功率低、转换效率低、输入输出多样性低、成本高、可靠性差等问题，因此，还无法满足能源互联网对固态变压器的要求。我国目前还没有商业化的相关产品，而国际上也仅有几种高功率密度的固态变压器产品，如美国 Cree 公司、Powerex 公司和 GE 公司联合研发的碳化硅（SiC）金属氧化物半导体场效应晶体管（Metal-Oxide-Semiconductor Field-Effect Transistor，MOSFET）的 1 MV · A 固态变压器。

这里必须指出的是，固态变压器与早期出现的由美国电力研究院（EPRI）研制的智能万用变压器（Intelligent Universal Transformer，IUT）并没有本质上的区别，只是美国国家科学基金会（NSF）在提出能源互联网概念时采用先进信息通信技术及电力电子技术把固态变压器与储能电池集成在一起，形成能量路由器。这个想法挺好，但是真正做成实用化的产品并非易事，还需要攻克许多技术难关，也需要具备经济可行性。另外，这种深度集成的解决方案是否具有普遍性和必要性，还需要结合实际需求进行充分的研究和验证。

为满足能源互联网对固态变压器的需求，电力电子技术主要需在下面三个方面进行发展。

1. 半导体材料的发展

由图 5-1 所示的固态变压器原理图可以看出，开关是固态变压器中的重要角色。好的开关应兼具击穿电压高、开态电阻低、响应速度快、损耗功率小、功率密度高等特点，而研究表明，SiC 是目前制备开关最为理想的材料之一。和传统材料硅（Si）相比（见图 5-2），SiC 的禁带宽度、击穿电压等都更高。但目前，SiC 材料的成本较高，且制备过程中存在因位错密度较高而导致的可靠性较差的问题[20]。

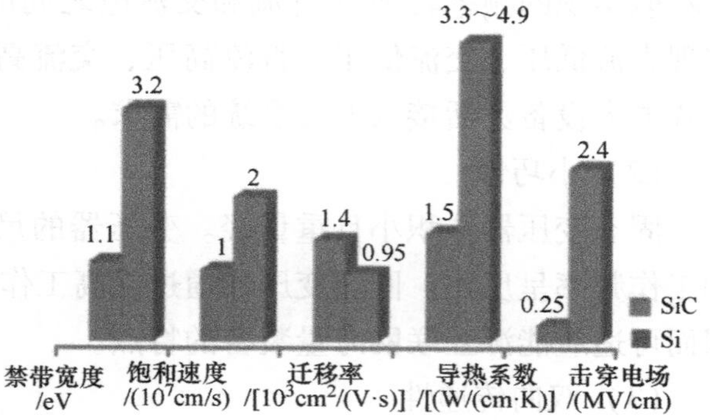

图 5-2 SiC 和 Si 的参数比较

未来需要在 SiC 工艺上进行研究，同时提高制备过程的可靠性和经济性。

2. 功率器件结构的发展

SiC 材料的功率器件主要包括三种结构：10～15kV 的 MOSFET、绝缘栅双极型晶体管（Insulated Gate Bipolar Transistor，IGBT）和传统的门极可关断（Gate Turn Off，GTO）晶闸管。其中，MOSFET 尺寸小、损耗低且频率高，但缺点是电流不能过大，只适用于能源互联网中的低电压、小功率固态变压器。IGBT 击穿电压高，但缺点是体积较大，主要适用于能源互联网中的中压固态变压器。GTO 的电流和电压最高，但损耗高、效率低，适用于能源互联网中大功率、高电压的上层固态变压器。

未来对功率材料和器件的研究需着眼在宽禁带和高压、高频场景的应用。同时为提高开关功率密度，需进一步研究适用于大电流的材料和器件。相比传统变压器，它没有绝缘油，还需要提高器件的耐高温性能。

3. 固态变压器模组的发展

图 5-3 所示的结构是固态变压器的一种基本的原理结构，简称为交流/交流（AC/AC）结构。这种结构简单、高效，但没有隔离措施，且输入和输出都只能采用交流电压[23]。

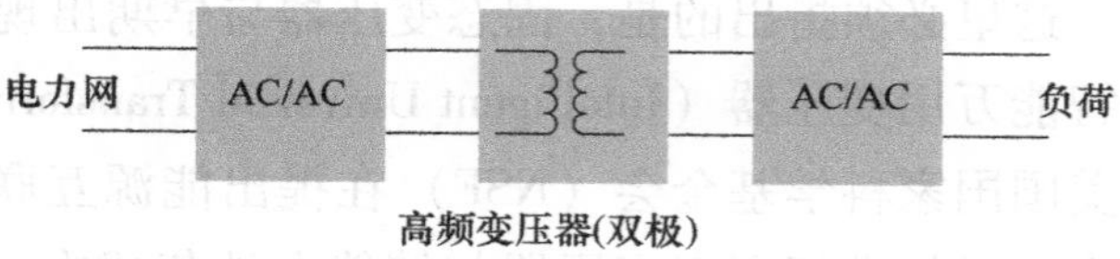

图 5-3 固态变压器模组目前的结构原理图

未来，为了满足输入、输出电压的隔离和多样化，需要进一步将交流/交流（AC/AC）结构改为交流/直流/直流/交流（AC/DC/DC/AC）结构（见图 5-4）。但这样的改动会造成系统结构复杂低效，所以，未来的研究重点是如何兼顾结构的简单高效和输入、输出的隔离及多样化[23]。

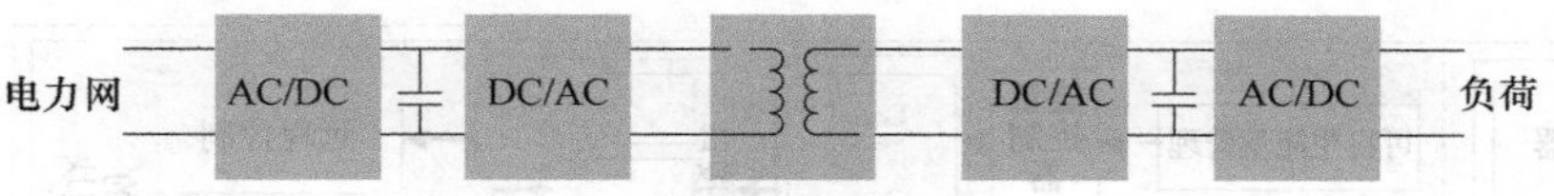

图 5-4　固态变压器模组未来的结构原理图

5.2　能量路由器

5.2.1　能量路由器的架构

目前，学术界和工业界并没有形成对能量路由器架构一致的观点，对能量路由器的定义也不尽相同。美国 FREEDM 项目提出的能源互联网系统的架构及能量路由器概念在技术可行性及经济可行性方面都存在着不同程度的挑战。

与美国 FREEDM 项目提出的能量路由器概念不同，德国莱茵-鲁尔 E-DeMe 项目认为能量路由器可以有多种：可以是逆变器，也可以是储能单元，还可以是智能电表。所以，未来能量路由器可能呈现多种形式长期并存的现象，具体发展那种能量路由器，还要看实际工程应用场景的需要，看技术可行性及经济可行性。

从更广义的角度来看，能量路由器不仅是一个能量装置，更是一个信息节点。它应该兼具分布式控制、能量监测计量、交互、优化决策等多重与能量管理相关的功能。因此，能量路由器通常可以认为由两部分组成：一部分与能量的传输、转换、存储有关，主要包括电力电子变流/变压装置、储能装置等；另一部分则是信息通信工具，包括控制器、通信模块和人机交互模块等。本书参考文献［25］给出了能量路由器架构的设计，如图 5-5 所示。该书作者将能量路由器分为了能量层（Energy Layer）和信息层（Cyber Layer），对能量路由器包含的主要功能、需要兼容的各种通信标准和包含的主要组件进行了设计。从这一设计可以看到，未来能量路由器将和分布式动态能量管理系统紧密结合，一方面帮助用户实现定制化的本地能量优化管理，另一方面也是能源网络组建的重要基础单元[25]。

相比而言，日本学者高桥（Takahashi）等人提出的能量路由器更具想象力。他们认为未来配电网中传送的将是包含信息的“电力包”（Power Packet，类似数据包的概念）。一个电力包不仅包括能量本身，还包含着承载控制及其他信息的标签段（有传统电力载波的意味）。基于电力包，可以实现对配电网络的精确控制及供给与需求的精确匹配。本质上，这一种能量路由器也是在电力电子技术的基础上加上控制电路实现的[26]，也可称为“电力路由器”。

日本开发的电力路由器主要是为了在区域分布式发电系统之间灵活调度电力，通过自律系统提高光伏发电系统的稳定性；通过频率了解充电状况，在一个区域共

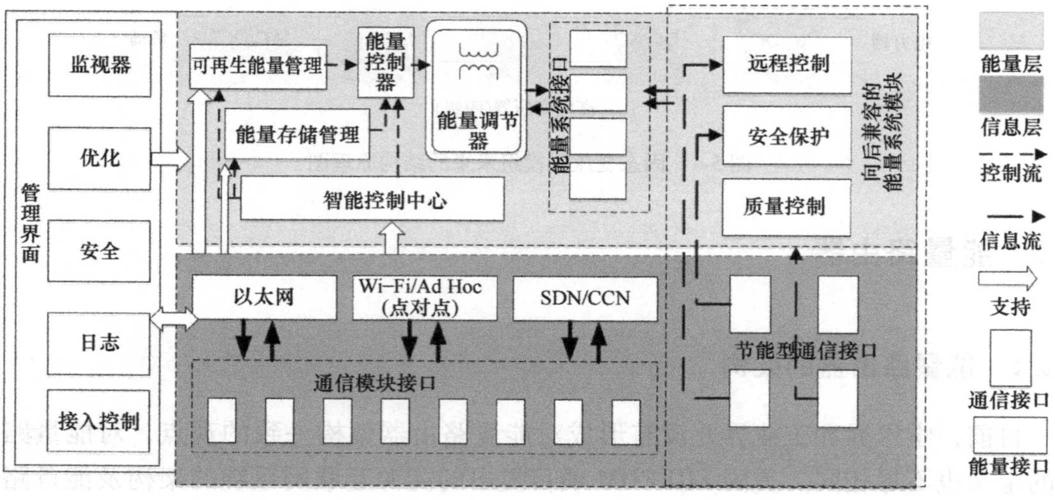

图 5-5　能量路由器架构的设计

享一块蓄电池和电源调节器；把各个住宅及楼宇的光伏电力储存于此，然后进行再分配。该系统包括发电、储能、电力电子设备及用电方在内，实现电力储能、负荷统筹管理，通过电力路由器调度地区电力，紧急时刻提供功率互相支援。

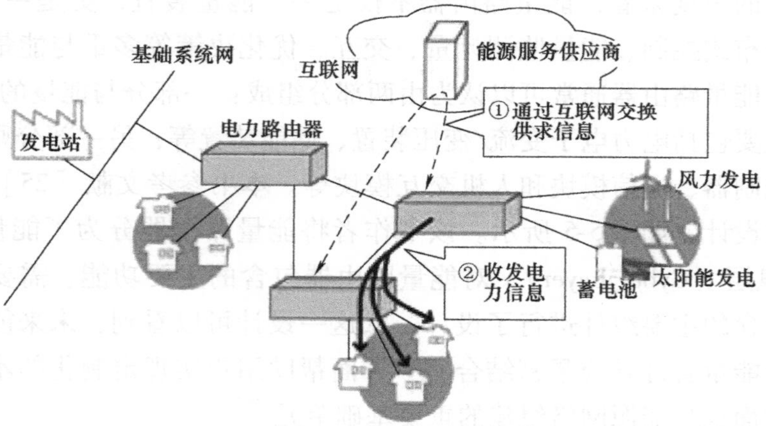

图 5-6　日本学者提出的电力路由器作用示意图

如图 5-6 所示，电力路由器与现有电网及互联网相连。根据“IP 地址”识别分布式电源及微网，由此就可进行“将 A 地区的分布式发电电力送往 B 地区的电力路由器”。在电网因发生灾害而停止供电时，电力路由器之间可相互调度蓄电池存储的电力，从而防止地区停电。

具体而言，就是利用互联网结算系统，在结算后的一定时间内向特定地点供应电力。

日本目前正在开发不使用互联网交换电力信息，而是用电力本身携带信息（即 PLC）进行电力调度的系统。

日本正在开发的电力路由器可根据蓄电池的剩余电量改变输出频率。电力路由器就是将这种频率差异用作蓄电池剩余电量信息。

电力路由器根据相邻电力路由器的频率，判断相邻基地的剩余电量。根据其差距，自主调度电力。这样便可自动消除局部电力短缺，合理调度系统的电力，供应给下游。所利用的频率仅需在现有分布式电源的基础上增减 0.2Hz 即可直接供家电使用，如图 5-7 所示。

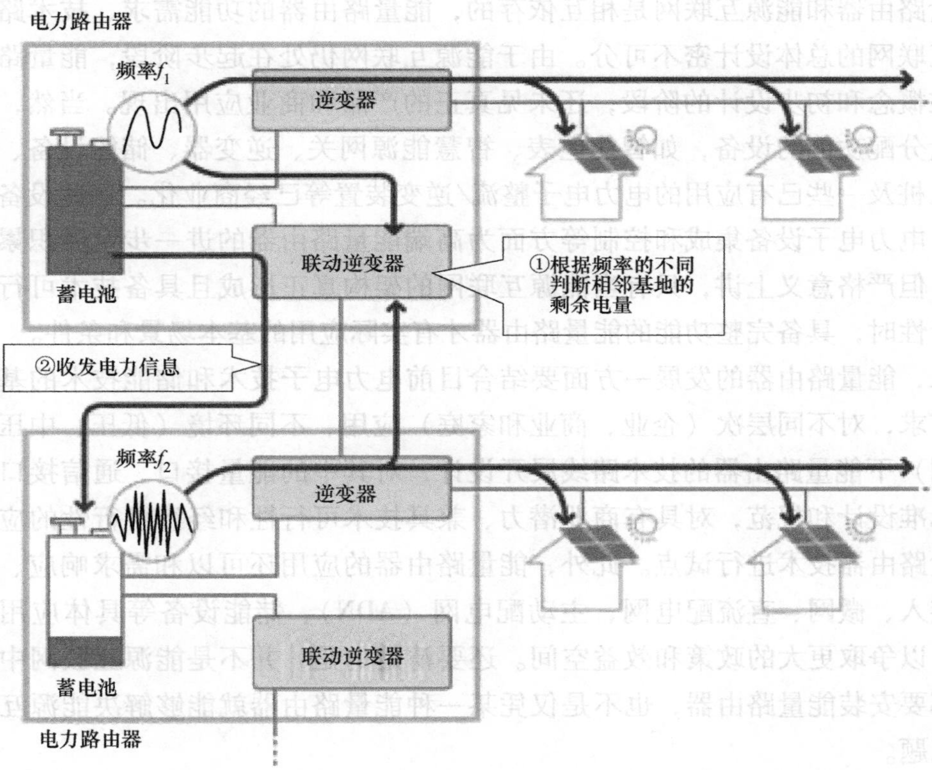

图 5-7　只使用电力信息进行电力调度的电力路由器作用示意图

5.2.2　能量路由器的概念

能量路由器（Energy Routor）被认为是能源互联网中的核心元件。本书参考文献［24］认为，能量路由器是中压配电网和低压区域网的接口，可以实现能量的双向流动，同时可作为可再生能源提供低压直流母线。而本书参考文献［25］认为，能量路由器也分不同的种类，其中承担局域能源单元与骨干网络互联的能量路由器必须能够实现骨干高压电流到低压电流的变压调节、交流电和直流能电的相互转换；

局域能源单元互联的能量路由器需要尽可能多地接纳可再生能源，尽可能提高能源利用效率。

综上所述，我们认为能量路由器的本质特征是实现接口、转换和分配。所以，对未来能量路由器的研究及推广应用不应仅局限于某一种解决方案；应该根据实际场景需求，在充分考虑技术可行性及经济可行性的基础上，研发及推广多种能量路由器，包括逆变器、储能设备、智能电表、能量集线器等，以满足智能电网及能源互联网中能量接口、能量转换和能量分配方面的实际需求。

5.2.3 能量路由器的现状和未来发展

能量路由器和能源互联网是相互依存的，能量路由器的功能需求、技术路线也和能源互联网的总体设计密不可分。由于能源互联网仍处在起步阶段，能量路由器仍停留在概念和初步设计的阶段，还未见真正的产品和商业应用出现。当然，一些具有能量分配功能的设备，如智能电表、智慧能源网关、逆变器、储能设备、电动汽车充电桩及一些已有应用的电力电子整流/逆变装置等已经商业化。这些设备在通信接口、电力电子设备集成和控制等方面为高端能量路由器的进一步发展积累了宝贵经验。但严格意义上讲，只有当能源互联网的架构真正形成且具备技术可行性及经济可行性时，具备完整功能的能量路由器才有实际应用的基本场景和条件。

未来，能量路由器的发展一方面要结合目前电力电子技术和储能技术的基础和用户的需求，对不同层次（企业、商业和家庭）应用、不同环境（低压、中压和高压配电网）下能量路由器的技术路线展开设计，对其中的能量接口、通信接口进行适当的标准设计和规范，对具有商业潜力、兼具技术可行性和经济可行性的应用场景对能量路由器技术进行试点。此外，能量路由器的应用还可以和需求响应、分布式发电接入、微网、直流配电网、主动配电网（ADN）、储能设备等具体应用需求相结合，以争取更大的政策和效益空间。还要清楚的是，并不是能源互联网中所有的节点都要安装能量路由器，也不是仅凭某一种能量路由器就能够解决能源互联网的全部问题。

5.3 分布式能源设备

5.3.1 分布式能源设备的概念

分布式能源设备，是在空间位置上相对分散的，利用新能源及可再生能源（太阳能、地热、水能、生物能、潮汐能、天然气等）进行供能或发电的设备（通常是小型设备）。分布式能源设备往往靠近需求侧，用于实现本地的能源供给与需求匹配。而2015年中共中央、国务院发布的《关于进一步深化电力体制改革的若干意见》则将分布式能源扩展到了“自发自用、余量上网、电网调节”模式的范畴，进一步弱化了分布式能源设备的技术限制。与传统的能源生产设备相比，分布式的能源设备具有清洁环保、灵活性高效等特点，在适当的控制策略下，可以显著提高用户的用能可靠性，降低输配电网络的投资；在有效的商业模式下，可以降低用户的用能成本。

5.3.2　分布式能源设备的技术特征和经济性分析

分布式能源设备有风力发电、光伏发电、生物质发电、水力发电、地热发电、燃气发电、冷热电联供（CCHP）、光热发电余热发电等多种类型。

生物质发电主要是利用含有生物质的废弃物、专门作物进行发电的技术。农作物秸秆、部分树木、城市有机垃圾、有机废水等都是生物质发电的可用原料。生物质发电有直接燃烧发电、混合燃烧发电和气化发电等不同技术。其中，气化发电技术是相对高效和清洁的方式；而混合燃烧技术可以在对现有小型热电厂进行改造的基础上实现；直接燃烧发电则较适用于大型农场或者大型工厂等能集中提供较纯净生物质的场合。目前，生物质发电的造价水平相对常规火电还比较高，新建项目建设成本高达9 000 ~ 10 000元/kW，小火电改造项目约为5 000元/kW，后续的运行成本也非常高。因此，生物质发电目前还要依赖较低的原料供给价格和适当的财政补贴而生存。

余热发电主要指利用特定工业流程（钢铁、水泥、玻璃、化工等）产生的余热进行发电的技术。近年来，余热发电技术快速发展，成为一项具有很高经济性的实用技术。尤其是实现热回收技术，可以实现对低温余热（85 ~ 165℃）的回收发电，进一步提高余热发电的应用范围。余热发电系统主要由余热锅炉、热力循环系统和汽轮发电机等部分组成。其中，热力循环系统的技术指标直接决定了整个余热发电系统的经济性。除此之外，除尘技术等也是余热发电技术进一步发展的重要环节。目前，余热发电技术因其计量明确，可与合同能源管理相结合，取得了良好的效果。除了经济性好之外，余热发电极大地降低了碳排放水平，提高了能源使用效率，创造了很好的社会效应。因此，余热发电近年来受到了高度的重视。

地热发电和常规的热力发电原理是相同的，主要特征是利用地下热源。相比而言，地热发电的优势并不明显，对地热资源的要求也较高，近年来发展较为缓慢。我国目前已经掌握了中、低温地热发电技术，但因为经济性的原因，原先建立的一批小型中低温地热电站，后来逐步停运，仅剩下少数还在运行。但另一方面，地热在供热领域的发展却更令人关注。

除以上三者外，其他的分布式发电技术基本都是其常规形式的小型化。其中，分布式的燃气发电（后面将具体介绍）被认为是具有非常显著的技术优势和经济优势。另外，分布式光伏、分布式风力发电的优势是利用可再生能源发电，但一方面，太阳能和风能供给具有不确定性，需要增加储能设施；另一方面其成本还处于较高的水平，在没有补贴的情况下并不具有较好的经济性。

5.3.3　分布式能源设备的应用现状和未来发展

目前，我国针对分布式能源技术的应用出台了大量的政策和指导性文件，如国家发展改革委发布的《分布式发电管理暂行办法》。电网企业也针对分布式能源的接入制定了并网标准，以更好地实现分布式电源和电网的良性互动。此外，国家还针对风电、光伏等分布式能源上网制定了补贴政策。虽然有一定的利好条件，但除了余热发电之外，我国分布式能源设备应用的现状并不乐观。其中，分布式光伏和分布式天然气发电是相对而言前景较为乐观的。而分布式光伏的应用目前面临着屋顶条件、融资等方面的问题；天然气发电则受制于目前国内天然气资源短缺、价格较高等问题（据分析，在中短期内，我国天然气价格也仍然不会有明显的下降）。因此，要大力推动分布式能源设备的应用，发挥其环境和社会效益，目前还高度依赖政策的引导和支持。此外，根据具体应用场景，在特定区域内，统筹规划设计，提供整体化的区域供能解决方案（包括供电、供冷、供热），是目前经济性相对较好的技术路线。

根据新能源微网规划及布局专题研究，分布式发电通常是指发电功率在几千瓦至数百兆瓦（也有的建议限制在 30 ~ 50 MW）的小型模块化、分散式、布置在用户附近的，就地消纳、非外送型的发电单元。这主要包括以液体或气体为燃料的内燃机、微型燃气轮机、太阳能发电（光伏发电、光热发电）、风力发电、生物质能发电等。分布式发电的基本类型、输出方式及与系统的接口方式见表 5-1。

表 5-1　分布式发电的基本类型、输出方式及与系统的接口方式

技术类型	应用类型	输出方式	与系统的接口方式
风力发电	可再生能源	DC	逆变器
光伏发电	可再生能源	DC	逆变器
水力发电	可再生能源	AC	直接相连
地热发电	可再生能源	AC	直接相连
小型燃气轮机	可再生能源，化石燃料	AC	直接相连
燃料电池	可再生能源，化石燃料	DC	逆变器
太阳集热发电	可再生能源	AC	直接相连
蓄电池储能	电网或分布式发电	DC	逆变器
电容器储能	电网或分布式发电	DC	逆变器

（续）

技术类型	应用类型	输出方式	与系统的接口方式
飞轮储能	电网或分布式发电	DC	逆变器
超导磁储能	电网或分布式发电	DC	逆变器

分布式发电的优势在于可以充分开发利用各种可用的分散存在的能源，包括本地可方便获取的化石燃料和可再生能源，并且可以提高能源的利用效率。

分布式电源通常接入中压或低压配电系统，并会对配电系统产生广泛而深远的影响。传统的配电系统被设计成仅具有分配电能到末端用户的功能，而未来配电系统有望演变成一种功率交换体系。分布式发电具有分散、随机变动等特点，大量的分布式电源的接入，将对配电系统的安全稳定运行产生极大的影响。传统的配电系统分析方法，如潮流计算、状态估计、可靠性评估、故障分析、供电恢复等，都会受到分布式发电不同程度的影响，而需要面向主动配电网目标进行改进和完善。

现在世界各地的供电系统主要是以大机组、大电网、高电压为主要特征的集中式单一供电系统。世界 90% 的电力负荷都由这种集中单一的大电网供电。但是，当今社会对能源与电力供应的质量与安全可靠性要求越来越高，大电网中任何一点的故障所产生的扰动可能会对整个电网造成较大影响，严重时可能引起大面积停电甚至是全网崩溃，造成灾难性后果，这样的事故时有发生；而且大电网又极易受到战争或恐怖势力的破坏，严重时将危害国家的安全。

分布式能源系统形式多样，太阳能高温集热发电、燃料电池独立电源、燃料电池-燃气轮机联合循环及分布式冷热电联产系统等，都是值得关注的技术。美国通用电气（General Electric，GE）公司典型的燃料电池-燃气轮机联合循环系统如图 5-8 所示。

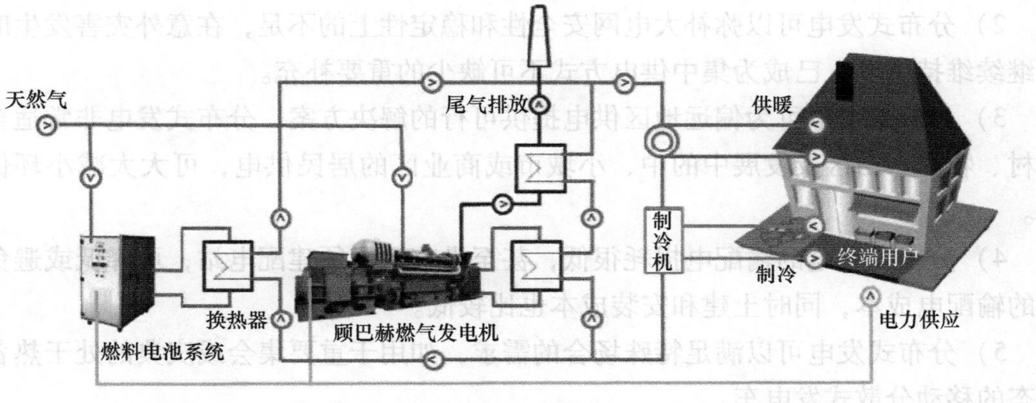

图 5-8　美国 GE 公司典型的燃料电池-燃气轮机联合循环系统

最近，燃料电池技术取得了一定进展。具有高温余热的高温固体氧化物燃料电池系统（Solid Oxide Fuel Cell，SOFC）是目前效率最高的燃料电池系统。其产生电能的效率一般在40%～50%左右，大量的能量以热能的形式释放。如果实现热、冷、电的联供，其综合能源利用效率可达到80%以上。SOFC也可以直接使用天然气、煤气、沼气等，如果未来能够降低SOFC发电成本，关键技术取得突破，将更具竞争力。需要说明的是，燃料电池不具有瞬时响应特性，需配备储能设备。

天然气分布式发电是指利用天然气为燃料，通过冷热电联供等方式实现能源的梯级利用，综合能源利用效率在70%以上。天然气分布式能源具有能效高、清洁环保、安全性好、削峰填谷（调节速度快，能发挥对电网和天然气管网的双重削峰填谷作用）、经济效益好等优点。国际上发展迅速，而我国则刚刚起步。

1）美国，约有20%的新建商用建筑使用冷热电联供系统，约有5%的已有商用建筑使用冷热电联供系统；预计到2020年将有50%新建商用建筑采用冷热电联供系统，15%已有商用建筑采用冷热电联供系统。

2）英国，分布式供能系统已经超过1000个。

3）丹麦，天然气发电占电力系统总装机的1/2以上。天然气发电具有调节能力强、可跟踪风力发电功率变化等优点，这也是丹麦能接纳更多的风力发电上网的原因之一。

4）日本，正在积极发展零能耗建筑（Zero Energy Building，ZEB）。

根据西方国家的经验，大电网系统和以多种能源互补提高能源利用效率为目的的分布式发电系统相结合是节省投资、降低能耗、提高系统安全性和灵活性的主要方法。

分布式发电和集中供电系统的配合应用有以下优点：

1）分布式发电系统中各电站相互独立，用户由于可以自行控制，不会发生大面积停电事故，所以安全性、可靠性比较高。

2）分布式发电可以弥补大电网安全性和稳定性上的不足，在意外灾害发生时可以继续维持供电，已成为集中供电方式不可缺少的重要补充。

3）分布式发电可为偏远地区供电提供可行的解决方案，分布式发电非常适合向农村、牧区、山区及发展中的中、小城市或商业区的居民供电，可大大减小环保压力。

4）分布式发电的输配电损耗很低，甚至没有，无须建配电站，可降低或避免附加的输配电成本，同时土建和安装成本也比较低。

5）分布式发电可以满足特殊场合的需求，如用于重要集会或庆典的处于热备用状态的移动分散式发电车。

6）燃气式分布式发电调峰性能好、操作简单，由于参与运行的系统少，启停快速，便于实现全自动。

5.3.4　分布式发电并网标准

为解决分布式发电对系统带来的影响，规范分布式发电的并网和运行，欧盟、美国和日本等地区和国家都制定或明确了分布式发电的并网要求，制定了详细的技术标准。

美国电气和电子工程师协会（Institute of Electrical and Electronics Engineers, IEEE）制定了分布式发电的并网标准 IEEE 1547；美国各州主要依据标准 IEEE 1547，制定分布式发电并网的技术标准。

欧盟各主要成员国英国、德国、法国等都明确或制定了微型电源接入配电网的并网标准。

日本要求分布式能源必须满足《电气设备技术基准》和《旨在确保电能质量的并网技术要件指南》所规定的并网标准。

由 IEEE 发布的支持分布式发电互联的标准主要有如下几种：

1）IEEE 1547《分布式电源与电力系统互联（Interconnecting Distributed Resources with Electric Power Systems）》系列标准。

2）IEEE 929-2000《光伏（PV）发电系统并网实施规范（Recommended Practice for Utility Interface of Photovoltaic（PV）Systems）》。

3）IEEE 519-2014《电源系统的谐波控制的推荐实施规范和要求（Recommended Practice and Requirements for Harmonic Control in Electric Power Systems）》。

4）IEEE 242 ERTA-2003《工业及商业电力系统保护及协调实施规范（Recommended Practice for Protection and Coordination of Industrial and Commercial Power Systems）》。

由国际电工委员会（IEC）发布的支持分布式发电互联的标准主要有如下几种：

1）IEC 61727-2004《光伏（PV）系统电网接口特性（Photovoltaic（PV）Systems - Characteristics of the utility interface）》。

2）IEC 61400-21-2008《风力发电机组 电能质量测量和评估方法（Wind Turbine Generator Systems Measurement and Assessment of Power Quality Characteristics）》。

3）IEC 61850《公用电力事业自动化的通信网络和系统（Communication networks and systems for power utility automation）》。

国际标准中获得广泛认可的是 IEEE 1547 系列标准，于 2003 年由 IEEE 正式出版。这一标准规定了 10MV · A 以下分布式电源互联的基本要求，涉及所有有关分布式电源互联的主要问题，包括电能质量、系统可靠性、系统保护、通信、安全标准和计量。标准 IEEE 1547 已经扩展到成系列标准[71]，包括以下几部分：

IEEE 1547. 1-2005《分布式电源与电力系统互联一致性测试程序标准（Standard for Conformance Test Procedures for Equipment Interconnecting Distributed Resources With Electric Power Systems)》。该标准提供测试程序，以确认分布式电源是否适合与电力系统联网。2005 年 IEEE 发布了该标准。

IEEE 1547. 2-2007《分布式电源与电力系统互联应用指南（Application Guide for IEEE Std 1547-2003，IEEE Standard for Interconnecting Distributed Resources With Electric Power Systems)》。该标准提供了互联应用技术背景和应用的细节，以支持对 IEEE 1547 的理解。2007 年 IEEE 发布了该标准。

IEEE 1547. 3-2007《分布式电源与电力系统互联的监测、信息交流和控制指南 (Guide for Monitoring, Information Exchange, and Control of Distributed Resources With Electric Power Systems)》。2007 年 IEEE 发布了该标准。

IEEE P1547. 4-2011《分布式孤岛电力系统的设计、操作和集成指南（Guide for Design, Operation, and Integration of Distributed Resource Island Systems with Electric Power Systems)》。该标准提供设计操作和集成分布式孤岛电力系统的方法和实际做法，主要包括与电网分开和重新连接。2011 年 IEEE 发布了该标准。

IEEE1547. 5-2011《大于 10 MV · A 分布式电源与输电网互联技术准则草案 (Draft Technical Guidelines for Interconnection of Electric Power Sources Greater than 10MVA to the Power Transmission Grid)》。该标准包括超过 10 MV · A 分布式电源与输电电网互联的设计、施工、调试、验收、测试、维修和性能要求。2011 年 IEEE 发布了该标准。

IEEE1547. 6-2011《分布式电源与电力系统配电二级网络互联实施规范（Recommended Practice For Interconnecting Distributed Resources With Electric Power Systems Distribution Secondary Networks)》。该标准为分布式电源与电力系统配电二级网络互联提供指导。2011 年 IEEE 发布了该标准。

另外，有关燃料电池、光伏发电及储能方面的一些标准正在制定当中。

标准 IEEE 1547 第一次尝试统一所有类型分布式电源性能、运行、测试、安全、维护方面的标准和要求，但是 IEEE 1547 是针对 60 Hz 系统（美国）的，用于 50 Hz 系统时，需要对标准 IEEE 1547 进行调整，以便在当系统发生故障时，分布式电源应停止向与之相连接的区域电力系统故障点供电。在重合闸动作之前，分布式电源应停止向区域电力系统供电[71]。

1. 技术要求

（1）基本要求

1）分布式电源并网后，不应对公共连接点（Point of Common Coupling, PCC）造成电压变动。

2）分布式电源不能使区域电力系统电压超过美国国家标准学会（American National Standards Institute，ANSI）标准 ANSI C84.1-2011 所规定的范围。

3）分布式电源并网不应造成超过所连接区域电力系统设备额定值的过电压，也不能干扰区域电力系统中接地保护的协调动作。

4）与电网并列运行的分布式电源在 PCC 引起的电压波动不应超过 ±5%。

5）分布式电源并网运行时不应使系统短路容量超过断路器固有的断流容量。

标准 IEEE 1547 规定了分布式电源在并网试验时频率、电压和相角差应满足的要求（适用于各个电网间并网、感应发电机并网和通过逆变器并网），见表 5-2。

表 5-2　IEEE 1547 规定的分布式电源在并网试验时频率、电压和相角差应满足的要求

分布式电源总容量/（kV·A）	频率偏差 Δf/Hz	电压偏差 ΔU（%）	相角偏差 $\Delta\Phi$（°）
0～500	0.3	10	20
500～1500	0.2	5	15
1500～10000	0.1	3	10

（2）对不正常运行电压的响应

1）分布式电源应于系统发生故障时，应停止供电或从系统切除。

2）当电压值位于不正常电压范围时，分布式电源应在指定的清除时间内停止向区域电力系统供电。清除时间是指从非正常状况开始至分布式电源停止向地区电力系统供电的时间。不正常运行电压对应的清除时间见表 5-3。

表 5-3　不正常运行电压对应的清除时间

电压范围（占基准电压的百分比）	清除时间/s	电压范围（占基准电压的百分比）	清除时间/s
$V<50\%$	0.16	$110\%<V<120\%$	1.00
$50\%\leqslant V<88\%$	2.00	$V\geqslant120\%$	0.16

注：① 基准电压指标准 ANSI C84.1-2011 规定的额定系统电压。

② 如果分布式电源的容量小于等于 30kW，清除时间是指最大清除时间；如果分布式电源容量大于 30kW，清除时间是指默认清除时间。

如果分布式电源峰值容量小于等于 30kW，不正常运行电压的设定点和清除时间应固定或可调。对于容量大于 30kW 的分布式电源，电压设定点应可调。

应在以下情况检测 PCC 或分布式电源连接点处电压：

1）连接于单个 PCC 的分布式电源系统总容量小于等于 30kW。

2）与系统相连接的设备通过非孤岛测试认证。

（3）对不正常频率的响应

当系统频率超出正常范围时，分布式电源应在指定的清除时间内停止向地区电力系统供电。清除时间是指从非正常状况开始至分布式电源停止向地区电力系统供电的时间[71]。不正常频率对应的清除时间见表 5-4。

表 5-4　不正常频率对应的清除时间

分布式电源容量	频率范围/Hz	清除时间/s	分布式电源容量	频率范围/Hz	清除时间/s
≤30kW	>60.5	0.16	>30kW	>60.5	0.16
				< {59.8 ~ 57.0} 可调设定点	0.16 ~ 300 可调
	<59.3	0.16		<57.0	0.16

注：如果分布式电源容量小于等于 30kW，清除时间是指最大清除时间；如果分布式电源容量大于 30kW，清除时间是指默认清除时间。

如果分布式电源峰值容量小于等于 30kW，频率设定点和清除时间应固定或可调。容量大于 30kW 的分布式电源，频率设定点应可调。低频跳闸设定应和地区电力系统操作相互协调。

地区电力系统发生扰动后，要求区域电力系统电压恢复到标准 ANSI C84.1—2011 所规定范围内，频率恢复到 59.3 ~ 60.5Hz，否则不允许分布式电源重新并网运行。

分布式电源并网系统应具备一个可调的延时（或 5min 固定延时），实现区域电力系统稳态。

（4）对电能质量的要求

分布式电源并网可能会对系统电能质量产生以下影响：

1）易造成系统的电压波动和闪变。

2）对系统产生谐波污染。

为了消除或减小分布式电源并网对电能质量造成的影响，标准 IEEE 1547 有以下的规定：

1）分布式电源及其并网系统注入直流电流不应大于分布式电源连接点处标称输出总电流的 0.5%。

2）分布式电源并网系统不应造成闪变。

3）当分布式电源的负荷是线性平衡负荷时，从 PCC 注入区域电力系统的谐波电流不应超过表 5-5 给出的限制[71]。

表 5-5　电力系统对谐波的要求

谐波的阶数 h（奇数次）	$h<11$	$11\leqslant h<17$	$17\leqslant h<23$	$23\leqslant h<35$	$35\leqslant h$	TDD
百分比（%）	4.0	2.0	1.5	0.6	0.3	5.0

注：1. 电流是本地电力系统不带分布式电源运行时最大负荷电流（15 或 30min 内）或者分布式电源额定电流两者中的较大的。

2. 偶次谐波限制在上述奇数次谐波的 25% 以内。

（5）孤岛

标准 IEEE 1547 中对孤岛检测的方法可分为主动式孤岛检测和被动式孤岛检测。

在此标准中仅对被动式孤岛检测做出了规定，并要求分布式电源应能检测出孤岛现象并于 2s 内停止供电。

2. 并网试验

按照标准 IEEE 1547，并网试验的内容应该包括设计试验、产品试验、并网安装的评价、验收试验和周期性并网试验。除此以外，还可实行“已认证设备”的方式。

对于所有的并网都要求进行试验。试验的结果要以正式的文档记录。标准 IEEE 1547 所声明的试验规范和要求都是并网系统所需要的，包括同步机、感应电动机、静止功率逆变器/变换器，对于大多数安装都是足够的。

（1）设计试验

设计试验应执行适用于特定接入系统的技术。试验应用于一个封装的使用嵌入式组件的接入系统，或者采用分立部件组装的接入系统[71]。设计试验见表 5-6。

表 5-6 设计试验

要求顺序	设计试验名称	推荐顺序	设计试验名称
1	对不正常电压与频率的响应	4	对不正常电压与频率的响应
		5	同步
2	同步	6	孤岛
3	并网完整性试验	7	直流注入限制
		8	谐波

（2）产品测试

对带有可调整设定值的并网系统，应该在由其生产厂商确定的设定点进行测试。此项测试可作为出厂测试或试运行测试一部分。

（3）并网安装评估

并网安装评估包括以下几项：

1）接地。

2）隔离设备。

3）监视。

4）地区电力系统故障。

5）地区电力系统重合闸协调。

（4）试运行测试

所有的试运行测试需要按照指定好的测试程序进行。首先，执行视觉检查，初始试运行测试需要在分布式电源并网运行之前就对安装后的分布式电源和并网系统设备执行。需要进行的测试以下：隔离设备的可操作性，非主动孤岛功能性测试，停止供电功能性测试。对于以前没有测试过后或正式记录过的设备都要进行测试。

（5）周期性并网测试

所有并网相关的保护功能和有关电池都应进行周期性测试，测试周期由生产厂商或系统设计人员或拥有分布式电源并网系统管理权利的人员确定。应保留周期性测试报告或检查日志。

5.4 微网

5.4.1 微网的概念

微网（包括微能源网和微电网，是能源互联网的基本单元）是一种由分布式能源进行供能的小型系统，可以独立运行，也可以通过联络线和大系统互联。微网的概念最初由美国电力可靠性技术解决方案协会（Consortium for Electric Reliability Technology Solutions，CERTS）提出，旨在通过利用微电源提高本地负荷的可靠性和安全性。这一概念的提出与美国频发飓风等灾害天气有关，人们希望能够在主网失去电力供应或发生故障时，微网能够在与主网解列的情况下独立运行。近年来，随着微网概念的逐步推广，其内涵不断丰富。现在，微网被普遍认为是实现分布式能源应用的重要基础架构，涵盖了能量管理系统（EMS）、智能控制、储能、先进电力电子技术、自动化终端及储能等多种技术。

5.4.2 微网的组成

除了最基本的供电外，微网最重要的价值就是多种能源互补，提高能源利用效率。考虑到微网必须具备独立运行的能力，而在小范围内实现功率的瞬时平衡比大系统实现功率瞬时平衡难度要大得多；而以光伏发电和风力发电为代表的分布式能源又有较强的随机性和波动性，这给微网的运行和控制又增加了难度。为了保证微网的可靠运行，微网往往需要具有更为复杂的组成和多种运行控制策略。

根据新能源微网规划及布局专题研究，微网的组网方式包括交流微网、直流微网和混合微网三种模式。交流微网和传统的配电网有类似的形态。直流微网则从并网点（即PCC）以下全部为直流网络，设备与网络间、不同电压等级直流母线之间全部由电力电子装置连接，没有频率问题，损耗相对低；但技术比较复杂，建设成本也较高。混合微网往往以交流母线为主，在各个局部单位（单体建筑内）内采用直流母线，是一种折中方案。微网结构示意图如图5-9所示。

图5-9所示结构是一个微网的典型结构。在用能侧，微网中的负荷（工业负荷、商业服务、居民负荷）根据具体应用场景，具有不同的用能特性。在供给侧，通过将水电、燃气机组和光伏发电、风力发电等结合使用，可以使微网的电源具有较好的可调节特性。同时，为了进一步保证能量供给的稳定性和经济性，提高可再生能

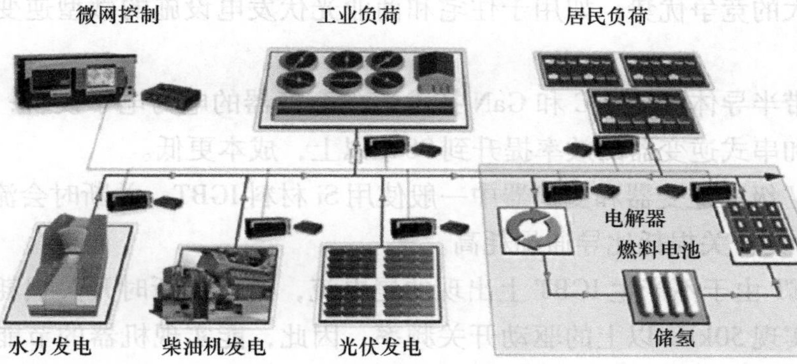

图 5-9　微网结构示意图

源的消纳能力，配备了储能装置。储能装置也已经被公认是微网的基本元素。为了协调微网中不同设备的运行和控制，提高微网的安全性和可靠性，一个具备监控、安全分析评估、优化控制与决策的微网能量管理系统（MEMS）不可或缺，而 MEMS 的运行，需要依赖大量测量装置、自动控制装置、保护装置、故障隔离装置的协助。考虑到微网中各类设备的特性不同，控制方法不同，本书参考文献［27］认为，微网具有复杂性、非线性、开放性、空间层次性、结构性和自组织性等复杂系统的特征。

未来微网发展的关键技术主要有以下几个方面。

1. 双向逆变器技术

逆变器是在要求的电压和频率下，把直流电转换成交流电的装置。逆变器的作用并不局限于并网，还能通过逆变器实现孤岛运行。逆变器的并网功能已经实现商业化。对于并网型微网，当主网失电转入孤岛运行后，通过逆变器管理储能和发电设备应用功能已逐渐成为标准配置。

智能逆变器除具有并网功能外，还能够向本地负荷供电、向主网送电，对主网提供无功电压支持及故障检测隔离；根据从智能电表获取的电网实时信息做出控制决策等。这种智能微网型逆变器可以实现能量路由器的功能，也是未来能源互联网中的关键设备，具有很好的发展前景。

（1）光伏发电并网接口一体化装置

要求在一个装置上融合继电保护、测控、电能质量、调度通信四项功能，改变以往至少需要三个装置才能实现这些功能的状况。支持串口、网口、光口、无线等多种通信方式，能够接入上百种通信规约，几乎支持所有类型的电力设备。

（2）基于碳化硅（SiC）和氮化镓（GaN）的光伏发电逆变器

预计未来基于 SiC 和 GaN 的光伏发电逆变器、功率变换器、隔离器市场容量到 2020 年将达到 14 亿美元。小型逆变器系统也会有比较大的市场空间，小型逆变器系统具有非常大的竞争优势，如用于住宅和商业光伏发电设施的微型逆变器和小型串式逆变器。

采用宽禁带半导体（即 SiC 和 GaN 技术）的变换器的电力电子设备，可将光伏发电微逆变器和串式逆变器的效率提升到98%以上，成本更低。

以往1200V 级的逆变器和变换器中一般使用Si 材料 IGBT，关断时会流过过渡电流（尾电流），使开关损耗比导通损耗高。

SiC MOSFET 由于不产生 IGBT 上出现的尾电流，所以关断时开关损耗可以减少90%，而且可实现50kHz 以上的驱动开关频率，因此，能实现机器的节能化及散热片、电抗器和电容等周边元器件的小型化、轻量化。

日本罗姆公司开发的全 SiC 功率模块的耐压性能更好，可以实现 100kHz 以上高频驱动且开关损耗更低。

SiC MOSFET 与 Si IGBT 的损耗比较如图 5-10 所示。

（3）逆变器优缺点分析

逆变器技术对光伏发电、储能设备或热电联产（CHP）至关重要。对于逆变器之间，提高智能通信能力就显得更加重要。目前，逆变器的平均转换效率为92%～95%。新型结构的逆变器的出现，整体转换效率还将进一步提升，应用前景广阔。

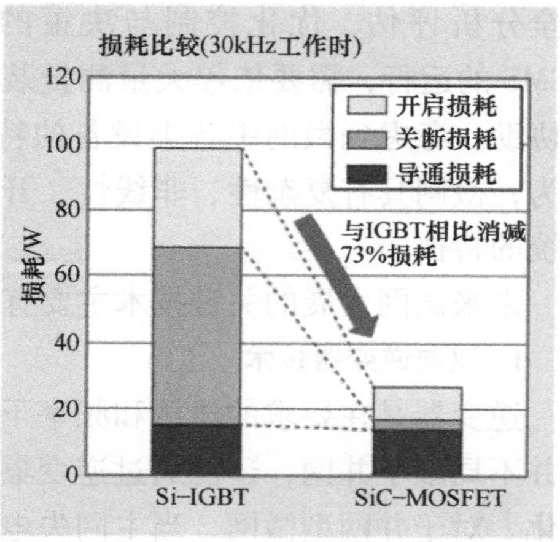

图 5-10　SiC MOSFET 与 Si IGBT 的损耗比较

智能双向逆变器优点如下：

1）在大规模分布式发电系统中，具备快速安全地连接或断开分布式发电、储能、负荷设备的能力。

2）支撑微网与主网并网，允许微网向主网送电，并可提供其他实时辅助服务，从而增加微网的盈利能力。

3）增强了微网处于孤岛运行时的稳定性，并能充分适应系统含有各种新能源发电设备，且控制过程复杂的情况。

4）比较好地实现微网中发电、储能、负荷等各环节的电压控制。

5）是实现分布式清洁能源在微网和配电网间传输优化的最佳手段。

目前，智能双向逆变器缺点如下：

1）增加项目前期投资。

2）增加微网生命周期内运行维护成本。

3）大量逆变器并行工作，会增加微网复杂性，增大事故风险。

4）增加了储能设备和可再生能源分布式发电间频率同步的环节。

2. 智能转换开关

智能开关（也称为静态开关、快速开关或者固态断路器）在现代微网中扮演着重要角色。在理想情况下，它可使微网在一个工频周期内实现从并网运行模式到孤岛运行模式的转换，且不需要任何手动操作。以前微网与大电网之间的并网和断开需通过机械开关手工操作实现，响应速度慢，会对电力设备造成十分严重的损害。因此，智能开关是微网实现安全孤岛运行的先决条件。使用智能开关有助于微网从并网模式到孤岛模式的无缝切换，使任何单一馈线回路故障都能在电力不中断情况下被隔离。

3. 储能技术

储能技术是整个微网组成结构中最薄弱的一个环节。目前，有的储能方式还有一些技术瓶颈没有突破，成本高，寿命短，距商业化尚有距离。但是由于插电式混合动力电动汽车（Plug in Hybrid Electric Vehicle，PHEV）的发展，目前电池技术发展也很快。热储能是目前较为成熟的技术。飞轮储能对于偏远微网的应用是一种非常有前途的技术。大型微网还可以利用空气压缩技术或抽水蓄能技术。目前，最好的用于微网的储能技术是复合储能技术。锂电池可为电网和发电厂提供辅助服务，作为社区储能（Community Energy Storage，CES）。飞轮储能功能相对单一，但其使用寿命长，可提供瞬时高深度的充放电服务，也能够为电网提供调节服务。

4. 微网控制系统

通过逆变器和智能开关可以使微网孤岛运行，一旦微网与大电网断开，软件系统必须控制微网所有组成部件，要保持电压和频率正常，以支持重要负荷。当微网孤岛模式运行时，微网控制系统主要控制微网储能装置、分布式发电和相应负荷之间的功率平衡。

5. 微网能源优化模型

美国 CERTS 已经提出了分布式电源用户侧模型——分布式能源客户选择模型（Distributed Energy Resources Customer Adoption Model，DER-CAM），并正在开发微网分析工具 μGrid。美国 GE 公司正在开发和检验微型电网的能量管理系统，以提供联合控制、保护和能量管理平台。日本八户（Hachinohe）市微网示范工程既考虑了储能等变化周期较长的因素，也考虑了能量的实时供需平衡等短周期变化的因素，并开发了相关的能量管理系统。

下面简要介绍几种微网能源优化模型：

1）DER-CAM，由美国能源部劳伦斯伯克利国家实验室（简称伯克利实验室）开发，适合含冷热电联供系统的微网容量优化；只考虑并网运行，无法体现微网孤岛运行对可靠性提高的作用。

2）可再生能源互补发电优化模型（Hybrid Optimization Model for Electric Renewable，HOMER），能够对多种可再生能源发电技术进行建模仿真，能够对并网型和独立型微网系统进行建模仿真。

3）H2RES 模型，适用于提高海岛、偏远山区等独立型系统或与电网连接比较脆弱的并网型系统的可再生能源渗透率及利用率；由克罗地亚萨格勒布大学开发。

4）Hybrid2 模型，能够对风、光、柴、蓄混合发电系统进行技术、经济分析，可用于并网、孤岛混合发电系统的工程级仿真。

微网建模需要面对如下这些挑战：

1）时间尺度范围跨度较大。

2）软件模型应具有灵活方便的用户自定义建模能力。

3）电源和负荷类型多样。

4）分布式能源的多样性、间歇性和不可预见性。

5）不同电能质量负荷。

下面主要介绍一下 DER-CAM。

DER-CAM 由美国伯克利实验室与来自德国、西班牙、比利时、日本和澳大利亚的访问学者耗时十年，共同设计完成；依据混合整数线性程序（Mixed-Integer Linear Programming，MILP），运用通用代数建模系统（General Algebraic Modeling System，GAMS）编写；以大幅减少每年的用能成本与二氧化碳排放量为目标，为建筑微网（峰值一般为 250 ~ 2000kW）提供多种服务；在不断变化的运行时间条件下，提供技术的最优化结果；是第一个采用"软件即服务"（Software as a Service，SaaS）的该方向商业化软件（第一个商业化、实时优化软件）。DER-CAM 的数据流图如图 5-11 所示。

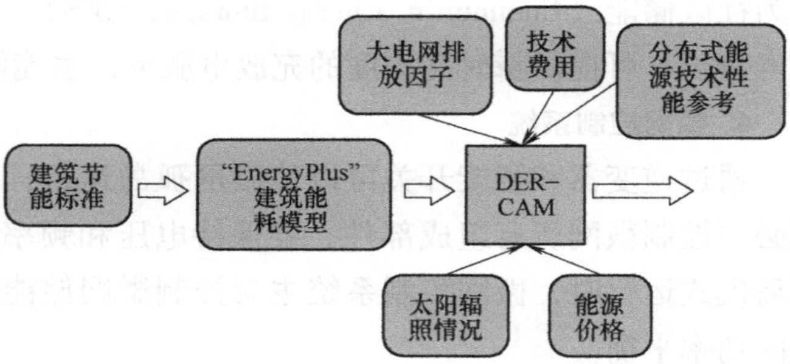

图 5-11　DER-CAM 的数据流图

DER-CAM 原理如图 5-12 所示。

DER-CAM 的应用主要包括以下四个方面：

1）独栋建筑物投资优化决策。

2）政策分析与市场评估。

3）微网实时运行方法研究。

4）插电式电动汽车控制。

其应用方面面临的挑战如下：

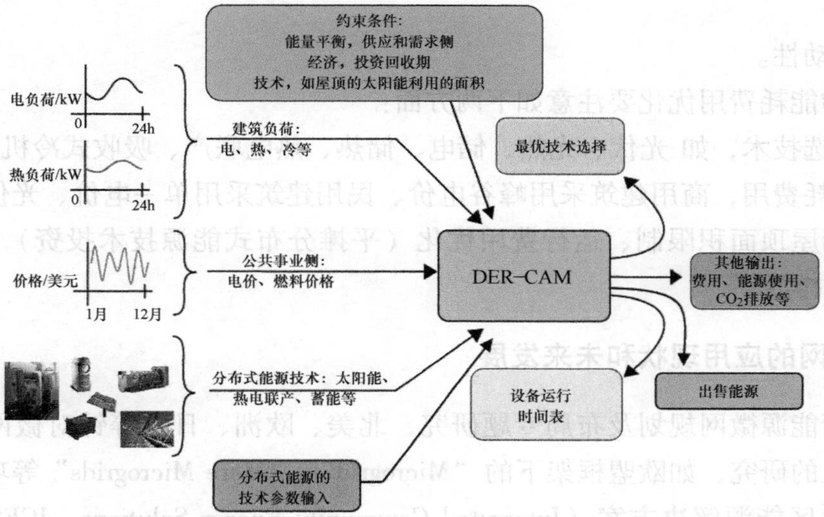

图 5-12　DER-CAM 原理

1）如何对现有技术采用最优的控制，如备用发电机、孤岛模式运行。

2）如何对电池充放电时刻进行控制。

3）如何降低建筑的能源消耗，规避峰值电费。

4）如何降低供电侧的用电量峰值。

5）如何提升电能质量及供电可靠性。

6）如何实现节能减排。

影响其不确定性的因素如下：

1）随机性目标（供电侧和本地断电）。

2）未来趋势和需求响应变量。

3）优化联网和孤岛两种运行模式的控制时间表。

4）优化本地电网的服务，如无功电压支持。

5）插电式电动汽车充电。

6）其他不确定的资源，如风、随天气变化的负荷。

7）备用燃料。

其中，对电池充放电时间优化要考虑如下因素：

1）限制二氧化碳排放，如多目标优化。

2）不对称的容量。

3）电池寿命和其性能的平衡考虑。

4）微网可以集成需求响应和电网辅助项目。

5）利用建筑能耗仿真软件（如 EnergyPlus 模型）来获得建筑的热、电等负荷特性。

6）移动性。

建筑物能耗费用优化要注意如下两方面：

1）备选技术，如光伏、光热、储电、储热、热电联产、吸收式冷机等。

2）能耗费用，商用建筑采用峰谷电价、民用建筑采用单一电价、光伏和光热技术受可利用屋顶面积限制、运行费用优化（平摊分布式能源技术投资），同时计算建筑的 CO_2 排放。

5.4.3 微网的应用现状和未来发展

根据新能源微网规划及布局专题研究，北美、欧洲、日本等针对微网技术开展了较为深入的研究，如欧盟框架下的“Microgrid”、“More Microgrids”等项目，加拿大的集成社区能源解决方案（Integrated Community Energy Solutions，ICES）研究计划，日本新能源及产业技术开发组（New Energy and Industrial Technology Development Organization，NEDO）支持的微网项目等。结合理论和技术研究的开展，这些国家也建设了多个实验系统和试点工程，用以验证微网的关键技术和关键装备。

1. 美国

北美学者最早提出了微网的概念，并对其组网方式、控制策略、能量管理技术、电能质量改善措施等进行了长期、深入的研究。1999 年，美国 CERTS 对微网概念的关键问题进行了描述和总结，并于 2002 年系统地提出了微网的定义：微网是一种由负荷和微型电源共同组成的系统，它可同时提供电能和热能；微网内部的电源主要由电力电子器件负责能量的转换，并提供必要的控制；相对于外部大电网，微网表现为单一的受控单元，并可同时满足用户对电能质量和供电安全等方面的要求。CERTS 提出的微网主要是基于电力电子技术的，由容量小于 500kW 的小型微电源与负荷构成的。基于电力电子技术的控制方法是其实现智能、灵活控制的重要支撑。

美国政府高度重视微网的建设。2003 年，时任美国总统布什提出了“电网现代化”（Grid Modernization）的目标，即将信息技术、通信技术引入电力系统以实现电网的智能化。由于微网技术在提高能源利用效率、增加供电可靠性和安全性方面的巨大潜力，美国政府加大了微网相关技术的研究力度，美国能源部更是将微网视为未来电力系统的三大基础技术之一，列入了美国“Grid 2030”发展战略。在“Grid 2030”发展战略中，美国能源部制定了以微网为重要组成部分的美国电力系统未来几十年的研究与发展规划。从 2005 年开始，美国 CERTS 微网的研究已经从仿真分析、实验研究阶段进入现场示范运行阶段。

由美国北部电力系统承建的 Mad River 微网是美国第一个用于检验微网的建模和仿真方法、保护和控制策略及经济效益等的微网示范工程。并且，通过该工程初步形成关于微网的管理政策和法规等，为将来的微网工程建立了框架。

由美国电力公司（American Electric Power，AEP）资助，美国CERTS在俄亥俄州首府哥伦布的Dolan技术中心建立了CERTS微网示范平台（包含可控负荷）。该实验平台主要用于验证分布式电源的并联运行及对敏感负荷的高质量供电问题。

美国能源部与美国通用电气公司合作的微网系统，主要对微网上层调度管理系统展开了研究。该调度管理系统用于保证微网的电能质量，并对用户进行需求管理，通过市场决策，维持微网的最优运行。

此外，美国圣地亚哥气电公司（San Diego Gas & Electric，SDGE）的微网系统主要针对光伏发电、储能及需求侧进行管理，满足沿海居民的需求。

美国夏威夷大学（University of Hawaii）微网系统主要针对汽轮机、风力发电机及居民负荷进行控制，满足系统错峰的需求。夏威夷大学建造的微网系统主要是针对光伏发电的，采用电池储能，通过实施需求响应技术，提高能源效率。

美国近年来发生了几次较大的停电事故，使得美国电力行业十分关注电能质量和供电可靠性。因此，美国对微网的研究主要着重于利用微网提高重要负荷的供电可靠性，同时实现满足用户定制的多种电能质量需求、降低成本、实现智能化等是美国微网的发展重点。

2. 加拿大

加拿大政府针对微网研究启动了相关的ICES研究计划，重点关注微网技术在各类社区供能环节的应用，特别强调各类分布式能源的集成利用和与社区公共设施（交通、医疗、通信等）的相互支撑。在ICES项目资助下，加拿大先后建立了包括Kasabonika微网、Bella Coola微网、Ramea微网、Nemiah微网、Hydro Quebec微网、Utility微网、Hydro Boston Bar微网、Calgary微网等在内的诸多示范工程；并计划在2020年前，在全加拿大构建2000余个系统。

3. 欧洲

欧洲对微网的发展和研究，主要考虑的是满足能源用户对电能质量的多种要求、满足电力市场的需求及欧洲电网的稳定和环境保护方面的要求等。2005年，欧洲提出“Smart Power Networks”概念，并在2006年出台该计划的技术实现方略，作为未来的电力发展方向。微网以其灵活性、智能性、能量利用多元化等特点，将成为欧洲未来智能电网的重要组成部分。欧盟微网项目（Microgrids）给出的定义包含几个方面：利用一次能源，使用微型电源，分为不可控、部分可控和全控三种，并可冷热电联供；配有储能装置；使用电力电子装置进行能量调节。作为欧洲2020年及后续的电力发展目标，提出要充分利用分布式能源、智能技术、先进电力电子、储能等技术，实现集中供电与分布式发电的高效紧密结合，并积极鼓励社会各界广泛参与电力市场，共同推进智能电网发展。

目前，欧洲已经初步形成了微网的运行控制、保护安全等理论，并且已经开始了对理论的验证工作。在欧盟第五框架计划（5th Framework Program，FP5）下，专门拨款 450 万欧元资助微网研究计划。该项目已完成并取得了一些颇具启发意义的研究成果，如分布式电源的建模方法、可用于对逆变器控制的低压非对称微网的静态和动态仿真工具、孤岛和互联的运行理念、基于代理的控制策略、本地黑启动策略、接地和保护的方案、可靠性的定量分析、实验室微网平台的理论验证等。另外，欧盟第六框架计划（6th Framework Program，FP6）还资助 850 万欧元。目前，这项计划正在进行中。这项新计划的研究目标集中于更加先进的控制策略、更加完善的协议标准等，为日后分布式电源与可再生能源的大规模接入铺平道路。

欧洲部分国家展开的园区微网研究均设在城市负荷中心区域。例如，Labein 微网位于西班牙巴斯克地区的毕尔巴鄂市，是欧盟“多微网”项目的示范平台之一。其主要的示范目的包括，验证联网模式下的中央和分散控制策略；验证通信协议；实现对微网的需求侧管理，使其参与微网的一次调频、二次调频，提高供电电能质量。意大利 CESI 集团的微网项目位于意大利米兰市，其目的是测试分布式发电相关技术、研究分布式电源和负荷之间互动技术及分析微网受到扰动后的本地、上层控制策略及电能质量和通信技术验证等。由德国 SMA 公司与希腊雅典国家技术大学（National Technical University of Athens，NTUA）通信与信息研究所（Institute of Communications and Computer Systems，ICCS）合作建造的 Kythnos 微网是位于希腊爱琴海基克拉迪群岛上的岛式电网。该微网系统孤岛状态下会启动智能负荷控制，当发电量小于用电需求时，将切掉部分非重要负荷；反之，智能负荷将消耗掉多余的电力。位于德国的曼海姆市的 MVV 微网的建设目的是在居民区内建设微网，探测居民对微网的认知程度，制定微网的运行导则，并衡量微网的经济效益。此外，欧盟微网示范项目中，英国曼彻斯特理工学院（University of Manchester Institute of Science and Technology，UMIST）实验室项目、希腊 Germanos 项目、马其顿共和国 Kozuf 项目这些以沼气发电为主的微网等，均将负荷控制作为一种微网调节和控制手段。

欧洲所有的微网研究计划都是围绕着可靠性、可接入性、灵活性三方面来考虑的。电网的智能化、能量利用的多元化等，是欧洲未来智能电网的重要特点。

4. 日本

日本本土资源匮乏、能源紧缺，对可再生能源的重视程度高于其他国家，目前日本在微网示范工程的建设方面处于世界领先水平。日本政府希望风力发电和光伏发电等可再生能源能够在其能源结构中发挥更大的作用，但是它们的随机性和波动性降低了电能质量和供电的可靠性，限制了新能源的利用。所以，日本在微网方面的研究更注重控制与储能，主要着眼于能源供给多样化、满足用户的个性化电力需求和减少对环境的污染。

日本将以传统电源供电的独立电力系统归入了微网的研究范畴，大大扩展了美国 CERTS 对微网的定义。日本学者提出了灵活可靠性和智能能量供给系统（Flexible Reliability and Intelligent Electrical Energy Delivery System，FRIENDS），其主要思想是在配电网中加入一些配电用柔性交流输电系统（Distribution Flexible AC Transmission System，DFACTS）装置，利用 DFACTS 控制器快速、灵活地控制性能，实现对配电网能源结构的优化与改造，并满足用户的多种电能质量需求。目前，日本已将其作为微网的重要实现形式之一，并将该思想与热电联供设计理念相结合，以期更好地实现环境友好和能源高效利用。为了更好地利用新能源，日本专门成立了 NEDO，负责统一协调高校、企业与国家重点实验室对新能源及其应用的研究。2003 年在 NEDO 的“区域可再生能源电网项目”（Regional Power Grid with Renewable Energy Resources Project）目中，在青森县、爱知和京都开展了 3 个着眼于可再生能源和本地配电网之间的互联微网的试点项目。同时，还积极建造了很多先进的微网示范工程，如 Archi 微网、Kyoto 微网、Hachinohe 微网、Tokyo gas 微网等。

日本对微网定义的拓宽及在此基础上所进行的控制、能源利用等研究，为小型配电系统及基于传统电源的较大规模独立系统提供了广阔的发展空间。

5. 我国

近年来，我国各高校、相关科研机构及企业对微网相关技术已经展开了积极的研究，在理论研究、实验室建设和示范工程建设方面取得了一系列的成果，在微网系统规划设计、运行控制与能量管理、建模与仿真等方面取得了很好的研究成果。多家高校、科研单位和企业建设了高水平的微网实验系统。一批微网工程已经投运，目前还有一批微网工程正在建设中。

微网是未来利用多种分布式能源向用户供电的重要形式。微网系统允许多种能源接入，包括水电、光伏、风电、燃气/燃油发电、储能、燃料电池等，其能量供给的连续性和平稳性同单纯的光伏发电和单纯的风力发电相比具有明显的优势，先进的控制和能量管理技术可以保证微网的稳定、持续和可靠运行。系统中除了基本负荷外，还可配有可调节负荷，既可以脱离主干电网运行，也可以连接在主干电网上运行，电力潮流可以双向流动。对于主干电网来说，微网属于“可控单元”。微网对分布式电源的有效利用及灵活、智能控制的特点，可有效解决间歇性分布式电源接入电网的问题，显著提高电网接纳分布式可再生能源的能力。

微网作为大电网的一种有益的补充形式，能够高效、经济地满足用户多样化、高可靠性的供电要求。此外，随着经济发展和人民生活条件的不断改善，夏季空调用电持续攀升，电网短时间的尖峰负荷越来越大。若采用增加发电装机容量的方法来满足高峰负荷将很不经济，利用微网充分调动分布式电源和负荷参与系统调峰，则能够有效缓解峰谷差问题。同时，微网还可以在外部电网故障时独立运行，在突发灾难时能够保障重要负荷的供电。

我国地域辽阔、分布式资源丰富，微网具有因地制宜、可应用户需求进行定制的特点，使得这一技术具有广阔的应用空间。例如，分布式光伏发电在我国具有很大的应用发展潜力，获得了我国政府的高度关注。将分布式光伏发电与其他分布式能源（风、水、生物质等）及储能系统加以组合，形成微网，不仅可以用于解决偏远无电地区、海岛的供电问题；也可以与城市建筑充分结合，实现可再生能源的高可靠性供电。微网还可以将分布式可再生能源与各种冷热电联供系统组合在一起，满足用户的综合用能需求，并显著提高能源的综合利用效率。微网将成为我国节能减排、提高能源利用效率、建设能源互联网的有效手段。

随着我国政府应对气候战略、节能减排、提高能效的各种政策逐步到位，微网技术也必将获得广泛应用。综合考虑我国的资源分布特性、配电网网架结构与覆盖范围、特定用户的供电服务需求等因素，微网特别适用于以下三种情况：

1）高渗透率分布式可再生能源消纳地区。

2）与大电网联系薄弱，供电能力不足的偏远地区。

3）对电能质量和供电可靠性有特殊要求的电力用户。

总之，微网是智能电网的重要组成部分，微网中的电力电子变换器、电力电子变压器、直流配电、自愈控制、能量高效管理等同时也是智能配电网的核心技术；微网也是智能能源网的重要组成部分，微网中冷热电联供、能源梯级利用、能源替代优化、能源综合高效利用等都是智能能源网的核心技术。

微网是能源互联网概念得以实现的基础。微网的自我管理、自我控制特征，既可并网又可独立运行的特点，与电网可实现双向能量灵活交换的能力，使能源用户自由平等地实现能源的交易成为可能。微网的发展还需要相当长的过程，在技术进步、降低成本、提高效益的同时，更需要政策、机制、运营模式的创新。微网技术有可能成为我国未来能源应用模式变革的重要推动力，因而具有广阔的应用前景。

为了满足不同的功能需求，微网可以有多种结构，其构成有时可以很简单，如仅利用光伏发电系统和储能系统就可以构成一个简单的为用户所用的微网；有时其构成也可能十分复杂，如可能由风力发电系统、光伏发电系统、储能系统、以天然气为燃料的冷热电联供系统等分布式电源构成。一个智能微网群内还可以含有若干个子微网。并网型微网可以从用户级接入、从中压配电馈线级接入，也可以从变电站级接入。后两种一般属于配电公司所有，实际上是智能配电系统的重要组成部分。

微网的出现将逐渐改变配电系统的结构和运行特性。许多与输电系统安全性、保护与控制等相关的问题也同样需要关注，但由于两者在功能、结构和运行方式上的不同，关注的重点与研究方法也将截然不同。微网的最终目标是实现各种分布式电源的无缝接入，即用户感受不到网络中分布式电源运行状态改变（并网或退出）

及出力的变化引起的波动。具体表现为用户侧的电能质量完全满足用户要求。实现这一目标关系到微网运行时的一系列复杂问题：

1）微网的优化规划设计。

2）微网的保护与控制。

3）微网经济运行与能量优化管理。

4）微网的仿真分析等。

预计 2030 年以后，随着常规能源和煤炭资源的减少，煤电的比例也必然逐年下降，主干电网的作用也会逐步减弱，但是目前还没有任何一种电力可以像今天的煤电这样支撑整个大电网。因此，煤的清洁燃烧发电仍具有现实意义。

预计 2030 年以后，以多种能源互补的微网将会有较快的发展。这种微网系统包括水电、光伏发电、风力发电、燃气和燃油发电、冷热电联供、储能等多种能源，而且比例也没有很大的差异，能量供给的连续性比单纯的光伏发电和单纯的风力发电要好得多，因此，只需要相对较少地储能就能够保证微网的稳定、持续和可靠供电。这样的微网群完全可以脱离主干电网运行，也可以连接在主干电网上运行，电力的潮流可以双向流动。由于储能属于就地调峰，规模可以较小，解决起来就比大规模储能容易得多，也经济得多。

当可再生能源成为主导的情况下，微网系统将会得到很大的发展。就可再生能源的特性来讲，应当采用“分散能源，分散利用，就地平衡”的模式，而不是“主干电网”的模式。欧洲光伏产业协会（European Photovoltaic Industry Association，EPIA）预测，到 2030 年，离网和并网型微网的光伏发电将占据整个光伏发电市场的 30%。

根据新能源微网规划及布局专题研究，目前世界各国的微网发电技术都处于研究示范阶段，还没有全面开展商业化，但预期在 2020 年以后将会有较快的发展。

未来微网的发展将迎来新的机遇。一些有条件的高耗能企业、工业园区、学校、社区等，通过组建配售电主体，安装分布式发电设备，可以在电力市场上通过电力交易、辅助服务交易而获取收益。此外，微网具有综合电、气、冷、热等多种能源形式的天然优势，未来，这些微网的运行主体有希望进一步发展为综合能源供应体，成为能源互联网中的关键节点，还可以通过合同能源管理或虚拟电厂的商业模式获取收益。

5.5　储能系统

电力供需要求实时平衡，电力系统的这种特性要求系统的供给和需求有足够大的灵活度，能够通过不断的调节来实现双方的匹配。近年来，随着可再生能源，尤其是风力发电和光伏发电的大规模接入，系统的灵活度日益枯竭，由于电力系统调节能力不足、网络条件约束或者需求不足导致的弃风、弃光现象非常频繁，极大地制约了可再生能源的进一步发展。在这样的背景下，储能的意义逐渐凸显出来。

5.5.1　储能技术在发电侧需求分析

1. 技术需求

储能技术在发电领域的技术需求主要体现在以下四个方面：第一，由于风力发电、光伏发电等可再生能源发电的波动性和间歇性，容易对电网形成冲击；第二，由于目前风力发电、光伏发电功率预测技术并不能完全满足调度计划的需求，导致可再生能源电力无法完全跟踪计划出力；第三，没有配置储能系统的可再生能源发电站，其发电时间与发电功率受到风、光资源和装机容量的限制，设备利用率低，发电小时数受到大幅限制；第四，可再生能源电站的建设和运行过程中需要有备用电源。

发电领域的储能系统一般需要装机容量在十兆瓦至上百兆瓦，充放电时间在十分钟到几小时范围内，每天充放电 1、2 个循环，响应时间在 15min 以内。

2. 储能技术

（1）电池

电池大容量储能技术应用于风电、光伏发电后，能够平滑风、光等自然条件不稳定带来电站短期功率输出波动，不仅提高电站的跟踪计划出力的能力，还可以作为电站的备用电源使用。

适合发电领域规模化应用的电池技术主要有铅酸蓄电池、锂离子电池、钠硫（NaS）电池和液流电池。

铅酸蓄电池是既古老又成熟的化学储能方式，具有储能容量大、成本低、维护简单等优点，但储能密度低、自放电率高、循环寿命较短、重金属污染且深度放电对电池寿命影响很大。典型案例是美国 Notrees 风电场配置了 36MW × 15min 的铅酸蓄电池储能。

锂离子电池是一种高能源效率、高能量密度的储能电池。具有能量密度高、充放电效率高等优点，可以通过串联或并联来获得高电压或高容量，但成本也相对较高。

锂离子电池优点如下：

1）比能量高。

2）效率高，可达 90% ~95%。

3）单体电池开路电压高。

4）循环寿命长达 3000 次（国外有的产品可达 10000 次）。

5）闲置状态损耗低。

6）免维护。

7）生产厂商多。

8）成本有降低的可能。

锂离子电池缺点如下：

1）当前成本高［1000~2000美元/（kW·h）、多数采用稀土材料］。

2）大型模块的批量化生产还不成熟（仍没有脱离手工，一致性问题很难解决）。

3）锂金属的热失控问题（正极300℃以后，分解出氧化物）。

4）电池监控系统比较复杂（充放电均衡难保证）。

5）剩余电量计算（仍没有理想模型）。

钠硫电池具有能量密度高、充放电效率高、运行成本低、空间需求小、维护方便等优点，但放电深度和循环寿命有待提高，运行时需要维持300℃高温环境，目前钠硫电池技术已经商业化。日本NGK公司是目前世界上主要的生产和应用钠硫电池的厂商。它生产的商业钠硫电池使用寿命为15年，循环寿命为2 500次（100%深度充放电）或4 500次（90%放电条件，是铅酸电池的近10倍），能源转换效率高于83%。根据应用对功率和储能要求的不同，钠硫电池模块可以组合构成大的储能系统。目前，在全世界已经开展了200多个钠硫电池储能系统示范应用。典型案例是日本六所村建设了34MW钠硫电池储能系统与51MW的风力发电系统配套。

钠硫电池优点如下：

1）原材料丰富且价格低。

2）可靠性高且得到验证。

3）单体电池开路电压高。

4）使用寿命达15年，循环寿命达4 500次。

5）比能量高。

6）集装箱式构造。

钠硫电池缺点如下：

1）高级陶瓷的制造非常困难（日本的NGK公司是主要的制造商）。

2）330℃的高温。

3）允许温度降至室温的次数有限（20次左右）。

4）化学反应时间长，不能快速放电。

全钒氧化还原液流电池（Vanadium Redox Battery，VRB）将具有不同价态的钒离子溶液分别作为正极和负极的活性物质，储存在各自的电解液储罐中。在对电池进行充放电时，在泵的作用下电解液由外部储液罐分别循环流经电池的正极室和负极室，并在电极表面发生氧化和还原反应，实现对电池的充放电。

全钒氧化还原液流电池具有高功率输出、快响应、能量转换率高、易于维护、安全稳定等优点，能实现规模化储能、深度放电和大电流放电且无须保护，十分适合配合新能源发电的储能系统。但是材料受限、成本昂贵转换效率低是限制液流电池储能系统发展的主要因素。其关键技术是全氟离子交换膜，美国杜邦公司做得比较好，而日本住友电工公司从专利到量产花了20年的时间。全钒氧化还原液流电池原理图如图5-13所示。

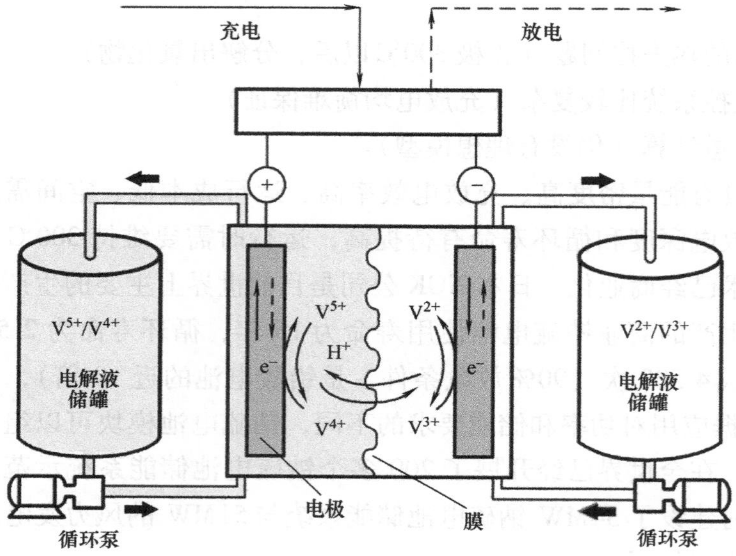

图5-13　全钒氧化还原液流电池原理图

日本住友电工公司制造的150kW/900kW · h全钒氧化还原液流电池储能系统用于日本北海道风电场，用于平衡风力发电与负荷的需求。2006年，又在北海道的苫前（Tomamae）30MW风电场内，以功率的20%配比安装4MW/6MW · h全钒氧化还原液流电池储能系统，用于平滑风力风电机组输出。

（2）储热

高温储热技术应用于光热发电，平抑光照条件不稳定带来的输出不稳定，提高电站的可调度能力。配置大容量储热能够增加电站发电小时数，甚至实现光热电站的全天供电，提高电站的经济效益。目前，高温储热技术已经广泛应用于槽式、塔式光热发电领域。

储热技术的规模化效应十分明显，十分适合与大规模光热发电配合发展。目前待解决的问题主要是提高储热能量密度、提高换热速度、降低成本和提高安全性。

导热油储热技术利用导热油作为换热与储热介质，由于其安全使用温度为

300～400℃，因此主要应用于介质温度较低的小型槽式光热发电。典型案例是美国 14MW 的 SEGS1 槽式光热电站装机，它配置了 3h 导热油储热系统。

熔融盐储热技术是目前主要的储热技术，应用于大型塔式光热发电系统和槽式光热发电系统。其利用液态熔盐的显热进行储热，使熔盐在 350～500℃之间吸收、释放热量。降低成本与提高安全性是其主要问题。典型案例是美国新月沙丘塔式光热电站，装机容量为 110MW，配置了 10h 熔盐储热系统。

高温相变储热技术利用相变材料的相变潜热存储热量，相比熔盐储热有更宽的适用温度范围、更高的储能密度，系统配置相对简单。如何提高充放热速度，降低成本，是其面对的主要问题。发达国家利用相变材料储热参与电网调峰的研究和应用已经开展多年。其中，美国科研机构设计出了输出功率为 50kW 的相变储能锅炉，其直径为 23m、高为 23m，可储存 250kW · h 的热量维持发电 6h；在日本，由美国 Comstock&Wescott 公司设计和制造了单位面积传热量达 20MJ 的相变储能蒸汽发生器；德国宇航中心研制出了具有三段式储能单元的系统，它采用硝酸钠为相变材料（相变温度 306℃），系统设计的总储热能力为 1MW/h。

另外，高温陶瓷储热技术、高温石墨储热技术等也已经进行了实验室或者小型示范工程验证。

（3）储氢

氢储能系统利用电解技术得到氢气，将氢气存储于高效储氢装置中，再利用燃料电池技术将存储的能量回馈到电网，或者将氢气直接应用到氢产业链中去。氢能绿色无污染，比能量高达 13000W · h/kg 以上，运行维护成本低，可长时间存储，不存在类似蓄电池的自放电现象，被认为是极具潜力的新型大规模储能技术。

欧美日先后制定了发展氢能的国家规划，目前已经有相当规模的氢能示范应用，如配合可再生能源接入的氢储能示范系统、燃料电池汽车加氢站、氢制甲烷、混氢天然气等。这些正在向规模化、商业化迈进，已经形成氢能产业链远景规划。欧洲有多个配合新能源接入使用的氢储能系统的示范项目：

1）德国 PTG 项目。在德国普伦茨劳市建立了风能-氢能混合动力发电厂，采用电解水制氢方式，富裕的风电转化为氢气存储起来，提升了可再生能源消纳能力。

2）意大利在普利亚地区建设了 39MW · h 的氢储能系统，采用固体储氢技术，将效率提高到了 60%，解决了新能源高渗透率的问题。

3）法国科西嘉岛建设了 200kW 的氢储能系统，提高了光伏发电利用率，满足了晚高峰用电需求。

4）挪威西海岸建设了 55kW 的制氢和 10kW 的氢发电系统，给岛上居民供电。

5.5.2 储能技术在输电侧需求分析

1. 技术需求

储能技术在输电领域的技术需求主要体现在以下两个方面：第一，由于电源与负荷的实时波动，电网总会有一次调频的需求，电网调度希望调频电源能够快速精确地响应调度下发的出力指令。同时，传统调频电源作为旋转电源由于惯性和控制精度问题，会出现延迟与偏调等情况，而且火电机组参与调频会增加其磨损，并不是理想选择。第二，由于电网的负荷是每天周期性波动的，自然形成了高峰负荷区与低谷负荷区，需要电力系统配置调峰电源根据负荷变化情况跟随出力，来维持电力系统电压和频率的稳定。电网希望调峰负荷能够快速根据调度指令及时投入、切出系统，并根据指令快速改变其出力水平。

输电领域需要的储能系统主要用于调频与调峰两种场景。用于调频的储能项目一般装机容量在1MW以上，充放电时间在1～15min，每天循环次数在20～40次，响应时间在1min之内。用于调峰的储能项目，一般装机容量在10MW以上，充放电时间在2～4h，每天循环1次左右，响应时间要求不高，在1h内可以投入即可。

2. 储能技术

（1）抽水蓄能

抽水蓄能电站兼具储能与水电的特性，容量大，投/切迅速，各种运行模式切换相对快捷，是较为理想的电力系统调峰调频电源，也是目前世界上装机容量最大的储能电源。相比于其他储能装置，抽水蓄能是当前技术最成熟、最经济（造价为3000～5000元/kW）、使用寿命最长（机组使用寿命25年，水工建筑物使用寿命60年以上）的大规模电能储存技术；缺点是受到地形条件的限制较大，建设周期较长。

变速抽水蓄能技术是针对可再生能源电力消纳而亟需发展的先进控制技术。目前，定速抽水蓄能机组在抽水情况下负荷不可调节，难以满足智能电网对调节充裕度和精度要求。变速抽水蓄能机组在发电和抽水状态下都可以无级变速调节功率，有效增加旋转备用容量，同时可以就地改善风力发电、光伏发电等可再生能源发电并网带来的随机性和波动性造成的影响。因此，在未来的电网中需要配备合理比例的变速蓄能机组。目前应用的其他储能方式应用灵活但容量较小，而定速抽水蓄能机组虽然容量大，但不灵活；变速抽水蓄能机组容量大、调节灵活，是可与上述储能方式组成完整的储能产业体系。作为目前世界上最先进的抽水蓄能技术，变速抽水蓄能技术一方面有利于电网的安全高效运行，其具有良好的稳定性和变速恒频发电能力，具备更广泛的调节范围，电力损耗更少，能够实现毫秒级快速响应，能够深度调节系统无功，可实现100%无功补偿；另一方面，有利于电站的效率提升，可通过转速调节使机组运行范围向最优工况靠近，可使机组年平均效率提高3%～

5%。目前，日本和欧洲对该技术进行了长期而系统的研究和应用，在日本、德国、瑞士等国超过 17 个电站 37 台机组的已建和在建项目都采用了变速抽蓄机组。该技术受到了越来越广泛的关注，但其核心技术被发达国家所垄断，我国在该技术上还处于空白，亟需增加科研与产业投入，开展相关技术攻关工作。

(2) 压缩空气储能（Compressed-Air Energy Storage，CAES）

压缩空气储能通过压缩机将电能存储于压缩空气之中，释放能量时与天然气混合燃烧通过燃气轮机发电。这种技术是目前在单个电站规模上唯一可以与抽水蓄能电站相比的储能方式。其投入、切出迅速，可以快速提升或降低出力水平，十分适合调频调峰电源。压缩空气储能的建设投资和发电成本均低于抽水蓄能电站，但其能量密度低，并受岩层等地形条件的限制。压缩空气储能储气库漏气开裂可能性极小，安全系数高，寿命长，可以冷启动、黑启动，响应速度快，主要用于峰谷电能回收调节、平衡负荷、频率调制、分布式储能和发电系统备用。世界上第一个商业化压缩空气储能电站为 1978 年在德国建造的 Huntdorf 电站，装机容量为 290MW，换能效率为 77%，运行至今，累计启动超过 7000 次，主要用于热备用和平滑负荷。在美国，McIntosh 电站装机容量为 100MW，Norton 电站装机容量为 2.7GW，用于系统调峰。在日本，1998 年施工建设了北海道三井砂川矿坑储气库，2001 年压缩空气储能系统刚开始运行，输出功率为 2MW。在瑞士，瑞士 ABB 公司正在开发大容量联合循环压缩空气储能电站，输出功率为 442MW，运行时间为 8h，储气空洞采用水封方式。此外，俄罗斯、法国、意大利、卢森堡、以色列等国也在长期致力于压缩空气储能的开发。压缩空气储能过程示意图如图 5-14 所示。

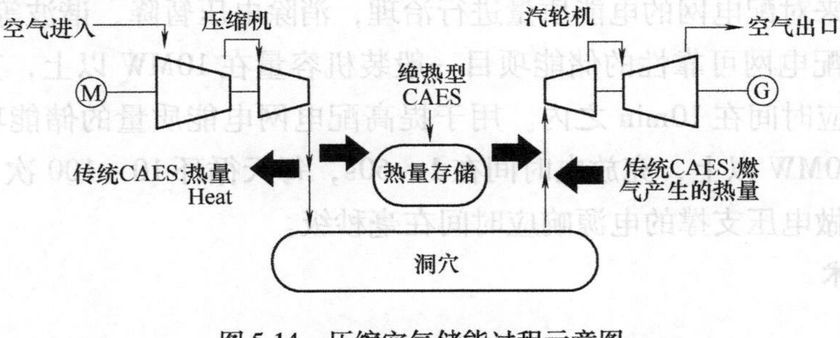

图 5-14　压缩空气储能过程示意图

(3) 电池储能

电池储能由于都采用电力电子器件控制输出功率，因此响应十分迅速，十分适合电力系统的调频。其调频效果是水电机组的 1.7 倍，远好于火电机组。目前，主要制约电池储能大规模应用的因素是成本较高、电池成组后寿命较短、大电流放电等问题。

(4) 超导磁储能（Superconducting Magnetic Energy Storage，SMES）

超导磁储能系统是一种将能量以磁能形式直接存储在超导线圈中，当需要时再将磁能释放到负荷或电网的一种快速、高效的储能系统。超导磁储能技术相对于其他储能技术有着明显的优点，如比功率高、损耗极小、控制方便、使用灵活、转换效率高、响应速度快、寿命长、污染小等，可以长期无损耗地储能。超导磁储能系统不仅可用于解决电网瞬间断电对用电设备的影响，而且可用于降低和消除电网的低频功率振荡，改善电网的电压和频率特性，进行功率因数的调节，实现输配电系统的动态管理和电能质量管理，提高电网应对紧急事故和稳定性的能力。但超导磁体需工作在极低温环境中，产生超导态低温条件的冷却装置等关键设备不易制造，成本很高，还存在超导磁体的失超保护等关键技术难题。

超导磁储能已在美国、日本和欧洲等地得到初步应用，100 MJ 的超导磁储能系统已投入试验运行。美国超导公司的分布式超导磁储能（Distributed SMES，D-SMES）系统是商业化生产的超导磁储能系统，储能容量为3MJ（约0.83kW·h）。目前，该装置已在美国 Alliant Energy 公司和 Entergy 公司等多处投入电网实际运行，主要用于电压稳定控制和电能质量调节。

5.5.3　储能技术在配电侧需求分析

1. 技术需求

供电可靠性是配电网必须要保证的供电指标，当配电网出现故障时，需要有备用电源持续为用户供电。

配电网的电能质量经常受到用电负荷特性的影响，电网希望系统中有可控电源和可调节负荷来对配电网的电能质量进行治理，消除电压暂降、谐波等问题。

用于提高配电网可靠性的储能项目一般装机容量在10MW 以上，充放电时间在0.25～2h，响应时间在10min 之内。用于提高配电网电能质量的储能项目，一般装机容量在1～40MW 以上，充放电时间在1～60s，每天循环10～100 次；对响应时间要求很高，如做电压支撑的电源响应时间在毫秒级。

2. 储能技术

（1）电池

利用先进的电力电子器件，使电池能够对电网的电能质量做出快速的判断，进而进行快速治理。在美国电网的众多服务项目中，都是采用电池技术及先进电力电子技术来实现的。可采用的电池包括锂离子电池、铅酸蓄电池、钠硫电池、液流电池。

（2）氢储能

氢储能系统主要是利用电解技术得到氢气，将氢气存储于高效储氢装置中，再利用燃料电池技术将存储的能量回馈到电网。氢储能技术储能密度高，储能效率较高，储能有效时间长，无污染，运行成本低。目前，氢储能技术在国外处于示范应用阶段，其规模和燃料电池输出特性十分适合配电网需求。

(3) 飞轮储能

飞轮储能的基本原理是电能与旋转体动能之间的转换。在储能阶段，通过电动机拖动飞轮，使飞轮本体加速到一定的转速，将电能转化为机械能；在能量释放阶段，电动机作发电机运行，使飞轮减速，将机械能转化为电能。

近年，国外已尝试将飞轮储能引入风力发电系统。其中，德国 Piller 公司的飞轮储能系统可在15s 内提供1.65MW 的电力；美国 Beacon Power 公司的20MW 飞轮储能系统已在美国纽约州 Stephen Town 开建，主要用来配合当地风电场进行发电，建成后可以满足纽约州10%的储能需要，可以对当地电网系统进行调频，改善电能质量。

(4) 超级电容器

超级电容器通常是指基于双电层原理的电化学电容器，是一种储能元件。其储能过程是可逆的，可实现能量的快速释放，往往可以反复充放电至数十万次，且其能够按电容器外形、大小的不同进行配置及装配成组，以达到许多特定应用，满足系统对功率、能量和电压的需求。超级电容器的出现，填补了传统电容器和电池间的空白，弥补了二次电池低比功率、充放电缓慢、安全性和过充放电损坏及传统电容器的低容量等缺点。具体来说，超级电容器特点如下：

1) 比功率高。输出比功率高达数千瓦每千克，是任何化学电源所无法比拟的，是一般蓄电池的数十倍。

2) 比能量高。比能量可以达到5~20W·h/kg，是传统电容器所无法想象的。

3) 循环寿命长。理论循环寿命为无限次，实际都为50万次以上，远高于电池几百次的循环寿命。

4) 充电时间短。可在数秒到几分钟内完成充电，远快于电池的充电时间。

5) 免维护、高可靠性，报废后不产生环境污染。

因此，超级电容器储能模式是需要快速充放电能力、高可靠性和长循环寿命的应用的理想选择，可广泛应用于新能源发电系统。

随着可再生新能源发电所占比例的不断提高，对电网消纳能力提出巨大挑战。储能技术是消除可再生能源大规模开发利用瓶颈的关键技术，可调整风力发电、光伏发光电的不可预测性，提高能源利用效率，改善电能质量。同时，传统电网面临用电高峰期发电成本高、供需不平衡导致输电线路阻塞、发电厂与终端用户远距离输电线路损耗严重等诸多难题，迫切需要在保证供用电连续性、可靠性、灵活性的同时，减缓电网扩容、降低运营成本。

储能技术是智能电网及能源互联网的必要组成部分，未来将渗透电力系统发、输、变、配、用的各个环节，可平抑峰谷差，提供辅助服务，提高传统发电效率，降低燃料成本；提供黑启动，提高可靠性，降低事故发生率；提高电网安全性，在输配环节出现问题时提高备份电源；降低主干网扩容投入，节约大量扩容资金。

超级电容器储能适合需要提供短时较大的脉冲功率场合，如应对电压暂降和瞬时停电、提高用户的用电质量，抑制电力系统低频振荡、提高系统稳定性等。各发达国家都把超级电容器的研究列为其国家重点战略研究项目。在新加坡，瑞士 ABB 公司在一家半导体工厂安装了4MW 的超级电容器储能装置，可以实现160ms 的低电压跨越。2011 年，德国西门子公司成功开发出储能达到5.7W · h、最大功率为1MW 的超级电容器储能系统，并成功安装在德国科隆市 750 V 直流地铁配电网中，储能效率达到95%。

随着智能电网建设的要求越来越高，储能在电网中的需求必然也会提高。“十三五”期间，抽水蓄能电站作为电网调峰、调频的最主要手段，必然得到大力发展；而电池储能作为调频效果更好的手段也会得到鼓励。美国的电池储能有 1/2 用于调频、调峰和提高电能质量的市场服务，可见我国在这方面的市场潜力还很大，而关键在于将相关电网服务向市场开放，建立市场化的服务机制，将储能设备对电网的服务量化。而储能技术需要在性能上不断提高，满足电网各方面的技术需求。

5.5.4 储能技术在用户侧需求分析

1. 技术需求

(1) 储电需求

由于很多用户的用电负荷特性不同，所以对于重要负荷有特殊的供电可靠性要求和电能质量要求：一方面可能是对供电质量有更高要求，需要对供电进行处理；另一方面可能是防止负荷向电网回馈谐波等电能质量问题。

(2) 储热需求

目前，居民用热与工业用热用户都面对化石能源逐渐枯竭、环境压力等多方面的问题，用户需要利用储热装置对廉价热力资源进行存储，在需要的时候取热。可再生能源电量面临消纳困难时，而用户用热可以通过电热的方式解决。

(3) 需求分析

用于提高用户侧电能质量的储能项目，一般装机容量为0.001~1MW，充放电时间为1~60s，每天循环10~100 次左右；对响应时间的要求很高，如做电压支撑的电源响应时间在毫秒级。

用于满足用户侧供热需求的储能项目，装机容量为1~10MW，充放热时间为小时级，每天循环1次，响应时间为分钟级。

随着电网需求侧管理的不断推进，用户侧的储能市场也将逐步放开。“十三五”期间，一方面要挖掘用户的多样化需求，将储能技术与多样化需求相匹配，另一方面要不断降低综合成本，使储能系统的经济性能够被用户所接受。

2. 储能技术

电池结合电力电子技术能够为用户提供可靠的电源，不仅可以提高供电可靠性、改善电能质量，还可以利用峰谷电价的价差，实施削峰填谷、给微网提供辅助服务、为用户节省开支。

对电动汽车充换电站的存量电池进行管理，也可以为电网提供储能服务，改善电能质量、削峰填谷、提高电网运行可靠性，根据服务效果，充换站还可以获取经济利益。

其他储能技术，如飞轮储能、高温相变储热技术、常低温储热蓄冷技术，也可以将工业余热、太阳能热、谷电电热、电冷等廉价热源和冷源进行存储，在用户需要的时候进行释放，满足用户的冷、热需求。

5.5.5　储能技术在微网侧需求分析

1. 技术需求

储能是微网系统的重要组成部分，要求储能装置能够在离网且分布式电源无法供电的情况下提供短时不间断供电，能够满足微网调峰需求，能够控制和改善微网电能质量，能够完成系统黑启动，平衡间歇性、波动性电源的输出。微网中的虚拟电厂技术，要求能够对电负荷和热负荷进行有效控制。

用于微网中的储能项目，一般装机容量在1~100kW，充放电时间在3~5h，每天循环1次左右，响应时间为分钟级。

我国50%的新型储能都用于微网项目，可见微网的应用在我国有很大的市场潜力。未来微网发展应该以开发商业模式为主要目标，切实为用户提供稳定、可靠的电源。

2. 储能技术

要实现微网的稳定控制、不间断供电和改善电能质量等多重功能，储能不仅要具备短时高功率支撑能力，还需提供较长时间的能量支撑。这就需要将能量型储能技术与功率型储能技术结合，形成稳定、可靠的混合储能系统。

电池储能、氢储能、飞轮储能等储能方式，都可以满足微网储能的技术要求。将储电与储热技术结合，就可以实现虚拟电厂对电负荷和热负荷的解耦控制。

5.5.6　储能技术在应急电源侧需求分析

1. 技术需求

日本福岛核电站发生事故后，世界各国对于应急电源的需求日益迫切。人们需要为灾难中的人们和重要设备提供电力和热力，以保证必需的救灾、生活用能。

考虑我国能源安全及应急的需求，我国“十三五”期间应该发展应急储能。作为应急电源的储能系统，一般装机容量在0.01~1MW，充放电时间在3~5h，响应时间为小时级，对抗灾性能和环境适应能力有很高要求。

储能在防灾方面的市场基本依赖防灾的政策，“十三五”期间建议出台相关政策，为每个可能遭受灾害袭击的村镇都配置一套应急电源以备不时之需。

2. 储能技术

（1）电池技术

不间断电源（Uninterruptible Power Supply，UPS）已经广泛用作应急电源。其中的铅酸蓄电池和锂离子电池系统简单、配置灵活，对运行环境要求不高，比较适合在灾难中担负供电任务。

（2）模块化储热

模块化储热装置可以在灾难发生时为人们提供取暖热源，该装置便于运输，可以通过太阳能和电力充热，适合作为应急热源。

表5-7给出了国际能源署（International Energy Agency，IEA）对不同储能技术参数的比较。

表5-7 国际能源署对不同储能技术参数的比较

技术类型	额定电压/V	单体容量	响应时间	比能量/$(W\cdot h\cdot g^{-1})$	能量密度/$(W\cdot h\cdot L^{-1})$	功率密度/$(W\cdot L^{-1})$	能效(%)
抽水蓄能	—	—	分	0.2~2	0.2~2	0.1~0.2	70~80
压缩空气	—	—	分	—	2~6	0.2~0.6	41~25
飞轮储能	—	0.7~1.7MW	秒以下	5~30	20~80	5000	80~90
铅酸蓄电池	2	1~4000A·h	秒以下	30~45	50~80	90~700	75~90
镍镉(开口)	1.2	2~1300A·h	秒以下	15~40	15~80	75~700	60~80
镍镉(密封)		0.05~25A·h		30~45	80~110		60~70
镍氢电池	1.2	0.05~110A·h	秒以下	40~80	80~200	500~3000	65~75
锂离子电池	3.7	0.05~100A·h	秒以下	60~200	200~400	1300~10 000	85~98
锌空气电池	1.0	1~100A·h	秒以下	130~200	130~200	50~100	50~70
钠硫电池	2.1	4~30A·h	秒以下	100~250	150~300	120~160	70~85
氧镍化钠电池	2.6	38A·h	秒以下	100~200	150~200	250~270	80~90
钒液流电池	1.6	—	秒以下	15~50	20~70	0.5~2	60~75
混合液流	1.8	—	秒以下	75~85	65	1~25	65~75
氢能集中	—	—	秒到分	33 330	600	0.2~2	34~44
氢能分散						2.0~20	
合成天然气	—	—	分	10 000	1300	0.2~2	30~38
双电层电容器	2.5	0.1~1500F	秒以下	1~15	10~20	40 000~120 000	85~98
超导储能		—	秒以下	—	6	2600	75~80

表 5-8 给出了国际能源署对不同储能技术应用场景及应用参数的比较。

表 5-8　国际能源署对不同储能技术应用场景及应用参数的比较

典型应用	输出(电、热)	规模/MW	放电时间	循环次数	响应时间
季节储能	电、热	500～2000	1 天～1 月	1～5 次/年	1 天
峰谷电价差获利	电	100～2000	8～24h	0.25～1 次/天	1h
调频	电	1～2000	1～15min	20～40 次/天	1min
负荷跟踪、爬坡控制	电、热	1～2000	15min～1 天	1～29 次/天	<15min
电压支撑	电	1～40	1～60s	10～100 次/天	1ms～1s
黑启动	电	0.1～400	1～4h	1/年	<1h
缓解输、配网电力堵塞	电、热	10～500	2～4h	0.14～1.25 次/天	>1h
延缓电力设施建设	电、热	1～500	2～5h	0.75～1.5 次/天	>1h
削峰填谷	电、热	0.001～1	1min～1h	1～29 次/天	<15min
离网系统	电、热	0.001～0.01	3～5h	0.75～1.5/d	<1h
可再生能源发电	电、热	1～400	1min～1h	0.5～2/d	<15min
余热利用	热	1～10	1h～1 天	1～20/d	<10min

表 5-9 给出了美国能源部汇总的储能技术的用途。

表 5-9　美国能源部汇总的储能技术的用途

应用领域	压缩空气	抽水蓄能	飞轮储能	铅酸蓄电池	钠硫电池	锂离子电池	液体电池
新能源发电侧削峰填谷	◑	◑	○	●	●	●	●
平滑间歇性能源输出或跟踪计划出力，调频	○	◑	◑	●	●	●	●
黑启动	◑	◑	○	●	●	●	●
推迟输配电线路基础设施更新	○	○	○	●	●	●	●
应急电源	○	○	○	◑	●	●	●
配电网削峰填谷	○	○	○	●	●	●	●
分布式发电储能模式	○	○	○	●	◑	◑	◑
峰谷电价差获利	◑	◑	○	◑	◑	◑	◑
用户侧不间断供电	◑	◑	◑	●	●	●	●
微网应用	○	○	○	●	●	●	●

5.5.7　储能技术国内外发展趋势

根据储能产业“十三五”规划专题研究，储能技术是可再生能源、智能电网、能源互联网、分布式能源、微网、工业节能、应急电源、家庭储能、轨道交通领域支撑技术，也是推动能源生产与消费革命、实施节能减排、应对气候战略的重要手段。

根据所用的能量形式，通常可将储能技术分为物理储能（如抽水蓄能、压缩空气储能、飞轮储能）、电化学储能（二次电池储能、液流电池储能、超级电容器储能）、化学储能（氢储能、合成天然气储能）、磁储能（超导线圈储能）和热储能（熔融盐储能、显热储能）五类。

以抽水蓄能为代表的物理储能是目前技术成熟、使用规模较大的储能方式，综合效率在50%～70%，适合建造百兆瓦以上储能电站，但对地理环境和生态环境有较高要求，前期投入较大。

目前，磁储能存在的主要问题是制造成本高、比能量低。而热储能是通过制冷或者储热储存能量，储能效率较低。

电化学储能是利用化学反应直接转换电能，包括各类电池和超级电容器储能。以锂离子电池、钠硫电池、液流电池为主导的电化学储能技术在安全性、能量转换效率和经济性等方面均取得了重大突破，极具产业化应用前景。

储能技术是智能电网、能源互联网、可再生能源接入、分布式发电系统及电动汽车发展必不可少的支撑技术之一，不但可以有效地实现需求侧管理、消除峰谷差、平滑负荷，而且可以提高电力设备运行效率、降低供电成本，还可以作为促进可再生能源应用，提高电网运行稳定性和可靠性、调整频率、补偿负荷波动的一种手段。此外，储能技术还可以协助系统在灾害事故后重新启动与快速恢复，提高系统的自愈能力。目前，大部分（98%）的储能容量是通过抽水蓄能实现的；而新型储能系统多为小型、分布式、模块化的，更适合接入配电网和用户侧，现在处于起步示范阶段。但由于新能源、电动汽车、智能电网的大力推进，储能技术的重要性日益增强，储能技术和储能项目受到各国政府和大型企业、新型技术企业的高度重视。美国、日本、欧盟等发达国家对储能技术均给予了极大关注，在技术研发与商业化应用上给予资金扶持与政策支持。

根据储能产业“十三五”规划专题研究，各国储能技术进展情况如下：

美国对储能技术在电网的应用从设备采购、准入、收费与营利方式，到配合辅助服务、分布式发电，实现试点与商业化及融入智能电网建设均出台了相关的法案规定，为储能技术的大规模应用提供了政策保障与支持。美国国会先后在2009年5月通过《2009年可再生与绿色能源存储技术法案》和2010年7月通过《2010年可再生与绿色能源存储技术法案》。电能存储法案主要是针对美国电能存储系统的投资税收减免、性能标准和项目进展等方面做出规定，涉及的电能存储规模包括大规模电能存储、当地电能存储、用电能存储等。美国加利福尼亚州的法案则明确要求2020年电能存储容量占平均峰荷的5%。目前，美国能源部通过JCESR、EFRC、APER-E等项目支持电能存储技术的发展，包括锂离子电池、液流电池、钠硫电池、铅碳电池的发展。美国在电能存储系统管理、铅碳电池方面具有一定的优势。

美国是发展储能技术较早的国家，目前拥有全球近半的示范项目，并且出现了若干已实现商业应用的储能项目。美国储能技术的发展和应用与政府政策的支持密不可分，尤其是在锂离子电池制造及系统集成方面。其政策全面、可持续发展，同时配以大规模的政府资金支持。美国 EPRI 还在 2009 年开展了兆瓦级锂离子电池储能系统的示范应用，主要用于电力系统的频率和电压控制及平滑风力发电等。将类似的两个兆瓦级磷酸铁锂电池储能系统分别接入了加利福尼亚的两个风电场，其应用主要定位于为电力系统提供包括频率控制在内的辅助服务和新能源灵活接入。美国 AES 公司还于 2011 年在美国西弗吉尼亚州将 32MW 磷酸铁锂电池储能系统投入运行，以匹配 98MW 的风电项目。该项目的实施为美国西弗吉尼亚州每年稳定供应 260MW · h 的零排放可再生能源绿色电力。目前，美国 AES 公司在全球有 72MW 的已建储能项目及 500MW 的在建储能项目，且所有储能电池均为磷酸铁锂电池。

与美国相比，日本在钠硫电池、液流电池和改进型铅酸蓄电池储能技术方面处于国际领先水平。日本受地震核泄漏事故影响，自 2011 年下半年开始，连续发布能源政策。包括《短期电力供应稳定对策和中长期能源政策纲要》《关于电力企业采购可再生能源电力的特别措施法》《节能法修正案》《能源及环境战略基本方针》《农山渔村可再生能源发电促进法案》。这些方案均支持电能存储技术。日本政府通过 NEDO 的项目支持电能存储示范电站。目前，日本在锂离子电池家庭电能存储、规模电能存储、钠硫电池储能方面技术处于世界领先水平。在掌握锂离子电池核心技术的日本，日本三菱重工公司已开发出日本第一个大容量、可移动电能存储系统。包括锂离子电池及控制系统在内的整个电能存储系统，安装在一个置于拖车上的 20ft㊀一长的集装箱内。该电能存储系统的额定功率和容量分别是 1MW 和 0. 408MW · h。日本三菱重工公司希望通过利用系统的可移动性，在几个具有高价值的应用领域占有一定的市场份额。

韩国是新兴的发展电能存储技术的国家，近期韩国绿色发展委员会发布了《绿色发展国家战略及五年计划》。该计划要在 5 年内向太阳能、风能、发光二极管（Light Emitting Diode，LED）、电力信息技术（Information technology，IT）、氢燃料电池、煤气及煤炭液化、炭收集和封存（Carbon Capture and Storage，CCS）、能源储藏及煤气化联合循环发电（Integrated Gasification Combined cycle，IGCC）九大开发项目中总计投资 3 兆（万亿）韩元。韩国投入了大量资金用于电能存储研究。韩国三星公司的锂离子电池已经安装在济州岛智能电网示范工程的几个试点工程中。三星公司建立了一个 600kW/150 kW · h 电能存储系统用于电网稳定和快速充电站，并

㊀ ft：英尺，1ft = 33. 48cm。

于2010年11月开始运营。最近，三星公司还完成了一个800kW/200kW·h系统用于风电平滑和移峰输出。韩国第二大锂离子电池制造商LG化学公司的目标市场是家用电能存储市场。LG化学公司对外宣布其4 kW/10 kW·h锂离子聚合物电池系统将提供给美国南加州爱迪生电力公司的一个智能电网示范工程。这些新项目的发展预示着韩国电能存储产业的逐渐形成。

欧盟在2007年制定的欧洲能源技术战略规划（European Strategic Energy Technology Plan，SET-Plan）明确指出，要实现2050年战略目标，在接下来的10年内需要在低成本、高效率电能存储技术方面取得突破。为此，欧盟委员会还鼓励欧洲工业企业和研究团队成立欧洲电能存储工作小组；并于2009年11月底，由11个国家的36个主要欧洲能源相关机构召开了欧洲电能存储专题讨论会，最终向欧盟委员会提交了电能存储领域研发和工业政策方面的若干发展建议。德国政府支持本国参与者申请参加和实施SET-Plan，研究的内容主要包括电网、可再生能源、电能存储系统、能源效率和CCS等。目前，德国完成了至少20个燃料电池及其他形式的电能存储示范项目（包含部分氢储能）。在英国，英国科学基金和国家项目中有关电网的大部分支撑技术都是电能存储方面的技术。法国SAFT公司是世界领先的先进高科技工业电池的设计开发及制造商。其在锂离子电池系统（广泛应用于民用、军事等许多终端市场）的设计、开发和生产方面处于全球领先地位。该公司开发的Synerion高能锂离子电池系统，主要应用于家庭或社区光伏离网电站，帮助客户实现谷电峰用。另外，其开发的Intensium Max集装箱式大规模锂离子电池电能存储系统，主要应用于兆瓦级的光伏电站并网系统，以实现光伏发电的平滑并网。德国EVONIK工业股份公司在2011年3月宣布，将联合美国戴姆勒汽车公司等研发机构共同开发适用于风能和太阳能发电的大容量、低成本储能锂离子电池电站，并先期计划在德国西部的萨尔州建造一个功率为1MW的电能存储装置。

我国也相继出台了一些储能相关法规、规划和办法等，并给予资金支持发展储能产业。2010年的《中华人民共和国可再生能源法（修正案）》中第一次提到储能的发展。2011年发布的《中华人民共和国国民经济和社会发展第十二个五年规划纲要》中提出要依托储能等先进技术，推进智能电网建设。2013年底，国家能源局发布的《关于分布式光伏发电项目管理暂行办法》鼓励业界各单位或个人投资建设和经营分布式光伏发电项目。国家财政部发布了关于分布式光伏发电自发自用电量免收可再生能源电价附加费等政策，旨在降低用户自发自用成本。分布式发电相关政策与补贴的陆续出台为光储模式打下了基础。国务院办公厅2014年11月印发的《能源发展战略行动计划（2014—2020年）》指出，通过科学安排调峰、调频、储能配套能力，切实解决弃风与弃光等问题。作为可能影响未来能源大格局的前沿技术，储能技术在我国已获得前所未有的关注。

与其他储能产业发展较快的国家相比，我国迄今为止没有国家层面的专门针对储能的政策颁布，已有的相关政策均依附于新能源与分布式光伏发电，储能产业的进一步支持政策值得期待。截至 2014 年 6 月，全球已投入 216 个储能项目（不含抽水蓄能、压缩空气储能及储热），累计装机量为 761.8MW。无论是项目数量还是装机规模，美国与日本仍然是最主要的储能示范应用国家，分别占全球装机容量份额的 40% 和 39%；我国的累计装机比例从 2013 年的 7% 上升为 10%，储能装机规模为 57.3MW。从全球技术分类上看，钠硫电池的装机比例仍占第一位，为 40%，但比 2013 年下降了 6%；锂离子电池的装机比例为 35%，位居第二；排名第三的是铅酸蓄电池，占 11%。在我国市场，锂离子电池的应用比例最高，超过 70%。

截至 2014 年底，全球储能设备在电力系统年复合增长率（Compound Annual Growth Rate，CAGR）达到 135%。从全球应用分类上看，储能设备较多地应用于风电场、光伏电站、输配侧和辅助服务市场。与国际市场不同，我国储能设备在用户侧的装机比例占到 50%，大部分是微网项目。2014 年，我国储能市场仍保持较快的增长，2014 年的累计规模为 81.3MW，比 2013 年增长 55%，增长主要来自于用户侧的分布式微网项目。

纵观全球储能项目的实施情况，整个产业总体在向前发展，市场也逐渐扩大，成为各国关注的重要的新兴产业。

从技术上看，各个国家都将开发适合本国能源特点的储能技术，将会竞相开发安全性好、能效高、成本低、循环寿命长、易于安装、模块化、易于系统集成、维护成本低的方向发展。由于没有一种储能技术能在所有的技术指标方面取得优势，针对不同的应用，开发最适合实际应用场景的专门化储能技术，是未来的发展方向。

5.5.8　储电相关技术

根据储能产业“十三五”规划专题研究，大力开展储能电池技术的研发，不仅符合国家节能减排及发展低碳清洁能源的政策要求，而且对保障我国的能源安全具有积极重要的战略意义。在电化学储能中，锂离子电池是应用领域较广的储能技术，可以满足储能从千万到兆瓦级以上功率、由分钟到多小时容量的技术要求，较多地应用于风电场、光伏电站及分布式发电和微网领域，是现代电力系统大规模储能技术发展应用的一个重要方向。本节将主要介绍锂离子电池的相关内容。

1. 锂离子电池的优点

锂离子电池在储能方向上具有最良好的应用前景，具有如下的优点：

1）与铅酸蓄电池、镍氢电池相比，重量轻、比能量高。

2）可快速充放电。例如，磷酸铁锂电池 10min 内充电量就可以达到 80% 以上的。

3）循环寿命长，充放电效率高。在实际应用中，测试结果可以达到5000次以上甚至上万次（锰酸锂正极配合钛酸锂负极体系的电池、磷酸铁锂电池），且充、放电效率超过90%。

4）自放电率低。充满电后放置，锂离子电池每月损失的电能低于3%。

5）工作温度范围宽。可在20～60℃下工作，能够在绝大多数环境条件下使用，且无须外界供给能量维持运行。对比之下，钠硫电池需在300～350℃下才能正常运行。

6）隔离膜为多孔聚乙烯或聚丙烯，结构相对简单，成本相对低廉。相比之下，VBR需要全氟磺酸离子交换膜，其成本很高；且由于存在钒渗透及溶胀腐蚀等因素，目前因膜的原因使系统寿命无法达到2000次以上的循环。

7）工作过程中电池内外保持静止，无流动部分。相比之下，液流电池单堆亦需循环泵维持溶液流动，同时需要复杂的温度、流量及流量分配等控制系统。

8）绿色环保。不存在重金属（如铅酸蓄电池）与剧毒元素（如锌溴电池）。

除了比能量、比功率和能量密度、功率密度之外，储能技术还更关注其他重要选择参数，如资金成本周期、可扩展性、安全性、易用性和维护成本等。同样重要的还有系统的耐久性，这个能缓解、抵消甚至避免产生额外费用。在设计新型电化学储能系统时，非常有必要将原料丰度、制备过程节能高效和循环寿命分析等因素考虑在内。在这些方面，锂离子电池目前具有一定优势。

2. 锂离子电池的应用

除了本章5.5.7节介绍的一些应用外，还有其他一些应用值得介绍。

2008年，美国A123 Systems公司（现在已被中国万向集团收购）开发出H-APU柜式磷酸铁锂子电池储能系统，主要用于电网频率控制、系统备用、电网扩容、系统稳定及新能源接入等的服务，2MW容量系统已服务于美国AES公司的南加州电厂；2009年，A123 Systems公司为智利AES-Gener公司在智利的阿塔卡马沙漠的Los Andes变电站提供了12 MW的电池储能系统，并投入商业运行，主要用于调频和系统备用；2010年，A123 Systems公司继续向美国AES公司提供了44MW的电池储能系统。美国南加州爱迪生电力公司于2009年8月投资6千万美元（其中2500万美元由美国能源局补贴），利用A123 Systems公司的设备建设了当时世界上最大的锂离子电池电站（32MW·h）。另外，美国印第安纳州Power & Light公司于2008年7月对美国另外一个主要锂离子电池生产商Altairnano公司的2个1MW/250kW·h（4C充放）的锂离子储能系统进行了测试。

2014年西班牙电网运营商REE公司首次将1MW锂离子电池储能项目与输电网并网。该储能系统将吸纳可再生能源发电的多余电力，并在用电高峰期释放。REE公司负责人表示，这个称为Almacena的项目是欧洲同类项目中首个与输电网并网的项目。该项目还得到欧洲区域发展基金（European Regional Development Fund，ERDF）的资助。该储能项目位于西班牙塞维利亚的Carmona 220/440变电站。据REE公司预测，该项目能够同时满足西班牙300户家庭的用电需求。据报道，光伏发电、光热发电及风力发电满足了西班牙全年年电力需求的26%。

锂离子储能电池的快速发展实际上得益于锂离子电池产业链的完善及动力电池的发展。其动力电池的性能指标要求比储能电池高，储能电池更强调成本、寿命、能量效率。目前，多数企业采用动力电池电芯作为锂离子储能电池系统。

储电技术为不同场景的应用提供了丰富的选择，但目前因成本、运行可靠性和安全性等方面因素暂时限制了其应用。除了这些内生因素外，激励措施的缺位也是阻力之一。没有电力市场作为背景，辅助服务市场也尚未形成，储电技术就很难形成有效的商业模式，自然也就没有资本愿意进入这一领域。从某种程度上讲，这些也限制了我国储能技术的进一步发展。

5.5.9 储热相关技术

储热技术按照其原理也可以分为三种：显热存储、相变（或称潜热）存储和化学反应存储。

1）显热存储是利用材料的热容量，通过其温度的升高和降低来实现热能的存储和释放。水、土壤、岩石等都是常用的显热存储材料。显热存储技术简单、成本低，但储能密度小、损耗大，不能用于长时间、大容量的热量存储。

2）相变存储则利用材料的相变过程实现热量的存储和释放，包括熔盐储能、冰蓄冷储能等。近年来，人们已经在相变材料的选择及相变材料的封装技术等方面取得了较大突破。目前，相变储热技术已经在聚光太阳能发电（Concentrating Solar Power，CSP）等场景中得到了成功的应用。配备了相变储热的光热电站已经能够实现24小时不间断供电，这极大地改变了可再生能源的发电特性。未来，在热-电耦合系统当中，这种技术还将有更广阔的应用空间。

3）化学反应存储具有储能密度高、可长期存储等优点，但这种技术复杂度极高，对储热系统的运行条件要求也极高，价格相对昂贵，目前还不具备工程应用的条件，但未来技术成熟后不失为一种可取的方案。

根据储能产业“十三五”规划专题研究，从技术研究角度来说，不论是何种储热技术，开发出一套具有良好性能的储热系统并完成其应用实施，都需要开展包括材料的开发、单元器件研制、装置设计优化及系统集成等多个方面的研究工作。这些研究工作需要从材料的规模化制备、单元器件与装置的相互作用关系等多方面围绕储热技术展开。另外，还要在储热技术的多尺度技术研究方面开展大量的研究工作。这些研究结果也将为储热技术的大规模应用提供保障。

针对储能技术的发展技术路线，应考虑从以下几个方面对储热技术进行重点突破。

（1）开发新型的潜热存储和化学存储技术

开发新型的储热材料是进一步提高能源密度和功率密度的关键，也可以减少储热的能量损失，提高相应时间降低技术成本。这里要解决的关键问题有以下三个：

1）机械性能衰减，主要是在循环使用过程中，因为材料体积随着相变过程、吸附/解吸过程和化学反应过程而发生变化。

2）化学腐蚀，主要是由于传热工质或者包覆材料腐蚀储热材料，以及反复化学反应循环。

3）对于储热材料的快速成像和测试技术。

（2）储热单元和系统装置的研究

大部分传统的储热单元和储热系统都是采用了固定床、流化床和双罐系统的设计方案。这类系统或是相应比较慢（固定床和双罐系统）的，或是热衰减比较大（流化床）的。热衰减大就意味着系统烟损失高及循环效率低。新的设计方案需要克服这些问题，这方面的研究工作需要解决的关键问题有以下两个：

1）单元器件和装置的放大技术，这方面的工作目前已经在开展了。

2）开发出新的热力学过程，从而降低循环过程中传热、传质的阻力损失，提高热电能量转化效率。

在储热材料的制造成本方面，目前显热存储技术的价格较低，但是其储能密度低、储热装置体积过大，无法满足规模化储能的需求；潜热存储和化学存储技术的成本较高，降低其成本是这些技术推广和应用要解决的关键问题。

5.5.10 储气相关技术

储气分为城市储气和大型储气两种类别，前者多采用储气罐的方式，后者则多采用地下储气库。相比储电和储热而言，储气罐技术相对成熟，也不存在损耗、循环寿命等问题，主要是考虑其在特殊使用环境下的安全性和运行成本。根据存储压力，储气罐分为低压储气罐（1～5kPa）和高压储气罐（400～800kPa）。低压储气罐一般压力维持恒定，靠改变容积来调节储气量，主要分为湿式储气罐、干式储气罐两种；高压储气罐则主要通过改变罐内压力来调节储气量。地下储气库主要分为孔隙型和洞穴型，通常使用枯竭的气田、油田、矿井进行改造。地下储气库容量极大，常用来作为战略储备和调峰的手段。按照我国的国家战略，增加天然气的消费、实现天然气对煤炭的替代是长期目标，为实现这一目标，天然气的市场化势在必行。

在市场化的背景下，各种储气设施的建设将会迎来机遇。而我国对外天然气依存度在短期内还会不断升高，因此大型地下储气设施的建设对于保证我国天然气供应安全刻不容缓。从能源互联网的角度来看，未来多种能源相互耦合，储气也是增大系统灵活性和运行经济性的重要手段，而如果电制气技术进一步发展的话，对储气设施也会提出数量上的要求。

5.5.11 储氢相关技术

根据储能产业“十三五”规划专题研究，氢能作为一种清洁且极具发展潜力的新能源，受到了世界各国的极大关注。尤其是近些年来，伴随着化石能源的日渐减少与环境保护压力的日益增大，各国纷纷将氢能作为未来能源发展的方向之一，对氢能产业的各个环节（制备、储运、安全、应用等）都投入了大量的资源进行研究，期望能站住未来能源格局的制高点。当前，已对氢能在大规模制备、能量转换及综合利用等方面进行了深入的研究，取得了相当大的进展，已经具备商业方案示范性推广的条件，正处于大规模推广应用的前夜。

氢（Hydrogen），位于元素周期表的第一位，是原子量最小的已知物质。氢通常的单质形态是氢气（H_2），是无色无味、极易燃烧的双原子气体。氢气是密度最小的气体，在标准状况下，每升氢气只有0.0899g。氢通常以与氧的化合物水的形态存在，储量丰富。氢具有以下特性：

1）氢气燃烧后的热量约为汽油的3倍、乙醇的3.9倍（见表5-10）、焦炭的4.5倍。氢氧火焰温度高达2800℃，高于常规液气。氢气无味无毒，燃烧产物仅为水，不污染环境。

表5-10 氢气与其他燃料的比较

特　性	氢气	甲烷	甲醇	乙醇	丙烷	汽油
分子量（g/mol）	2.02	16.04	32.04	46.06	44.10	约107.08
沸点/℃	-252.8	-161.5	64.5	78.5	-42.1	22~225
燃点/℃	低于-253	-188	11	13	-104	-43
可燃极限（空气体积%）	4.0~75.0	5.0~15.0	6.7~36.0	3.3~19.0	2.1~10.1	1.0~7.6
空气中的自燃温度/℃	565	540	385	423	490	230~480
高热值（High Heat Value，HHV）/（MJ/kg）	142.0	55.5	22.9	29.8	50.2	47.3
低热值（Low Heat Value，LHV）/（MJ/kg）	120/0	50.0	20.1	27.0	46.3	44.0

2）氢气比空气轻得多（仅为空气密度的1/14），泄漏于空气中会迅速向上扩散，不易形成聚集。

3）可以以气态、液态、固态及化合物的形式出现，能适应储储运及各种应用环境的不同要求。

4）所有气体中，氢气的导热性最好，比大多数气体的导热系数高出 10 倍，因此在能源工业中是很好的传热载体。

作为人类较早发现并应用的化学元素之一，氢气作为主要的工业原料及重要的工业气体，在石油化工、电子工业、冶金工业、食品加工、浮法玻璃、精细有机合成、航空航天等方面有着广泛的应用。

由于氢气的高能和易燃特质，使其成为能源载体的选择之一。将氢作为能量载体，主要有以下三种利用方式：

1）利用氢和氧化剂发生反应，释放出热能。

2）在催化剂作用下，利用氢和氧化剂反应，获取电能。

3）利用氢的热核反应，释放出核能。

作为火箭的燃料，液态氢在航空航天应用中已经得到了应用。在近年来兴起的新能源浪潮中，氢能也被认为是未来“二次能源”的理想选择之一。

所谓“二次能源”是指联结“一次能源”和能源用户的中间形式能源；参照对能源应用形式的不同要求，又可分为“过程性能源”和“含能体能源”。电能就是应用最广的“过程性能源”，缺点就是储存困难；氢能则是最具发展潜力的“含能体能源”之一，这是因为氢能具备以下优点：

1）氢是自然界中存在最普遍的元素，主要以化合物的形态存在于水中，而水是地球上最广泛的物质之一。据推算，如海水中的氢元素能全部提取出来并产生热量，其数值相当于地球上探明的所有化石燃料热量总和的 9 000 倍。

2）除核燃料外，氢气的发热值是所有化石燃料、化工燃料和生物燃料中最高的，为 142MJ/kg，是汽油的 3 倍、乙醇的 3. 9 倍、焦炭的 4. 5 倍。

3）氢气的燃烧性能很好。氢气的点火能量低、点燃快、燃烧速度快；氢氧火焰温度高达 2800℃，高于天然气或液化石油气火焰（约 1900℃）；氢气与空气混合有广泛的可燃范围。

4）氢气掺烧可以优化各类固体、液体、气体燃料的燃烧效果，加速火焰传播，促进完全燃烧，达到提高火焰温度、节能减排之功效。

5）与其他燃料相比，氢气燃烧时最清洁，其燃烧产物就是水。虽可能有一些氮氧化物排放，但不会产生如一氧化碳、二氧化碳、碳氢化合物、铅化物和粉尘颗粒等对环境有害的污染物质，而且燃烧生成的水还可继续制氢，反复循环使用，演绎了自然界物质循环利用、持续发展的经典过程。

6）氢能利用形式多，分为热化学利用和电化学利用。热化学利用通过燃烧产生热能，在热力发动机中产生机械功。用氢气代替煤、石油、天然气等进行燃烧的应用，不需对现有的技术装备作重大的改造，现有的内燃机、燃气轮机或燃烧器稍加改装即可使用。电化学利用可以替代传统的蓄电池、汽柴油发电机，通过燃料电池等电化学转换装置，将氢能直接转换为电能。

1. 制氢技术

目前，工业上常用的氢气制备方法主要有以下几种：

1）水煤气法制氢。用无烟煤或焦炭为原料与水蒸气在高温下反应而得水煤气（$C+H_2O \rightarrow CO+H_2$）；净化后再使它与水蒸气一起，通过触媒令其中的 CO 转化成 CO_2（$CO+H_2O \rightarrow CO_2+H_2$），可得含氢量在80%以上的气体；再压入水中溶去 CO_2，再除去残存的 CO 而得较纯氢气。这种方法产量大，但设备较多，在合成氨工艺、煤制甲醇、煤制天然气时多用此法。

2）天然气重整制氢。与水煤气法制氢类似，用天然气为原料与水蒸气在高温下反应（$CH_4+H_2O \rightarrow CO+H_2$；$CO+H_2O \rightarrow CO_2+H_2$），通过净化后制备较纯氢气。这种方法产量很大，设备也较多，同样适用于合成氨工艺和甲醇合成工艺中。

3）石油热裂制氢。石油热裂副产的氢气产量很大，常用于制备汽油加氢、石油化工和化肥厂所需的氢气。世界上很多国家都采用这种制氢方法，我国的大部分石油化工基地都用这方法制氢气。

4）工业副产氢气。在氯碱工业中会副产大量较纯氢气，除供合成盐酸外还有剩余，也可经提纯生产工业氢或纯氢；石油化工、煤化工和冶金过程中产生的工业废气往往带有大量的氢气，提纯后可使用。

5）电解水制氢。电解水制氢多采用铁为阴极面，镍为阳极面的串联电解槽，来电解苛性钾或苛性钠的水溶液，阳极出氧气，阴极出氢气。该方法产品纯度高，可直接生产99.7%以上纯度的氢气。这种纯度的氢气常用作电子、仪器、仪表工业中用的还原剂、保护气，用于对合金的热处理等；还可作为粉末冶金工业中制钨、钼、硬质合金等用的还原剂；用于制取多晶硅、锗等半导体原材料；油脂氢化；氢冷发电机的冷却气等。

作为氢制备的诸多成熟工艺之一，电解水制氢的主要优势如下：

1）唯一以电为主要原料的制备工艺，可以方便地与各种“一次能源”产生的电能进行联产。

2）氢的原材料是水，是人类取之不绝用之不尽的“氢矿”。

3）电解水制得的氢的产品纯度高、无杂质，能适应下游不同产业的需求。

4）电解水设备及使用工业化成熟度高，相关操作经验丰富。

5）制氢过程中无污染、无碳排放。

电解水制氢工艺示意图如图 5-15 所示。化石能源制氢和电解水制氢的比较见表 5-11。

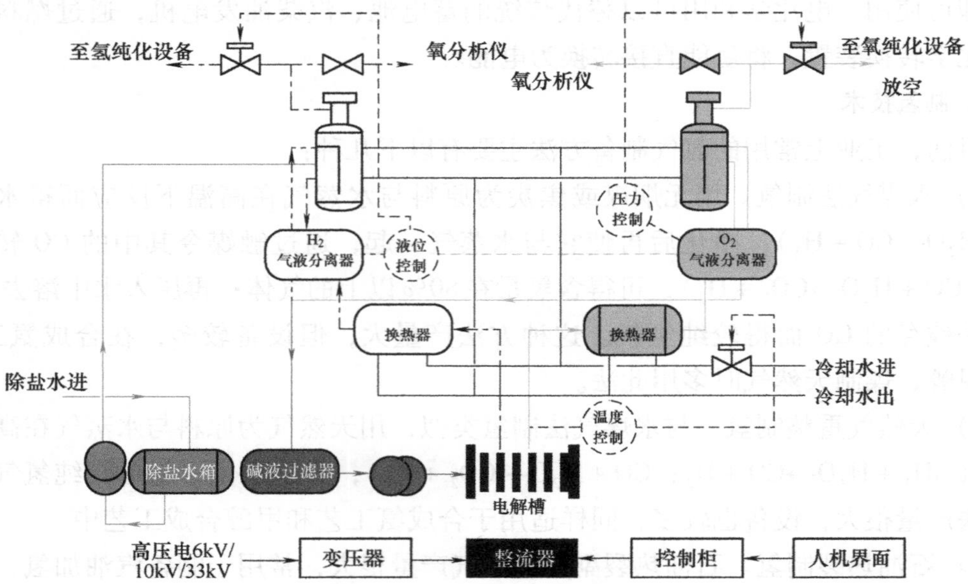

图 5-15 电解水制氢工艺示意图

表 5-11 化石能源制氢和电解水制氢的比较

制氢方法	煤制氢	天然气重整制氢	电解水制氢
工艺	水蒸气重整	水蒸气重整	电解
制氢工艺所需的主要原料	煤	天然气	电
每公斤氢的 CO_2 排放	约 22kg	约 7kg	零排放

电解水制氢工艺在20世纪50年代引入我国，初期主要针对的是军事和特种行业。作为电解水制氢的核心部件，电解槽的研究是相关研究的主要方向，但由于造价、工艺复杂度等原因，目前广泛使用的仍然是碱式电解槽。这是非常古老，但技术最成熟，也最经济的一种电解槽，并且易于操作。随着高纯度工业氢气应用（如多晶硅、浮法玻璃等）在过去近20年的高速发展，我国电解水制氢设备市场也快速成长。据不完全统计，截至2014年，我国电解水制氢制氢设备存量超过6000套，而每小时产能在100m^{3}以上的中大型设备在1500套以上，其中绝大部分是由国内企业设计、制造和维护的。中船重工七一八所、苏州竞立制氢设备有限公司和天津大陆制氢设备有限公司是国内电解水制氢行业的领军企业，产品代表了我国的较高技术水平。

尽管电解水制氢工艺有着种种好处，但其制氢能耗水平居高不下，长期以来限制着电解水工艺的应用推广。为贯彻国家节能减排的调控政策，2011年2月，全国氢能标准化委员会和全国能源基础与管理标准化技术委员会将国家标准《水电解制氢系统能效限定值及能效等级》列入了编制计划，预计2015年将正式发布。水电解制氢能效等级见表5-12。

表5-12　水电解制氢能效等级

类型	能效等级	单位能耗值 /（$kW\cdot h/m^3H_2$）	能效值（%）
小容量（$\leqslant 60m^3H_2/h$）	1	4.6	77
	2	4.8	74
	3	5.0	71
	4	5.2	68
	5	5.4	66
大、中容量（$>60m^3H_2/h$）	1	4.4	80
	2	4.6	77
	3	4.8	74
	4	5.0	71
	5	5.2	68

要降低电解水制氢能耗，主要是要降低电解水制氢的直流能耗。影响此能耗的主要因素有两个：一是电极材料决定的电极的超电位；二是电解液与隔膜的电阻。目前，我国电解水设备处于世界一流水平；然而在核心部件和核心材料的研究上，我国与世界先进水平尚存在不小的差距。因此，导致我国电解水设备的整体能耗水平落后于世界一流水平。目前，在2000A/m^2的电流密度下，国产碱水电解槽的直流能耗水平可达到4.6～4.8$kW\cdot h/m^3H_2$。其阴阳极采用的还是传统的纯镍电极或雷尼（Raney）镍多孔电极。虽然国内各高校和研发机构也开展了很多催化电极的研制工作，但还未真正实现新型高效催化电极材料的产业化。电解槽的隔膜和结构也还未实现新型先进技术的改造。

电解水制氢工艺中，电力消耗所造成的成本约占氢气总成本的50%～80%，而电力消耗主要来自于电解槽中的直流电耗。变压、整流、物料循环、纯化等其他部件的能耗也影响着系统能耗的高低。此外，设备单位产能也直接影响大规模电解水制氢的成本。因此，还需要实现大规模、低能耗的电解水制氢工艺的突破。其研究关键点如下：

1）电解水制氢工艺的研究（核心是电极选择和电极催化剂的研究）。

2）降低其他部件能耗水平的研究。

3）提高单位设备生产能力的研究。

4）在不同应用领域中，通过系统整合降低系统能耗的研究。

通过引进世界领先的非晶合金材料制备技术，国内已开发出新型低能耗电解水制氢技术，可以在不改变目前主流电解水设备机械结构的条件下，大幅降低电解工业的能耗水平。其电解槽直流能耗有望降至3.8～4.0 $kW\cdot h/m^3H_2$，参照即将发布的国标《水电解制氢系统能效限定值及能效等级》，其能效等级为 1 级，能效值达 80% 以上，达到了国际先进水平。同时，新方案中根据国内氢能应用的实际要求，结合国内制氢设备的特点，提出了制氢设备的技术优化和改进方案，使得系统能耗存在进一步降低的空间。

目前处于研究阶段的制氢其他技术还有如下几种：

1）生物质制氢，是一种高效清洁的生物质制氢方案，其技术路线为微生物制氢技术，包括藻类产氢、发酵法生物产氢、光合细菌产氢、耦合产氢、酶法产氢等技术。生物制氢是可再生的环境友好的产氢技术，原理简单，但机理复杂、产氢能力低。

2）太阳能制氢，包括太阳能电解水制氢、太阳能热化学制氢、太阳能光化学制氢、太阳能直接光催化制氢、太阳能热解水制氢和光合作用制氢。太阳能电解水制氢采用太阳能-光伏电池-电解水制氢系统，由于光电转换率低，目前该方法在经济上没有竞争力。太阳能热化学制氢是最有可能率先实现产业化的太阳能制氢技术。与技术相对成熟的传统热化学制氢相比，太阳能只是一个热源。太阳能光化学制氢的主要光解物为乙醇。由于乙醇是完全透明的，必须加入光敏剂以吸收光能，因此该方法的关键技术在于性能稳定的高光吸收率新型催化剂的研发，使它在吸收光能、电荷分离与输运方面发挥控制作用。太阳能直接光催化制氢是直接利用太阳能分解水制氢，包括光催化剂分解法、络合催化分解水制氢、光电化学电解法制氢。由于该技术环境友好和可再生性，因此成为太阳能制氢的研究热点。目前，该技术的氢产率仅为 15% 左右。光合作用制氢是利用光合菌产生特定的氮化酶和氢化酶，然后利用它们分解水。该技术的主要问题是效率低、酶的热稳定性差且寿命短。上述太阳能制氢技术旨在充分发挥太阳能廉价、清洁、丰富的突出优点，但太阳能也有显著的缺点，即能量密度较低、间歇性和地域性分配不均匀。如何解决氢的生产成本、生产密度和连续生产的问题，成为该技术方向需要解决的核心点。

2. 储氢技术

氢作为能量密度高、使用过程无排放、环境友好的清洁能源，得到了高度关注，而由于其自身物理化学性质导致常温、常压储存时效率不高，成本压力大，且安全要求高。若氢的储存运输技术有所突破，使其广泛用于各种动力设备，未来应用潜力相当可观。因此，氢能在能源领域应用过程中，对储运系统的要求如下：

1）储氢密度大。

2）吸放条件温和。

3）储氢系统的动力学性质要好。

4）储氢系统的成本低。

5）使用寿命长。

6）安全，能长期保存。

7）可释放高纯度氢气。

氢气作为工业气体使用的历史非常悠久。目前，工业上储存氢气的方法主要有以下几种：

1）大型储氢气罐。氢气储存压力通常在0.1~0.5MPa之间，通常作为大型工业生产中间过程储存使用。

2）小型压力容器。例如氢气钢瓶，储存压力可达20MPa，通常储氢量较小，多用于小规模工业使用。

除此之外，目前氢气储存技术主要的研究还包括下面几个方向。

（1）气态高压储氢

它是将氢气加压压缩（通常是在15MPa的压力下），储存于特制的耐压钢制容器中。高压储氢的缺点是储氢的重量密度和体积密度都很低（一般只有1.5wt%），设备笨重，且能耗高。

（2）深冷液化储氢

它是在低温下使氢液化，然后把液态氢储存于保冷的真空绝热容器中。深冷液化储氢的缺点有，能耗高，将氢气液化需要一定的能量，大约1/3的能量消耗在液化过程中；设备成本高，液化储存的条件苛刻，绝热材料的成本较高。

（3）吸附储氢

它是近年来出现的新型储氢方法，具有安全可靠和储存效率高等特点而发展迅速。吸附储氢方式分为物理吸附和化学吸附两大类，所使用的材料主要有分子筛、高比表面积活性炭和新型吸附剂（纳米材料）等。由于该技术具有压力适中、储存容器自重轻、形状选择余地大等优点，已引起了广泛关注。例如，奥地利科学家开发出玻璃微球高压储氢技术，它采用气体渗透法，借助高压将氢注入微小空心玻璃球内，从而实现氢的储存。

（4）金属氢化物化学储氢

它是将氢气跟金属或合金进行化学反应，以固体金属氢化物的形式储存起来。目前，金属储氢主要还是应用于汽车用储氢，其主要优点如下：

1）可根据汽车的发电系统（包括发动机或燃料电池）的需要量来产生氢气。

2）利用汽车生成的废热来分解金属氢化物使之释放氢气，有废热回收的作用。

3）与高压储氢和深冷液化储氢相比，金属氢化物储氢更加安全、可靠。

4）储氢金属可以重新充装氢气，反复使用。

同样，金属储氢的应用中也存在着不少的问题：

1）储氢体积存储密度较高，但是重量密度低。

2）在充放氢气的过程中，需要放出或吸附一定的热量，需外设换热设备。

3）金属氢化物的肿胀、老化、粉化与中毒问题。

（5）非金属化学储氢

它是指将氢储存在有较高储氢能力的化合物中。非金属氢化储存主要有四种：烃类化合物（如甲烷）、氮氢化合物（如氨和肼）、醇类化合物（如甲醇）和硼氢化合物。

除了氢气的储存之外，氢气的运输技术也是氢能未来发展中必须解决的一个重要环节。目前，氢气的中长距离运输主要有两种形式：

1）压力容器运输。它是指将氢气储存于小型压力容器当中（如氢气钢瓶），或是固定在运输工具上的小型压力容器当中（如氢气集束瓶组），再通过传统运输形式进行输送。此方法主要应用于高纯氢气商品的分销。

2）长距离管道输运。在工业应用中，管道输送主要是在工厂内部输送，或跨厂区短距离输送。全球第一条长距离氢气输送管道是1938年德国鲁尔工业区建成的240km管道钢管线（氢气压力为1～2MPa，管径为25～30cm），此管线目前仍然在使用。

3. 氢能的利用

众多发达国家都很重视氢能利用对可再生能源发展的技术和具体解决方案的发展。以德国“P2G”（Power to Gas）项目为例，该项目缘于德国大力投入可再生能源的发展。德国大力发展可再生能源，2012年可再生能源占德国总发电量的22%，2020年计划提高到35%，2030年进一步提高到50%。其中，风力发电的导入量集中在风力条件良好的德国北部地区，但电力需求集中在产业较多的南部。连接德国南北地区的高压输电线容量不足，无法输送，出现了不得不减少输出的情况。为此，德国E. ON公司和Green peace Energy公司等利用风力发电的剩余电力电解水生成氢，然后提供给已有的燃气管道。在利用剩余电力的同时，通过在城市燃气中添加氢气，削减了硫氧化物（SO_x）和氮氧化物（NO_x）等有害物质的排放；同时把利用风力发电剩余电力生成的氢气用于热电联产的项目也已经启动。

日本政府确立了规模巨大的氢能发展规划，其计划包括大规模发展氢燃料电池汽车、可再生能源发电制氢、混氢天然气（Hydrogen enriched Compressed Natural Gas，HCNG）计划、分布式制氢规划等。目前，由于日本政府和企业的重视和不断推动，在氢能技术领域已占据全球的制高点。日本能源署也正在推进类似P2G的项目，将其北方的可再生能源发电制氢，再与天然气混合加入天然气管网以解决能源短缺的问题。

此外，类似项目在美国、加拿大、韩国、欧盟等国家和地区均获得了国家层面的支持，有大量的研究计划和产业化项目正在实施。例如，位于德国勃兰登堡州普伦茨劳的风力发电公司 Enertrag 从 2011 年 10 月开始把风力发电的电力并入电网，同时还启动了制氢设备。3 台 2MW 风力发电设备的电力白天基本全部并入电网；在夜间电力需求低、有剩余电力时，通过电解水制氢储存起来。

在氢能的众多发展方向里，虽然氢燃料电池与氢动力汽车具有美好的前景，是未来氢能源发展的目标，但是受限于当前的科技水平与较高的制造和使用成本，并不具备商业竞争能力，目前还不具备大规模推广的条件。根据对氢能综合利用技术及市场需求的调研分析，在众多氢能综合利用技术中，在车用压缩 HCNG 具有技术成熟、易推广、对环境友好等优点。

5.5.12　储能配置方法与原则

根据储能产业"十三五"规划专题研究，对于分布式可再生能源发电为主电源的并网型微网系统，分布式可再生能源发电类型、配置储能设备的类型、配置容量、储能容量与其他电源容量的比例关系是配置储能设备需要考虑的主要因素。

根据《分布式发电系统储能配置导则》，以由分布式光伏配置储能设备为电源、配置一定数量的敏感负荷、部分可控负荷和部分不可控负荷（非敏感负荷）加上微网控制系统的微网为例，考虑光伏发电的特性，在不同边界条件下配置的一般比例如下：

1）以光伏发电量与负荷用电量基本平衡、保障供电可靠性为边际条件，离网型以光伏为主电源的微网配置储能设备的容量与负荷特性曲线相关。对于工商业负荷为主的微网，依据经济性和可靠性，其储能容量一般是光伏装机容量的 110% ~150%。对于生活用电负荷为主的微网，依据经济性和可靠性，其储能容量一般是光伏装机容量的 75% ~100%。

2）以光伏发电量与负荷用电量基本平衡、保障敏感负荷供电可靠性的情况为边际条件，离网型以光伏为主电源的微网配置储能设备的容量与负荷特性曲线相关。对于工商业负荷为主的微网，依据经济性和可靠性，其储能容量一般是负荷的 2% ~5%。对于生活用电负荷为主的微网，依据经济性和可靠性，其储能容量一般是负荷的 1% ~3%。

3）以光伏发电量与负荷用电量基本平衡、最大利用分布式光伏发电为边际条件，离网型以光伏为主电源的微网配置储能设备的容量与负荷特性曲线相关。依据经济性和可靠性，其储能容量一般是光伏装机容量的 150% ~200%。

4）以光伏发电量与负荷用电量基本平衡、保障供电可靠性为边际条件，并网型以光伏为主电源的微网配置储能设备的容量与负荷特性曲线相关。对于工商业负荷为主的微网，依据经济性和可靠性，其储能容量一般是光伏装机容量的 50% ~100%。对于生活用电负荷为主的微网，依据经济性和可靠性，其储能容量一般是光伏装机容量的20% ~50%。

5）以光伏发电量与负荷用电量基本平衡、保障敏感负荷供电可靠性的情况为边际条件，并网型以光伏为主电源的微网配置储能设备的容量与负荷特性曲线相关。对于工商业负荷为主的微网，依据经济性和可靠性，其储能容量一般是负荷的2% ~5%。对于生活用电负荷为主的微网，依据经济性和可靠性，其储能容量一般是负荷的1% ~3%。

6）以光伏发电量与负荷用电量基本平衡、最大利用分布式光伏发电为边际条件，并网型以光伏为主电源的微网配置储能设备的容量与负荷特性曲线相关。依据经济性和可靠性，其储能容量一般是光伏装机容量的20% ~50%。

以上光伏发电是以我国中东部地区光伏利用小时数在1800 ~2000h 的条件进行分析的。在我国西北部地区，由于光伏利用小时数在2000 ~2200h，其储能配置可以根据经济技术分析进行相应调整。

在以风电为主电源的微网是目前大多数微网的应用情况，需要对以由分散式风电配置储能设备为电源、配置有一定的数量的敏感负荷、部分可控负荷和部分不可控负荷（非敏感负荷）加上微网控制系统组成的微网为例，考虑风电的特性，在不同边界条件下配置的一般比例如下：

1）以保障供电可靠性为边际条件，建立离网型微网配置储能设备的模型，通过仿真分析典型风电为主电源的微网系统各种风电容量下储能设备最优配置的容量和储能设备配置的类型，并进行经济性和可靠性关系分析。

2）以保障敏感负荷供电可靠性、最大利用分散式风电发电为边际条件，建立离网型微网配置储能设备的模型，通过仿真分析典型分散式风电为主电源的微网系统不同风电容量下储能设备最优配置的容量和储能设备配置的类型，并进行经济性和可靠性关系分析。

风电出力的不确定性是风速的不确定性导致的。目前，已有许多学者采用不同的数学算法对风速进行预测，发现风速预测越准确，越有利于对并网风电场系统进行调度。但实际上，对幅值波动和时间间隔较小的风进行准确预测是很困难的。一般可以根据气象信息推断某个时间段（数小时）内风电场有风还是无风。从常年的风速统计数据来看，风电场风速变化符合统计规律。研究表明，大多数地区平均风速的概率密度函数遵循韦伯（Weibull）分布：

$$f_v(v)=\frac{k}{c}\left(\frac{v}{c}\right)^{k-1}\exp\left[-\left(\frac{v}{c}\right)^{k}\right]$$

式中，v为实际风速；c为尺度系数，反映某时段的平均风速，有$\bar{v}=c\Gamma(1/k+1)$；k为形状系数，用来描述风速分布密度函数的形状。$k=1$时为指数分布，$k=2$时为瑞利（Rayleigh）分布，一般取1.8 ~2.8。

单台风机出力特性受风速和额定功率影响，其典型稳态出力特性如图 5-16 所示。风机输出功率特性与切入风速 v_{in} 和切出风速 v_{out} 直接相关。风速低于 v_{in} 时，风机处于停机状态；当达到启动风速后，输出功率正比于风速；若风速高于额定风速 v_r，风机输出额定功率 p_r；一旦风速高于切出风速 v_{out} 时，为了保护风机，必须停机。机组的输出功率 p^w 与实际风速 v 的关系可用分段函数来描述：

$$p^w = \begin{cases} 0 & v < v_{in}\text{，}\ v \geqslant v_{out} \\ \dfrac{v - v_{in}}{v_r - v_{in}} & \\ p_r & v \leqslant v < v_{out} \end{cases}$$

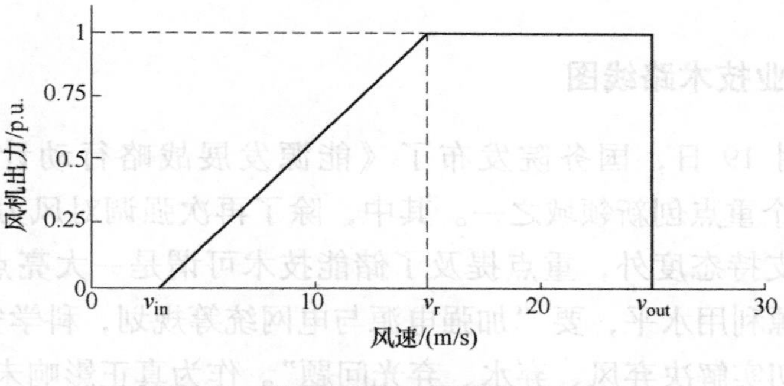

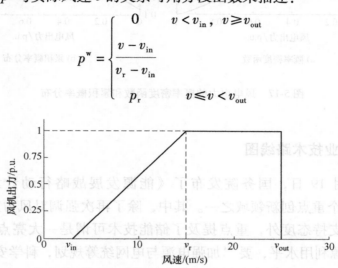

图 5-16　单台风机的典型稳态出力特性

由上式得，$v_{in} \leqslant v < v_r$ 时，p^w 的概率密度函数为

$$f_p(p^w) = \frac{k(v_r - v_{in})}{p_r c}\left[\frac{v_{in} + (v_r - v_{in})p^w/p_r}{c}\right]^{k-1} \exp -\left\{-\left[\frac{v_{in} + (v_r - v_{in})p^w/p_r}{c}\right]^k\right\}$$

同时，根据风电出力分段性质可得到

$$p_r\{p^w = 0\} = p_r\{v < v_{in}\} + p_r\{v \geqslant v_{out}\} = 1 - \exp[-(v_{in}/c)^k] + \exp[-(v_{out}/c)^k]$$

$$p_r\{p^w = p_r\} = p_r\{v_r < v < v_{out}\} = \exp[-(v_r/c)^k] - \exp[-(v_{out}/c)^k]$$

式中，$p_r\{\}$ 为概率运算。可得到风机出力的分布函数为

$$F(p^w) = \begin{cases} 0 & p^w < 0 \\ 1 - \exp\left\{-\left[\dfrac{(p_r + hp^w)v_{in}/p_r}{c}\right]^k\right\} + \exp[-v_{out}/c]^k & 0 \leqslant p^w < p_r \\ 1 & p^w \geqslant p_r \end{cases}$$

式中，$h = (v_r/v_{in})$。鉴于该式为分段线性函数，$F(p^w)$ 分成连续和离散两部分。图 5-17 所示的分布式为 $k = 1.8$ 时的概率密度函数和累积概率分布。

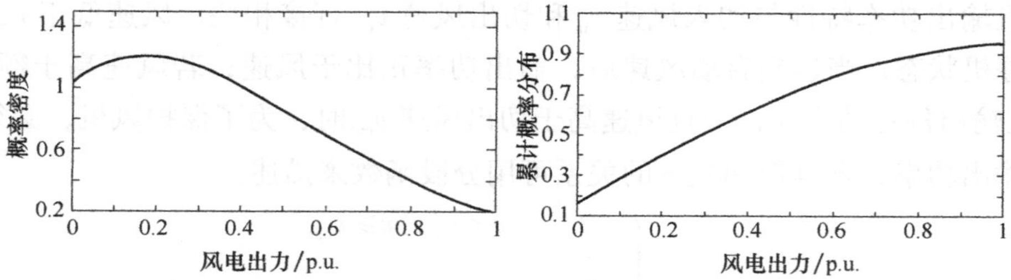

a) 概率密度函数　　b) 累积概率分布

图 5-17　风电出力的概率密度函数和累积概率分布

5.5.13　储能产业技术路线图

2014 年 11 月 19 日，国务院发布了《能源发展战略行动计划（2014—2020 年）》，储能是九个重点创新领域之一。其中，除了再次强调对风力发电、光伏发电等新能源发电的支持态度外，重点提及了储能技术可谓是一大亮点。该计划指出，为提高可再生能源利用水平，要“加强电源与电网统筹规划，科学安排调峰、调频、储能配套能力，切实解决弃风、弃水、弃光问题”。作为真正影响未来能源大格局的前沿技术，储能在我国正获得前所未有的高度关注。

《国家新型城镇化规划（2014—2020 年）》指出，城镇可再生能源的消费比重，要由 2012 年 8.7% 提升到 2020 年的 13%；要推进新能源示范城市建设和智能微网示范工程建设；加快充电站、充电桩、加气站等配套设施建设，积极推进混合动力、纯电动、天然气等新能源和清洁能源燃料车辆在公共交通行业的示范应用；发展智能电网，支持分布式能源的接入、居民和企业用电的智能管理。这些都将给储能行业的发展提供机会。

储能虽被国家列为战略性发展方向，但目前出台的政策都是框架性的支持政策，没有细化政策，缺少补贴优惠（如减税、初装补贴和电价补贴等）和技术路线。

根据储能产业“十三五”规划专题研究，未来需要探寻储能技术的商业模式，首先要明确储能对于各个主体的价值，因此需要总结一套行业认可的储能系统经济性评价方法，明确储能在各领域所做的贡献与应得收益的匹配方法。

在明确了以上评价方法后，根据储能系统的成本、服务和产出，探讨可行的商业模式，如光伏 + 储能模式、调频服务模式、电价模式、合同能源管理模式等。根据不同的应用场景，提出合理的商业模式。

从技术路线图（见图 5-18）可看出，近 10 年内，我国大规模储能技术仍然主要依靠抽水蓄能；未来 10 ~ 20 年，电化学储能中的锂离子电池将逐渐发挥重要作用并

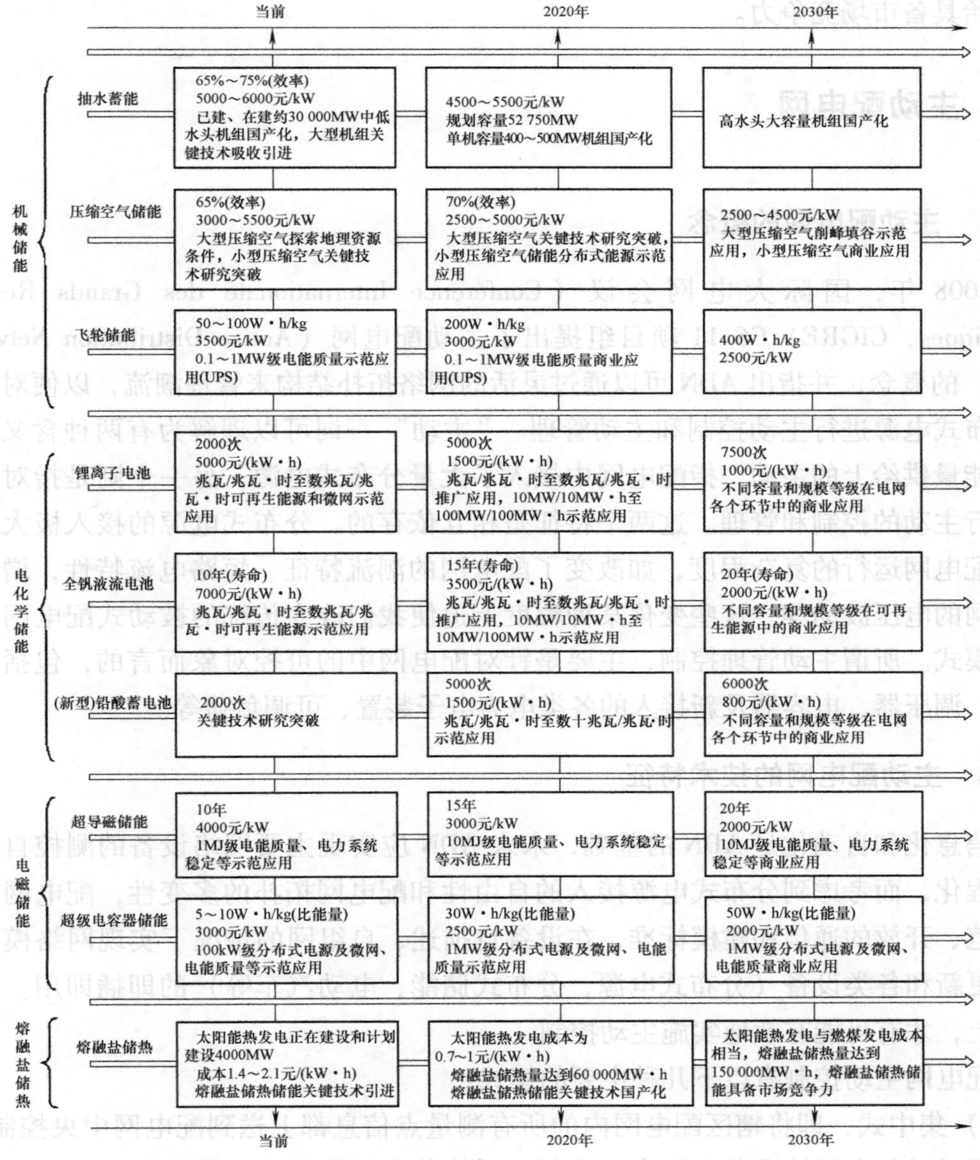

图 5-18　大规模储能技术在我国发展及应用的路线图

进入大规模商业应用阶段，铅酸蓄电池目前获得广泛应用但由于环保方面的顾虑前景不太明朗，液流电池、钠硫电池、飞轮储能将在改善电能质量方面逐渐实现商业化应用；到 2030 年，超导磁储能将在改善电能质量、增强电力系统稳定性方面得到商业化应用，超级电容器储能将在改善电能质量、微网方面得到商业化应用，不采用地下洞穴和天然气的新型压缩空气储能将在储能领域占一席之地，大型压缩空气储能将在具备地理条件的地区获得示范应用，而熔融盐储热也将和太阳能热发电一起开始具备市场竞争力。

5.6 主动配电网

5.6.1 主动配电网的概念

2008 年，国际大电网会议（Conférence Internationale des Grands Réseaux Électriques，CIGRE）C6.11 项目组提出了主动配电网（Active Distribution Network，ADN）的概念，并指出 ADN 可以通过灵活的网络拓扑结构来管理潮流，以便对局部的分布式电源进行主动控制和主动管理。“主动”一词可以理解为有两种含义：一个是能量供给上的主动，指配电网中接入了大量分布式电源；另一个则是指对配电网进行主动的控制和管理。这两个特征是相互依存的。分布式电源的接入极大地增加了配电网运行的复杂程度，如改变了配电网的潮流特征、短路电流特性，增大了配电网的电压波动等。这些变化某种程度上迫使我们改变传统的被动式配电网管理运行模式。所谓主动管理控制，主要是针对配电网中的可控对象而言的，包括各类开关、调压器、电容器及新接入的各类电力电子装置、可调负荷等。

5.6.2 主动配电网的技术特征

信息化和自动化是 ADN 的基础，未来 ADN 应实现主要网络设备的测控自动化和远程化，而考虑到分布式电源接入的自由性和配电网拓扑的多变性，配电网应当有规范、开放的通信和建模标准，在设备自描述、自组网的情况下实现网络模型的自动更新和各类设备（分布式电源、分布式储能、电动汽车等）的即插即用。在此基础上，才有可能有效地实施主动控制。

配电网主动控制有以下几种主要的模式：

1）集中式，即将辖区配电网内的所有测量点信息都上送到配电网中央控制器，后者通过对各个可控设备发送命令来保证系统的电压和频率在合理的范围内。该模式具有达到最优控制效果的潜力。但实际上，考虑到配电网的复杂性，集中式的控制往往会因为效率低下、可靠性不足、数据交换量过大，而不能发挥好的效果。

2）分布式，即各个可控设备（主要是分布式电源）都利用本地信息和邻近信息进行本地决策，全系统形成一个多代理（Multi-agent）的结构。这种模式被认为更符合未来能源互联网多主体、高维度的特征，但相应的分布式控制技术还有待进一步发展。

3）混合分层式，即将集中式和分布式相结合，在两级之间加入协调层。这样既降低了集中决策的复杂度，又能够对各个分布式控制器的行为进行协调，使整体控制效果达到最优。

ADN 涉及的关键技术主要包括复合储能技术、分布式能源设备、基于柔性电力电子技术的柔性组网技术及电动汽车与电网交互（Vehicle-to-Grid，V2G）技术，还包括配电网中分布式电源的主动规划、配电网自动电压控制、自适应保护、网络保护和故障监测隔离等。其中，自适应保护、网络保护和故障检测、故障隔离面对的挑战尤为突出，因为分布式电源的接入完全颠覆了传统的配电网保护和故障监测隔离装置的工作原理，特别是在分布式发电随机波动的情形下，如何判断故障并对故障进行定位非常困难。这一问题近年来受到了学术界的高度关注。

5.6.3　我国配电网的现状及主动配电网的发展前景

相比输电网而言，我国配电网的发展是滞后的。由于数字化、自动化水平较低，缺乏适用的分析、控制、决策工具，配电网既不能实现对网络运行的实时监测，也不能实现对网络运行的实时调控，配电网中丰富的可控资源也没有被充分利用起来。以至于在一些地区，配电网部门常用"盲管盲调"来形容配电网的管理运行。这样的配电网很难经受住大量分布式电源接入的考验。当然，这些现状也从侧面反映出，我国 ADN 的发展具有广阔的前景。

未来 ADN 的研究主要包括以下几个方向：

1）基于规划断面的运行场景多代理时序模拟技术，并提出运行实景与规划预期的差异测度评估指标体系及规划调整策略，以全面支持 ADN 的规划运行互动，研发相应的规划运行互动决策支持系统及展示平台。

2）基于 μPMU 同步信息的安全合环与有源快速切换技术，实现无电压暂降和短时中断的运行操作，提出基于双端同步信息量测的非有效接地系统单相接地故障自愈技术，以及针对重点用户的高可靠性电源主动寻找技术，实现 ADN 中暂态电能质量风险预防控制，研发相应的装置及其运行控制支持系统。

3）基于电压主动调节的负荷柔性控制技术，基于柔性电子电子技术的柔性组网技术及 V2G 技术，基于电网态势联动提出负荷集群、复合储能、CCHP 与 ADN 的协同交互技术，研发就地控制、分层控制、分区控制策略与控制系统。

4）研发带有时标及拓扑分析功能的新型测控终端与综合配电单元（Integrated Distribution Unit，IDU）及其在 ADN 中的布点优化技术，实现基于多源信息融合大数据平台的 ADN 综合负荷特性辨识与态势感知技术，研发相应的运行控制策略及协同优化控制系统。

5）面向规划运行业务的数据、模型、算法与展示的共享管理技术，研发面向服务架构（Service Oriented Architecture，SOA）的可适用于复杂异构信道的 ADN 信息平台，研发 ADN 能量与信息二元融合元件的即插即用与安全可信接入应用。

6）基于 IEC 61850 建立适用于分布式馈线自动化的数学模型，实现 IEC 61850 到 IEC 61970 的模型映射，实现主站到终端、终端到终端的信息发现、识别、交互。

7）研究基于现有光纤以太网实现分布式馈线自动化的通信技术，建立适用于智能配电网的自愈、自适应保护、网络保护、测控技术的配网通信体系；从配网差异化管理的角度，建立适应差异化管理功能模块的配网通信体系。

8）研究基于标准化配电终端的分布式馈线原理及算法。基于 IEC 61850 通信体系，开发主站功能模块，实现配网终端的自发现和自动接入，并建立主站功能规范。

9）研究 IEC 61850 技术体系下的分布式馈线自动化技术，实现快速的配网故障定位、隔离和重构，进一步实现配网的快速自愈。

有学者针对我国配电网的发展现状提出，我国 ADN 的发展应该分阶段进行，随着分布式电源的渗透率由低到高依次实现从被动配电网、半 ADN 到 ADN 的过渡。在此过程中，信息流应当由单向信息采集发展为双向信息传输，最终实现对称信息交互；业务流则由单向业务流程扩展到用户业务，最后实现双向的业务交互。根据这一设想，在技术方面，配电网应当首先实现基本装置设备的自动化和监测的全面覆盖，并在集中式控制、分布式控制和混合控制模式下支持分布式电源的大力发展；随着配电网智能化程度逐步提高及分布式控制方法的不断成熟，最终实现分布式的智能控制。

5.6.4 IEC 61850 数据建模

1. IEC 61850 的数据模型

计算机软件设计的核心是数据结构和算法。对于一个变电站自动化系统来说，它的核心是模型和服务，而服务是模型的扩展。实际的变电站中间隔层设备采用各式各样的数据模型（如 103 协议、各厂商的协议等），数据模型和服务的不统一造成了设备间、设备和站层主控机间互操作的困难（接口服务的不统一是由模型不统一造成的），给各种新式的自动化系统开发带来了技术难度大、投资费用高、重复建设等困难。对一个自动化系统按自已的方式建立模型之后，需要购置或设计大量的模型转换器（即协议转换器）实现它与数据源（主要是不同厂商的间隔层设备）间可靠、有效的通信。这样将使应用系统开发的重点放在模型转换上，将财力投入到模型转换器开发上。因此，为变电站系统建立一套标准的数据模型和服务正是 IEC 61850 所要实现的目标。

IEC 61850 中定义的逻辑设备、逻辑节点（Logic Node，LN）、数据（data）对象、数据属性等标准模型元素，为自动化系统和设备建模提供了依据。IEC 61850 中定义了变电站系统中所需的大部分的逻辑节点，并对它们进行了功能分类，同时也定义了几乎所有的数据对象类型（具体请参考标准 IEC 61850-7-4），考虑到兼容性和发展性因素，IEC 61850 还对逻辑节点和数据对象的扩展做了说明。

IEC 61850 的数据建模，是通过对自动化系统或设备进行功能分解后，以功能为主要的建模元素，将其所需要的数据按类型以逻辑节点方式建模的。这些节点可以通过通信协同的方式实现自动化系统或设备的功能。如图 5-19 所示，标准 IEC 61850 的建模思想是将自动化系统按功能进行分解，再将功能实现为不同的逻辑节点间的组合和通信。一般说来，一个功能还可以分解为更细粒度的子功能，而每个子功能可以通过一个逻辑节点实现。

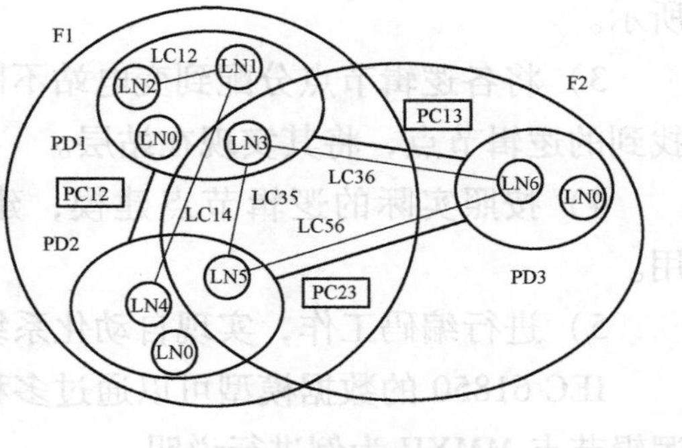

图 5-19　基于逻辑节点协同的功能分解

对自动化系统或设备进行 IEC 61850 建模后，逻辑节点驻留在逻辑设备中，逻辑设备驻留在变电站中的物理设备实体中。物理设备通过网络互联，使得所有的逻辑设备间能建立起通信。如图 5-20 所示，逻辑设备通过数据引用方式从其他逻辑设备获取所需要的数据。当然在实际的通信过程中，一个逻辑设备中被某个逻辑设备订阅的同类型数据（连同数据引用名）将存入一个数据集对象中，然后再通过接口服务传给订阅的逻辑设备。

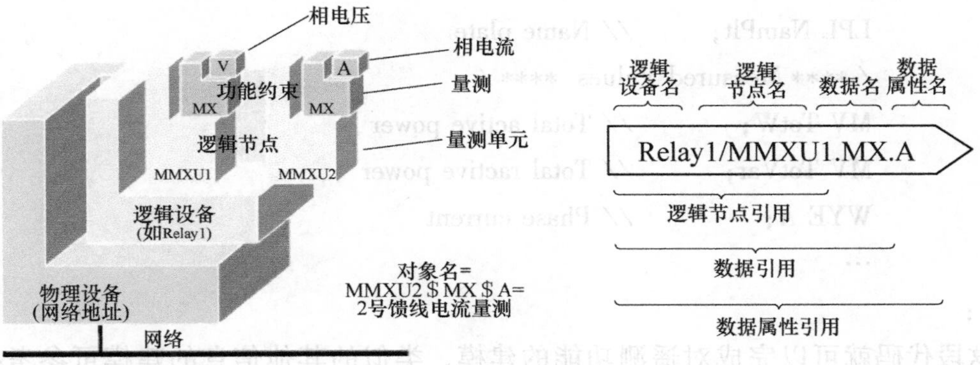

图 5-20　标准 IEC 61850 的数据模型与数据引用

2. IEC 61850 的建模流程

采用 IEC 61850 的数据模型对变电站自动化系统进行功能分解建模，将加快系统的构建。如何有效地对应系统建模需要一个合理的流程，总结如下：

1）对需求的应用系统进行功能分解，并对功能分类，如保护类、量测类、控制类等。

2）将一个功能实现为一个逻辑节点，基于IEC 61850的功能建模流程如图5-21所示。

3）将各逻辑节点分配到变电站不同的逻辑设备中，对于在已有逻辑设备中无法找到的逻辑节点，将其实现在站层。

4）按照实际的逻辑节点建模，建立SCL配置文件，供自动化系统初始化使用。

5）进行编码工作，实现自动化系统。

IEC 61850的数据模型可以通过多种方式实现计算机程序，下面以C/C++实现逻辑节点MMXU为例进行说明：

```
class MMXU : public LOGICAL_ NODE
{
public:
        MMXU ();
        virtual ~MMXU ();
protected:
        /****common Logical Node Information ****/
        INC Mode;          // Mode
        INC Beh;           // Behaviour
        INS Health;        // Health
        LPL NamPlt;        // Name plate
        /**** Measured Values ****/
        MV TotW;           // Total active power
        MV TotVar;         // Total ractive power
        WYE A;             // Phase current
        ...
};
```

这段代码就可以完成对遥测功能的建模，类似的其他信息的建模可参考标准IEC 61850-7-4。对于标准中没有定义的数据对象，可以按照标准的定义进行扩展。在完成逻辑节点的建模后，就可以将变电站里所需的信息一一对应到逻辑节点中数据对象的数据属性下。

3. 基于标准IEC 61850的建模

标准IEC 61850，是IEC第57技术委员会（TC57）在总结UCA 2.0的美国经验和IEC 60870系列标准的欧洲经验的基础上，提出来的关于未来变电站自动化系统

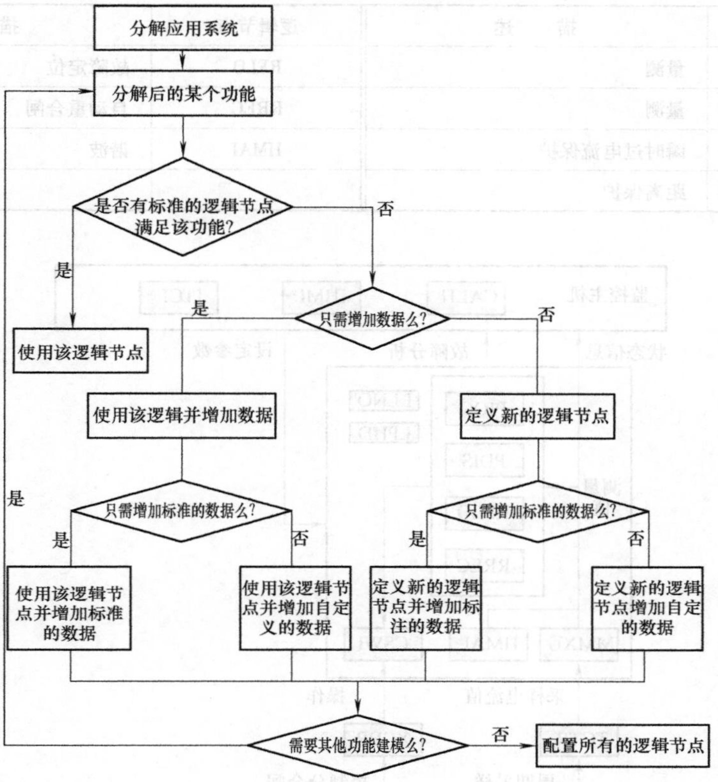

图 5-21　基于标准 IEC 61850 的功能建模流程

的通信体系标准。其目标是最大限度地应用现有的标准和被广泛接受的通信原理，在不同制造商的智能电子设备（Intelligent Electronic Device，IED）之间实现良好的互操作性，且能适应通信及应用技术的快速发展。标准 IEC 61850 不是一个简单的通信协议，它包括通信网络性能、对象建模、系统和项目管理、一致性测试等多方面的规范要求。

操作、控制、测量保护逻辑节点的描述见表 5-13 ~ 表 5-15。标准 IEC 61850 的建模对象如图 5-22 所示。

表 5-13　操作逻辑节点

逻辑节点	描　述
CALH	报警处理
IHMI	人机接口
ITCI	远方控制

表 5-14　控制逻辑节点

逻辑节点	描　述
TCTR	电流互感器
XCBR	断路器
XSWI	隔离开关

表 5-15 测量保护逻辑节点

逻辑节点	描 述	逻辑节点	描 述
MMXU	量测	RFLO	故障定位
MMXN	量测	RREC	自动重合闸
PIOC	瞬时过电流保护	HMAI	谐波
PDIS	距离保护		

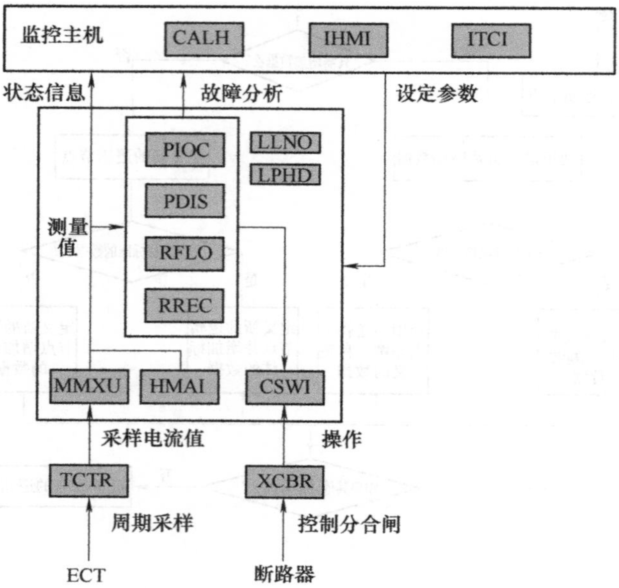

图 5-22 标准 IEC 61850 的建模对象

5.6.5 主动配电网分布式控制系统

1. 配电网馈线快速自愈系统的意义和必要性

建设 ADN 是尽可能接纳可再生能源的必由之路。而配电网馈线快速自愈系统是以新型的自动化配电设备为基础，应用计算机、现代电子、自动控制、通信及网络技术，将变电站数据、配电网在线数据和离线数据、配电网数据和用户数据及电网结构进行信息集成，构成完整的自愈系统。这不但有利于改变现有配电网络结构陈旧、技术装备落后、自动化水平低、维护工作量大的状况，而且可以消除供电系统的瓶颈，满足用电负荷不断发展的需要；还将使配电网处于安全、可靠、经济、优质、高效的最优运行状态；更可以大幅度提高供电企业配电网的主动管理水平，提高企业自身的经济和社会效益，保证供电企业长期可持续发展。因此，配电网馈线快速自愈系统的实施具有重大意义。

建设 ADN 分布式快速自愈系统意义如下：

1）ADN 分布式快速自愈系统是智能配电网实现的一种主要方式，能实现故障自动检索、自动隔离与自我恢复。当配电网发生故障时，它能快速内定位和隔离配电网的馈线单元中的故障区域，快速通过网络重构实现非故障区域恢复供电，从而缩小故障巡查范围与时间，减少故障翻电操作目标，减小故障停电范围，缩短对用户的停电时间，实现提高供电可靠率水平，降低生产作业安全风险之目的。

2）为高级配电自动化提供实时、准确、无偏的信息，减轻配电网主站通信与分析的工作量，提高配电网主站运行速度和工作效率，也为 ADN 状态估计、供电能力评估及高级配电自动化应用功能的实现提供丰富翔实的历史和实时数据。

3）根据配电网结构、受电端电压及潮流分布，可进行区域最优无功及电压控制，降低线路损耗，改善供电质量，实现局部最优经济运行。

4）能配合电网稳控系统，快速合理控制区域用电负荷，提高电网稳定性，同时保证区域内关键用户的供电可靠性。

5）通过配电网馈线智能综合网管系统，使日常的运行维护方便简洁，较大地降低系统配置工作量及系统配置人为出错的可能性，提高系统的实用化。

6）能够为分布式可再生能源、微网的接入、需求响应的实施，提供有力的技术支撑。

2. 配电网馈线快速自愈系统的效益分析

1）提高设备利用率。通过对线路开关等设备、设施运行状态的实时监视，可以为配电网调度运行和规划设计工作提供更为全面、可靠的运行数据（如负荷分布、设备状态等），最大限度地发挥设备潜力，提高设备利用率。

2）可靠性指标大大提高。实现智能馈线单元以后，配电网可在第一时间发现故障，迅速采取措施隔离故障，平均故障隔离时间缩短至 0.3s。另外，可将故障信息进行综合分析，并及时通报抢修人员，帮助判断故障点，有效减少故障点巡查时间。

3）故障恢复时间将由几个小时减少到几秒钟以内。平均倒闸操作时间缩短至 5s，恢复健全区段供电，大幅度缩小停电面积，减少停电时间，提高客户满意度，并有效提高控制区域的售电量。

4）配电网倒闸操作将依靠系统提供的标准流程方案进行，从而有效地减少现场操作，提高安全系数。将大量的人工操作方式或在开关柜前就地操作方式，转变为遥控操作方式，大大提高工作安全性，减轻生产运行人员劳动强度。

5）将为多端电源的馈线网络提供更加灵活的网络重构和优化运行方案。当一个电源检修的时候，负荷实现 N－1，进一步提高供电可靠性和供电经济性，为稳控系统又提供了一种支持手段。

3. 系统总体设计方案

ADN 分布式快速自愈系统为 AND 的实时协调控制提供了一种可行的解决方案。其基本的出发点是将网络继电保护技术与广域保护技术应用到有多个受电端和相互关联的若干条馈线单元上，从而将馈线单元智能化，有效提高了这几条馈线供电区域的可靠性。

4. 系统结构及主要功能

（1）系统结构

ADN 馈线快速自愈系统的总体规划设计，采取纵向分层、横向分布的原则，系统结构如图 5-23 所示。横向分布是将配电网管理系统的各功能形成既合理又相对独立的管理范畴。纵向层次化的系统设计是保证其整体性能的基础。

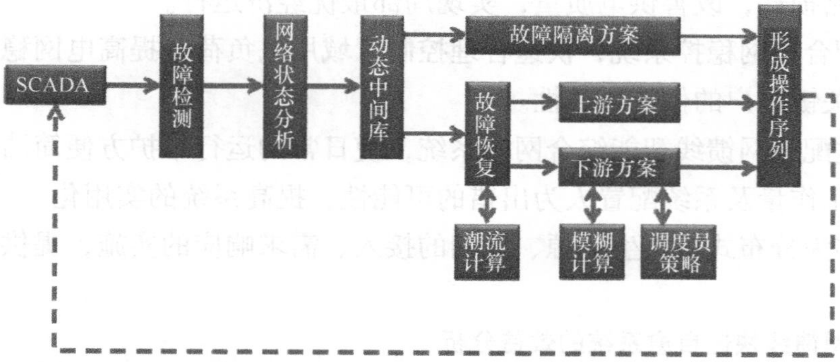

图 5-23　ADN 馈线快速自愈系统结构

（2）系统主要功能

1）支撑系统功能包括任务管理、实时数据及管理系统、基于以太网无源光网络（Ethernet Passive Optical Network，EPON）的高速实时通信。

2）应用系统功能包括数据采集与监视控制（Supervisory Control And Data Acquisition，SCADA）功能、网络拓扑分析、配电网故障定位、配电网故障隔离、配电网网络重构、配电网无功补偿、不良数据辨、基于标准 IEC 61850 的通信建模、与数据库管理系统（Database Management System，DMS）的数据共享、与 95598 系统的数据通信、系统配置管理。

5. 系统性能及指标

（1）系统可用性

1）系统冗余配置重要单元或单元的重要部件。

2）系统冗余配置的节点之间均可以由手动或自动互相切换。

3）保持热备用节点之间数据的一致性。

4）备用节点采用最近的实时数据断面接替主节点运行。

5）冗余热备节点之间无扰动切换，热备节点接替值班节点的切换时间小于 20ms。

（2）系统可靠性

1）要求系统中关键设备平均故障间隔时间（Mean Time Between Failure，MTBF）大于 17000h。

2）要求在值班设备无硬件故障和非人工干预的情况下，主备设备不会自动切换。

（3）系统实时性

ADN 分布式快速自愈系统应对事件提供快速响应，需要满足以下指标：

1）实时数据扫描周期小于 2ms。

2）遥信变化传送时间不大于 3s（对于向主站转发）。

3）从开关变化信息到达告警信息推出时间小于 1s。

4）遥调、遥控量从选中到命令送出系统不大于 1s。

5）自愈系统内各节点时间误差不大于 40ns。

6）故障隔离时间小于 300ms，非故障区域自动恢复供电时间小于 5s。

（4）系统信息处理

1）主站对遥测的处理准确率大于 99%。

2）遥信动作正确率大于 99%。

3）遥控正确率为 100%。

4）站间事件顺序记录（Sequence Of Event，SOE）分辨率小于 2ms。

6. ADN 自愈控制中心的通信系统

通信系统是配电自动化系统的关键之一。系统的通信包括配电自愈控制中心和户外终端设备的通信、配电自愈控制中心之间及配电自愈控制中心和配电主站的网络通信，以及配电网馈线快速自愈系统与其他系统的通信。

（1）通信网络

ADN 分布式快速自愈系统整体的通信结构遵循分布式的设计思想。按照实际电力线路走向和配电系统功能需要，将具备一定的电气连接关系的环网柜、柱上开关用光纤连接组成不同的环路；或以变电站为中心点，构成环形或星形网络结构。系统的网络通信支持国际标准 IEC 61850，远动通信协议支持标准 IEC 60870-5-104 等。

ADN 分布式快速自愈系统中的通信分为如下两个层次：

1）配电自愈控制中心与配电自愈控制终端，采用 EPON 通信；通信线路在有设备处开口，所有配电终端（开关站、户外环网单元、分支箱、柱上开关、配变）挂接在通信线上的光网络单元（Optical Network Unit，ONU）终端，ONU 终端设备选用双无源光网络（Passive Optical Network，PON）接口、工业级设备。

2）配电自愈控制中心之间及配电自愈控制中心和配电主站的信息交换，采用光纤分组传送网络（Packet Transport Network，PTN）通信，以 IP 方式通过专用路由器接入，设计宽带不小于 2Mbit/s。

（2）与其他系统的接口

ADN 馈线快速自愈系统是一套易于接口的通用构件，能使自动化和信息化融为一体。接口设计应满足共享性、安全性、可扩充性、兼容性和统一性的要求。

1）ADN 馈线快速自愈系统可以为配电网自动化系统提供实时数据，配电网馈线快速自愈系统在所辖馈线单元内完成配电网故障的快速定位、隔离及网络重构；同时按照自动化主站系统的通信要求，将该单元内部的所有实时数据发布给主站系统，供主站监测及高级应用使用。通信规约可选择标准 IEC 60870-104 或 IEC 61850。

2）与配电网综合信息总线之间可以采用 WebService 接口方式，可将配电网自愈控制中心的实时监测数据、告警数据及操作数据上推到企业服务总线（Enterprise Service Bus，ESB）上；也可以从 ESB 上订阅配电网的台账信息，供系统生成和配置所用。应用系统和总线之间的消息交互接口可实现消息的同步和异步传输。

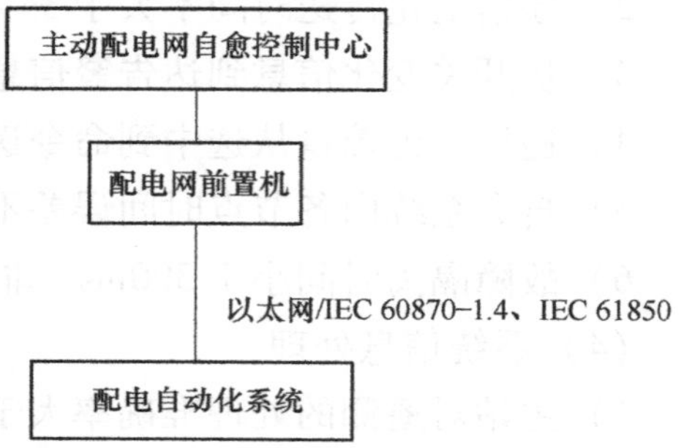

图 5-24　与主站系统接口

3）ADN 分布式快速自愈系统可以实现与 DMS、调度系统等的接口，实现数据共享，采用标准 IEC 61850 或者 IEC 61970、IEC 61968。

7. 配电网自愈控制中心功能

自愈控制中心是介于配电主站与配电终端之间的信息交换和处理的中间站。配电自愈控制中心应具备通信汇集和区域监控功能，负责所辖区域内配电终端的数据采集、处理与转发，并根据所辖区域配电系统运行情况进行自动控制及优化应用，也能下发配电主站对开关设备的控制命令实现“三遥”。

配电自愈控制中心应采用集中智能模式，其核心智能控制装置采用嵌入式系统，与多个馈线终端设备（Feeder Terminal Unit，FTU）、配变终端设备（Transformer Terminal Unit，TTU）、开关所终端设备（Distribution Terminal Unit，DTU）共同形成一个微型 SCADA 系统。配电网运行正常时，它能实时监视馈线分段开关、联络开关的状态和馈线电流、电压的情况，并实现开关的远方合闸、分闸操作。配电网发生故障时，馈线自动化系统接收故障信息，经计算分析后 0.3s 内自动判断并切除故障所在区段，然后立即按照预定策略在 3～5s 内快速完成无源孤网发现和网络重构，恢复对非故障区段的供电，大幅减少故障影响的停电范围与停电时间。

基于EPON技术的实时通信网络，配电自愈控制中心能完成多种智能控制功能，如配合网络保护动作，实现故障点快速分闸和有条件的重合，并闭锁智能开关再次动作；根据智能自投与馈线停电部位，遇故障则快速分闸、闭锁智能开关，并闭锁智能开关再次动作。当EPON出现故障时，配电终端本身具备线路智能重合器功能和线路智能自投功能，能够实现当地控制的馈线自动化功能。当通信网络恢复后配电自愈控制中心应能够在第一时间校核实际运行方式。

配电自愈控制中心实现了区域配电网的无功优化控制，通过区域网络最优算法实现无功潮流计算和自动无功控制，可保证电压和功率因数合格，尽可能减少线路无功传输，降低电网因不必要无功潮流引起的有功损耗。

配电自愈控制中心通过配电网自动化信息的前置处理，对馈线中的运行数据进行校对（如开关位置等）、压缩，为配电网自动化系统提供可靠、精简的信息。它还应具备接受配电主站对时或当地对时功能，以及对配电终端对时的功能，保证数据及信息的即时性。同时，配电自愈控制中心还应能够实现一体化网管功能，对馈线智能化设备、通信网络异常进行综合监视，实时评估系统安全水平，为状态检修打下基础。

8. ADN自愈控制中心应具备的性能及特点

ADN自愈控制中心将开放性从硬件和软件支撑平台延伸至应用系统，应用软件的开放性设计从基础层到应用软件平台层一直延伸至用户级，使得整个系统具有良好的集成性和可扩充性。

网络采用分流/冗余的机制，重要节点采用多机冗余热备用；采取措施确保数据存取的安全性，防止人为的破坏和病毒的侵害；具备健全的权限管理功能，操作人员根据工作性质分为不同的级别，对应不同的权限，无权限的用户无法进行操作；使用网关/路由器进行网络互联，既实现不同网络的数据通信、信息的共享和发布，又具备物理隔离的特点，保证系统的安全。

自愈控制中心应能够根据实际需要进行灵活配置、扩充通信端口，可支持多种通信方式，包括以太网、专线调制解调器（Modem）、RS 232/RS 485接口、光接口等；兼容多种通信规约，如行业标准DL/T 634.5101-2002《远动设备及系统　第5101部分：传输规约　基本远动任务配套标准》（对应国际标准IEC 60870-5-101）DL/T 634.5104-2009《运动设备及系统　第5-104部分：传输规约　采用标准传输协议集的IEC 60870-5-101网络访问》（对应国际标准IEC 60870-5-101）、DL 451-1991《循环式远动规约》（2015年1月废止）、DL 645-2007《多功能电能表通信协议》等。自愈控制中心能够与调度DMS及95598系统通信，实现信息共享。

9. ADN自愈控制中心配置方案

（1）软硬件配置

配置相应人机界面维护工作站，采用嵌入式计算机，采用无风扇、固态硬盘、模块化设计，主要完成各种数据显示、监视、运行方式、控制、系统维护等功能。

（2）操作系统

ADN 自愈控制中心通常采用嵌入式实时操作系统和裁剪的 Linux 操作系统，保证系统运行的高效性。

（3）编程语言及开发工具

软件开发应采用标准的语言编程，保证真正的可移植性。通常采用 C++、C 语言和面向对象的程序设计方法。

（4）新型测控终端

新型测控终端装置是配电自动化系统的基本单元，用于对 ADN 及配电设备的信息采集和控制。它与配电主站或子站通信，提供配电系统运行控制及管理所需的数据，并执行主站或子站发出的对配电设备的控制调节指令。

配电自动化终端应实现以下功能：

1）遥测，应可选择两表法或三表法接线，准确测量线路电流、线路电压，计算有功、无功功率及功率因数等，且带有时标。

2）遥控，应能接收远方命令控制开关的闭合和分断，并能返送校核，与主站配合后能实现故障隔离、网络重构、负荷转移等，且带有时标。

3）遥信，应能采集并向远方发送开关状态量、保护动作信号量等，状态变位优先传送，且带有时标。

4）对时功能，应能接发主站的对时命令，与系统时钟保持一致，使事件记录具有可比性。

5）定值远方或当地修改和召唤定值，应能接收控制中心或配电终端显示装置的指定修改定值；同时应能够随时召唤当前整定值，使装置具有强大的维护功能。维护功能包括参数设定、工况显示、系统诊断等。

6）手动操作，应提供手动开关合闸、分断接口，当通道出现故障时能进行手动合闸、分断操作。

7）通信，应提供多个通信接口及多种标准通信协议。

8）设备自诊断及自恢复，应具备自检测功能，在自身故障时及时告警。

9）故障判别，根据采集的电流大小及设备的定值，能够快速计算故障电流大小，并进行比较，并将故障信息及性质主动上报给主站，且带有时标。

10）具有后备电源或有外接后备电源的接口，其容量能维持远方终端正常工作，当主电源故障时能自动投入；交流电源失电后，能对开关进行不少于分、合各两次的操作；每毫秒向上级控制中心上传量测信息；就地判断过电流故障和功率方向。

10. 馈线终端

它能对配电线路的正常和事故情况下的信息进行采集，应将采集信息传送至主（子）站，自动或人工对架空线路的运行状态进行监控，配置后备电源。在满足总体功能要求的前提下，它还应具备以下功能：

1）故障检测及故障判别，包括零序过电流和过电压、线路过负荷、线路三相过电流检测等。

2）可同时检测控制同杆架设的两条配电线路及相应开关设备。

3）数据处理与转发。

4）工作电源工况监视及后备电源的运行监测和管理。

11. 站所终端（增强型 DTU）

它应用于配电室、户外环网单元等，需配置后备电源。在满足总体功能要求的前提下，它还应具备以下功能：

1）故障检测及故障判别，包括零序过电流和过电压、线路过负荷、线路三相过电流检测等，且带有时标。

2）双位置遥信处理。

3）数据处理与转发。

4）工作电源工况监视及后备电源的运行监测和管理。

ADN 分布式快速自愈系统主要是面向 ADN 多端分布式电源的馈线网络，实现按馈线供电区域划分，以分布式配电自愈控制中心为中心，实现网络化配电保护功能的智能馈线自动化系统。

在 ADN 分布式快速自愈系统中，应将配电自动化紧急控制及区域配电网运行优化功能尽可能放到配电自愈控制中心来实现，从而大大缩短配电网的故障处理和恢复送电的时间；当配电主站故障或配电主站到自愈控制中心通信失败时，该控制方案仍不失去馈线自动化功能，可分摊配电主站自动化运行风险。

ADN 分布式快速自愈系统运行方式应该是自愈和自适应的，这样可实时掌控配电网运行状况和负荷分配，及时预测、诊断和处置故障和隐患，实现精确、准确、及时、绩优的运行与管理，最终实现提高配电系统运行的经济性，降低运行维护费用，最大限度地提高企业的经济效益，提高整个配电系统的管理水平和工作效率，改善为用户服务水平的目标。

5.6.6 基于 μPMU 的主动配电网广域量测与故障诊断技术

1. 背景与现状

随着全球对环境保护和节能减排问题的日益关注，以及风力、太阳能光伏发电等分布式可再生能源发电的日益成熟，配电网络负荷附近的分布式发电设备越来越多地接入配电系统。因此，配电系统及其网络越来越复杂，其故障检测及故障诊断与定位的难度不断增大。故障检测、故障诊断及故障定位是配电网自动化的主要功能之一，当配电网发生故障后，应能及时准确地确定故障地点，从而迅速隔离故障区段并恢复全区段供电，尽可能减少因事故停电对社会经济和群众生活带来的影响。

配电网在电力系统中处于系统末端，是电能输送的最后一个环节，它直接承担着对用户的供电，因此配电网系统的运行直接影响用户的供电质量。随着我国配电网络结构与硬件设施的不断完善，电力用户对电能可靠性的要求也越来越高，供电可靠性通常要达到99.96%以上的目标。我国配电网改造后一般形成“手拉手”环网供电开环运行结构，该结构可分解为多个树状辐射网络，配电系统改造是为提高供电可靠性与稳定性。

据不完全统计，电力用户的停电事故的70%～80%是由配电系统故障引起的。当配电网发生故障后，能基于FTU和DTU采集的故障信息，快速定位故障并有效隔离故障区域、恢复对用户的供电是提高供电可靠性的主要途径。

针对配电系统的故障检测与诊断、故障定位，国内外学者开展了相关学术研究，提出了相应的配电网络故障检测及诊断与定位方法。A. Nikander等根据三相电压与电流的幅值变化进行故障判别，对于低阻抗故障效果较好；但是对于高阻故障，其接地电流小，效果并不理想。J. Carr对该方法进行了改进，提出把故障期间三相电流的不平衡特征，作为高阻故障的判别标准。国内有学者提出基于负序电流进行高阻故障检测，根据对称原理与故障期间的平衡条件作为故障检测判据。S. J. Basler等对电流信号的基波、三次谐波、五次谐波进行检测，利用统计原理对平衡度进行了比较，可作为诊断配电线路高阻故障的依据。

近年来，人工智能技术发展迅速，体现出高效、智能的特性，电力领域的研究人员将其引入到配电网故障检测、诊断、定位及供配电恢复环节。有学者提出了一种基于地理信息系统（Geographic Information System，GIS）的配电网故障定位专家系统，将配电GIS的地理信息、设备管理、网络拓扑结构与专家系统的规则库相结合，然后进行动态搜索、推理，来确定故障区域。近年来人工神经网络（Artificial Neural Network，ANN）迅速发展，成为人工智能领域的一个重要分支，以其强大的模式识别、分类与泛化能力，在配电线路的故障诊断中发挥着重要的作用。V. Ziolkowski等通过线路端的电压与电流信号，构造出反映故障特征的方均根值、故障报警率常数、偏斜度、对称分量等特征量，利用ANN进行故障分类。K. L. Butler等利用ANN来检测中性点直接接地系统和中性点非有效接地系统的低阻和高阻故障。

在非线性负荷情况下，S. R. Samantaray等利用自适应的卡尔曼滤波方法估计高阻故障，估计正常操作情况下，扰动状态电流信号中的不同谐波成分，并将谐波成分作为特征训练和测试故障样本。该方法在噪声环境下也能够保证很好的识别性能。综合小波变换和神经网络方法，应用小波变换技术对故障信号进行预处理，滤出其中大量的谐波和非周期分量，准确地提取工频信息构成神经网络的训练样本集，通过神经网络模型准确、可靠地实现了配电网故障类型的识别。国内学者提出的径向基函数（Radical Basis Function，RBF）神经网络方法，其训练速度快，在故障诊断准确性上与传统神经网络方法相比有所提高，尤其在配电网继电保护与断路器不正常动作或多重故障时效果更为明显。

针对用户侧的配电网系统，传统故障定位方法按照定位机理分类，主要包括矩阵法、阻抗法、行波法、S注入法等。也有学者提出应用矩阵算法进行故障检测与诊断定位。矩阵算法是依据配电网的结构，构造一个网络描述矩阵 $\boldsymbol{D}$，根据馈线的最大负荷，对各台柱上远程终端设备（Remote Terminal Unit，RTU）进行整定。当馈线发生故障时，有故障电流流过的分段开关上的RTU。它将检测到高于其整定值的过电流，此时该RTU即将这个故障电流的最大值及其出现的时刻记录下来，并上报给配电网控制中心的SCADA系统。SCADA系统据此生成一个故障信息矩阵 $\boldsymbol{G}$，通过网络描述矩阵 $\boldsymbol{D}$ 和故障信息矩阵 $\boldsymbol{G}$ 的运算得到一个故障判断矩阵 $\boldsymbol{P}$，根据矩阵 $\boldsymbol{P}$ 就可准确地判断和隔离故障区段。

现有的故障定位矩阵算法主要有两类：一类是基于网基结构的矩阵算法，另一类是基于网形结构的配电网故障定位矩阵算法。第二类算法是在第一类算法的基础上发展起来的。基于网基结构的矩阵算法采用无向图方式描述网络的拓扑结构，然后根据各FTU监测到的故障信息组成故障信息矩阵，并将网络描述矩阵和故障信息矩阵相乘和异或运算进行故障定位。该方法所基于的原理仅是故障存在的必要非充分条件，往往会造成故障区间的误判，需要进行规格化处理，且最终故障区间的判别是通过逐对的异或运算来进行搜索确定的，计算量较大。

基于网形结构的矩阵算法，对配电网拓扑结构的描述采用的则是有向图方式。其判断原理是故障存在的充要条件，无须进行网格化运算，使得计算量减少很多。但从形成的故障判定矩阵，到最终故障区域的定位，仍须对每一个流过故障过电流的开关设备逐一进行搜寻，校验其下游子开关的状态，最终才能对故障进行定位。并且，对于多电源网络，该方法需要多次假定正方向，才能确定故障区域，计算速度有待提高。以上两种矩阵算法均以某一馈线为研究对象，其基本判断依据是，当出现短路故障时，如果故障过电流从馈线的一端流入，从馈线的另一端流出，则该馈线区段不在故障区域内；如果故障过电流从馈线一端流入而另一端无故障过电流流出，则该馈线区段在故障区域内。因此，这两种方法都是通过对比各馈线区段两侧开关流经的过电流信号进行故障定位的，至少需要两个节点的信号，无法解决馈线末端的故障定位问题。矩阵算法程序设计原理简单，运算处理方便，故障区段定位过程简单、速度快。

但是矩阵算法存在一些问题：首先，当系统节点增加时，其计算量以二次方的数量增长，且故障时需对所有节点进行处理；其次，矩阵算法仅利用节点是否流过故障电流来作为判别依据，不能充分利用配电自动化终端装置提供的完整故障信息，并且只能判别出故障点，不能给出故障恢复算法；再次，对于多重故障，矩阵算法判别较为困难；另外，矩阵算法对故障信号的错误信息不能很好地去除，容错性较差。目前的各种改进矩阵算法，仅是对上述问题的某一方面有所改善，并没有彻底解决。

国内有学者提出的基于小波变换的行波法与阻抗法相结合的单端故障测距方法可进行故障定位。但在线路中点附近的区域会出现阻抗法测距判断错误，当过渡电阻（实际不可测）增加时，这个值可能更大。采用双端测量方法可以消除过渡的电阻影响，明显提高故障定位准确度。C. W. Liu 提出了一种基于相量测量单元（Phaser Measurement Unit，PMU）的自适应故障定位方法，其基本思想是通过 PMU 获得输电线路实时电压、电流相量，然后在线辨识出线路参数，并采用一种改进的离散傅里叶变换提取暂态电气量的基频分量，从而消除线路参数变化、测量误差和随机干扰对故障定位准确度的影响，提高故障定位准确度。C. W. Liu 还提出了当输电线路有串联补偿装置时，基于 PMU 的故障定位方法，这种方法适用于各种对线路电流没有附加相移的串联补偿单元。

相量的变化可精确地描述电力系统运行状态的变化。有功潮流基本上是由母线间的电压相角差来决定的，各母线电压相量是实际电网运行的状态变量。相量分析是交流电网的重要工具，根据电压相量值可以确定系统的能量函数，其提供的频率测量值可以预测电网中各节点相对角的趋势，大大地提高判断系统运行稳定性的速度和准确度。对静态稳定监视来说，相角测量将为 SCADA 系统增加一个新的数据状态量，加快潮流计算的速度。目前，同步相量测量技术的应用研究已涉及状态估计与动态监视、稳定预测与控制、模型验证、继电保护及故障定位等领域。

状态相量反映了系统运行的行为及状态，以及电网各节点之间的电压、电流和相位关系。传统的状态估计，是根据各个监测节点的遥测量及当前运行电网的拓扑结构，利用非线性迭代法，来求得电力系统的状态量的。但这种方法存在计算时间长、实时性差、在某些情况下迭代不易收敛或不收敛、遥测值非同步等缺点，给状态估计带来较大的误差。若通过精确时钟同步相量测量，可以得到电网上各点的正序电压和电流，从而实现各节点的电压、电流同时测量，无须估计状态矢量，只要用一个常规矩阵乘以测量矢量即得到一个估计结果，是线性估计。这种确定电力系统状态的方法具有实时性强、测量结果准确，且可实现低频振荡一类的动态监控的特点。

2013年4月，美国能源部的先进能源研究计划署（Advanced Research Projects Agency-Energy，ARPA-E）宣布了440万美元的微相量测量单元（μPMU）项目。该项目由美国加州能源与环境研究院、加州大学伯克利分校、劳伦斯伯克利国家实验室（Lawrence Berkeley National Laboratory，LBNL）、能量标准实验室共同承担，目标是基于开发的μPMU大范围同步感知配电网，观察配电网中从未发现的现象。美国LBNL和加州能源与环境研究院已经在其实验室的1座变电站及4家未披露名称的美国电力公司合作伙伴处，安装了90多个μPMU。

随着现代科学技术的飞速发展，计算机科学成为20世纪最快发展技术之一，并且广泛应用于各个领域。计算速度的提升和海量数据的储存促进了更多领域的深层发展，大维数据出现在农业科学的高分辨率图像、生物学的微阵列数据、金融业的股票市场分析、无线电通信信号网络及电力等各个领域。尽管计算机为统计分析带来诸多好处，但由此产生的问题也纷至沓来。其中最重要的问题就是，经典的统计分析工具面临大维数据的挑战，是否依然有效。事实上，在多元统计分析中，存在两种截然不同的极限结果：一种是在假定维数很小，样本量远远大于维数的前提条件下成立的经典极限理论；另一种是大维极限理论。大维极限理论的出现是由于当维数很高时，统计量的极限行为发生质的改变，使得经典极限理论所描述的结果或者表现很差或者完全失效。

为了解决这个问题，人们曾提出了降维的方法，通过降低变量维数，保留主要影响因素，以求达到经典统计方法对维数的要求。相对于经典统计方法，降维方法的可行性和优点显而易见，所以直到今天它仍然被广泛应用。但是信息量的大量流失导致降维方法的不稳定。20世纪40年代，随机矩阵理论逐步发展和完善，为解决大维数据分析问题开辟了更广阔的研究领域。因此，随机矩阵理论也在多个研究领域中得到进一步发展。

所谓随机（动态）矩阵就是在给定某个概率空间下，以随机变量为元素所组成的矩阵。而大维数据是指样本维数和样本量以具有相同的阶趋向无穷的数据。大维随机矩阵理论的研究和发展主要是由于经典多元统计分析不再适用于处理大维数据的问题，这是因为所有的经典多元统计分析的结论都是在给定维数而样本量趋于无穷的情况下做出的。当用经典极限理论来处理大维数据问题时，就会产生严重的误差和错误。随机矩阵理论作为处理大维数据行之有效的方法，在最近几十年得到了广泛的关注和发展。

早在20世纪40年代和50年代初，随着量子力学的发展，物理学家们发现量子能级可以用厄米特（Hermitian）矩阵的特征根来表示，从此此类矩阵特征根的极限性质引起了物理学家们的特殊关注。数学物理学家维格纳（Wigner）教授给出Hermitian矩阵特征根的极限谱分布，也就是著名的半圆率，从此Hermitian矩阵又被称为 Wigner 矩阵。这个结论后来被 Arnold 进行了扩展。关于随机矩阵的量子物理上的其他应用可参考其他专著。随后大维随机矩阵的极限谱性质也同样引起了数学家、概率学家和统计学家的兴趣。随后研究给出了大维样本协方差矩阵的极限谱分布，即著名的“M-P Law”。近几年，随机矩阵理论进一步发展，研究主要针对 F-矩阵、极值特征根、线性谱统计量的中心极限定理、谱间距离、收敛速度、矩阵估计等方面。除了理论上的发展之外，随机矩阵理论还在各个领域，如在物理、统计、无线电通信、金融经济及电力等方面有着广泛的应用。

随机矩阵特征向量的研究也受到了同样的重视。但是由于特征向量的不确定性给研究带来相当大的困难，直到近几年才相继有一些对特征向量分布的研究成果。其中最值得我们注意的是，Silverstein 基于协方差矩阵的特征向量定义了一个新的样本谱分布函数，称为 VESD 函数，并提出了 Haar 猜想。即，大维样本协方差阵的特征矩阵服从渐近 Haar 测度。

综上所述，针对配电网的故障检测与诊断定位方法，传统的配电网重构有很多研究成果，主要研究方法有数学代数运算与优化方法、启发式优化算法及人工智能算法，而含分布式发电的配电网自愈重构的研究文献还不是很多，主要是在传统配电网故障诊断与配电网络重构方法基础上改进的。因此，传统的配电网会朝着 ADN 的方向发展。ADN 是具有灵活结构的可以主动控制和主动管理的配电系统，它是未来电力企业及用户的公用配电系统。ADN 与传统配电网最大的不同是在负荷侧引进了大量分布式发电。这里，分布式发电指的是为了满足一些特殊用户的需求，并支持已有配电网的经济运行而设计和安装在用户处或其附近的模块式、清洁环保的小型发电机组，一般为几兆瓦到几十兆瓦。它们或坐落在用户附近，使得负荷的供电可靠性及电能质量都得到增强，用户侧的配电系统最终会朝着故障自主发现、故障自主诊断、故障自主修复、自主配电网优化的方向发展。

2. 技术原理

实现高性能的在线配电网故障检测与诊断定位系统是 ADN 的目标。故障定位系统的性能与所选择的故障定位方法密切相关。考虑配电网“点多、面广、线长”的特点，来研制高性价比的广域测量样机装置，实现配电网线路故障和谐波源的监测和定位，提高配电网供电可靠性并降低电网损耗。这里有三个性能指标，利用它们可以评价配电网系统的故障定位系统的优劣。

1）实时性。它代表了故障定位系统的速度。为了保证向广大用户提供稳定的电力供应、提高供电的可靠性，故障定位系统必须能够在最短的时间内给出判断结果。通常，故障定位系统的诊断速度是由诊断原理的推理性能决定的。

2）通用性。它代表了广泛的适用性。例如，当针对一个具体的配电网拓扑设计了一个故障定位系统后，希望经过少量修改即可应用于其他有类似拓扑的配电网。

3）容错性。配电网中 FTU、DTU 采集的数据存在着两方面的不确定性：保护动作和断路器分断是否可靠；警报信号是否正确。如何处理这些不确定性，是配电网故障定位系统推向实用化的关键。实际上，该问题取决于所用故障定位方法的容错性。

通常来讲，一方面性能的提高总是以牺牲其他方面性能为代价的。实际上，根据研究对象的不同，对上述三个方面的要求是各有侧重的。

针对我国配电网系统中故障难以准确定位、谐波源和扩散过程难以识别的问题，要攻克配电网广域测量关键技术，提出配电网广域测量网络的优化布点方案和广域测量数据信息建模方法，实现基于大维动态矩阵谱分布的配电网异常状态监测与定位。具体方法是基于 μPMU 实现数据采集，与原有配电网 SCADA 系统同步协调运行，通过对电力参数（如电压、电流、相位、频率、数据采集点位置信号、通信网络架构等）实际物理信息的实时采集与分析，构成配电网广域测量与分析系统，如图 5-25 所示。

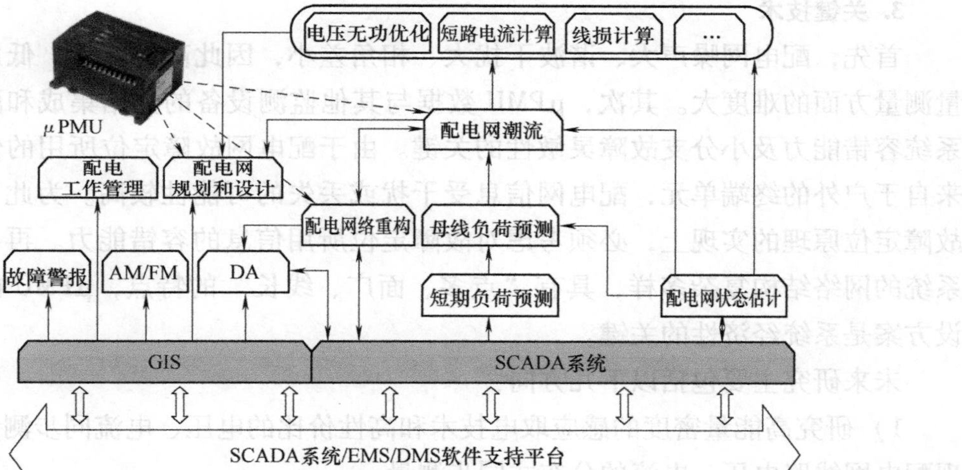

图 5-25　基于 μPMU 与 SCADA 系统的测量与分析系统

μPMU，是利用全球定位系统（Global Positioning System，GPS）的授时功能给以相量形式，测量各节点或者线路的各种状态量，并打上时间标志的一种测量装置。μPMU 与传统 RTU（用于远方数据测量）最大不同在于，μPMU 利用 GPS 时钟同步的特点，测量各节点及线路的各种状态量；通过 GPS 对时将各个状态量统一在同一个时间坐标上，不同地理位置的 μPMU 在时间上保持同步，同时还可以测量相角。这样，可以实时地获得各个节点和母线的状态相量而不仅是有效值，从而可以直观地了解各个状态之间的相量关系。

配电网故障发生后，首先出现的征兆是故障设备的电压、电流的突变；然后是继电保护装置根据故障发生后检测到的电气量的变化启动相应的继电器；最后是相应的断路器跳闸，隔离故障。μPMU 的频率为 50Hz，即每 20ms 上传节点的电压、电流相量。因此，发生故障后，主站可以在最短时间内进行配电网故障诊断、定位及自愈，从而大大缩短了停电处理时间。

μPMU 将原本需耗时数分钟的状态估计工作变成了仅需几十毫秒的状态测量工作，数据量大而且连续。这些数据为系统动态行为的实时监控提供了良好的基础，也使系统实现在线参数辨识乃至系统在线动态等功能都成为可能。

μPMU 通过分布式、大规模的布设测量点，可以得到测量相量的精确位置信号，同时非常有利于实时监测配电网络的拓扑结构。采用的 SCADA 系统，也有利于大量数据存储、数据实时网络化访问、电力应用分析设备。一次设备与二次设备信息都主要是通过 SCADA 系统接入数据网络，综合 μPMU 的灵活分布式测量与 SCADA 系统的集中式测量，可以协调两种数据采集方式的优缺点。

3. 关键技术

首先，配电网噪声大、谐波干扰大、相角差小，因此高准确度、低成本同步相量测量方面的难度大。其次，μPMU 数据与其他监测设备的数据集成和融合是提高系统容错能力及小分支故障灵敏性的关键。由于配电网故障定位所用的信息源大多来自于户外的终端单元，配电网信息受干扰或丢失的可能性较高。为此，在配电网故障定位原理的实现上，必须考虑对故障定位所用信息的容错能力。再次，配电网系统的网络结构复杂多样，具有“点多、面广、线长”的特点，μPMU 的最小化布设方案是系统经济性的关键。

未来研究主要包括以下几方向：

1）研究高能量密度的感应取电技术和高性价比的电压、电流同步测量技术，实现配电网线路电压、电流的分布式同步测量。

2）研究配电网广域测量网络的布点优化方案。

3）研究配电网广域测量数据的数据规范化建模方法和数据集成及融合方法，实现对配电网广域数据的有效管理。

4）研究配电网在线路故障、谐波超标等异常状态下，广域测量数据的动态矩阵谱的变化规律，提出配电网异常数据在大维动态矩阵下的表征方式，实现配电网异常状态的识别和定位。

5）研发配电网异常状态监测与定位系统。

4. 解决方案

基于 μPMU 的 AND 测量与故障诊断技术解决方案及实施步骤如下：

（1）确定仿真模型

首先，搭建一个具有完整 μPMU 与 SCADA 功能的相匹配的配电网系统仿真模型。

对配电网常用元件（线路、变压器、负荷等）建立稳态模型及动态模型，对配电网中常见的不同类型的分布式可再生能源进行分类，并建立相应数学模型，为配电网络故障诊断与定位提供理论基础。

针对上述研究思路与构想，对配电网各元件（分布式电源、输电线路、配电变压器、负荷等）建立模型，搭建完整的分布式配电网平台，搭建了图 5-26 所示的配电系统仿真模型。配电网由传统的辐射式网络转变为具有弱环形的多电源式网络，对整个网络进行研究分析，选择合适方法对各节点进行潮流计算。

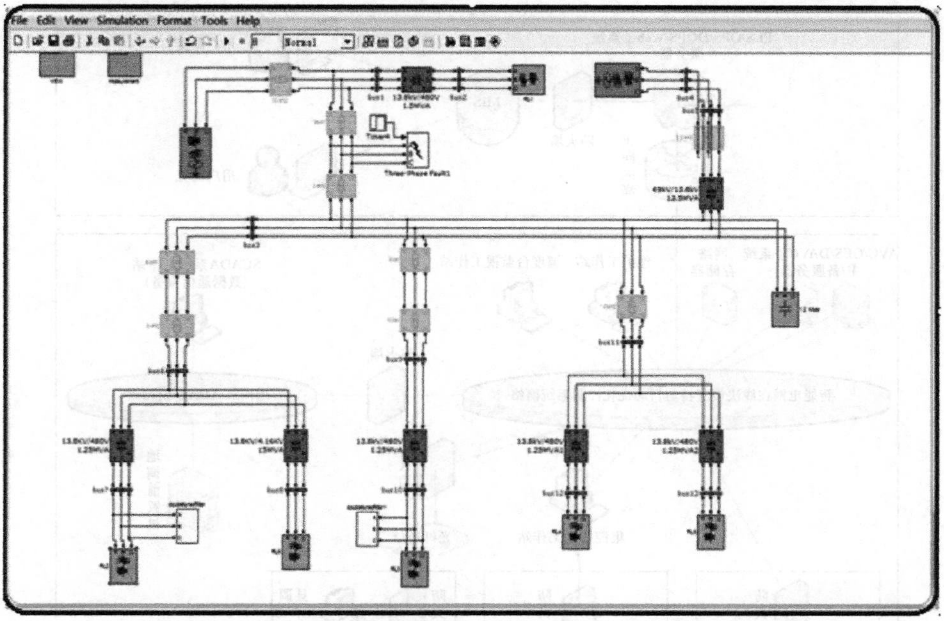

图 5-26　基于 μPMU 与 SCADA 系统的配电网系统仿真模型

（2）分析、处理数据，确定典型故障特性

研究不同配电网结构下通过 μPMU 与 SCADA 系统所采集的数据，建立统一的配电网络矩阵模型及网络优化方案，动态调整 μPMU 与 SCADA 系统数据融合方法，给出相应的配电网络的典型故障特征。

根据我国配电网主要采用中性点不接地和中性点经消弧线圈接地的特点，研究分布式发电引入的条件下，配电线路高阻故障和间歇性故障的特征，以及配电网单相接地故障稳态和暂态特征；根据故障发生后，各节点电压、电流相量和开关量等电气量的变化，构造故障特征相量，选择合适的方法对故障馈线选择及故障类型进行判断。图 5-27 给出了基于 μPMU 与 SCADA 系统的配电网系统故障特征采集与线路优化方案。

当系统发生故障时，配电系统的网络特性会发生变化，即配电网线路的描述矩阵会发生改变。网络矩阵向量图由 G_1 变化到 G_2，记为 $G_1 \to G_2$，此时配电网系统的电压、电流等电力参数会发生变化，通过 μPMU 与 SCADA 系统，得到变化前后的参量：$\boldsymbol{I}_1 \to \boldsymbol{I}_2$；$\boldsymbol{U}_1 \to \boldsymbol{U}_2$；$\boldsymbol{\phi}_1 \to \boldsymbol{\phi}_2$。那么优化配电网系统，在于减小经济损失或停电面积最小，那么根据最优化原理，形成如下配电网络最优化问题：

$$\min J = \min\ (f_{\text{cost}} + f_{\text{area}})$$

约束条件为（1）$\boldsymbol{G}_1 \to \boldsymbol{G}_2$，$\boldsymbol{I}_1 \to \boldsymbol{I}_2$

约束条件为（2）$\boldsymbol{U}_1 \to \boldsymbol{U}_2$，$\boldsymbol{\phi}_1 \to \boldsymbol{\phi}_2$

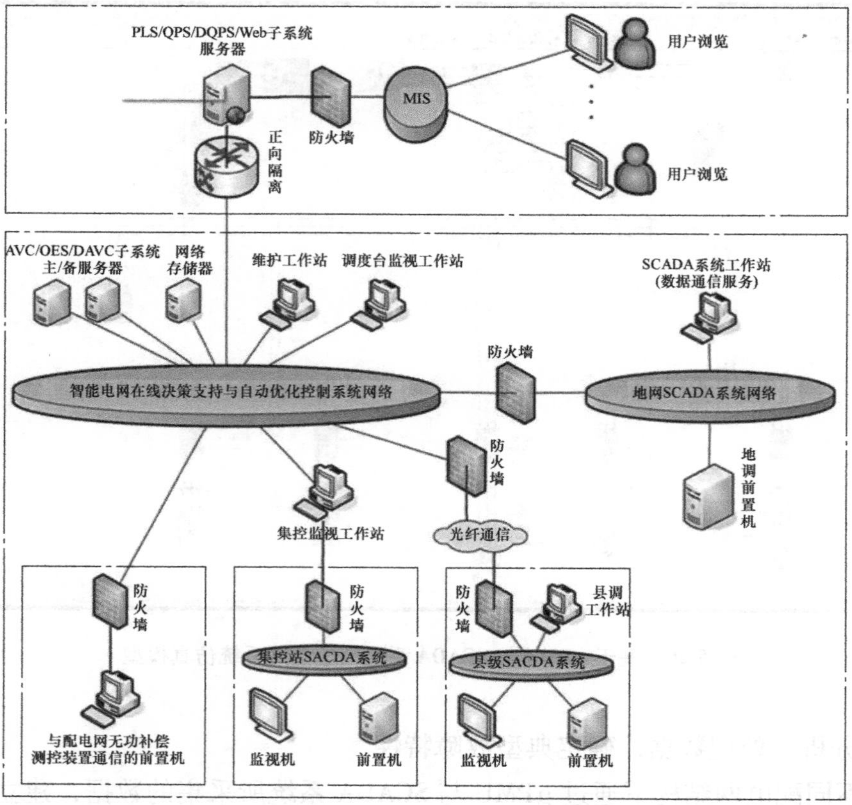

图 5-27　基于 μPMU 与 SCADA 系统的配电网
系统故障特征采集与线路优化方案

（3）故障判断

通过相关理论，分析 ADN 的暂态和稳态故障特征，从实际故障类型角度出发将其分为单相接地故障、相间短路故障、三相接地故障、高阻故障等。根据配电网故障时 μPMU 与 SCADA 系统测量各节点的电压、电流等相量特性，选择合适的算法，兼顾快速性与准确性，对配电网进行快速故障诊断及准确分类与定位处理（见图 5-28）。

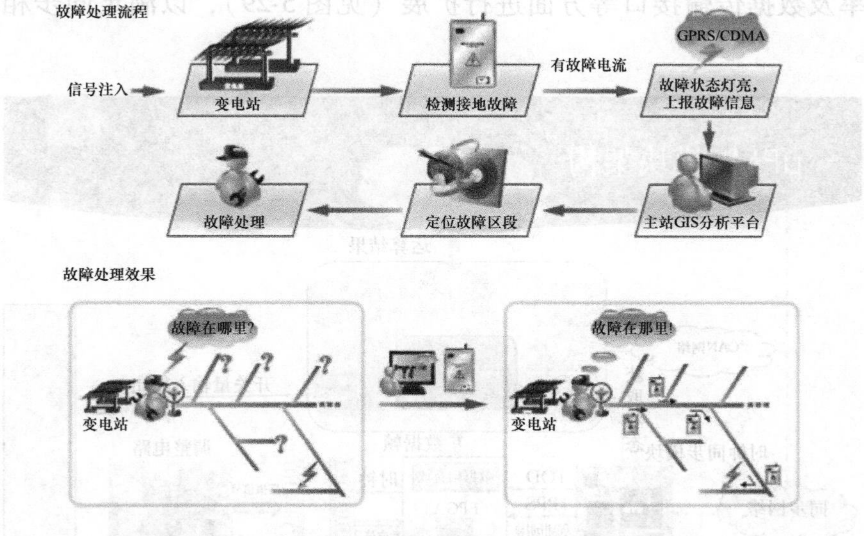

图 5-28　配电网故障监测与定位处理方案

根据故障馈线的具体结构（连接负荷、串联电气元件等）及故障类型，考虑分布式发电的引入，建立故障线路电气方程，对方程进行分析研究，提取合理的特征关系作为监测点故障线路定位的依据，实现准确的故障定位。配电网络故障检测与定位处理系统，通过 μPMU 与 SCADA 系统，并且综合 GIS 的信息数据，使得配电网系统故障得到及时处理或响应。

(4) 谐波分析

根据 μPMU 与 SCADA 系统所采集的电压、电流信号进行谐波分析，尤其是在故障状态下的配电网谐波分析，得到故障配电网的谐波特征。根据故障诊断及定位结果，引入智能控制思想，深入研究发生故障后配电网恢复重构问题。

将配电网分为正常供电、故障断电和非故障断电三个区域，依据实际中不同恢复目的、约束条件及故障情况构造数学模型，借鉴国家自然科学基金项目“基于多智能体的连续轧制过程智能控制方法的研究”的研究成果经验，将智能控制思想引入配电网供电恢复问题中，提出合理供电恢复方案，实现配电网快速在线自愈重构。

(5) μPMU 的研究

研发 μPMU，实现高能量密度的感应取电技术和高性价比的电压、电流同步测量技术，实现配电网线路电压、电流的分布式同步测量。

μPMU 是隔离型模拟量输入的远端信号采集装置，主要用于电网同步相量数据的在线实时获取和数字化。为保证对电网状态的准确、及时分析，同步相量测量模块对数据采集模块提出了较高要求，主要包括多路电压、电流必须同步采集、精度要求高于16bit、单通道采样频率高于25.6kHz。现有常规硬件采集装置需要在A-D转换分辨率及数据传输接口等方面进行扩展（见图5-29），以满足同步相量测量模块的需求。

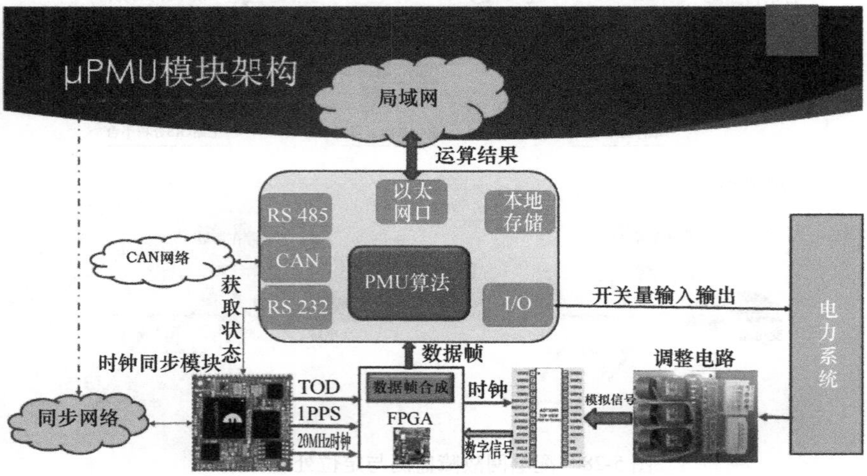

图5-29　μPMU的架构

1）双核中央处理器（Central Processing Unit，CPU）全嵌入式设计。系统采用全嵌入式设计方法，PMU-M、PMU-G、PMU-P均采用嵌入式实时操作系统；采用Cortex A8 CPU系统，极大地提高了测量控制单元的可靠性；具有较强的可靠性、网络通信能力、可扩充性。

2）高速、高精度采样。采用16bit同步A-D转换器，以200kHz的速率转换数据，使得装置的测量精度可达到0.1%；开关量分辨率为0.01ms；频率的测量分辨率达到0.001Hz。

3）高准确性、灵活接口的时钟信号。系统采用多模授时，兼容GPS、北斗和主钟加标准IEEE 1588的精密时间协议（Precision Time Protocol，PTP）同步时钟方案，以及高稳定度的恒温晶振、独特的软硬件算法补偿，给系统提供高准确性的时钟及同步采集信号。系统在有效捕捉情况下，每秒脉冲（Plus Per Second，PPS）信号精度为100ns。失去GPS或北斗同步时钟信号240min以内相角测量误差不大于1.0°。外置共享型GPS、北斗单元可以接收全站统一的对时信号，灵活可靠。

4）高准确度相角、功角测量。依靠CPU快速处理、GPS高准确度对时、对时光纤级联等技术，使得相位测量、内电势角度的测量误差在0.2°以内。

5）完整的录波分析功能。将传统的故障录波功能嵌入其中，使得该装置在分析电网扰动、故障等方面大大高于同类装置。

6）高可靠的集成化装置设计。一体化背插式机箱结构设计，强、弱电完全分开，可大大减少外部电磁干扰；弱电侧的耦合增强装置具有较高抗干扰能力，提高可靠性和安全性。特别设计的印制电路板（Print Circuit Board，PCB）的电磁兼容性（Electro-Magnetic Compatibility，EMC）好，满足16bit分辨率的噪声要求；采用原码公开的实时操作系统，安全可靠。

（6）电网实时仿真测试系统

采用SpaceR分布式实时半实物仿真平台构建配电网实时仿真测试系统。SpaceR是一套实施数字与模拟混合实时仿真的工业级系统平台，可以帮助工程师直接将MATLAB/Simulink下建立的动态系统数学模型应用于实时仿真、控制、测试及其他相关领域（见图5-30）。SpaceR是一种全新的基于模型的工程设计应用平台，工程师可以基于此平台实现工程项目设计、实时仿真、快速原型与硬件在回路测试的全套解决方案。由于其开放性、可扩展性能为所有的应用提供一个低风险的起点，使得用户可以根据项目的需要随时随地对系统运算能力进行验证及扩展，不论是为了加快仿真速度或者是为满足应用的实时硬件在回路测试需要。

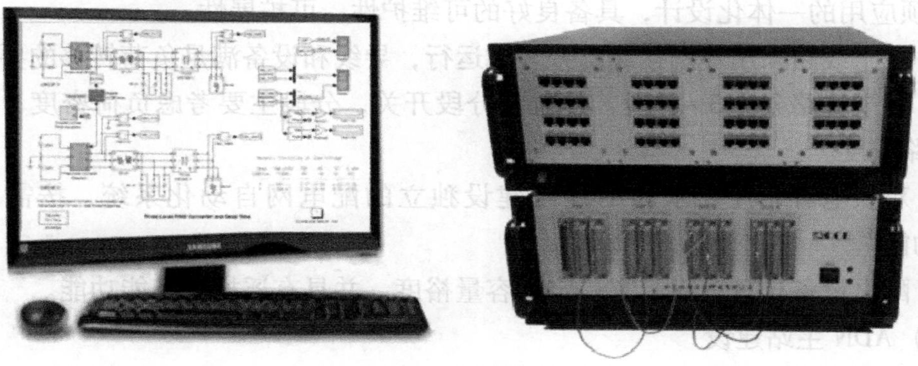

图5-30　基于SpaceR实时仿真系统平台的μPMU配电网仿真测试系统

半实物或控制器在环仿真技术用于开发和测试控制器和保护系统，目标是验证和认证控制器和保护系统软件程序的功能、性能、质量和安全。为了实现这个目标，与实际环境一样，测试中的实际控制和保护装置通过电流和电压接口连接到一个仿真器。具有高精度和高保真的仿真器模拟在正常和错误的条件下典型系统的稳态和瞬态行为。通过现实重建，让控制器相信它是连接到真正的物理系统，然后就可以获得在任何操作条件下测试控制器和保护装置所需的全部灵活性。

配电网实时仿真测试系统基于SpaceR系统平台建立，平台可重构性强，可以模拟多种故障环境。SpaceR系统平台根据电力电子系统实时仿真特点设计了专用解算器，提供了基于个人计算机（Personal Computer，PC）的最优秀的硬实时性能，保证模型的可靠性、准确度；闭环运行步长可低于30μs，同时将仿真步长抖动控制在纳秒量级；数字模拟 I/O 运行时间周期可低于 10μs，系统管理削减到 1μs 以下，极大地减少系统调试时间和故障排除成本。仿真含有静止无功补偿器（Static Var Compensator，SVC）、FACTS 和 HVDC、步长在 50μs 以下的大型输电和配电网络，同时可仿真 DER 设备（如微型涡轮机、太阳能光伏阵列、风力发电机组、同步电机、燃料电池、往复式发动机），以及更多在真实电网中存在的设备。用户还可以开发自己的不是基于标准模型方程的模块。

5. 工程应用方案

（1）配电网架规划

配电网架的规划是实施配电网自动化的第一步，合理的配电网架是实施配电网自动化的基础，需要遵循如下要求或原则：

1）配电网自动化系统的设计、建设和改造应结合地区配电网规模及应用需求，与配电网调度运行管理体制相适应，满足配电网安全经济优质运行要求，提高配电网供电质量和运行管理水平。

2）遵循标准化原则，满足安全性、可靠性、开放性、实用性、先进性的要求，实现各项应用的一体化设计，具备良好的可维护性、可扩展性。

3）主干线路采用环网接线、开环式运行，导线和设备满足负荷转移的要求。

4）主干线路分为 3～5 段，并装设分段开关，分段主要考虑负荷密度、负荷性质和线路长度。

5）对供电可靠性要求高的地区建设独立的配电网自动化系统，按需求配置"可选功能"。

6）配电设备自身可靠，有一定的容量裕度，并具有遥控和智能功能。

（2）ADN 主站建设

配电网主站是整个配电网自动化系统的监控管理中心，具备以下功能：

1）配电网实时 SCADA。通过终端设备和通信系统将配电网的实时状态传送到主站，在主站对配电网络进行远方监视和控制，与调度自动化类似，包括配电开关的状态、保护动作信息、运行数据等。

2）提供主站控制方式下的馈线自动化功能，用于完成线路故障的快速定位、隔离和非故障区段的供电恢复，适用于各种复杂的网络。

3）配电地理信息管理（如 AM/FM/GIS）。以地理图为背景对配电设备、配电网络进行分层次管理，包括查询、统计等。

4）配电网应用分析［如电力应用软件（Power Application Software，PAS）］。对 SCADA 系统采集的运行数据进行分析计算，为调度员提供辅助决策，包括网络拓扑、状态估计、潮流计算、网络重构、无功优化、仿真培训等。配电网具有与输电网不同的特点，因此配电网应用分析的算法与能量管理系统有所不同。

5）与其他应用系统［如管理信息系统（Management Information System，MIS）］的接口。根据生产和管理的要求，配电主站系统与其他应用系统交换数据，给供电企业内部其他部门提供配电网的信息。配电网主站的建设遵循统筹规划分步实施的原则，在规划时考虑系统的安全可靠、实用和易于扩展。

（3）通信系统建设

通信系统是主站系统与配电网终端设备连接的纽带，主站与终端设备间的信息交互都是通过通信系统完成的，因此必须要有稳定可靠的通信系统，才能实现配电自动化的功能。目前的通信方式有光纤通信、电力线载波、有线电缆、无线扩频、GPRS㊀/CDMA㊁/3G㊂无线通信等多种。配电网自动化系统的通信具有终端设备多，单台设备的数据量小的特点。

㊀ GPRS：通用分组无线服务技术，General Packet Radio Service。

㊁ CDMA：码分多址，Code Division Multiple Access。

㊂ 3G：第三代（移动通信技术），Third Generation。

第6章 能源互联网能量及故障管理技术

从本书第5章的介绍可以看出，能源互联网中存在大量能量产生、传输、储存设备，以及用能设备、能量管理和故障管理设备等。本章主要介绍能源互联网中的智能能量管理（Intelligent Energy Management，IEM）技术及智能故障管理技术（Intelligent Fault Management，IFM）。

6.1 智能能量管理技术

参考美国国家自然科学基金委支持的未来可再生电力传输与管理（FREEDM）项目对能源互联网的相关叙述，能源互联网可理解为综合运用先进的电力电子技术、信息技术和智能管理技术，将大量由分布式能量采集装置、分布式储能装置和各种类型负荷构成的新型电力网络节点互联起来，以实现能量双向流动的能量对等交换与共享网络。与其他形式的电力系统相比，能源互联网具有以下四个关键特征[3]：

（1）可再生能源高渗透率

能源互联网中将接入大量各类分布式可再生能源发电系统，在可再生能源高渗透率的环境下，能源互联网的控制管理与传统电网之间存在很大不同，需要研究由此带来的一系列新的科学与技术问题。

（2）非线性随机特性

分布式可再生能源是未来能源互联网的主体，但可再生能源具有很大的不确定性和不可控性，同时考虑实时电价、运行模式变化、需求响应、负荷变化等因素的随机特性，能源互联网将呈现复杂的随机特性。其管理、控制、优化和调度将面临更大挑战。

（3）多源大数据特性

能源互联网工作在高度信息化的环境中，随着分布式电源并网、储能及需求响应的实施，会带来包括气象信息、用户用电特征、储能状态等多种来源的海量信息。而且，随着高级量测体系（AMI）的普及和应用，能源互联网中具有量测功能的智能终端的数量将会大大增加，所产生的数据量也将急剧增大。

（4）多尺度动态特性

能源互联网是一个物质、能量与信息深度耦合的系统，是物理空间、能量空间、信息空间乃至社会空间耦合的多域、多层次关联，是包含连续动态行为、离散动态行为和混沌有意识行为的复杂交互式网络与系统（Complex Interactive Networks/Systems Initiative，CIN/SI）。作为社会、信息、物理相互依存的超大规模复合网络，与传统电网相比，它具有更广阔的开放性和更大的系统复杂性，也会呈现出复杂的不同尺度的动态特性[3]。

能源互联网应具有以下四个特点：

1）以可再生能源为主要一次能源。

2）支持超大规模分布式发电系统与分布式储能系统接入。

3）基于互联网技术实现广域信息及能源共享。

4）支持交通系统的电气化（即由燃油汽车向电动汽车转变）。

从上述特点可看出，能源互联网的内涵主要是利用互联网技术实现广域网的电源、储能设备与负荷的协调；最终目的是实现由集中式化石能源利用向分布式可再生能源利用的转变。

能源互联网是由多层次的微网（能源互联网子系统）互联而成的实现能量和信息双向流动的共享网络。相对于大电网而言，微网是一个完整的单元。从大电网的角度看，它如同电网中的发电机或负荷，是一个模块化的整体单元。另一方面，从用户侧看，微网是一个自治运行的电力系统，可以满足不同用户对电能质量和可靠性的要求。图 6-1 给出了能源互联网系统的功能结构示意图[3]。

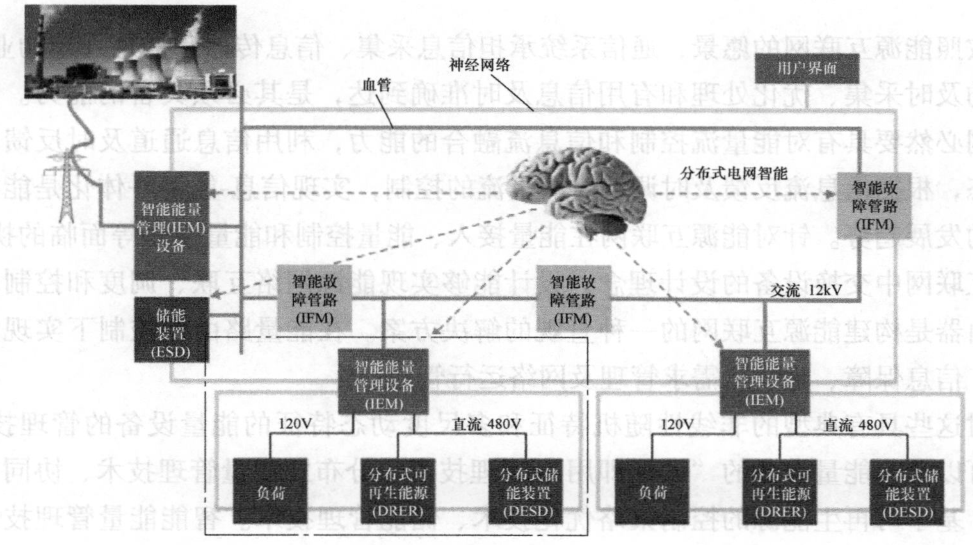

图 6-1　能源互联网系统的功能结构示意图

能源互联网系统各组成部分主要有智能能量管理设备、分布式可再生能源、储能装置、变流装置和负荷等，结构如图 6-2 所示[3]。智能能量管理设备是能源互联网系统中的核心设备，主要功能包括分布式能源控制、可控负荷管理、分布式储能控制、继电保护等。在运行控制过程中，智能能量管理设备可以基于本地信息对电网中的事件做出快速独立的响应，当网内电压跌落、故障、停电时，能源互联网系统可以自动实现孤岛运行与并网运行之间的平滑切换；当运行于孤岛状态时，不再接受传统方式的统一调度。

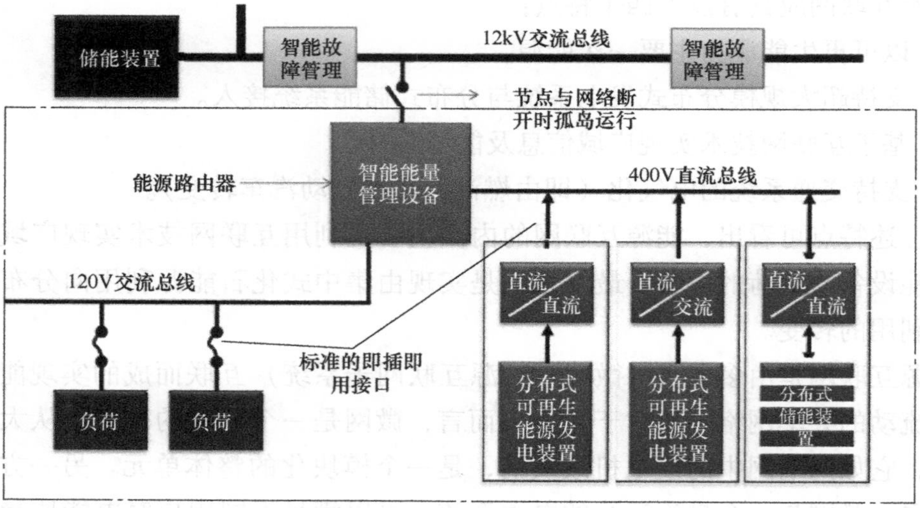

图 6-2　能源互联网典型节点结构

按照能源互联网的愿景，通信系统承担信息采集、信息传输和信息处理的业务。信息的及时采集、优化处理和有用信息及时准确到达，是其必须具备的能力。能源互联网必然要具有对能量流控制和信息流融合的能力，利用信息通道及时反馈能量流状态，根据信息流反馈及时调整对能量流的控制，实现信息-能源一体化是能源互联网的发展趋势。针对能源互联网在能量接入、能量控制和能量传输等面临的挑战，借鉴互联网中交换设备的设计理念，设计能够实现能源网络互联、调度和控制的能量路由器是构建能源互联网的一种直观的解决方案。在能量路由器控制下实现能量控制、信息保障、定制化需求管理及网络运行管理。

对这些具有典型的非线性随机特征和多尺度动态特征的能量设备的管理技术，具体可以分为能量设备的“即插即用”管理技术、分布式能量管理技术、协同控制技术、基于可再生能源的控制策略优化技术、储能管理技术。智能能量管理技术的系统架构如图 6-3 所示[3]。

6.1.1　能量设备即插即用管理技术

分布式电源的总成本主要由分布式发电设备、设备安装和互联等组成。为了降低非硬件成本，并提高能源互联网的动态拓扑性、灵活性和安全性，需要这些能量

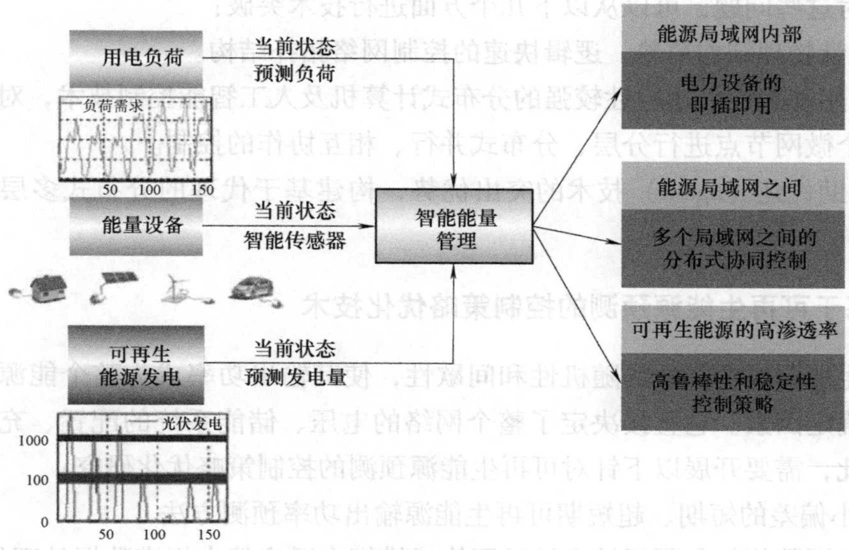

图 6-3　智能能量管理技术的系统架构

设备满足即插即用的特性，实现对这些设备即插即用的管理方式。具体来说，即插即用管理技术的要求如下：

1）类似计算机的通用串行总线（Universal Serial Bus，USB）接口协议，能快速感知和描述发电、储能和负荷等设备。

2）具有开放的硬件平台，能很好地与现有电网进行连接。

3）能量设备接入或断开时能自动快速地进行能量与信息的接入后断开。

从上述要求可看出，要实现即插即用技术，需从以下三个方面入手：

1）各种能量设备的自动识别技术。

2）制定能量设备即插即用的标准与协议。

3）能量设备集成管理技术。

6.1.2　分布式能量管理与协同控制技术

能源互联网中存在大量的分布式设备，为了提高这些设备的效率，提高整个能源互联网的可靠性与安全性，需要采用分布式能量管理与协同控制技术。通过该技术实现既能对单个分布式能源进行快速、高效管理，又能对整个能源互联网中的设备进行协同和配合以实现整个能源互联网的高效运行。

目前，该技术主要存在以下困难：

1）节点异质和通信延时等情况。

2）适应即插即用的动态网络拓扑结构。

3）保证系统整体的一致性。

而针对这些问题，可以从以下几个方面进行技术突破：

1）设计物理结构简单、逻辑快速的控制网络拓扑结构。

2）采用动态性、适应性较强的分布式计算机及人工智能控制技术，对能源互联网中的多个微网节点进行分层、分布式并行、相互协作的控制。

3）借助代理（agent）技术的突出优势，构建基于代理的分布式多层交叉能量控制架构。

6.1.3 基于可再生能源预测的控制策略优化技术

可再生能源发电高度的随机性和间歇性，使其输出功率成为整个能源互联网中最大的不确定因素。它直接决定了整个网络的电压、储能系统的配置、充电使用策略等。因此，需要开展以下针对可再生能源预测的控制策略优化研究：

（1）小偏差的短期、超短期可再生能源输出功率预测方法

探索运用数值气象预报结合神经网络或模糊自适应等大规模数据处理优化模型，对可再生能源的输出功率进行预测。

（2）高鲁棒性和动态性的控制优化方法

以可再生能源利用率、经济性、电网能量满足充裕度等为目标，以负荷能耗需求、成本约束、光照与风力条件等为约束条件，采用混合动态规划算法、遗传算法、粒子群算法等，实现高鲁棒性和动态性的基于可再生能源预测的控制策略优化[3]。

6.1.4 储能管理技术

在能源互联网中含有大量的储能单元，而不同的储能单元的差异性巨大，因而需要对众多的储能单元进行成组管理。目前，国内外针对储能管理技术的研究主要可以细分为以下三个方向：

（1）拓扑结构优化与设计技术

能源互联网的非线性随机特性，给储能系统带来较大冲击。为了提高储能系统灵活应对和处理随机波动的能力，科学合理的拓扑结构是基础。目前，动态化、网络化拓扑结构是研究的主要方向。

（2）性能监控技术

对储能系统性能的精确监控，是保证对其合理调度使用的基础。然而，目前储能单元的性能监控技术仍不够成熟，仍有一些瓶颈因素需要突破。大规模成组之后，储能系统的性能监控更难以实现。目前，监控的主要参数为温度、电压、电流、内阻、荷电状态（State Of Charge，SOC）、健康状态（State Of Health，SOH）等。其中，SOC 和 SOH 不可直接测量，其精确估算模型是研究的重点。

（3）状态均衡技术

储能单元成组之前，因为生产工艺等原因，不可避免地存在差异性；成组之后，差异性随着循环次数增加将越来越大。为减小差异性，目前已开发了几种常用的储能系统状态均衡技术，分别是基于电阻器、电容器、电感器和二极管等耗能和储能元器件的，但均衡效果仍不够理想。均衡电路与均衡元器件的有效搭配是状态均衡研究的热点。

在面向能源互联网的能量管理系统研究方面，国防科技大学张涛教授等做了比较有价值的工作，下面做一下介绍。

1. 面向能源互联网的能量管理系统

参考电力能源系统的相关概念，面向能源互联网的能量管理系统是能源互联网中的核心组成要素。在制定能源计划阶段，根据可再生能源出力预测、冷热电负荷需求预测、能源市场交易、智能交通系统中电动汽车接入的数量预测等信息，综合电动汽车换电站和储能系统当前水平、可控发电设备的发电能力等数据，根据各类用户的不同目标需求及其约束条件，制定出能源互联网系统的生产计划；在实际运行阶段，根据实际冷热电负荷需求、电力和天然气价格水平、电动汽车接入等数据，实时调整生产计划，并将实际调整数据反馈到生产计划制定决策数据库中，以实现能源互联网系统的稳定工作、经济运行和优化调度，如图6-4所示。

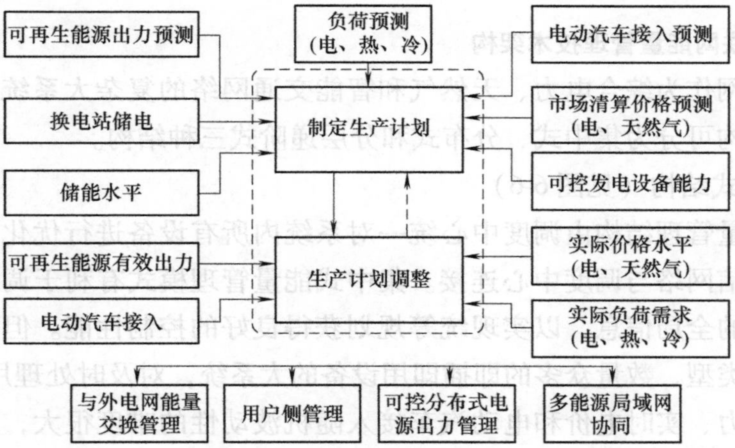

图6-4　能量管理系统主要功能

能源互联网能量管理系统按任务可分为调频调谐波管理、实时功率分配、短时经济运行管理和中长期优化调度四级，如图6-5所示。调频、调谐波管理，主要是在稳压基础上，防止负荷闪变及其他干扰对系统的影响，响应时间要求小于等于5s；实时功率分配，主要是用于快速跟踪负荷变化，在保证系统供需平衡的基础上，实现经济分配，响应时间要求小于等于30s，主要嵌入在能源局域网的智能能量管理器中；短时经济运行管理，主要是通过综合考虑系统预测数据、设备实时响应能力等因素，考虑用户的目标需求与系统约束，在线调度系统可控设备，响应时间要求小于等于 15min；中长期优化调度，主要是考虑设备使用寿命、系统网络升级、检修计划等因素，制定调度计划。

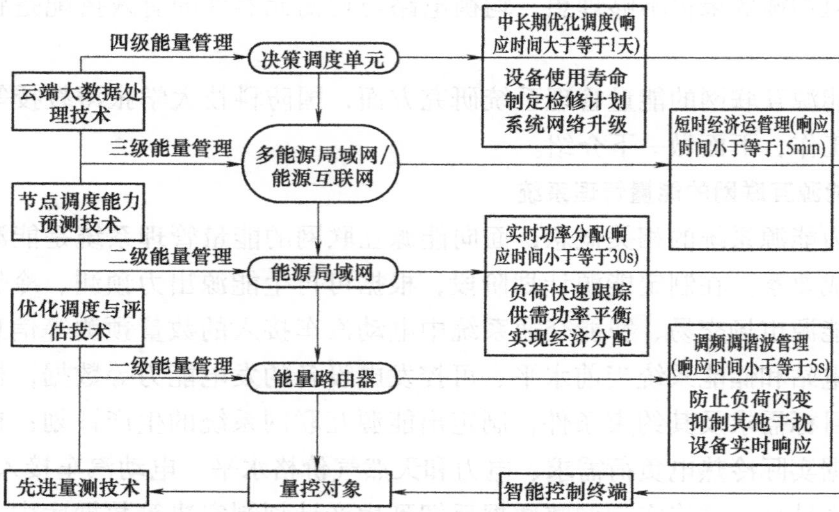

图 6-5 能量管理系统的四级管理结构

2. 能源互联网能量管理技术架构

能源互联网作为综合电力、天然气和智能交通网络的复杂大系统，其能量管理系统的技术架构可分为集中式、分布式和分层递阶式三种结构。

(1) 集中式结构（见图 6-6）

集中式能量管理结构由调度中心统一对系统内所有设备进行优化和控制，所有设备均通过通信网络与调度中心连接。集中式能量管理模式有利于调度中心及时掌握能源互联网的全局信息，以实现统筹规划获得良好的控制性能。但能源互联网是一个包括多种类型、数量众多的即插即用设备的大系统，对及时处理用户需求响应、可再生能源出力、实时电价和电动汽车接入随机波动性的难度很大，且随着系统规模增大、通信线路大大增加、线路延时变长，会迅速降低集中控制效果。系统的可维护性也较差，系统点失效对可靠性影响较大。

(2) 分布式结构（见图 6-7）

分布式能量互联网能量管理系统采用多代理的方式，将决策权下放到各能源局域网智能能量管理器与一些大型独立设备的能量管理器，使它们利用本地控制器进行独立的决策和管理。能源互联网调度中心仅提供外部电网的市场电价信息、天气预报信息等。此结构由于通过各独立代理间的信息交流与协调控制实现系统总体的优化目标，具有较强的即插即用能力，以及更好的可扩展性和开放性。按照各独立

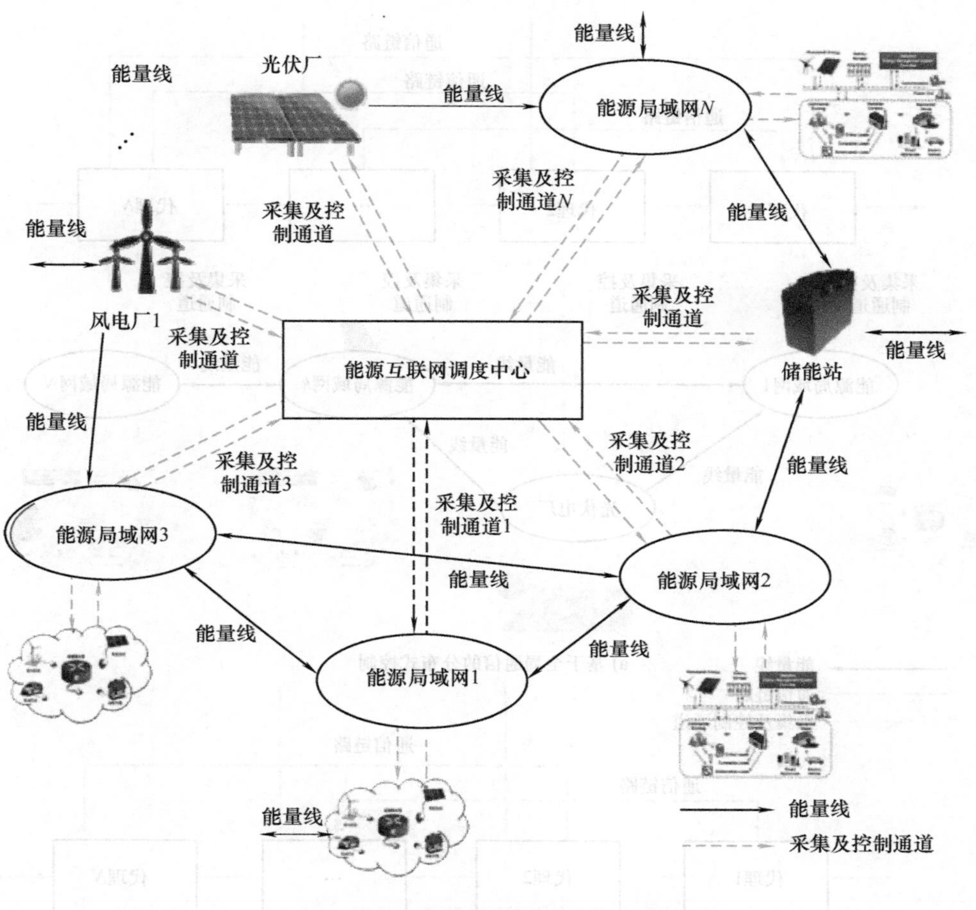

图 6-6　集中式能源互联网能量管理示意图

代理获取消息的全面性，分布式的能源互联网能量管理系统可分为两类：基于全局信息的分布式控制形式和基于局部信息的分布式控制形式。

如图 6-7a 所示，基于全局信息的分布式控制形式能够获得几乎与集中式控制一样的性能，每个代理都需要把自身的状态信息和当前优化管理信息与其他所有代理进行分享。此方式达到系统最终稳态所需的迭代次数较少，但需要花费大量的通信时间，且一旦某个代理改变需要调整的信息量也较大，因此只适合较为简单的系统。在实际的能源互联网系统中，并不是所有代理都存在直接的强关联关系，因此某代理与只需要自己关联性较强的代理相连，如图 6-7b 所示。此种控制模式，所需通信量较小，最有可能实现即插即用，但达到系统稳定所需的迭代次数较多，对迭代优化模型要求较高。

（3）分层递阶式结构（见图 6-8）

分层递阶式控制兼有集中式和分布式的优点，同时较大程度上克服了两者的缺点，在工业控制领域获得了广泛的应用。基于分层递阶式能源互联网能量管理系统

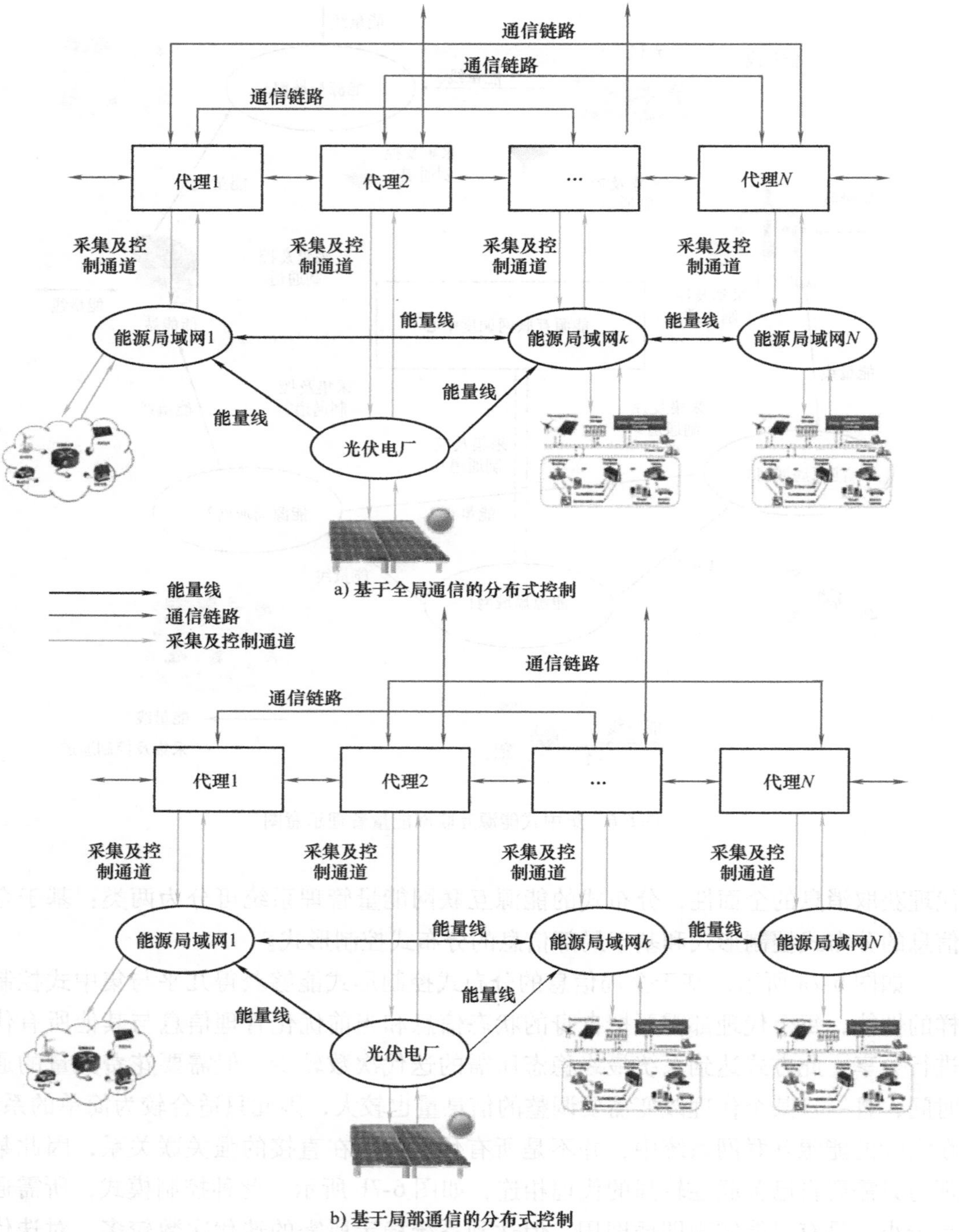

a) 基于全局通信的分布式控制

b) 基于局部通信的分布式控制

图 6-7　分布式的能源互联网能量管理示意图

采用“分解-协调”原则将复杂的能源互联网大系统能量管理问题分两步解决，以降低通信与计算量。通过能源互联网调度中心发挥全局协调仲裁者的角色，而各能源局域网智能能量管理器间采用分布式能量管方式进行局部协调。局域网内部，既可以采用集中式，也可以采用分布式。分层递阶式控制中每个局部管理系统（能源局域网或独立系统）需要处理的信息量不是很大，可以快速稳定，同时又可分解大系统的风险，提高可靠性，增强即插即用性。

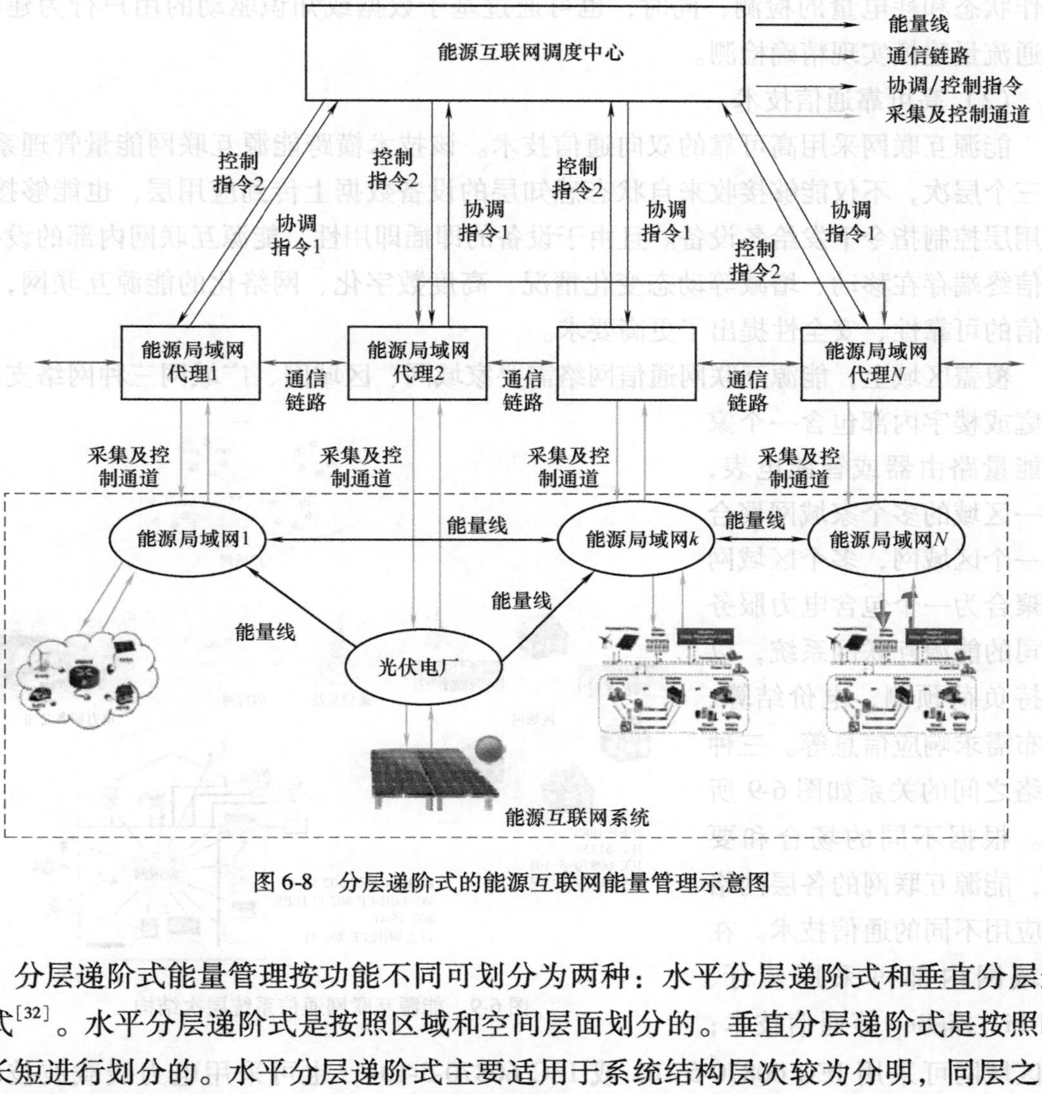

图 6-8　分层递阶式的能源互联网能量管理示意图

分层递阶式能量管理按功能不同可划分为两种：水平分层递阶式和垂直分层递阶式[32]。水平分层递阶式是按照区域和空间层面划分的。垂直分层递阶式是按照时间长短进行划分的。水平分层递阶式主要适用于系统结构层次较为分明，同层之间各区域关联关系较弱的系统。垂直分层递阶式主要适用于系统内的各种决策量的决策周期有长短之分的情况。较长决策周期的决策模型较为复杂，优化决策所需时间较长，扰动较慢；而短周期决策变量决策模型较为简单，但扰动较快、影响较大。

3. 能源互联网能量管理系统关键技术

（1）先进量测技术

与传统电网环境下的能量管理系统相比，能源互联网环境下能量管理系统检测的物理设备范围更广、粒度更细、频率更高，对即插即用要求更严。因此，需要发展先进量测技术，以降低成本，提高可行性。例如，在进行负荷用电检测时，非侵入式负荷检测方法可通过分析负荷的稳态和瞬态特征实现负荷的识别。采用非侵入式负荷检测方法，可通过安装少量传感器实现家庭能源局域网或楼宇局域网内负荷工作状态和耗电量的检测；同时，也可通过基于数据或知识驱动的用户行为建模、交通流量建模实现精确检测。

（2）高可靠通信技术

能源互联网采用高可靠的双向通信技术。该技术横跨能源互联网能量管理系统的三个层次，不仅能够接收来自状态感知层的设备数据上传到应用层，也能够接收应用层控制指令下发给各设备。且由于设备的即插即用性，能源互联网内部的设备、通信终端存在移动、增减等动态变化情况。高度数字化、网络化的能源互联网，对通信的可靠性、安全性提出了更高要求。

覆盖区域上，能源互联网通信网络需要家域网、区域网、广域网三种网络支持。家庭或楼宇内部包含一个家庭能量路由器或智能电表，同一区域的多个家域网聚合为一个区域网，多个区域网再聚合为一个包含电力服务公司的能源互联网系统，以支持负荷预测、电价结算、发布需求响应信息等。三种网络之间的关系如图 6-9 所示。根据不同的场合和要求，能源互联网的各层网络可应用不同的通信技术。在家域网内部可采用蓝牙、Wi-Fi、ZigBee 等通信技术；对区域网可采用 IEC 60870-5-101 或 IEC 60870-5-104，也可采用电力线载波技术、TCP/IP 技术、IEEE 1888 和 IEC 61850；对广域网主要使用互联网技术实现长距离可靠通信。

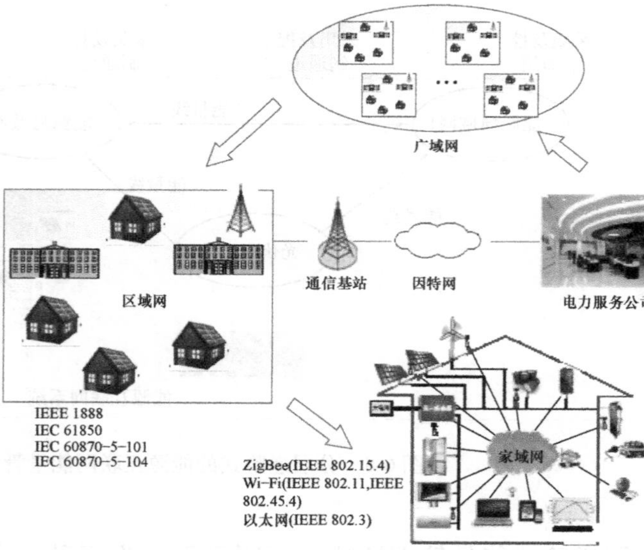

图 6-9　能源互联网通信系统层次结构

此外，通信系统的网络安全性也是能源互联网非常关注的热点之一。如何保障用户的隐私、降低用户数据泄露的风险，以及增强通信系统抗干扰、防非法入侵的能力，对未来能源互联网的安全运行、保障用户隐私及经济利益具有重要意义。

（3）节点可调度能力预测技术

准确的可调度能力预测是进行能量管理与调度的基础。在未来的能源互联网环境下，由于用户的需求侧管理、储能系统的应用及可再生能源的大规模接入，电源和负荷都具有较大的不确定性；而在拟定能源计划、实现经济性调度中需要能量管理系统能够精确预测用电需求、可再生能源出力和实时电价水平，评估市场信息、设备故障等不确定性因素对能源互联网系统优化运行结果的影响。

由于大规模可再生能源接入对电力系统运行优化的严重挑战，近年开展了大量风、光等可再生能源发电输出预测研究。常用的预测方法主要有基于历史统计数据建立时间序列模型的方法、考虑天气温度等影响因素的基于天气预报模型的人工神经网络方法和组合预测算法三类。但由于多种因素的影响，可再生能源预测的精度仍然不够理想，平均误差一般高于15%。并且，每个能源局域网内部也有多种可再生能源形式，采用各种发电设备和负荷需求单独预测然后结果求和的方法，会在一定程度上增大预测误差。但通过分析能源互联网内节点的结构、组成和类型，基于各类大数据开展节点可调度能力的度量指标研究，充分利用“集群效应”，挖掘天气、发电、用电和可调度能力之间的关联关系并建立数学模型，预测节点的可调度能力，将是能源互联网能量管理需要研究的重要方向。

（4）能源优化调度与评估技术

能源互联网环境下能量管理系统功能多样化、可再生能源高渗透率、储能系统接入及电动车的大规模应用等因素增大了能量管理系统优化调度的难度。传统的能源优化调度大多基于日前预测的开环能量管理模型，随着可再生能源、电动汽车和需求响应的大量应用，开环能量管理模型很难满足未来能源互联网的需求，需要研究基于闭环模式的优化调度模型，实现系统状态实时感知、实时决策与实时调整，以增强系统优化调度的鲁棒性，如图 6-10 所示。

与此同时，在模型中尽可能考虑不确定性因素的影响，如负荷需求、可再生能源出力、电动汽车接入数量、市场电价等的不确定性；考虑预测数据与实际结果之间可能存在的偏差，建立运行成本、系统网损、停电概率、污染排放等多目标鲁棒性的能量管理模型。

考虑到面向能源互联网系统能量管理的多目标鲁棒优化模型是一类复杂的非线性、不连续、带约束、多变量类型的模型。传统数学规划方法，如牛顿法、单纯形法等不适用于模型求解。动态规划、遗传算法、粒子群优化等智能优化算法，随着决策变量数量的增加，其求解效率迅速下降、搜索空间急剧增大。因此，需要研究这类算法中的大规模决策变量处理方法，以及优化算法设计中个体（调度策略）编码、相应的交叉变异操作及适应度评价等。单目标能源优化调度一般转换为混合整数线性规划问题，将非线性函数转为线性函数，采用专用的优化软件[45]进行快速求解。对于一些无法转换的非线性优化问题，需要发展基于分支定界、内点法[46]等方法

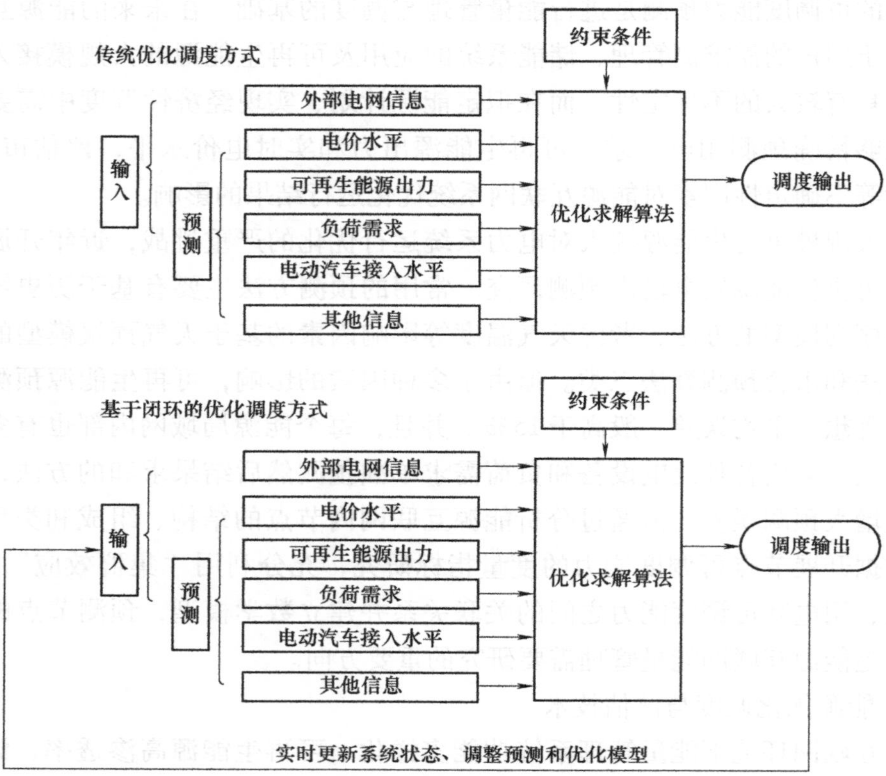

图 6-10　能源互联网能源优化调度模型

的求解模型。对于考虑随机性的优化调度问题，一般构建随机规划模型进行求解。机会约束规划和点估计法与传统电网环境下的方法类似，基于场景的随机规划方法在场景构建、场景消减方面需要考虑的因素更多，经典的场景消减方法很难实现在线调度的要求，因此有必要发展新的快速场景消减方法。在基于分布式协同的能量优化调度中，如何应用博弈论设计闭环能量管理器，考虑各能源局域网间、能源局域网内部各可控设备间的合作、竞争、冲突等关系，也将是一个具有挑战性的研究问题。

同时，要优化决策者的不同偏好及不同决策所产生的经济性、可靠性等影响，要求对系统的可能结果进行综合评估。此外，能源互联网作为一个包含电力、天然气、交通等网络的大型系统，大量应用的先进电力电子设备、通信设备、传感设备，电力网、天然气网和交通网间的能量转换与共享，智能开关的频繁开闭、电动汽车的接入/离开，能源局域网的孤岛与并网，都会增加系统的不确定因素和运行风险。因此，在其规划、中长期优化调度中，需要考虑系统的经济性、可靠性、脆弱度等几个方面的风险问题。发展先进的能源互联网风险评估技术，构建风险评估指标体系，实时监测与评价系统的当前风险，形成相应的风险信息。这样既能够及时地向用户发出风险预警信号，同时又能为故障诊断、故障隔离与系统自愈提供翔实、可靠的数据信息。

（5）基于云平台的大数据处理技术

能源互联网的重要特征就是互联网技术和思维在能源领域中的应用。随着可再生能源渗透率不断提高、先进量测体系的建立和各类智能终端的普及，未来的能源互联网必将处于一个大数据环境。如何基于大数据对能源互联网节点可调度能力进行准确预测，并基于预测结果对可调度资源进行优化配置将是能源互联网能量管理领域研究的热点问题。基于云平台的大数据处理技术能快速、有效地处理能源互联网内价值密度低、时空逻辑强的海量多源异构数据，且具有高可靠性、高设备利用率、便于扩展增容等诸多优点，也是实现能源互联网能量管理系统实时采集、准确预测和可靠调度的重要手段。因此，引入基于云平台的大数据处理技术，充分发挥云计算平台在大数据的海量存储、数据计算、信息沉淀与业务分析上的优势，将会促进能源互联网能量管理系统的开发、建设和普及应用，更为传统能源系统提供转型升级的契机。基于云平台的大数据处理技术架构如图 6-11 所示。

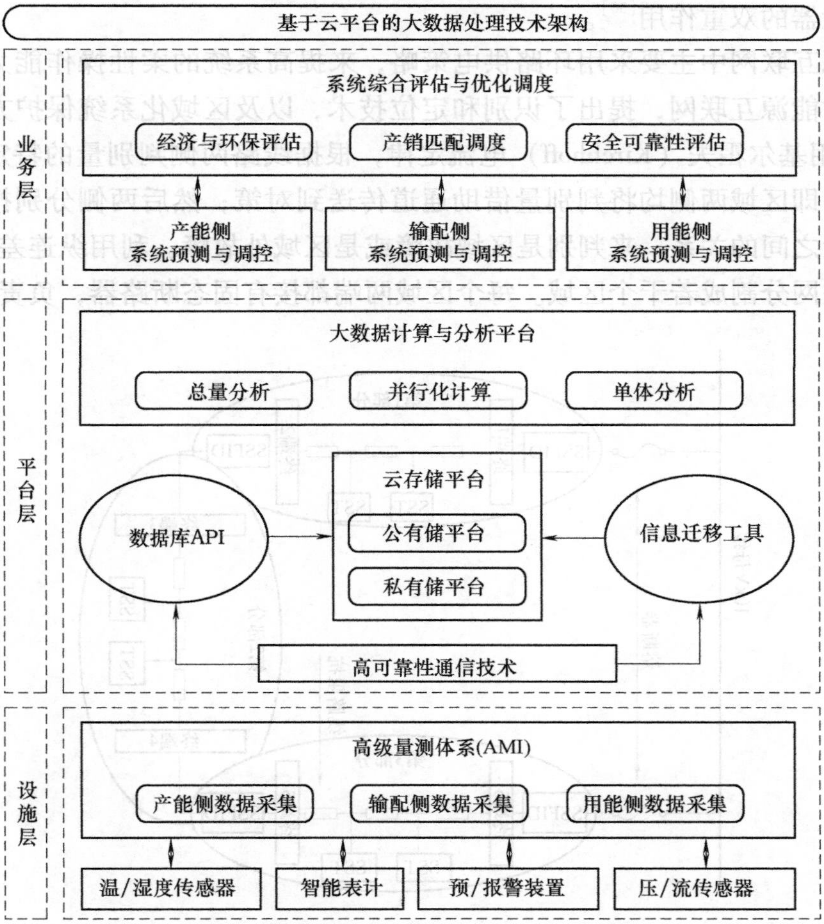

图 6-11　基于云平台的大数据处理技术架构

6.2 智能故障管理技术

在能源互联网中，固态变压器（SST）提供分布式能源和负荷的有效管理。因其具有强烈的限流作用，能大幅度改善短路电流波形，提高电网的稳定性。与传统电网相比，能源互联网故障电流很小，最多只能提供两倍额定电流的故障电流，传统的通过检测电流大小的故障检测设备和方法将失效，需要设计新型故障识别和定位方法，即智能故障管理。这就需要设计一种新的电路断路器，保证当系统发生故障时，断路器可以快速隔离故障单元，使得固态变压器能快速地恢复系统电压。而传统的机械式断路器会使系统在发生故障时功率潮流出现短暂的中断，会很大程度上干扰系统中的关键设备运行。用固态电力半导体器件代替机械式断路器研制的固态断路器，可以满足能源互联网的需求[29]。固态断路器利用绝缘栅双极型晶体管（IGBT）等电力半导体器件作为无触头开关，大幅度提高响应速度，同时又起到重合器和分段器的双重作用[30]。

在能源互联网中主要采用环路供电策略，来提高系统的柔性操作能力和供电可靠性。针对能源互联网，提出了识别和定位技术，以及区域化系统保护方案（见图6-12）。利用基尔霍夫（Kirchhoff）电流定律，根据线路两侧判别量的特定关系作为判断依据，即区域两侧均将判别量借助通道传送到对策；然后两侧分别按照对侧与本侧判别量之间的关系，来判别是区域故障或是区域外故障。利用纵连差动的思想，将能源互联网分割成若干个区域。每个区域两端都接有固态断路器，负责清除故障，

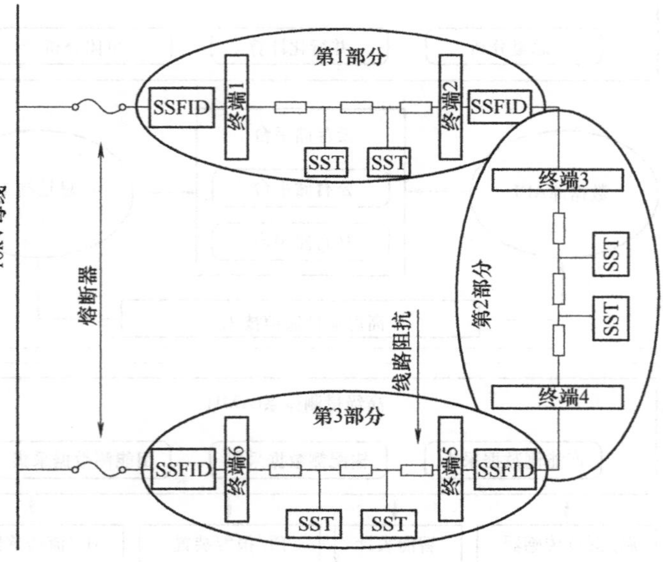

图 6-12 区域化系统保护方案

由固态变压器提供后备保护。每个区域连接若干个固态变压器拓扑分支，每个分支上都有电流流入或流出。在差动保护基础上，用基尔霍夫定律去判断，若图中闭合线圈内支路电流之和为零，则区域内无故障；若电流之和不为零，则区域内有故障。由于电流传感器的励磁特性不可能完全一致，且在采用通信传输电流采样值时也不能完全保证实时性和同步性，使得电流累加和结果不为零。因此，可设定一个阈值，当累加电流大于此阈值时，判定区域内有故障，相关区域的固态断路器断开；反之则判定无故障，固态断路器无动作[31]。

第7章 能源互联网信息和通信技术

能源互联网，是采用先进信息和通信技术，通过分布式能量管理系统（EMS）对分布式能源设备实施广域协调控制，实现冷、热、汽、水、电等多种能源互补，提高用能效率的智慧能源系统。信息和通信技术在能源互联网中显得非常重要。本章主要介绍与能源互联网相关的信息和通信技术，包括微电子技术、复杂软件技术、信息物理系统技术、大数据和云计算技术等。

7.1 微电子技术

能源互联网中可再生能源的大量接入，对电子系统提出了以下五个要求：

1）高效性，实现了分布式能源供给、储能和用能间的动态平衡，从而实现电能的高效配置和使用。

2）高质性，避免了谐波污染、电涌等造成的电力设备老化和故障，从而提供电压稳定和频率纯净的高品质电能。

3）安全性，具有一定的故障屏蔽、故障排查和故障自愈能力，在微网或其内部发生故障时，可迅速切断其与外部电力总线的联系，防止故障传导乃至大规模电网崩溃。

4）宽泛性，可提供多种多样的可再生能源互联网的应用，并可为衍生性应用提供支持。

5）便利性，一方面设备需小型化和轻量化，从而实现小型化的分布式微网；另一方面，设备需满足即插即用，即任何一个分布式能源供给、储能或用能装置都可以在无须停电的情况下便捷地接入微网或从微网断开[20]。

然而，传统的电子系统几乎无法满足上述要求，因此对现有的电子系统提出了多学科、多层次和多方面的创新要求。尤其是需要微电子学科的技术创新，包括微电子材料、工艺、器件和芯片等多层次的创新。微电子技术将会渗透到可再生能源互联网的各个层级，是能源互联网的重要支撑性技术之一。而能源互联网的技术要求和特定应用环境，对微电子技术提出了新的挑战。

7.1.1 信息采集芯片对微电子技术的挑战

1. 信息采集芯片的特征

信息技术的深度融合是能源互联网实现能源共享与高效运行的保证，也是能源互联网有别于传统电网的关键特征之。所以，新型信息采集芯片就成为能源互联网的重要支撑之一（见图 7-1）[20]。

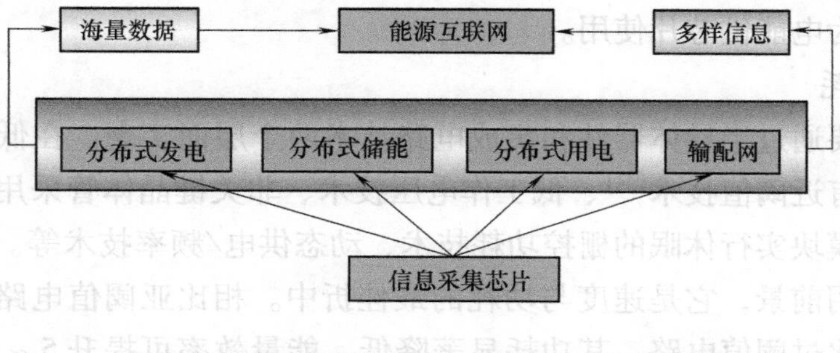

图 7-1 信息采集芯片在能源互联网中的支撑作用

能源互联网数据的海量性和信息的多样性决定了低成本、多功能的信息采集芯片将成为实现电力网络信息化的基础。

（1） 能源互联网的海量数据决定信息采集芯片需具低成本性

能源互联网中，数据的来源空间分布广且数量庞大，即有来自每个微网中的分布式发电、储能和用电装置的数据，也有来自辐射广泛、遍及各地的输配电网及其设备的数据。所以，信息采集芯片需要海量地装配到能源互联网中的各个组成部分中，实现对整个网络的实时监控，而只有低成本的芯片技术才能够使海量装配成为可能。

（2） 能源互联网的多样信息决定信息采集芯片需具多功能性

能源互联网中的信息种类多种多样，主要可分为电学量相关信息和非电学量相关信息。电学量相关信息，主要包括电流、电压、实功率、虚功率、谐波信息和能源消费信息等。其中，电流、电压、实功率、虚功率和谐波信息等是实现电能监控、保证电能质量的必要参数，而能源消费信息是实现用户侧需求响应、建立能源在线交易和实现能源共享的前提。非电学量相关信息主要包括温度、湿度、压力、风速、pH 值等。因为这些信息是整个网络中各个设备状态信息的直接反映，通过这些数据可以及时获得这些设备的状态，从而实现对它们的实时监控和调度。

繁杂的信息种类要求信息采集芯片能完成多样化的信息采集，甚至达到同一个芯片兼具多种信息采集功能。

2. 信息采集芯片现状及未来对微电子技术的要求

为适应能源互联网的需求，新型信息采集芯片对微电子技术提出的挑战主要有以下四个方面：

（1） 自供能

相比传统电网，能源互联网最重要的优势之一就是故障自动检测、定位甚至自愈。这就需要在发生故障和断电情况下，网络仍能保持正常工作一段时间。因此，信息采集芯片也需要在断电情况下依靠自身能量供给维持一段时间进行正常工作。这主要通过集成能力采集模块实现。该模块可采集电磁能、热能、光能、振动能等非电能，转换为电能供芯片使用。

（2）低功耗

低功耗主要通过半导体器件和集成电路技术两个层面实现。在低功耗的集成电路层面，主要有近阈值技术[32]、低工作电压技术、非关键晶体管采用的长沟器件技术、对非工作模块实行休眠的栅控功耗技术、动态供电/频率技术等。其中，近阈值技术最具有应用前景，它是速度与功耗的最佳折中。相比亚阈值电路，它的速度有极大提高；相比过阈值电路，其功耗显著降低，能量效率可提升 5 ~ 10 倍。在器件层面，主要包括晶体管与非易失性存储器等器件的低功耗性优化。对于晶体管，因为特征尺寸的降低带来的晶体管漏电现象，需要借助多栅结构来降低功耗，如围栅纳米线器件、鳍式场效应晶体管（Fin Field Effect Transistor，FinFET）等。此外，基于新工作机理的隧穿场效应晶体管（Tunneling FET，TFET）提供了新的研究发展方向。对于非易失性存储器，除浮电荷陷阱型存储器和栅闪存外，基于新工作机理的自旋转移力矩磁阻存储器（Spin Transfer Torque Magnetic Random Access Memory，STT-MRAM）和阻变存储器（resistive random access memory，RRAM）都是未来有良好应用前景的器件。

（3）工况多样

能源互联网是一个庞大的网络体系，而其中的基础部件——信息采集芯片，几乎使用在每一个组成网络的架构中。所以，信息采集芯片要面对复杂多样的工作环境，如宽温区变化、高压、强电磁干扰等。就芯片温度传感器而言，如何在宽温度范围内保证准确度和精度是目前的主要挑战。

（4）高集成度

能源互联网中的信息采集芯片需要采集多种信息，单一的传感器远远不能满足其需求，需要在一个芯片中融合更多的传感器，这就要求信息采集芯片在系统层面上达到更高的集成度。以智能电表芯片为例，一个典型的智能电表芯片通常需要包括电能计量电路、处理器芯片、数据通信芯片、液晶显示驱动芯片、高精度实时时钟、数据安全芯片、温度传感器及非易失存储器等模块电路。然而，现阶段智能电表芯片中的电能计量芯片自身的集成度就不高，更不用谈及智能电表芯片的集成度[20]。

目前，高集成度、高灵活配置的系统级封装（System In Package，SIP）和片上系统（System On Chip，SOC）方案是主要的发展方向。

7.1.2　通信芯片对微电子技术的挑战

1. 通信系统的特征

能源互联网是由能源网络与信息网络高度融合形成的，其高效运行的有效保障之一就是安全可靠的通信技术。现有的互联网通信技术主要是有线通信和无线通信。它们虽然可以满足能源互联网的日常运行，但会使整个能源互联网处于不安全、不可靠的状态。这是因为，在现有通信技术下，整个能源互联网是处于非物理隔离的状态的，这种状态是高度开放的，极易受到攻击。所以，安全可靠的能源互联网所要求的新型通信系统的特征，就是和互联网物理隔离。

2. 信芯片技术现状及未来对微电子技术的要求

通信芯片是通信系统中的核心部件，对应传统的有线通信和无线通信两种技术，新型的通信技术则是建立在以电力线通信（Power Line Communication，PLC）芯片为基础的电力线通信技术和以无线传感芯片为基础的无线传感通信技术。其中，无线传感网络不需要依赖电力线作为通信载体，所以是 PLC 的有力补充。

对于 PLC 芯片，需要在微电子材料、器件、工艺和电路等多方面进行创新，以实现下面这几种特性。

（1）耐高压

能源互联网中的电力线需要同时传输电能和通信信号，电压可能达上千伏甚至更高，这就需要 PLC 芯片能承受高电压。

（2）抗强干扰

电力线中传输的是高压电能信号，相比于其他强电信号，对微弱的通信电信号而言，这是极强的干扰。这就需要 PLC 芯片能在这种强干扰环境下正常工作。

（3）断电可保持工作一段时间

在能源互联网中，微网断电或出现其他故障时，通信芯片需要在断电情况下及时地将微网数据传输到广域网甚至主干网中，以获得上级网络的支持。

对无线传感通信芯片，则主要需要解决低功耗和自供能的问题。因为，在无线传感通信芯片中，大部分的芯片是不能从电力线中获得电能。目前，有两种可能的方案：

1）低功耗芯片 + 微型超级电池。通过镶嵌在低功耗芯片中的微型超级电池，为芯片提供工作能耗，从而支持芯片满足数年甚至更长时间的工作要求。

2）射频充电自供能体制。射频充电自供能体制是更为前瞻性的方案，主要通过自供能射频识别（Radio Frequency Identification，RFID）标签芯片平台（见图 7-2）实现。末端芯片平台通过射频充电接收能量并进行存储，从而支持功耗更高的传感器芯片和无线通信芯片的间断性工作[20]。

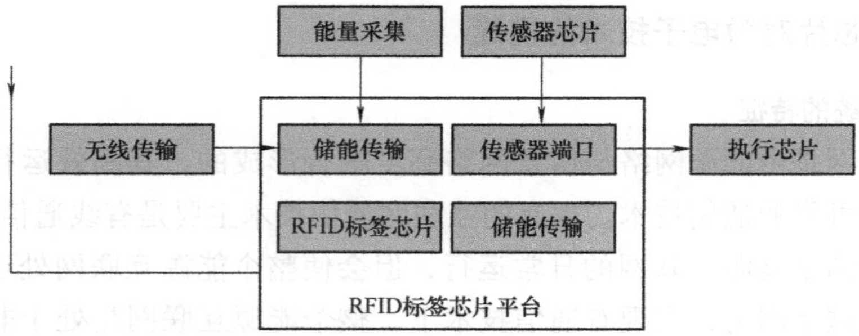

图 7-2　自供能 RFID 标签芯片平台

7.2 复杂软件技术

由于能源互联网规模巨大、内部结构复杂，其中存在数量众多的局部自治软件系统，而这些局部软件系统必须通过所谓的“复杂软件系统”进行相互耦合关联。未来复杂软件系统将成为能源互联网运行的数字中枢，实现成千上万位于不同区域的自治软件（如分布式发电设备的嵌入式监控软件、能量路由器的能源信息交换和决策软件、电力用户的各类耗电分配和度量软件等）之间的相互关联，协同完成计算、控制、通信、测量、分析等功能，从而实现能源互联网的高效运行。

7.2.1 能源互联网中复杂软件系统的定义和特点

1. 定义

复杂软件是一种由大量局部自治软件系统持续集成、相互耦合关联而成的大型软件系统。这种软件系统和它所作用的物理系统和社会网络密切相关。并且，因系统要素之间存在复杂的动态变化的耦合交互关系，使得整个系统的行为难以通过简单叠加各自治软件系统特征进行刻画[33]。

2. 结构特点

复杂软件系统的结构特点主要可从以下三个方面进行概括。

（1）系统之系统

在能源互联网中，无论是处于核心地位的大型发电厂和变电站，还是分布式的小型能源发电装置和储存装置，都可以进行自由组网，形成大小不一的能源自治网络，并且可通过不同层级的能量路由器相互连接，从而形成覆盖所有用户的能源网络。与之对应，每一个能源自治网络上的软件系统都是一个局部自治系统，既需要实现独立运行和自身目标，也需要考虑接入到整个能源互联网中的软件大系统的问题。

（2）“信息-物理”融合系统

在能源互联网中，各类软件与能源互联网的能量采集器、能量发生器、储能系统及路由系统和输送系统等物理设备之间都存在着从几微秒到数小时的时间尺度的复杂交互模式，是一个综合网络、计算和物理环境的多维复杂系统。因此，复杂软件系统需要通过通信、计算和控制来实现物理过程和信息过程的有机融合，从而增强自身对物理实体的适应能力。

（3）“社会-技术”交融系统

能源互联网，是广泛的能源提供者，与用户之间存在密切交互作用的社会网络。这一系统涉及大量不同的社会群体，包括各种能源的提供者、能源互联网的管理和维护者、广大的能源消费者。在能源互联网的支撑下，任何群体都可以影响能源互联网市场。例如，能源供给者和用户在不同的用能要求下可构建不同粒度和规模的能源交换市场，能源互联网管理者和维护者则可根据市场发展的要求制定和执行能源交换的政策和规则。这就模糊了人（社会组织）和软件系统的边界，人既是软件系统的输入和输出元素，也可以通过与软件系统的密切交互来影响软件系统的行为模式和功能表达，从而在一定程度上成为软件系统的有机组成部分。

3. 运行特点

1）持续变化。目前，能源互联网还处于起步阶段，在不断成熟过程中，必然会发生巨大变化。例如，各种能源设备随电力电子技术的革新而进步，则系统的骨干能量路由器的核心软件和相应的嵌入式控制软件都需做相应升级；智能电表和能耗控制技术进一步普及，住宅和企业用户的耗电负荷模式不断变化，则需要用户管理软件的重新构造和优化。

2）边界开放。在复杂软件系统中，一方面系统所在的信息空间自身是开放的，因为系统运行需要依靠大量外部软件实体，软件自身的构成边界不明确也不封闭；另一方面，由于系统结构具有“信息-物理”融合和“社会-技术”的特点，物理世界和人类社会固有的开放性将使得复杂软件系统成为一个开放实体。

3）成员异质。复杂软件系统结构具有“系统之系统”特点，复杂软件系统中各个局部自治系统分散在能源互联网中的各个区域，往往由不同高度的队伍负责管理运行。

4）行为涌现。在复杂软件系统运行过程中，由于无法有效地在宏观层面上对各个局部自治软件系统进行集中控制和管理，使各个局部自治软件系统因各自的自组织行为和互相的非线性作用而涌现出的难以预测和控制的行为。

7.2.2 能源互联网对软件技术提出的挑战及应对法则

这种“复杂软件系统”对现有软件开发和维护在构造和运行方面分别提出了挑

战。

1. 挑战

（1）构造方面

由于复杂软件系统是一个庞大的复杂体系，不可能一次性设计、开发和部署完成。从时间角度看，它的设计、开发、部署、更新和调整的过程可能要持续数年甚至数十年；从系统成分的角度看，这一过程涉及高度异构的各类自治软件系统的集成；从参与者角度看，这一过程需要大量利益相关者，包括不同目标的投资者及不同类型的开发者、维护者和使用者。因此，传统软件开发方法中的主要假设，如事先可以精确获取需求、开发过程严格可控、运行效果可预期等，都不再成立；经典的“自上向下分解、自下而上组装”的软件开发方法，已经无力支撑复杂软件系统的构造。

（2）运行方面

传统软件运行时的风险主要源自软件自身的缺陷，所以一般可借助测试、形式化验证等手段来降低风险。而复杂软件系统的风险则更多源自其固有的内在冲突和与外部环境无法事先精确预期的各类交互。具体来说，就是能源互联网系统中各个局部自治软件系统本身可能并无缺陷，但由于这些自治软件系统之间及信息系统与物理系统、社会网络之间都存在相互作用，就会涌现出一系列无法预料的行为，从而使复杂软件系统出现运行风险。

2. 应对法则

复杂软件系统的规模和复杂程度已经远远超过了计划驱动模式的能力范围，因此需要通过持续的“成长”和“演化”，逐步形成复杂软件系统并维持其运转良好。软件的开发和维护已经不仅是软件工程师的专职工作，任何处于能源互联网中的成员都可以在规则、法律和制度的引导和约束下协同合作，推动复杂软件系统规模由小变大，结构由简变繁。“成长性构造”和“适应性演化”法则就是基于能源互联网中复杂软件的特点应运而生的。这两种法，在软件构造层面上，强调软件单元的自主性，以及单元的新陈代谢和动态连接；在软件过程层面上，强调复杂软件系统为适应环境和需求的变化而实施调整，驱动其在线演化的机制，从而可以为复杂软件系统的构造、部署、运行、维护、演化和保障提供有效支撑。

（1）成长构造性法则

复杂软件系统是在大量自治系统动态连接过程中不断演化形成的。成长性构造法关注的就是复杂软件系统的演化使能问题。它主要强调以下两点：

1）复杂软件系统的构造是“成长性”的。传统软件开发是从头开始创建一个软件系统，而复杂软件系统是在大量自治软件系统的基础上“成长”而来的，成长的过程需要同时考虑变化的需求和既有软件系统的现状。

2）“成长”的主要手段是“连接”，尤其是动态连接。

而从实践层面考虑，成长性构造法则涉及软件模型和开发方法两个方面的基本问题。具体来说，就是选择什么模型来支持复杂软件系统的构造，进而支持其成长和演化，并且如何通过模型来体现复杂软件系统构造的生长与代谢特征；选择什么方法来对整套系统进行采办和管理。

（2）适应性演化法则

复杂软件系统是在持续适应环境和需求的变化过程中不断演化的。适应性演化法则关注的就是软件演化的动力、性质和过程。演化是指软件系统不断进行更改的过程，具体表现为软件元素的增加、更替、删除，以及软件结构、关系的形成与再造等过程[36]。而适应性演化法则强调的是复杂软件系统演化和传统软件系统演化在适应性方面的特殊性，主要表现在以下三方面：

1）演化阶段。传统的软件演化过程，是在软件系统部署和交付之后的运行阶段的。复杂软件系统的适应性演化因和系统的构造融合在一起，往往会覆盖软件系统的整个生命周期。

2）演化内容。传统软件系统演化，主要是对软件系统在运行阶段为适应需求或解决存在的问题而进行的改进。复杂软件系统的适应性演化，则是对软件系统在运行阶段为适应各种变化的新陈代谢过程而持续进行的改进。

3）演化方式。传统软件演化一般是采用离线（offline）的方式阶段性或周期性地开展的。复杂软件系统的适应性演化则是采用在线（online）的方式循序渐进地持续开展的，即在软件系统运行和常态服务的基础上来实现动态适应。

而从实践层面考虑，适应性演化法则涉及理论基础和实现机制两个方面基本问题。具体来说，就是如何建立复杂软件系统的适应性演化理论和模型，如何描述、分析和验证复杂软件系统适应性演化的机理和规律；复杂软件系统应采用什么样的机制来实现长期连续和适应性的演化来使系统可以表现出全局性的行为，复杂软件系统应怎么和所在的物理系统、社会网络共同实施演化等。

7.2.3　应对法则对软件技术的要求

1. 成长构造性法则的技术体系

想通过成长性构造使得复杂性软件具备可演化能力的关键在于以下三点：

1）复杂性软件中的自治软件单元应具备能根据自身状态和外界环境进行主动调整和适应的能力，而不能仅是被动等待调用的功能模块。

2）自治软件单元能在线更新，适应环境变化，而不能在完成部署后一成不变。

3）自治软件单元之间可实现相互间连接关系的动态调整，从而为群体行为的涌现和系统层面的适应性演化的实施提供基础。

下面将根据以上三点对成长性法则的技术体系进行介绍。

(1) 自主化自治软件单元模型

自治软件单元是复杂软件系统的基本构造单元，为了支持整个系统的适应性演化，复杂软件系统中的自治软件单元需要具有适应环境变化的能力，这种能力又可细分为如下四个方面的能力：

1）环境敏感性，即能感知外部环境的变化。

2）自我敏感性，即能感知自身状态的变化。

3）行为自主性，即能利用自身的行为控制机制，在无外部指导的情况下实施行为决策。

4）变化适应性，即能根据感知到的外部环境或自身状态，针对性地进行灵活调整。

图 7-3 给出了复杂软件系统自主化软件单元的参考模型。在参考模型中，除封装是作为软件单元需要实现的业务功能外，还需增加实现上述四个方面能力的功能部件。其中，监控部件提供了环境敏感性和自我敏感性，为适应和演化提供依据；“评估—分析—决策—执行”的回路则提供了行为自主性和变化适应性[33]。

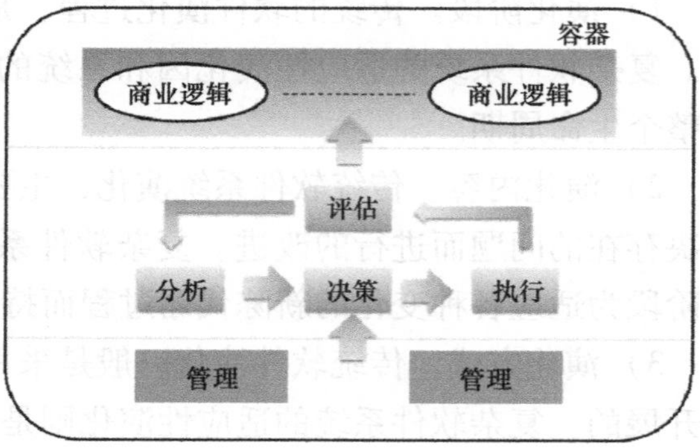

图 7-3 复杂软件系统自主化软件单元的参考模型

下面以能源互联网中的能量管理自治软件单元为例。该单元需根据感知功能，了解其网络流量和计算负荷等系统状态，在能耗负荷发生变化时，动态地评估能量调节的效率和目标，进而实施本地决策，动态加载恰当的逻辑功能部件并加以执行；对可能出现的故障和问题，软件单元还需自动采取纠错、冗余等可靠性维护策略，来保持系统的相对正常的工作状态。

目前，“容器”对“功能”模块进行调整的思想已经在经典软件技术中得到了体现。例如，操作系统就是应用软件的容器，操作系统可根据其所监控到的状态变化（如内存占用等）来调整上层应用软件的运行（如虚拟内存换页等）；而云计算环境下的虚拟机管理软件就是虚拟机的容器，虚拟机管理软件可根据实时的环境状态和需求，对虚拟机进行调度管理。

目前，软件技术已基本能为自主的自治软件单元构造提供支撑，主要的技术和实践有以下几方面：

1）反射。在 20 世纪 80 年代，研究者就指出软件可建立对自身的描述来操纵自身，这一概念在后期则催生出了一系列支持反射的程序设计语言和软件平台。

2）软件自适应。自适应是指软件在运行时可通过检测环境变化和自身状态来调整自身行为。相关研究者已提出了一系列面向自适应软件的结构体系、运行基础设施和开发方法。目前已有相关典型实例，如网构软件中的“自主构件”。

3）自主计算。自主计算主要是通过借鉴自然界中自治系统的思想来实现自配置、自优化、自保护、自修复的目标。目前，主要的成果是基于 MAPE-K 模型的自主元素。代理（agent）是人工智能领域的重要感念，它具有自治性、主动性、社交性等特点，相关软件开发方法可以为自主化软件单元提供支撑。

（2）软件单元的在线更新

软件单元的在线更新是指其在保持软件服务的状态下，对软件中的模块进行在线增删、替换，以及运行参数和策略的在线配置等操作。

在线更新对复杂软件系统是一个侵入性的过程，主要需解决的问题就是所谓的一致性问题，即在线更新后系统是否能继续保持正常状态。一致性问题涉及新老系统状态过渡的适应性、新系统自身功能逻辑的正确性等，需要成长性构造技术体系为其在可重用基础设施层面上提供使能机制，在方法手段层面为其提供尽可能的一致性保持机制。

（3）软件单元的动态连接

软件单元间的动态连接是指，通过单元与其他单元间的集成和交互，来形成规模更大和复杂度更高的系统，动态地适应外界环境的变化。

要实现软件单元间的动态连接，主要需解决两方面的问题：单元、系统间的动态连接使能；系统的可集成性和互操作性。

2. 适应性演化法则的技术体系

在适应性方面，要使得复杂软件能持续适应用户和环境的需求变化，主要是解决基础理论和实现机制两个问题。

（1）基础理论

在适应性性演化过程中，统计确定性和逻辑确定性用于寻找复杂软件系统的行为规律。其对应的理论是统计不变规律和基于逻辑演算的一致性保证技术。模拟和仿真则用于进一步理解或预测复杂软件系统的行为，与其对应的理论是群体行为模拟和仿真方法。

（2）实现机制

实现机制主要包括软件实时监控、海量监控数据的汇聚分析、快速恢复、多尺度行为决策和在线调整等环节（见图 7-4）。通过这些环节在局部软件单元甚至复杂软件系统中都形成“监控—分析—决策—调整”的适应回路，从而建立一个人机协同驱动软件适应活动的机制。目前，研究重点主要在复杂软件系统的监控使能技术、态势评估技术和适应性演化的行为决策技术上[33]。

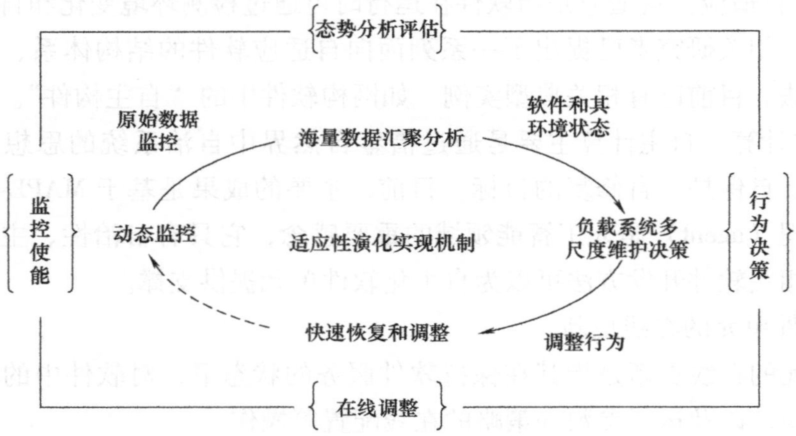

图 7-4　自主化软件单元的参考模型

7.3　信息物理系统技术

7.3.1　能源互联网中信息物理系统的定义与发展

1. 定义

在传统的有关信息系统和物理系统的观念中，信息世界与物理世界是割裂的，从而导致各经济领域中信息基础设施建设与物理基础设施建设之间的分离。正是由于物理世界与信息世界分开发展、互相割裂，导致复杂系统目前普遍存在着系统物理环境实时信息采集困难，系统内部各环节之间协调性差，信息综合管理水平低，资源浪费严重等问题。随着计算技术、通信技术、传感器技术及自动控制技术的飞速发展和逐步完善，实现物理世界与信息世界的交互融合已经成为一项世界性的研究领域。在这一背景下，信息物理融合系统应运而生。信息物理系统（CPS）是综合计算、通信、控制、网络和物理环境的多维复杂系统，通过通信技术、计算机技术和控制技术（Communication Computer Control，3C）的有机融合与深度协作，实现大型工程系统的实时感知、动态控制和信息服务。

2. 发展

CPS 这一概念最早由美国国家科学基金在 2006 年提出，近年来已经在世界范围内受到各个领域的广泛关注。2005 年 5 月，美国国会要求美国科学院评估美国的技术竞争力，并提出维持和提高这种竞争力的建议，最终 2006 年 2 月发布的《美国竞争力计划（American Competitiveness Initiative）》将 CPS 列为重要的研究项目。2007

年美国总统科学技术顾问委员会（President's Council of Advisers on Science and Technology，PCAST）提交的报告《挑战下的领先——竞争世界中的信息技术研发（Leadership Under Challenge：Information Technology R&D in a Competitive World）》中，提出了美国信息技术领域的 8 个重要领域，其中 CPS 居首位。欧洲在 2007 年启动的"Artemis"项目计划投入超过 70 亿美元在 CPS 相关的嵌入式系统研究方面。日本、韩国、新加坡等也在相关方面进行了大量投入，以增强其竞争能力。我国的国家自然科学基金、科技部 973 计划和 863 计划均已将 CPS 列为重点资助研究领域。

对于 CPS，"信息（Cyber）"代表计算系统和网络系统所组成的信息世界，包括离散的计算进程、逻辑的通信过程和反馈控制过程等；"物理（Physical）"代表物理世界中的进程、对象或事件，指的是各种自然或人造系统，按照物理世界的客观规律在连续时间上的运行。因而，该技术可理解为，通过在物理系统中嵌入计算与通信内核实现计算进程与物理进程的一体化（见图 7-5）。计算进程与物理进程通过反馈循环方式相互影响，从而实现嵌入式计算机与网络对物理进程可靠、实时和高效的监测、协调与控制[34]。

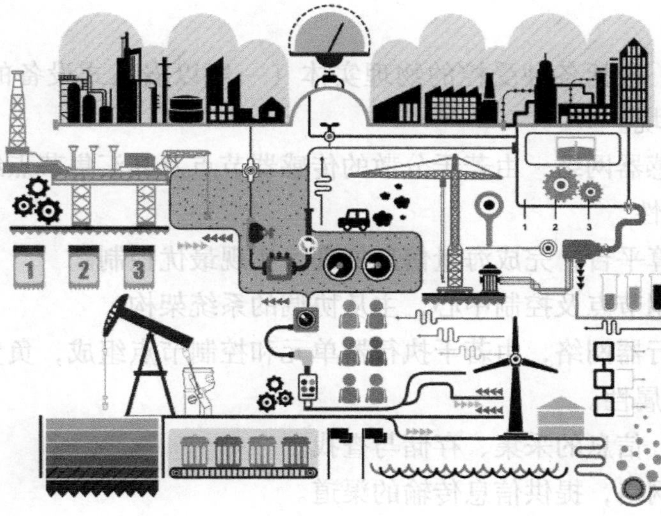

图 7-5　CPS 架构下的多系统融合体系

7.3.2　信息物理系统的架构

1. 组成架构

CPS 可以视为一种深度嵌入式的实时系统。其体系结构非常复杂，一种典型的由八个子模块组成的 CPS 架构如图 7-6 所示[35]。

各组成部分的介绍如下：

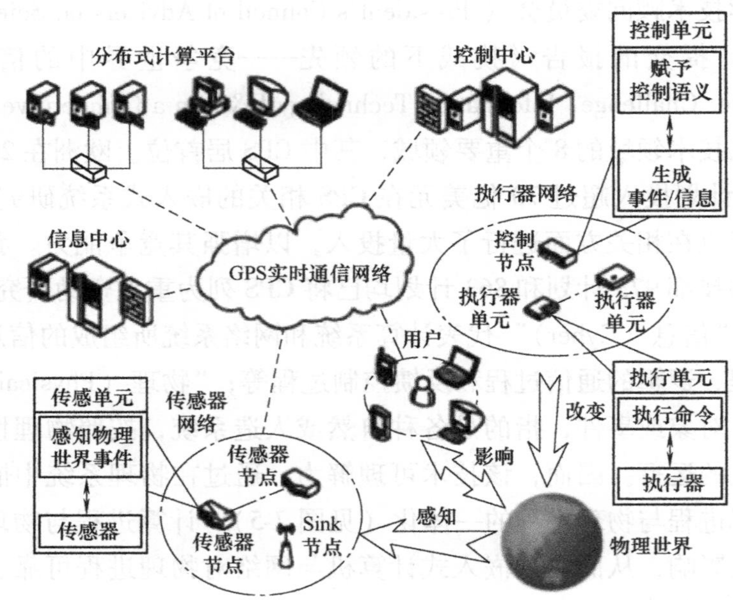

图 7-6 一种典型的由八个子模块组成的 CPS 架构

1）物理世界，包括各种受控的物理实体（一般以嵌入式设备的形式存在）和实体所处的物理环境。

2）分布式传感器网络，由若干分散的传感器节点及其汇集节点组成，负责感知物理世界的物理属性。

3）分布式计算平台，完成海量信息处理，实现最优控制。

4）分布式控制节点及控制中心，主从协调的系统架构。

5）分布式执行器网络，由若干执行器单元和控制节点组成，负责调整与控制物理世界的某些物理属性。

6）信息中心，信息的采集、存储与查找。

7）实时通信网络，提供信息传输的渠道。

8）用户终端，用户与系统的接口，如手机、计算机及其他智能终端等。

2. 系统架构抽象

要实现 CPS 的信息系统和物理系统的深度融合，首先需要将各种物理实体抽象到信息系统中。一种基于服务角度的 CPS 抽象结构如图 7-7 所示，该结构包括如下四层：

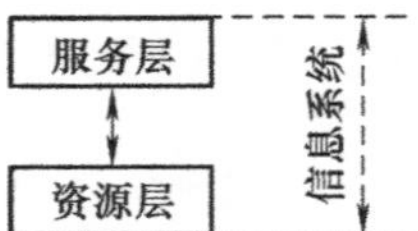

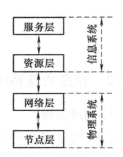

图 7-7 一种基于服务角度的 CPS 抽象结构

（1）节点层

节点层是 CPS 的主要实体层，是计算和物理过程结合和协作的集中体现。它包括的主要元素有传感器、嵌入式计算机、执行器、掌上计算机（Personal Digital Assistant，PDA）等。该层涉及的技术包括传感器技术、无线连接技术、规划技术、控制技术、嵌入式系统技术等[35]。

（2）网络层

网络层是 CPS 实现分布式计算和资源共享的基础，它将 CPS 中的各个节点和部件都连接组成一个整体。该层涉及的技术有异构数据的传输、路由、节点定位、数据传输等。

（3）资源层

资源层是 CPS 实体存在的抽象，它对 CPS 中的各种资源进行有效管理。资源层包括节点层的各种实体资源，还有存储资源、计算资源、感知资源、控制执行资源、交互资源等信息处理资源。

（4）服务层

服务层是对资源的能力的抽象，通过对资源组合形成服务。

3. CPS 节点

CPS 中的每一个设备均可被抽象为一个 CPS 节点，各个 CPS 节点通过网络连接，可以进行自主交互。CPS 节点就是 CPS 与物理世界交互的终端，是将计算进程嵌入到物理进程中的重要部件。一般来说每个 CPS 节点都包括传感器单元、执行器单元、计算单元、通信单元、存储单元等典型模块。

CPS 节点与物理世界实时交互，通过传感器单元实时感知物理世界的变化，将感知的信息交给信息处理单元或者通过通信单元传输给其他节点同时通信单元接收数据交给信息处理单元，信息处理单元将获取的信息进行融合，根据内建的嵌入式算法做出决策，并将结果传递给执行器单元或者通过通信单元发送给其他节点，以实现对物理过程的影响和控制[35]。

7.3.3 信息物理系统的重要特性

CPS 由计算设备、网络设备、物理设备融合而成，通过合理的协调控制机制，可使系统内各模块、各子系统分工协作，从而使宏观系统的资源得到有机配置，运行效率得到提高。基于已有理论，CPS 具有以下优良特性。

（1）多学科、多系统的紧密耦合

CPS 理论建立的初衷，便是实现过多个工程学科的融合，如无线传感器网络（Wireless Sensor Network，WSN）、物联网（Internet Of Things，IOT）、嵌入式系统等，从而达到实时控制物理世界或者与物理世界交互的目的。

（2）先进网络技术的广泛应用

与传统的嵌入式技术相比，CPS 最大的改进之处就是高度而先进的网络化实现。网络化是为了便于实现海量数据传输的目的，也是实现物理世界与信息世界相连接的关键一环。在 CPS 的 3C 模型中，“通信（Communication）”起到了连接“计算机（Computer）”与“物理（Physical）”的作用。为实现网络化，CPS 会用到许多网络技术，如全球移动通信系统（GSM）和通用分组无线服务技术（General Packet Radio Service，GPRS）等

（3）较强的自组织与自适应性

CPS 促进了嵌入式技术和混合系统的进一步发展，使计算组件和物理环境之间实现更灵活的交互。此时，传统针对某系统的外在控制体系，在 CPS 架构中已经与控制对象融合。通过代理来实现网络内部的自组织、自适应功能，也是 CPS 的重要特性。

（4）高实时性

实时性在 CPS 中有两层含义：一是，数据到达服务器或者基站的时间要短、延时要小；二是，系统要在限定的时间内对外来事件做出反应，当然这个限定时间的范围是根据实际需要确定的。目前的大部分计算机编程语言是没有时间语义的。换言之，即使程序运行时间超过限定的时间，最终运行结果也是正确的。然而，这会影响整个系统的性能。这一机制在 CPS 中显得很重要，因为物理世界中出现的一些事件，系统必须在限定的时间内做出适当的响应，否则可能会出现灾难性的后果。因此，先进信息技术与分布式采集控制理论的广泛应用，使得 CPS 具有了很高的实时性。

此外，与传统的单一系统相比，CPS 还具有更高的可靠性，运行效率也更高，资源的配置与重组机制也更为完善。能源互联网需要实现多种物理系统的耦合运行。而 CPS 理论正好为这一目标提供了实现平台，通过信息侧通信网络与控制系统的综合作用，运行人员可基于所有物理系统的运行状态进行综合决策，从而实现各系统间的协调控制。

7.3.4 信息物理系统在能源互联网中的应用

下面以能源互联网及智能电网场景为例，介绍 CPS 的应用。

（1）用电方面

在传统电网中，用户不能实时了解电价信息，配电公司也不能实时了解用户的用电信息，这种信息不匹配会造成能源的大量浪费。而在智能电网中，通过 CPS，用户和配电公司可以了解对方的信息，从而实现两者共同的经济利益最大化并节约能源。例如，用户会选择在电价低的时段为电动汽车充电；而在电价高的时段，将电动汽车的电能接入到电网中，从而获得差价。

（2）发电方面

传统电网不能及时获取信息且对电能的实时调度性差，所以难以满足接入了大

量间歇性新能源的能源互联网的要求。而智能电网通过 CPS 可以实现实时智能调度（见图 7-8），使新能源在接入骨干电网时仍能保持电压、电流等参数的稳定，从而避免新能源在接入骨干网络时对大电网造成的冲击[46]。

7.3.5　能源互联网对信息物理系统的挑战和未来发展

目前，CPS 的研究还处于起步阶段，面临的挑战主要有以下几方面。

1. 理论建模和计算抽象

（1）理论建模

CPS 涉及计算机、通信、控制、网络、物理等多个学科知识，其研发需要多个学科之间的相互协作，而且其研究设计必须在统一的理论框架下进行。然而，目前还没有一个能够处理计算机系统、通信网络系统和物理动态系统的统一理论融合建模框架，需要进行深层次的研究探索。

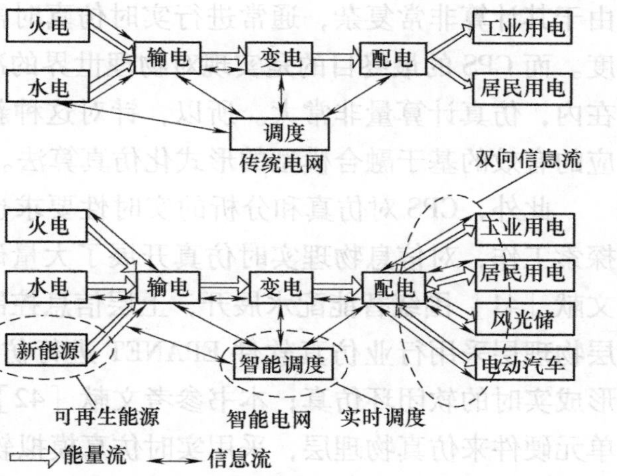

图 7-8　传统电网和智能电网区别

例如，信息系统一般是信息或事件驱动的，其理论基础是离散数学的。系统建模工具一般是离散数学工具，如有穷自动机。而像电力、能源这样的物理系统，其理论基础是连续数学的，系统建模工具一般是代数方程组和微分方程组[37]。两者在理论基础和建模方法上存在明显的不同，如何在建模时将离散和连续结合在一起，既能显式表征物理系统的时域信息，又能显式表征信息系统的执行次序[38]，这就需要发展信息系统和物理系统的统一建模理论。

（2）计算抽象

CPS 如要实现计算世界与物理世界的交互，需要将时间和空间的事件信息都明确地抽象到编程模型中。计算模型抽象需要包含物理概念，如时间和能量；而物理动态的模型提取需要包含实现平台的不确定性，如网络延时、有限字节长度、舍入误差等。这种编程抽象需要将计算特性和物理特性进行融合，所以需要一个全新的方式来重新思考传统的编程语言和操作系统之间的关系，需要在中间件和操作系统层均得到支持，在每个抽象层上都需进行组件的设计、分析和验证。

目前，CPS 的研究者已经在计算抽象方面进行了探索。例如，本书参考文献［39］叙述了能源 CPS 中的抽象策略，本书参考文献［40］以水行业为实例叙述了 CPS 的计算抽象，但这些计算抽象大部分都是从行业应用的整体层面上展开的，还需要进一步深入研究。

2. 系统综合与仿真

CPS仿真和传统的物理系统仿真的主要区别在于，CPS是将物理系统和信息系统作为一个整体进行综合分析和仿真的，通过综合仿真可以显式地评估信息系统与物理过程的相互影响，从而能够更准确地描述CPS作为一个系统的整体行为特征。

目前，在像电力、能源这样的传统行业中，已经有大量精确的物理模型，但是由于其计算非常复杂，通常进行实时仿真时需将模型简化，从而降低了仿真的准确度。而CPS的最终目的是实现对物理世界的准确控制，仿真时还需将信息系统考虑在内，仿真计算量非常大。所以，针对这种新的系统融合模型，必须研究与之相适应的有效的基于融合模型的形式化仿真算法。

此外，CPS对仿真和分析的实时性要求也非常高。现在各行业研究者均已开展探索工作，对信息物理实时仿真开展了大量研究，可以相互借鉴。例如，本书参考文献［41］围绕智能配水展开，上层信息控制策略层采用Matlab软件进行仿真，底层物理层采用行业仿真软件EPANET进行仿真，两者之间通过中间文件进行交互，形成实时的软闭环仿真；本书参考文献［42］以内燃机优化为例，采用内燃机控制单元硬件来仿真物理层，采用实时仿真模拟软件来仿真信息层。

3. 实时计算和海量信息处理

CPS为了保证物理系统镜像的精度，一方面要求CPS具备极高的计算和响应速度，另一方面要求CPS采集处理全面翔实的物理系统信息，这些都对CPS的计算和信息处理能力提出了很高的要求。传统的集中式计算平台难以满足这一要求，需考虑基于大规模分布式计算技术，如云计算技术，来构建CPS的计算平台。

CPS中有大规模多源异构的海量信息需要处理，由于异构数据源的语义、模型及映射与转换机制等都可能存在差异，需要将异构数据源转换成共享的中间模式进行数据交互。同时，由于数据规模是海量的，难以全部保存，需要对CPS中的源数据进行数据聚合计算和融合处理，形成有意义的逻辑数据，并对高层的逻辑数据进行数据集成，以满足高层应用系统的需求。

4. 多种网络融合

CPS网络需要将多种异构网络融合。它集成了过去成熟网络的研究与应用，如因特网、无线传感器网络、Ad Hoc网络、WLAN、Wi-Fi、WiMAX、蜂窝网等，但同时它与传统的网络有着不同的设计目标和特点。例如，CPS网络具有异构性、嵌入性、承载业务量大等特点，不同网络占用频段、链路速度存在巨大的差异；CPS中的每一个物理元件都具有通信能力，可以进行多层次、多规模联网，能够动态重组与重识别等。所以，进行多种网络融合的研究，是CPS网络进一步发展的重要任务。目前在混合网络模型的研究中，面临网络节点接入、信道切换、业务无缝切换、网络安全、通信服务质量（QOS）等难题需要去攻克。本书参考文献［43］以智能电网为例，探讨了对QOS的需求，并提出一种实现框架，具有很强的参考价值。本书参考文献［44］中对CPS网络体系结构研究的关键技术、存在的问题及研究进展作了深入的分析和探讨。

在通信协议方面，目前学术界已经提出了针对CPS的通信协议栈，如CPS2IP和CPI六层通信协议栈。以CPI协议栈为例，它继承了传统TCP/IP协议栈的五层结构（物理层、数据链路层、网络层、传输层、应用层），并针对CPS的特点（如实时性要求高、结构灵活等）进行了相应调整，在应用层之上增加了专门针对CPS的信息物理层以描述物理系统的特征与动态[37]。但是，针对CPS的通信协议尚有大量技术问题有待进一步研究。

5. 调度优化与协同控制

CPS的优化应更多地采用随机优化方法，以满足系统的可靠性要求。而且，在海量信息条件下，传统的优化方法计算效率不高，不能满足CPS的实时性要求，因此需要在计算模式、算法框架等方面进行改进和完善。例如，未来的研究可以注重发展适合云计算模式的分布式优化方法或提出更新的优化理论和方法。

CPS如要实现自组织、自适应和实时协同，使系统更加可靠、高效地运行，首先需要为CPS制定新的信息共享和协同机制，建立能够无缝集成和变换的统一信息模型。目前主要的方法是基于本体论的方法建立CPS的公共语义，在此基础上通过多代理间的通信、合作、协调，从而实现实时协同控制。例如，本书参考文献［43，45］提出一种基于多代理的能量管理系统，就是利用智能代理的学习、协调、适应和自治的能力，以分布式观点，将混合控制的概念与技术植入到代理中，使它既包含离散的顶层能量状态转换的决策，又包含底层各单元的连续控制。它被认为是复杂、开放的分布式问题求解的一种可行的解决方案，可借鉴用于CPS协同控制的研究。

6. 设计开发工具

虽然，现在计算系统和物理系统中均有非常有效的设计方法和工具，但均是针对各自不同的领域，不适于建立大规模的CPS，因此必须开发新的自动化设计工具。

CPS这种异构性导致其设计开发的复杂性大大增加。如果要建立全新的灵活的CPS设计自动化工具和语言，就需要将建模、软件设计、系统集成等技术相结合，这需要进行长期的融合研究。目前，可以基于现有的设计工具，推进CPS设计的理念，进行整合创新，实现向新一代CPS设计工具的良性过渡。

7. 其他

CPS运行时还需要建立高层次的信任体系，主要包括可靠性、安全性、隐私性和可用性等。此外，CPS是一个综合性的研究领域，内部组成部分大多已具有行业标准，如物理设备、通信协议、软硬件接口等，然而这些标准均没有体现信息系统与物理系统相融合的特点，需要在 CPS 框架下进一步做大量的整合工作。

7.4 信息和通信技术

基于信息和通信技术搭建的安全可靠的通信网络是保证能源互联网正常工作的重要条件。

7.4.1 能源互联网对信息和通信技术提出的挑战

因为能源互联网具有多尺度动态性，其中的能源局域网内的设备又具有高动态拓扑变化性和易接触性，因此整个网络的通信架构（见图 7-9）十分复杂，主要面临的问题如下：

1）通信设备多，包括智能能量管理（IEM）设备、智能故障管理（IFM）设备、各种智能负荷和发电设备等。

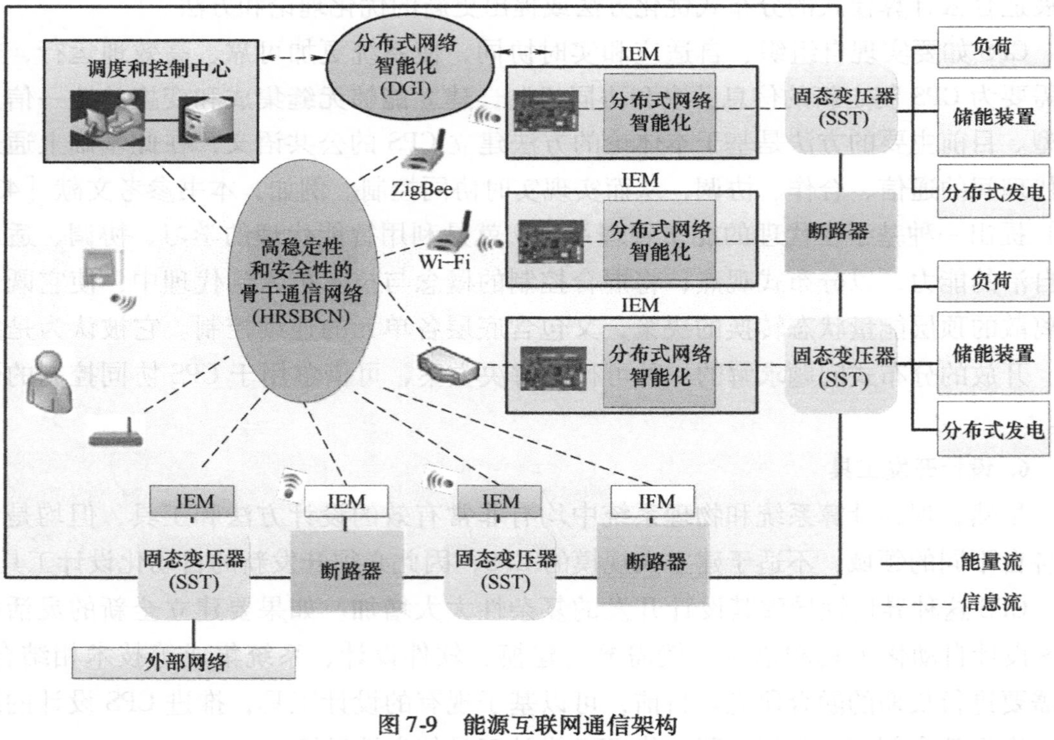

图 7-9 能源互联网通信架构

2）通信层级各异，主要包括主干网、广域网、局域网三个层级。

3）通信延时要求高，一般要小于 20 ms[48]。

下面以能源互联网中的配电组网方案为例，对能源互联网中的通信技术解决方案做简要介绍[3]。

（1）配电通信网

在配网自动化覆盖区域内的站点，包括柱上开关、开闭所、环网柜、配电室等，需要实现三遥（遥信、遥测、遥控）功能；通信网络的安全性、可靠性和速率要求高，宜采用光纤方式。无源光网络（PON）系统是一种点到多点结构的单纤双向光接入网络系统。其特有的技术优势，使之成为配网自动化站点信息接入方式的首选。使用高分光比的 PON 系统，能够在较短的时间实现对目标配电网区域的快速覆盖。PON 系统组网应较好地解决配套光缆建设，并合理安排分光网络配置。对新建、改造配电线路，可采用光纤复合相线（Optical Phase Conductor，OPPC）；对老线路，宜架设全介质自承式（All Dielectric Self Supporting，ADSS）光缆或普通光缆。根据配电网信息点随配电网线路链状串接的特点，光配线网络（Optical Distribution Network，ODN）宜采用不均等分光器，以保证网络灵活性和扩展性[49]。

（2）配用电通信网

在配用电通信网中，光纤专网、无线专网和 PLC 技术均能很好地支持视频等各类智能用电业务应用。新建智能小区或改建小区可直接利用光纤复合低压电缆实现光缆入户，采用 PON 方式组网，将用电信息、智能用电互动信息和视频监控等信息综合接入。原有小区考虑到投资规模及工程实施复杂度等因素，宜采用 GPRS、CDMA、3G、LTE 无线公网和 PLC 载波方式组网，在不额外建设传输媒介的情况下实现网络快速覆盖。

由于无线组网采用蜂窝或热点方式，其网络结构和接入方式与有线不同，配电网站点和用网用户实际上可共用网络，就近接入全球微波互联接入（Worldwide Interoperability for Microwave Access，WiMAX）网（一种无线宽带城域网）或公网基站，业务在基站汇聚后传送至主网络[49]。

各种典型应用场景下的智能配用电通信网系统架构如图 7-10 所示。

7.4.2　信息和通信技术的未来发展

基于能源互联网对信息和通信技术提出的挑战，目前其研究主要集中于以下三方面。

（1）可靠安全通信网络架构的分析

需要从地理上和控制关系上对整个通信网络进行合理的层次划分，进而对影响各个通信层的时延、网络安全和可靠性等因素逐一分析，包括通信优先级设计、通信网络软硬件结构设计、通信安全措施分类、通信媒介选择、通信性能确定等。

首先，要解决通信速度、可靠性、网络安全性等问题。在网络安全性方面，重

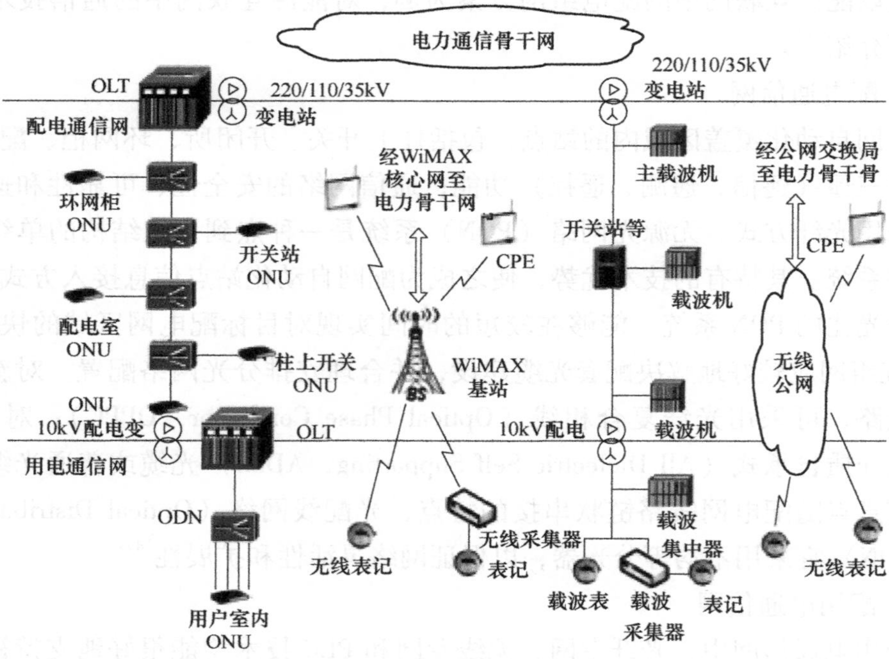

图 7-10　配用电通信网系统架构

点解决以下几个方面的问题：

1）能源互联网的信息安全必须保证实用性。

2）能源互联网从最开始就要考虑安全问题，而且是保证各个环节的安全。

3）对组件、产品、服务和解决方案在全生命周期的安全性进行检查。

4）通过设计保护国家、企业及个人隐私。

5）研究云安全。

6）研究 CPS 安全。

7）研究能源生产（如 SCADA 系统）和消费（如 App 软件）中的网络安全。

（2）协议改进与标准分析

首先，需要分析智能电网的核心标准，包括 IEC 62357、IEC 61970、IEC 61968、IEC 61850 和 IEC 62351；分析与能量管理、分布式管理系统的协调性，分析与标准控制中心间通信协议相关的 IEC 60870-6、IEC 60870-5-101、DNP3、IEC 60870-5-104、IEC 62445-2 等的协调性；分析与变电站通信协议相关的 IEC 62445-1、IEC61850 等的协调性。最后，根据所有的分析结果来搭建能源互联网中通信层的各个层面的标准，包括物理层、数据链路层、传输层和应用层协议标准。

（3）通信实验平台设计与实验评估

通过设计实验平台来评估通信网络的功能是否符合要求，主要包括软件系统设计、系统实验与评估、系统改进等工作。

7.5　大数据和云计算技术

在能源互联网中，云计算是以大数据为基础、以数据运算技术为手段、以云平台为基础设施而形成的智能基础。

7.5.1　大数据分类及对应的处理系统

大数据挖掘并不是把原有系统推倒重来，也不是取代已有系统，而是应该解决 Hadoop 系统如何与原有系统的技术架构互动的问题。采用 Hadoop 系统解决一些以前没有解决的问题。并对大数据相关工具软件成熟度进行评估，看看哪些工具软件更适合需要。

1. 批量数据及其处理系统

能源互联网中大数据批量数据处理系统是针对批量数据的处理系统，一般适用于先储存后计算、实时性要求不高、数据准确性和全面性比较重要的场景。系统利用批量数据挖掘出模式、得出含义、制定决策，最终得出应对措施来实现业务目标[50]。

批量数据的特征主要有以下三点：

1）数据体量巨大。批量数据的量级一般是拍字节（PB）级的。因数据量级大，数据难以进行移动和备份，所以以静态形式长时间储存在硬盘中，极少进行更新。

2）数据准确度高。批量数据一般是从应用中沉淀下的数据，准确度相对较高。

3）数据价值密度低。数据中真正有用的数据比例较低，因此需要采用合理算法从数据中抽取有用价值。这个处理过程往往耗时耗力，且不能提供用户和系统的交互手段，只有在得到最终处理结果后才能发现其和预期结果或以往的结果的异同。所以，一旦最终处理结果和预期或以往结果存在很大差别时，会白费很多时间和物力。

在能源互联网中，用户的能源数据、地理数据、气象和人口方面的公共及私人数据等都属于批量数据。

目前，大部分批量数据处理系统都是建立在 2006 年时 Nutch 项目下的子项目 Hadoop 系统中实现的两个开源产品：Hadoop 分布式文件系统（Hadoop Distribute File System，HDFS）和 MapReduce. Hadoop。其中，HDFS 负责静态数据的存储，MapReduce. Hodoop 负责将计算逻辑分配到各个数据节点上进行数据计算和价值发现。

2. 流数据及其处理系统

Hadoop 非常适合处理大体量的静态数据，但对于高速运行动态数据不适合。这就需要采用流数据技术对实时数据进行处理。流数据分析是利用大规模并行处理技术对大体量动态数据进行分析，分析过程中不用将大量结构化、非结构化数据存入硬盘。

能源互联网中大数据流数据处理系统是针对流数据的处理系统，一般适用于先储存后计算、实时性要求较高、数据准确性和全面性比较重要的场景。系统利用批量数据挖掘出模式，得出含义，制定决策，最终得出应对措施，来实现业务目标源于服务器日志的实时采集。

流数据的特征主要有以下四点：

1）数据元组通常带时间标签或其余含序属性。流数据是一个无穷的数据序列，序列中每一个元素可视为一个元组，每一个元组通常带有时间标签或其余含序属性。由于时间和环节的动态变化特性，重放数据流中的数据和之前数据流中的数据的时间标签或其余含序属性都是实时变化、不可预知的。

2）数据流速波动性大。

3）数据格式结构不确定。流数据的数据格式可以是结构化的、半结构化的甚至是无结构化的。

4）数据是活动的。流数据在用完后即可丢弃。

在能源互联网中，传感器的数据就属于流数据。传感器采集系统（物联网）通过采集传感器的信息（通常包含位置、时间、行为和环境等内容），实时分析提供动态的信息展示。

目前，流数据处理系统在社交产品中已有广泛应用，具有代表性的主要是美国网站 Twitter 的 Storm 系统和美国网站 Linkedin 的 Samza 系统。

3. 交互数据及其处理系统

能源互联网中大数据交互数据处理系统是针对交互数据的处理系统，系统通过与操作人员以人机对话形式一问一答。具体来说，就是操作人员提出要求，并以对话方式输入数据，系统便提供相应的数据或提示信息，指示操作人员一次完成所需操作，直到获得最后处理结果。采用交互处理系统存储的数据文件可以及时地进行处理和修改，且处理结果能被立即使用。

与非交互数据的处理相比，交互数据的处理更加灵活直观、便于控制。

具有代表性的交互数据处理系统主要是美国加州大学伯克利分校研发的 Spark 系统和美国谷歌公司研发的 Dremel 系统。

4. 图数据及其处理系统

能源互联网中大数据图数据处理系统是针对图数据的处理系统，主要包括图数据的存储、图查询、图模式挖掘、图数据分类等。

图数据的特征主要有以下三点：

1）节点及连接节点的边之间的关联性。节点及连接节点的边是图数据中的重要组成信息，它们的实例化构成了各种类型的图。

2）图数据种类繁多。能源互联网中的图数据用于表示各个领域的数据，如社会网络、信息检索、模式识别等。各个领域对应的图数据处理需求各不相同。

3）图数据计算的强耦合性。能源互联网中的图数据之间是相互关联的，因此对数据的计算也是相互关联的。

目前，主要的图数据库软件有 Giraph、Neo4j、GraphLabGiraph、HyperGraphDB、InfiniteGraph、Trinity、Cassovary 和 Grappa 等。

7.5.2　大数据分析与计算——云计算技术

1. 云计算技术

由于能源互联网中存在海量数据，而传统的信息储存与分析技术已经不能满足海量数据的要求，需要存储空间更大和分析能力更强的运算技术。实践证明，云计算技术是解决此问题的不二选择。

在能源互联网中，云计算技术就是将整个网络中的数据储存在计算基础设施中，也就是云端，再进行集中管理并对大数据进行深度分析和决策，并向分散用户提供远程运算和存储服务。

云计算技术主要有技术能力聚集度高、数据处理效率高、数据处理成本低这三个主要特点。

2. 云计算平台

能源互联网中的云计算平台，是采用大数据处理与挖掘分析、智能应用、智能消息推送、社会化协作、服务化架构等云计算关键技术建立的，为各种规模和类型的云计算提供统一的开发、运行和管理服务的平台。

根据整体安全体系框架，云计算平台可划分为如下六个区域：

1）互联网出口区域。该区域主要负责是各边界接入，包括到网内资源的安全接入。为保证云内的安全，出口处必须配置防火墙、入侵防御系统（Intrusion Prevention System，IPS）等流量过滤设备、攻击防御设备。

2）核心交换区域。该区域主要负责外网平台数据流汇聚、交换、处理及业务繁忙时 QOS 的设置，保证核心业务的应用。

3）外网办公接入区。办公接入通过安全策略 QOS 等有限权限的访问服务器资源，通过上网行为管理控制互联网的访问，以保证数据的安全。

4）外网安全管理区域。该区域通过漏洞扫描、安全管理与审计设备等来保障云平台内的访问和使用安全，并协助网络管理员完成云计算平台下海量设备的日常维护任务。

5）云计算资源中心。该区域负责存放业务系统核心应用服务器、数据库服务器、云存储设备等，并通过配置双防火墙和双接入交换机来提供连续应用服务。

6）异地外网云计算资源中心。该区域主要负责配合生产数据中心为核心关键业务提供实时数据级或应用级数据容灾服务。

7.5.3　大数据及云计算技术在能源互联网中的应用

云计算解决未来能源互联网中的三大问题：一是海量数据处理与计算需求：二是实时数据分析；三是数据共享。在云计算中，需要采用流数据技术来实现透明计算。

在能源互联网中，既有燃煤、燃气、核电、水电等传统能源设备和风电、光伏等分布式可再生能源设备，又有数百万计的高耗能动力装置、数亿的电力用户和未来的智能家电及电动汽车。这些设备遍布全国又包含各种各样的传感器，而这些传感器每时每刻都在产生海量实时大数据。具体来说，能源互联的大数据来源如下：

1）风电场监控应用分析。

2）移动作业与可靠性评估应用分析。

3）配电 GIS 应用分析。

4）电力潮流计算分析。

5）电力电量交易结算业务应用。

6）生产综合防灾减灾系统。

7）非结构化数据集中管理系统。

8）IT 仿真培训系统。

9）主数据管理系统。

10）燃煤火力发电厂。

11）天然气发电厂。

12）光伏发电厂监控分析。

13）天然气冷热电联供分布式能源。

14）分布式风能太阳能储能电池微网。

15）各级智能变电站。

16）省市县各级调度 SCADA 系统。

17）数亿计智能电表。

18）数百万计的高耗能动力设备装置。

19）未来电动汽车。

能源互联网云平台主要目标是打造智能化能量管理平台和数据中心，以实现整合能源数据，组织公共资源，提供数据存储、实时监控、可视化管理、数据分析、风险控制、能效分析等功能。平台上线后，将为各行业、各地区能源领域之间的沟通交流提供一个便捷的信息平台。

7.5.4　能源互联网对大数据及云计算技术提出的挑战

1. 数据复杂性带来的挑战及对策

能源互联网中大数据间内在的复杂性对数据的表达、感知、理解和计算都提出了挑战。而目前，由于缺乏对大数据复杂性的内在机理和背后物理意义的理解，从而极大地制约了对大数据高效计算模型和方法的设计能力。

因此，目前的问题是，定量化描述大数据复杂性的本质特征及其外在的度量指标，进而再研究数据复杂性的内在机理。在理解机理和本质特征的基础上，简化大数据的表征，建立简单高效的计算模型和算法。

2. 计算复杂性带来的挑战及对策

能源互联网中大数据多源异构、规模巨大且快速多变，这使得传统的机器学习、数据挖掘和信息检索等计算方法都不能支持能源互联网中的大数据处理、分析和计算。

因此，目前的问题是着眼于大数据的全生命周期，在理解大数据复杂性的基本特征和量化指标的基础上，研究大数据下以数据为中心的计算模式和适应大数据的非确定性算法理论。

3. 系统复杂性带来的挑战及对策

目前，相比云平台的发展，大数据和相关的运算技术已经发展相对成熟，所以最急需的就是云平台的发展。云计算要求在资源、平台和软件应用层面都可以提供各种服务——基础设施即服务、平台即服务、软件即服务，从而实现整体系统的效益提高。云计算技术实现的基础设施则为云平台，通过该平台来提供上述服务。未来，云平台甚至可依托互联网技术打造虚拟市场平台，允许不同群体通过网络沟通并进行交易，满足能源互联网远程服务、情况复杂、即时性强等需求特点。

未来的云平台主要为公有云和私有云两种形态。其中，公有云平台是大规模资源的聚集地，可以为企业用户和个人用户提供服务；私有云平台是企业传统数据中心改造而成的高效运维、绿色可靠的数据中心，可以为企业内部用户提供服务。另外，混合数据平台是公有云和私有云两种形态的交汇，主要用于满足部分企业用户和个人用户的特殊需求[50]。

构建云平台主要包括以下两方面的工作：

1）虚拟化。资源设备的虚拟化可大大提高资源的利用效率，虚拟化主要包括网络资源的虚拟化和中央处理器（CPU）计算资源的虚拟化。

2）系统搭建。需要选择安全可靠且扩展性能强的系统，来搭建云基础设施。

第 8 章　能源互联网应用与服务平台

能源互联网应用与服务，平台的建设首先需要以前面介绍过的技术为支撑。能源互联网的建设需要强大的技术支撑、政策支撑、顶层设计、行动计划，然后才能探索如何形成有效的商业模式。本章对能源市场交易平台、能源需求侧管理平台、能源需求响应平台的架构和涉及的商业模式进行简要介绍。

8.1　能源市场交易平台

能源互联网平台的构建需要整个社会的积极参与，包括以下几个方面：

（1）国家平台

构建能源互联网，要加强电力需求侧管理（DSM）平台的建设；鼓励对用户实现用电在线监测并接入国家平台；对于已安装分项计量或能量管理系统（EMS）的用户，鼓励通过必要的数据接口接入国家平台；引导与发电企业直接交易的用户加快实现在线监测并接入国家平台。

（2）手机应用（App 软件）

能源互联网将渗透到个人用能需求中，可以通过手机 App 软件等方式，向用户提供其准实时用电数据，以吸引用户参与需求响应。

（3）混合合作模式（即 PPP）

鼓励社会资本参与平台建设，为能源互联网的搭建拓宽融资渠道；创新资金使用方式，除支持项目实施、平台建设和能力建设外，还可支持投融资服务、政府和社会资本合作项目的融资、建设和运维。

能源互联网平台分为国家级、区域级、省级、市级。

能源市场交易平台包括电力的批发和零售，以及售气、供暖、虚拟电厂、电动汽车的购电和反售电等。随着售电市场的放开和大规模分布式电源、储能系统和电动汽车接入能源互联网，未来能源市场将会形成一个包括多样化的电力供给和需求、多样化的生产方和需求方的复杂市场。能源市场交易平台就是用于对复杂的市场进行协调，它不仅是一个电力、燃气等现货的交易平台，还可以开展电力期货交易，以及从该平台延伸出来的金融交易平台。

8.2　能源需求侧管理平台

能源互联网需求侧管理平台通过交互的信息流传递数据，并根据数据分析、计算产生经济高效的管理控制策略，来对用户进行在线监测和管理，进而实现用户侧能源的优化管理和能源交易市场的高效营销。

目前，需求侧管理主要运用在电力市场中，所以以下分析若未做说明都是指电力市场中的需求侧管理。

8.2.1　需求侧管理平台的结构层次

需求侧管理平台的结构层次如图 8-1 所示，平台由主站系统、远程信道、电能监控子系统、采集子网和测控层组成[52]。下面主要介绍一下主站系统、电能监控子系统和测控层。

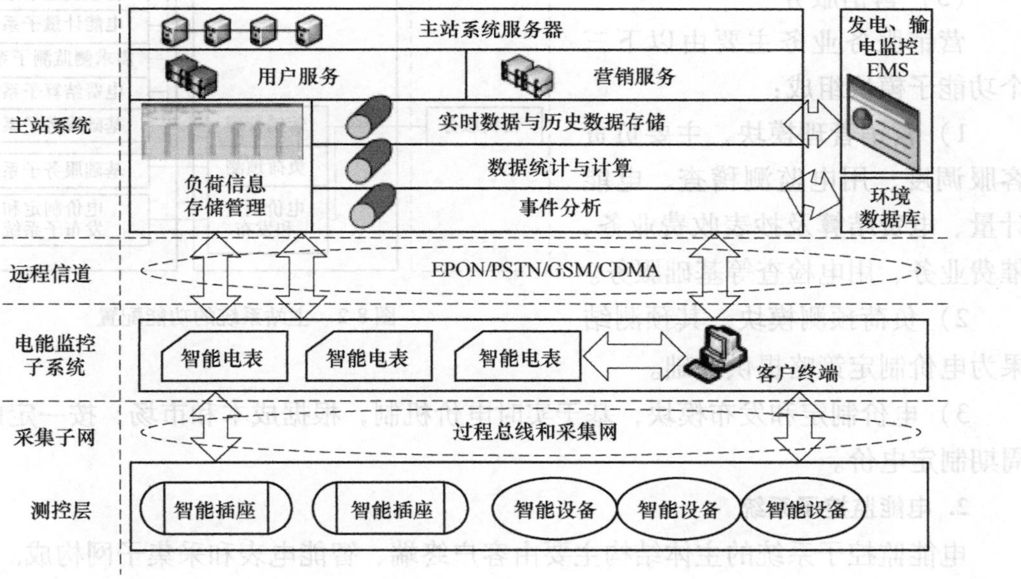

图 8-1　需求侧管理平台的结构层次

1. 主站系统

主站系统的功能配置如图 8-2 所示，主要包括负荷信息整理存储、用户服务、营销服务三项。

（1）负荷信息整理存储

负荷信息整理存储业务，是对用户侧上传的用电信息进行系统化加工整理后，再对数据进行计算、统计和分析。

（2）用户服务

用户服务业务主要由以下三个高级功能应用子模块组成：

1）用电管控模块，完成主站系统对用户有序安全用电的控制和用户侧分布式电源的控制。

2）节能诊断模块，为申请了节能服务的用户（通常为大型工业用户）挖掘节能潜力。

3）委托管理模块，是在用户进行节能诊断后，制订节能方案，由需求侧管理平台运营方为项目筹款、采购并安装设备、培训人员、投产运行，用户依据节能效益支付项目费用。

（3）营销服务

营销服务业务主要由以下三个功能子模块组成：

1）营销管理模块，主要负责客服调度、用电监测稽查、电能计量、电费结算及抄表收费业务、催费业务、用电检查等基础服务。

2）负荷预测模块，其预测结果为电价制定策略提供基础。

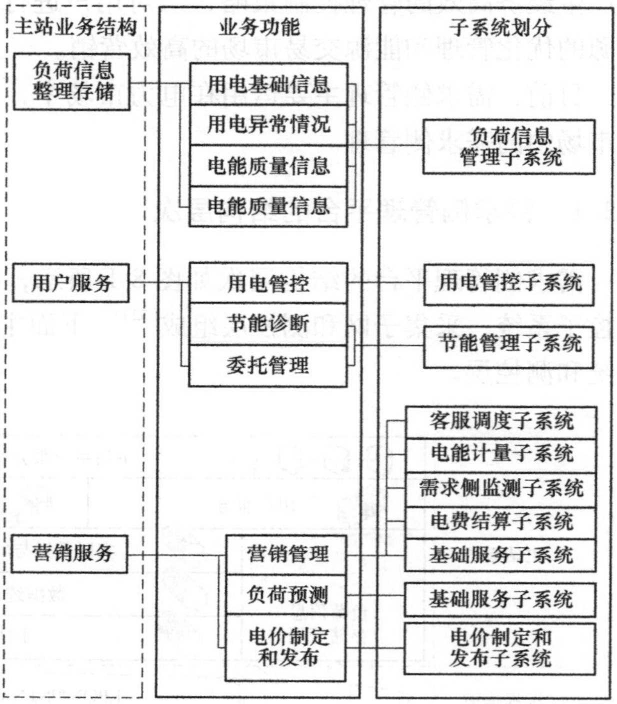

图 8-2　主站系统的功能配置

3）电价制定和发布模块，基于实时电价机制，根据成本和市场，按一定的更新周期制定电价。

2. 电能监控子系统

电能监控子系统的主体结构主要由客户终端、智能电表和采集子网构成。

（1）客户终端

客户终端主要负责显示用电信息，并作为用户自主控制的输入设备。

（2）智能电表

智能电表负责对用户用电信息双向计量、远程和本地通信、多种电价计费、实时数据交互、远程设备监控等功能[53]。

（3）采集子网

采集子网主要负责通信，用户终端和智能电表都需通过采集子网的本地信道与测控层进行联系。

3. 测控层

测控层主要由智能插座和智能设备中的测控组件构成，是需求侧管理平台的采集和控制终端。测控层的测控组件接收到测控指令后对用电设备进行控制操作。

8.2.2　需求侧管理平台的实现策略

1. 服务架构设计方案

需求侧管理平台服务架构如图 8-3 所示。其中，WS_i 为 Web 服务代理，$i=1\sim m$；S_{ij}为智能服务；R_i为分布式管理平台私有注册中心。代理被封装成一个智能服务，通过 Web 服务代理、简单对象访问协议（Simple Object Access Protocol，SOAP）、通用描述、发现与集成服务对外提供服务。分布式管理平台内的智能服务在私有注册中心注册。

2. 服务请求实现方法

针对某一用户的服务实现应用，是基于对需求侧服务的清晰描述，可形成交互系统。需求侧管理系统服务的实现流程如图 8-4 所示。用户终端通过用户接口服务（User Interface Service，UIS）向系统发出需求指令，系统也需通过用户接口服务向用户终端发布运行信息。用户接口服务在服务注册中心注册、发布或订阅服务，当请求的服务在本用户组中，可直接绑定；如在其他用户组中，需通过 Web 服务代理进行交互。需求侧服务通过代理封装任务，传递至对应用户终端的智能电表或智能设备上进行服务执行。

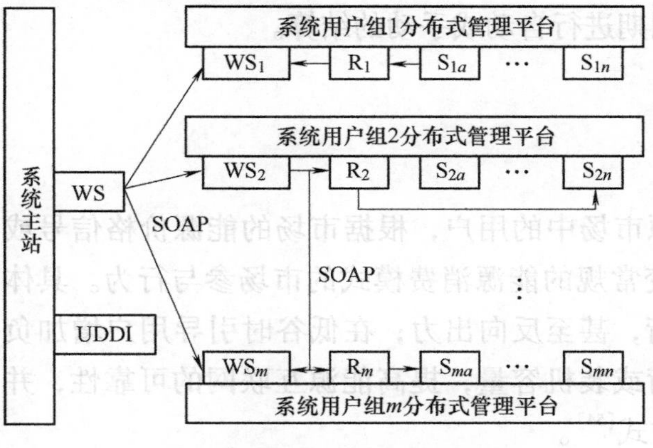

图 8-3　需求侧管理平台服务架构

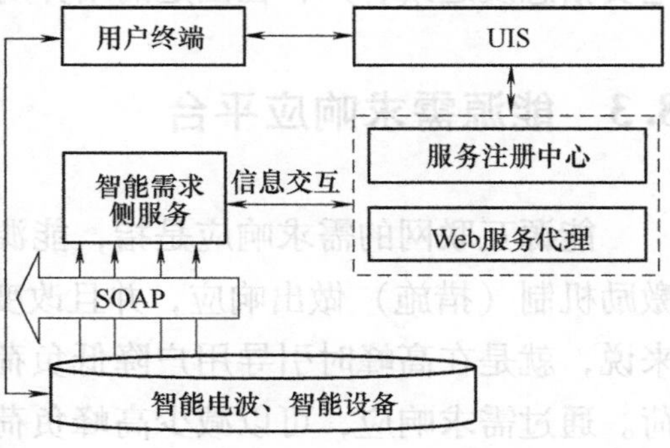

图 8-4　需求侧管理系统服务的实现流程

3. 平台工作流程

需求侧管理系统平台的工作流程如图 8-5 所示。智能插座或智能设备本身的传感装置，将采集的原始用户用电信息通过采集子网的本地信道上传到智能电表，智能电表将信息初步整理、筛选；主站信息整理存储业务，通过数据聚合服务将用户的私有信息转化为开放数据形式，定期对用户服务子系统中的专家决策模块进行学习更新；营销服务业务，提取数据库中的用户电量及发输电信息，执行负荷预测服务，并制定出下一电价发布周期的电价策略，与聚合整理后的用电、费率信息通过用户接口服务，一并发布到用户终端上显示；用户可根据电价信息和用电信息对自身的用电计划进行规划、实施，也可将自身需求发布，定制寻优服务，自动调整用电习惯；当有特殊节能需求时，用户可经由客户端向主站用户服务子系统请求节能管理服务，由主站向用户进行专业的针对单一用户的用电规划，将指令发布到用户侧，在测控层执行，用户则通过用户终端进行监视；每隔一个固定时段，主站都会将电费信息发送给客户，在固定的结算周期进行自动或手动的结算。

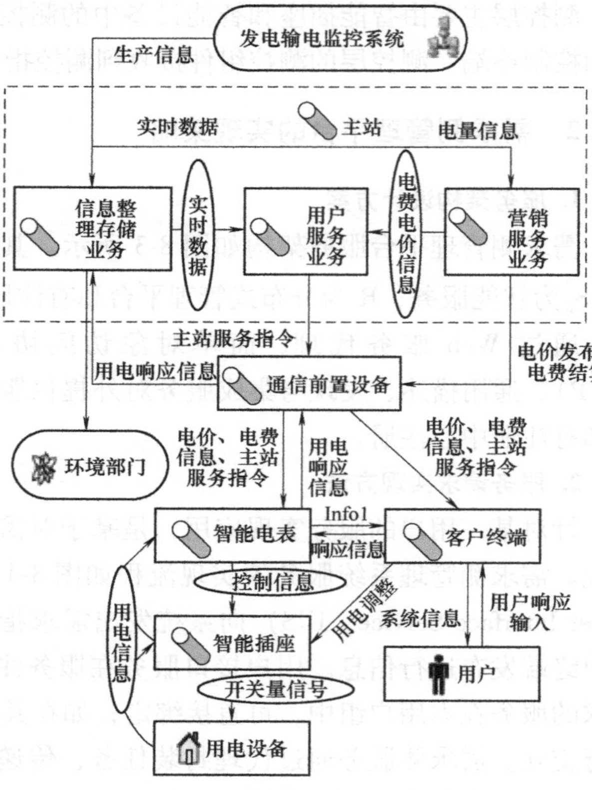

图 8-5 需求侧管理系统平台的工作流程

8.3 能源需求响应平台

能源互联网的需求响应是指，能源市场中的用户，根据市场的能源价格信号或激励机制（措施）做出响应，并且改变常规的能源消费模式的市场参与行为。具体来说，就是在高峰时引导用户降低负荷，甚至反向出力；在低谷时引导用户增加负荷。通过需求响应，可以减少高峰负荷或装机容量，提高能源互联网的可靠性，并让用户积极参与负荷管理，调整用电方式[54]。

目前，需求响应主要运用在电力市场，所以下面的分析若未做说明都是指电力市场中的需求响应。

8.3.1 需求响应的措施

需求响应可以划分为，基于价格的需求响应和基于激励的需求响应。需求响应的措施如图 8-6 所示。

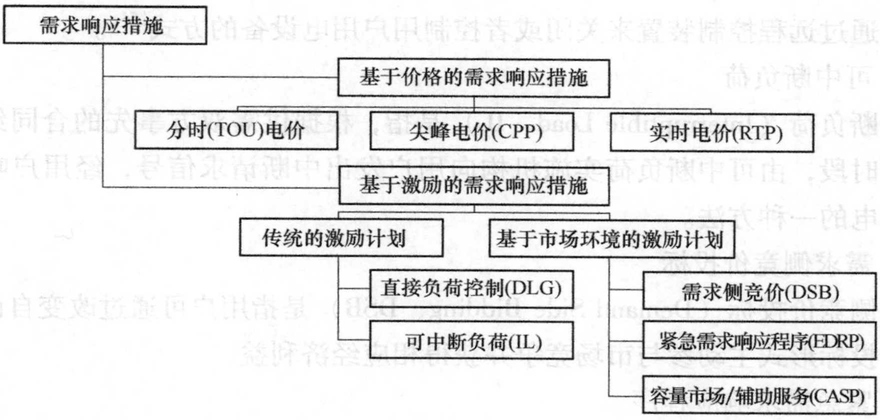

图 8-6　需求响应的措施

1. 基于价格的需求响应

基于价格的需求响应是指用户响应零售电价的变化来调整用电需求。基于价格的需求响应一般包括三种方式：分时（Time Of Use，TOU）电价、实时电价（Real-demand Time Pricing，RTP）和尖峰电价（Critical Peak Pricing，CPP）。

（1）分时电价

分时电价是指，根据电力系统的负荷特性和电源特性，将 1 年或 1 日划分为峰电、谷电、平电季节或时段，并在电力供应紧张的季节、时段设置高电价，在电力供应充足的季节、时段设置低电价，从而引导资源设备的虚拟化，可大大提高资源的利用效率。虚拟化主要是让电力用户合理安排用电方式，从而实现年度或 24 小时的削峰填谷[54]。

（2）实时电价

实时电价的终端用户价格是直接或间接与批发市场价格相联系的。它是时间分段和定价都不可预知的电价机制，因为它的更新周期为1 小时甚至更短，而分时电价的更新周期通常为 1 季度。极短的更新周期使得实时电价能精确反应各时段供电成本的变化，及时有效传达电价信号。

（3）尖峰电价

尖峰电价是在分时电价的基础上叠加尖峰费率形成的动态电价机制。尖峰电价实施机构先公布尖峰时段（如系统出现紧急情况或电价较高时期）的设定标准和其对应的尖峰费率。终端用户电价在非尖峰时段按分时电价的标准执行，在尖峰时段按尖峰费率标准执行。会提前一定时间通知用户（通常在 1 日之内），以方便用户调整其用电计划[55]。

2. 基于激励的需求响应

（1）直接负荷控制

直接负荷控制（Direct Load Control，DLC）是指，在系统高峰时段由直接负荷控制机构通过远程控制装置来关闭或者控制用户用电设备的方式[54]。

（2）可中断负荷

可中断负荷（Interruptible Load，IL）是指，根据供需双方事先的合同约定，在电网高峰时段，由可中断负荷实施机构向用户发出中断请求信号，经用户响应后中断部分供电的一种方法。

（3）需求侧竞价投标

需求侧竞价投标（Demand Side Bidding，DSB）是指用户可通过改变自己的用电方式，以投标形式主动参与市场竞争并获得相应经济利益。

（4）紧急需求响应程序

紧急需求响应程序（Emergency Demand Response Program，EDRP）是指，用户为应对突发情况下的紧急事件，并根据电网负荷调整要求和电价水平发生响应而中断电力需求的方式。

（5）容量市场/辅助服务

容量市场/辅助服务（Capacity and Ancillary Service Program，CASP）是指，用户削减负荷作为系统备用，替代传统发电机组提供资源[54]。

8.3.2　需求响应平台技术

（1）通信技术

通信技术包括有线方式、无线专网方式和无线公网方式。通信技术在前面已有详细介绍，此处不再赘述。

（2）高级计量技术

通过与通信技术结合，高级计量技术可以支持分时电价、尖峰电价甚至实时电价。并且，高级计量技术的远程读表功能可提高效率、减少人工读表的开支。

（3）控制装置和软件技术

通过控制装置与软件技术使用户可根据自己的价格策略来进行实时的需求响应，从而带来更大的需求弹性[54]。

8.4　能效分析平台

能效分析平台是一个借助计算机软、硬件及高速发展的网络通信设备，进行信息资源的采集、传输、加工、存储、更新及维护的平台。该平台主要需要实现以下功能要求：

1）能耗过程的信息化和可视化。

2）能耗信息统计和管理。

3）历史能耗数据对比、分析。

4）电能质量及谐波检测、分析。

下面以一个针对大型工业园区设计的能效分析平台为例，介绍能效分析平台的结构层次、功能结构和通信网络。

8.4.1　能效分析平台的结构层次

图 8-7 所示的分析平台是一个针对工业园区的能效分析平台。与之类似，能源互联网中的能效分析平台也可划分为采集层、应用层和服务层三个层次[59]。

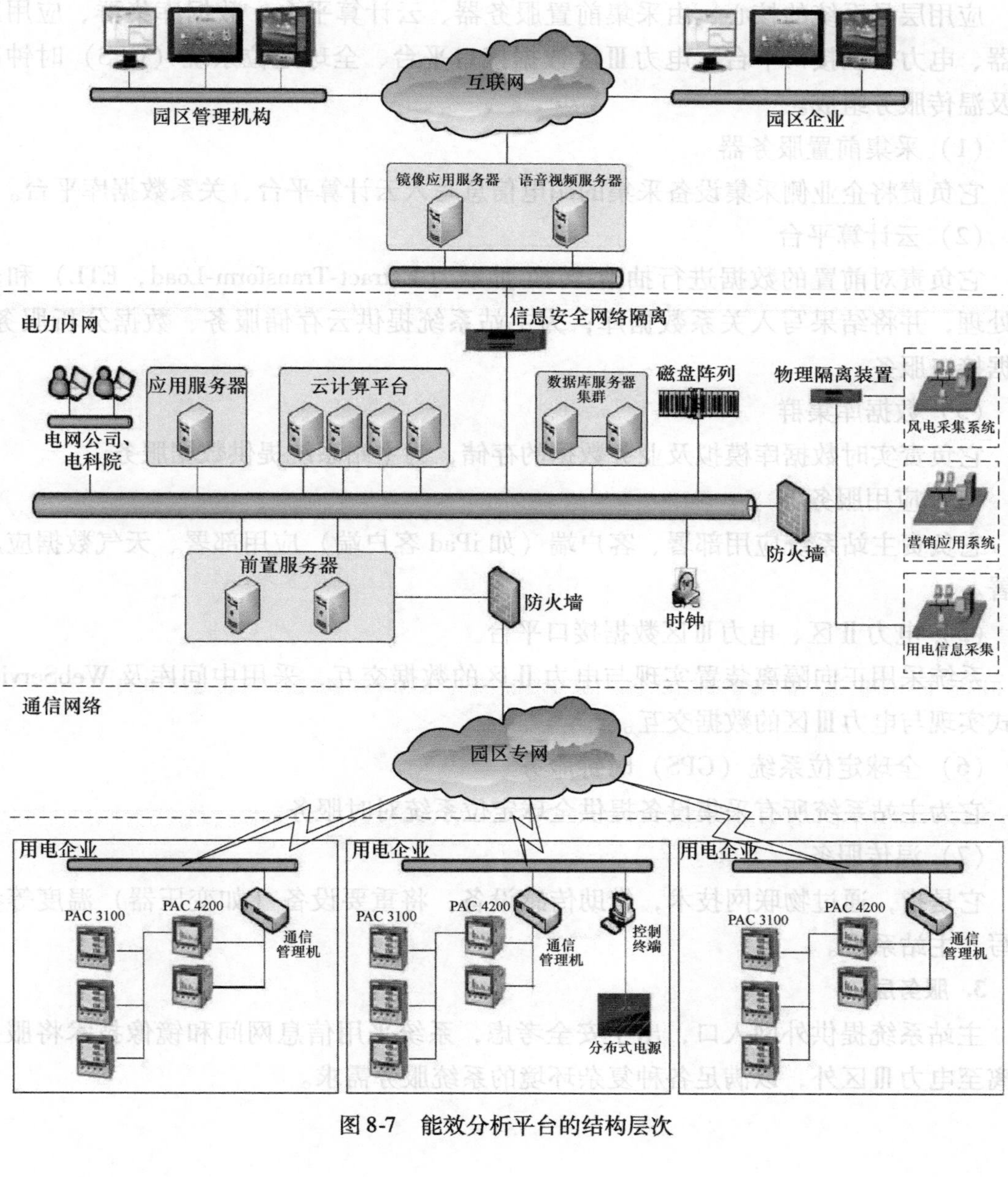

图 8-7　能效分析平台的结构层次

1. 采集层

采集层是整个平台数据的基本来源，借助采集设备采集用户侧的能源生产、使用、储存等各种信息，并借助控制设备与主站系统交互实现精确控制；通过物联网设备，对重要设备（变压器）进行温度采集；通过分布式电源、微网、光伏发电设备接口，将用户侧绿色用电信息导入系统。在这一层中主要采用专网通信，部分设备采用无线方式通信。采集层能实现数据按系统指定频率采集，为主站系统的监测、互动、能效分析、数据挖掘提供数据基础。

2. 应用层

应用层是系统的核心，由采集前置服务器、云计算平台、数据库集群、应用服务器、电力Ⅱ区接口平台、电力Ⅲ区数据接口平台、全球定位系统（GPS）时钟服务及温传服务组成。

（1）采集前置服务器

它负责将企业侧采集设备采集的用电信息写入云计算平台、关系数据库平台。

（2）云计算平台

它负责对前置的数据进行抽取-转换-加载（Extract-Transform-Load，ETL）和聚合处理，并将结果写入关系数据库；为主站系统提供云存储服务、数据分析服务、数据接口服务。

（3）数据库集群

它负责实时数据库模拟及业务数据的存储，为主站系统提供数据服务。

（4）应用服务器

它负责主站系统应用部署、客户端（如 iPad 客户端）应用部署、天气数据应用部署。

（5）电力Ⅱ区、电力Ⅲ区数据接口平台

系统采用正向隔离装置实现与电力Ⅱ区的数据交互，采用中间库及 WebService 方式实现与电力Ⅲ区的数据交互。

（6）全球定位系统（GPS）时钟服务

它为主站系统所有采集设备提供全球定位系统对时服务。

（7）温传服务

它是指，通过物联网技术，借助传感设备，将重要设备（如变压器）温度等参数写入主站系统。

3. 服务层

主站系统提供外网入口，出于安全考虑，系统采用信息网间和镜像技术将服务隔离至电力Ⅲ区外，以满足各种复杂环境的系统服务需求。

8.4.2　能效分析平台的功能结构

通过分析平台的需求，将能效分析平台的软件部分划分为智能用电数据采集、云数据处理、业务应用三个模块。其模块组成及各模块间关系如图 8-8 所示。其中，业务应用模块是面向用户的，用户可以通过具体的功能进行实际观察和操作。平台的业务应用主要包括用电监测、能效分析、有序用电等[59]。

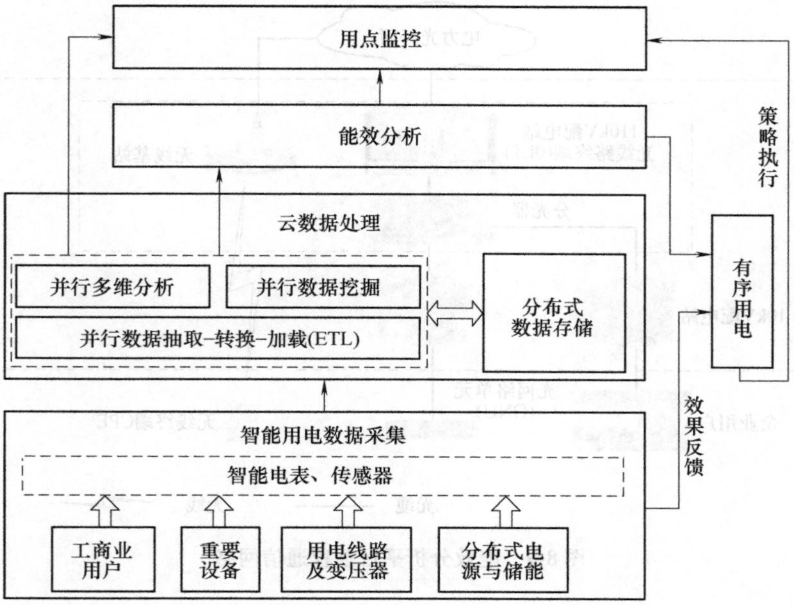

图 8-8　能效分析平台的模块组成及各模块间关系

如图 8-8 所示，园区企业的计量点数据通过智能用电数据采集，并被写入云数据仓库集群，实现各种信息的分布式存储；能效分析部分通过数据多维分析、数据挖掘等手段，对园区、企业的能耗和用电特征等信息进行对比和分析，实现企业用户用能的直观显示，同时为有序用电方案的制订和执行提供依据；用电监控以图表等多种形式动态显示用电数据，为能效分析提供参数配置接口[59]。

8.4.3　能效分析平台的通信网络

通信网络是主站、采集传输终端、电能表承载信息交互的基础。根据通信距离的不同，将采集终端和主站之间的数据通信定义为远程通信；将采集终端和用户电能计量装置之间的数据通信定义为本地通信[59]。

1. 远程通信

该平台的远程通信网络采用自建光纤网络与 230Mbit/s 的 TD-LTE 无线通信网

络，实现了所有企业用户信息点的网络覆盖，为各类业务提供了高速、可靠的数据通道，并承载用电信息采集及配/专变监测等配用电侧的业务。其远程通信网络如图 8-9 所示。

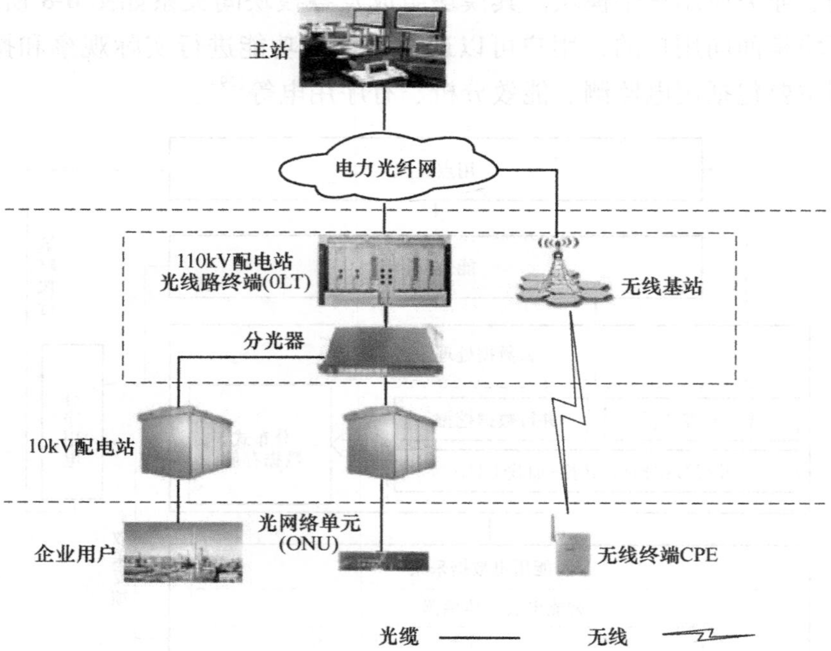

图 8-9　能效分析平台远程通信网络

2. 本地通信

该平台的本地通信网络是园区数字化与智能化的基础，实现了园区内多能源、全覆盖的信息采集。它主要通过在用能设备信息计量点上部署计量设备；利用 RS 485 线将数据集中到通信管理机；最后利用光接收器和基站完成与光纤主干网的对接，实现组网。其本地通信网络如图 8-10 所示。

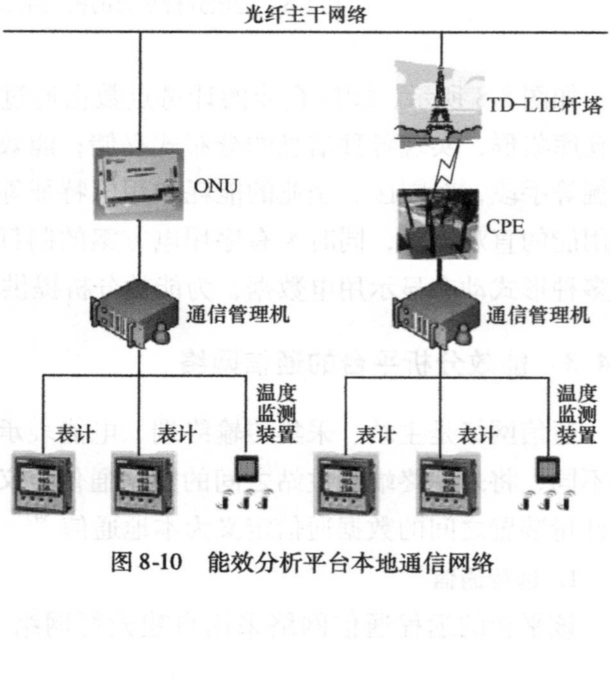

图 8-10　能效分析平台本地通信网络

第 9 章　能源互联网架构设计

能源互联网要求采用开放性架构，要求具备极佳的重用性和可扩展性，以便构建多方参与、多业务流、网络化、互操作的复杂交互式网络与系统（CIN/SI）。本章主要介绍面向服务的架构（SOA）、分布式自治实时（DART）架构、软件定义光网络（SDON）架构等主流架构，最后给出面向能源互联网的基本架构。

9.1　参考架构

9.1.1　面向服务的架构

1. 概念

SOA 是一种以业务为中心的 IT 架构方法，主要用于将一系列彼此连接的可重复的任务和服务进行整合，构建服务之间统一和通用的交互模式。定义良好的接口和契约是 SOA 的最突出特性，中立的接口和契约使得 SOA 可以跨越实现服务的硬件平台、操作系统和编程语言。这种架构设计方法特别适用于在复杂系统中快速、可靠地构建服务和业务系统，同时也具备极佳的重用性和可扩展性。另外，SOA 现在也成为构造分布式系统的一种主流模式。

2. 主要技术内涵

从技术架构上来说，SOA 包含应用程序前端、服务、服务库和服务总线等元素[56]。其中，服务又由规定服务功能和使用约束的契约、服务的实现及公开服务功能的服务接口组成。SOA 描述了三种系统角色：服务提供者、服务请求者和服务注册中心。其中，服务提供者是服务的创建者和拥有者，是一个可通过网络访问的实体。它将自己的服务和服务描述发布到服务注册中心，以便服务请求者定位，也可以根据用户的需求改变或取消服务。服务请求者从服务中心定位了其需要的服务后，向服务提供者发送一个消息来启动服务的执行。服务注册中心的主要任务则是协助服务提供者发布服务描述，帮助服务请求者查找服务并获取服务的绑定信息，并及时增加、删除或修改已发布的服务描述。

SOA 发展的驱动力主要有两个：一是如何整合异构的 IT 环境；二是如何使 IT 架构能在业务的动态变化过程中快速满足需求。为了满足这些需求，SOA 具备三个基本的架构特征：松散耦合、粗粒度服务和标准化接口。基于这些特征，SOA 在很多领域已经得到了成功的应用。

3. 应用现状及其在能源互联网中的应用前景

SOA在企业应用集成中的应用最为典型。对企业内不同业务的整合是进行企业统一管理的重要基础。在企业内部，客户关系管理（Customer Relationship Management，CRM）、供应链管理（Supply Chain Management，SCM）、企业资源计划（Enterprise Resource Planning，ERP）、能量管理系统（EMS）及财务、人力资源等不同领域的管理任务，可以视为不同的服务和业务。这些服务和业务涉及不同的硬件和软件系统，在没有合理的集成架构时，这些应用只能孤立运行，形成了企业内部相互独立的“信息孤岛”。但实际上，这些管理领域有相互对接的边界，甚至有重叠的区域。因此，随着生产率水平的不断提高，这些系统之间的孤立不协调就成为进一步提高企业管理水平的瓶颈。这也是近年来SOA在企业应用集成中得到广泛应用的重要背景和推动力。

除了在企业应用集成以外，SOA也应用在电子政务、跨企业协作、空间信息服务、交通信息系统、设备状态监测与故障诊断等多个领域。SOA作为一种设计思路和理念，并没有明显的应用边界。在任何多方参与、多业务流、网络化的系统中，SOA都可以作为一种可选的技术方案。

近年来，也有学者将SOA的应用推广到了传统的能源领域。其中，毕艳冰等学者[57]提出SOA可用于解决电力系统调度自动化系统架构存在的信息孤岛和软件设计的高度耦合问题，并提出了面向电力系统调度自动化的服务监听型自适应Agent模型，并针对故障诊断子系统和SCADA子系统进行了详细的设计和仿真分析。

未来，由于能源互联网的发展将催生出大量的能源服务业务，包括家庭能量管理、分布式能源设备控制、能源咨询、需求响应等，再结合目前大数据和云技术的发展，可以预见，SOA在能源网络中将拥有广阔的应用空间。

9.1.2 分布式自治实时架构

1. 概念

DART架构是多元件系统的一种组织架构。实时系统是DART架构的基础。实时系统的概念源于嵌入式系统的设计。简单来说，实时系统就是对外界时间及时响应的系统。相比而言，实时系统与其他普通系统的最大不同，就是要满足处理与时间的关系。也就是说，对一个实时系统而言，处理结果的正确性不仅取决于逻辑结果本身，还取决于结果产生的时间，而这一时间必须满足一定的约束。实时系统通常分为周期性和非周期两种。周期性实时系统通常根据传感器和其他设备的周期性，对外部环境变化进行探测，在周期内对变化做出反应；非周期性实时系统则主要响应系统中的突发事件。

DART 架构在实时系统的基础上又提出了分布式自治这一更高层面的要求。在 DART 架构中，由网络连接起来的不同元件在信息获取、数据和决策等方面都具有高度自治的特征，元件之间没有用于信息共享的设备，只能依靠网络协议来实现信息交互，但同时又必须保证系统整体响应的合理性和及时性。分布式系统通常可以分为含有协调层的分布式系统和不含协调层的全分布式系统。在全分布式系统中，单个决策体仅通过和有限的邻近节点交互来实现系统整体的趋优。

2. 应用

DART 架构的应用主要集中在通信和操作系统设计等领域，主要解决计算、储存和通信资源的分配、任务管理和调度等问题。而考虑到计算机网络和能源网络的类似性，国内外都有学者认为 DART 架构的设计理念和思路也可以用于智能电网及能源网络。尤其是当电网中自治体（agent）不断增多（以分布式能源设备、本地能量管理终端为代表）的情形下，DART 系统的应用有助于改善智能电网及能源网络的运行状态。例如，Moslehi 等学者[58]提出 DART 架构也可以用于电力系统运行。他们认为，如分布式发电设备、智能变电站、柔性输电设备以及分布式储能的出现，对电力系统的优化运行控制提出了新的挑战，传统的运行模式由于受到了计算和通信条件的限制，已经不再适用；需要建立基于自治体的 DART 架构来实现系统各元件的分布自治，并和现有的集中协调架构相融合。建立基于自治体的 DART 架构，需要综合计算和通信技术、自治系统、代理、数据和信息集成、可视化、时钟同步、信息安全等多个领域的技术。未来的智能电网及能源互联网建设需要 DART 架构。

与 SOA 类似，DART 架构并不是一种具体的技术，而是系统设计的一种可参考架构。DART 架构在智能电网架构设计中已有应用，并将为未来设计能源互联网本地设备和终端的功能结构和系统级互动模式等方面提供参考。

9.1.3 软件定义光网络架构

1. 概念

SDON 架构是指光网络的结构和功能可以根据用户或运营商需求，利用软件编程的方式进行动态定制，从而实现快速响应请求、高效利用资源、灵活提供服务的目的。SDON 架构，可以为各种光层资源提供统一的调度和控制能力；根据用户或运营商需求，利用软件编程方式，进行动态定制；重点解决功能扩展的难点，满足多样化、复杂化的需求。其核心在于光网络元素的可编程特性，包括业务逻辑可编程、控管策略可编程和传输器件可编程，并支持弹性资源切片虚拟，因此更加适合多层域多约束的光网络控制，可有效提高运维效率并降低成本[60]。

而能源互联网存在多个异构网络，不同网络之间需要互联互通、相互约束，且不同网络中存在庞大的数字洪流。这些对现有的光网络的容量、成本、安全、能耗等都提出了新的挑战，单纯提升单纤容量难以突破香农极限，而简单地扩大规模则会带来成本和能耗的急剧攀升。SDON 架构可从根本上解决上述问题，通过在光层引入基于软件定义的智能网络，能够使光网络变得更加灵活，从而进一步释放光网络的潜能，促进网络与业务的深度融合，保证整个能源互联网中的光网络的安全高效运行。

2. 使能技术

SDON 的使能技术与特征主要表现在以下三个方面[60]：

（1）软件驱动的光路传输调节

通过光收发机波长、输入/输出功率、调制格式、信号速率及光放大器的增益范围等物理参数的在线调节，光路径的物理属性可实时监测、动态可调，从而实现光层智能。

（2）软件编程的光路灵活交换

灵活栅格技术的出现打破了传统波长通道固定栅格的限制，可以实现“四无”（无色、无向、无栅格、无阻塞）光交换。多维度的交换状态使软件编程控制的手段更为必要，通过与间隔无关的可编程的可重构光分插复用器（Reconfigurable Optical Add-Drop Multiplexer，ROADM）技术，可以完成更精细粒度的光层交换和带宽调整。

（3）软件定义的光层智能联网

用户需求的多样化和高速化要求网络具备资源快速提供和状态高度重构的能力。以基于网络虚拟化技术和网络元素可编程化的软件定义光层组网模型为依托，可以实现业务服务高质量与异构网络资源的统一调度，促进多粒度业务网与大规模传送网的融合发展。

3. 应用

（1）面向分组与电路融合的 SDON

利用 OpenFlow 协议可以实现分组交换与电路交换的统一控制。通过对异构网络流抽象的虚拟化手段，可以实现分组与光网络可重构化的集成控制管理目标，将时隙信息写入 OpenFlow 流表中，通过控制器向电路交换机下达流表来触发交换机进行交换动作，并完成相关实验验证。此外，利用电路交换中流的特性可以提供不同等级的分组数据流[60]。

（2）基于 OpenFlow 的数据中心光互联

开放性软件定义组网与集成控制的需求越来越迫切，SDON 通过接口 OpenFlow 协议可以实现异构网络的统一控制。在此基础上，通过接口可以实现应用资源与网络资源的联合优化。因而，通过软件定义方式可以实现数据中心之间的动态速率调整和灵活调度。在软件定义的数据中心光联网结构中，运营商将统一管理数据中心内部资源；再根据业务需求和资源状态，对数据中心资源与网络带宽资源进行统一分配，实现实时调度和可编程控制[60]。

（3）国家 863 计划 AONI 项目

为深入开展 SDON 等方面的研究工作，国家 863 计划和“十二五”国家宽带网重点专项适时地启动了“新型超大容量全光交换网络架构及关键技术研究”项目（简称 AONI 项目，见图 9-1）。该项目重点围绕灵活光组网等四项关键技术内容开展深入研究，目前已在 SDON 的体系结构、弹性切片、光即服务、多域控制、资源虚拟和实验平台与功能验证等方面取得了重要进展[60]。

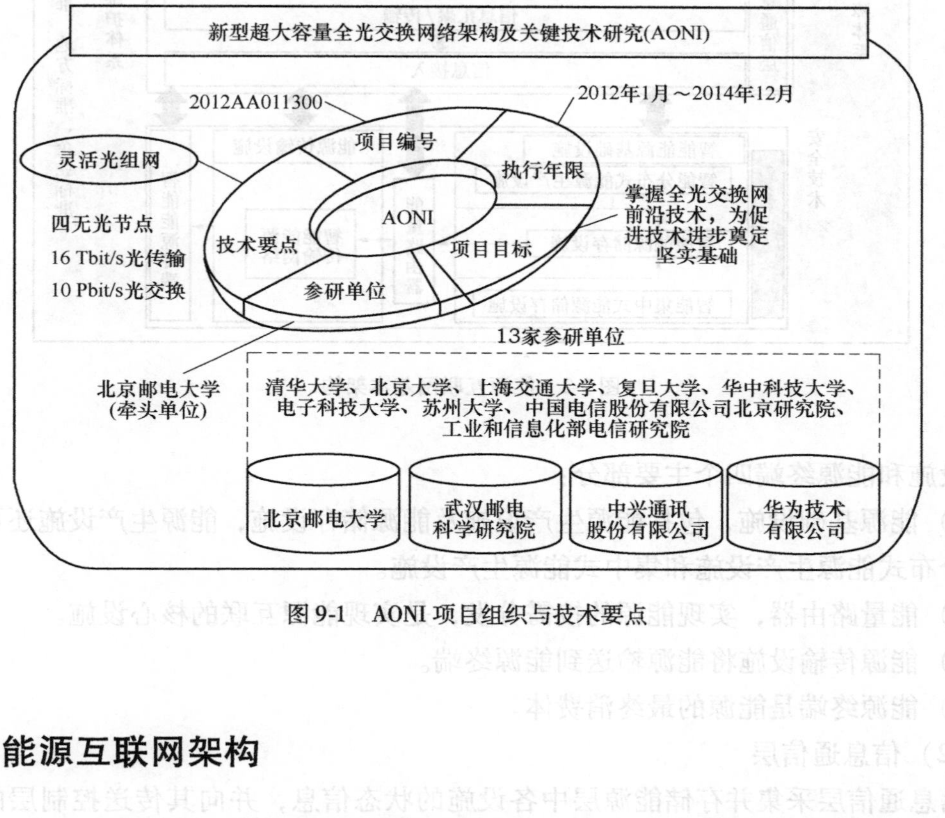

图 9-1　AONI 项目组织与技术要点

9.2　能源互联网架构

基于上述介绍和对能源互联网的理解，根据工业和信息化部开展的能源互联网发展战略课题研究，能源互联网基本架构可以划分为四层、三体系的“4 + 3”架构，即由能源层、信息通信层、控制（管理）层和应用层构成的层次架构，以及安全保障体系、运行维护体系、标准体系构成的保障体系，如图 9-2 所示。

（1）能源层

能源层是能源生产、分发、输送及应用的物理实体层，这类物理实体是智能实体，与传统的物理实体具有较大差别，应具备自身信息采集、接收和控制等功能，是物联网与现有能源设施的融合体。它主要包括能源基础设施、能量路由器、能源

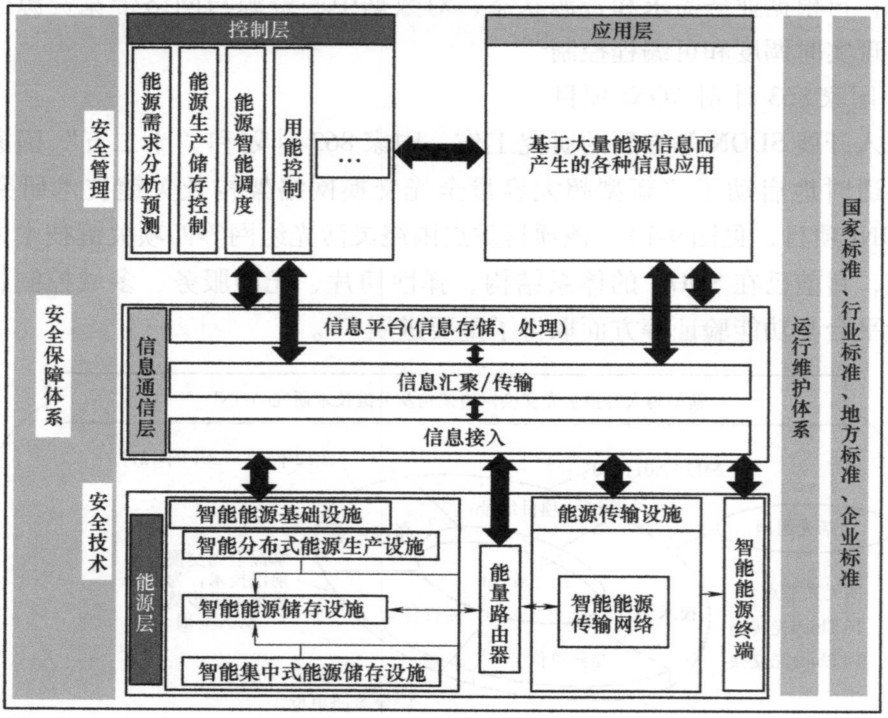

图 9-2　能源互联网基本架构

传输设施和能源终端四个主要部分：

1）能源基础设施，包括能源生产设施及能源储存设施，能源生产设施还可以细分为分布式能源生产设施和集中式能源生产设施。

2）能量路由器，实现能源的按需分发，是实现能源互联的核心设施。

3）能源传输设施将能源输送到能源终端。

4）能源终端是能源的最终消费体。

（2）信息通信层

信息通信层采集并存储能源层中各设施的状态信息，并向其传送控制层的控制信息，是能源层与控制层间的信息传输、存储通道。信息通信层还可以包含信息平台（云计算中心）。

（3）控制（管理）层

控制（管理）层接收、存储能源层的信息，经分析处理，向能源层发出控制信息，以保障系统的稳定、有序进行。

（4）应用层

应用层是在上述三层的基础上，通过各类数据的分析处理，进而产生的各类商业应用，是能源互联网价值的外在表现。

第 10 章　能源互联网标准

标准体系是建设能源互联网的技术依据和技术指导，是建设能源互联网的制度保障，是提升企业核心竞争力的具体体现，是引领能源互联网的风向标与技术指南。本章主要介绍能源互联网技术标准体系架构及国内外标准化现状与最新进展，提出对我国能源互联网标准化工的作建议及我国能源互联网标准化路线图。

10.1　能源互联网标准化体系架构

能源互联网标准就是为了使能源信息系统中各个相对独立的功能或者能源网络和信息系统之间的分工、协作和优化能够有效地进行。为了解决能源互联网系统各个参与实体间的信息重复操作、可靠性低等问题，提高能源的利用效率、解决单一系统的信息孤岛问题，将能源领域与信息领域的相关标准都纳入进来，并针对两者的融合来制定共性关键技术标准，建立起能源互联网的标准体系，实现即时和透明的信息传递和共享机制，指导、规范能源互联网产业的发展。

根据工业和信息化部开展的能源互联网发展战略课题研究，按照能源互联网技术架构进行划分，能源互联网技术标准体系由两个层次构成：第一层是技术基础标准；第二层是以生产过程为排列顺序的专业技术标准。能源互联网技术标准体系结构如图 10-1 所示。

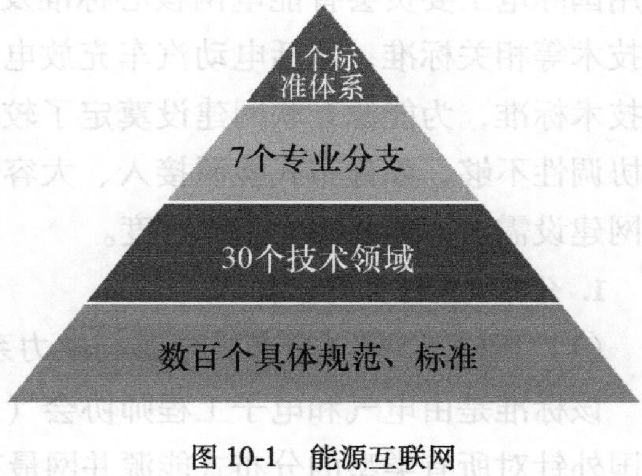

图 10-1　能源互联网技术标准体系结构

技术标准由公共支撑与规划、能源生产与储存、能源传输、能源配送、能源消费、能源调度、信息通信七个分支组成，见表 10-1。

表 10-1　能源互联网各个环节的技术标准

专业领域	标 准 名 称
公共支撑与规划	术语与缩略语、方法学、用例分析、概念模型、体系架构和技术指导原则、能源互联网规划设计
能源生产与储存	现有能源协调并网标准、分布式能源并网标准、大容量储能系统并网标准

（续）

专业领域	标准名称
能源传输	传输能源设备的可靠性管理、传输能源设备监测标准、线路状态与运行环境监测标准、柔性交流输电标准、高压直流输电标准
能源配送	智能配能调度标准、配能自动化标准、输配电节点设备、配能设备监测标准（能量路由器）、配能系统并网标准
能源消费	双向互动服务相关标准、智能小区相关标准、电动汽车相关标准、客户侧分布式能源相关标准、节能与需求侧管理相关标准
能源调度	能源互联网调度技术支持系统标准、能源互联网运行监控标准
信息通信	传输网、支撑网、业务网、配能和用能侧通信网技术标准、能源互联网信息基础平台、能源互联网信息应用平台、物联网、云计算与信息与安全相关标准

10.2　国内外标准化现状与最新进展

目前，国际电工委员会（IEC）主要针对智能电网出台了一系列的技术标准，尚没有其他国际标准化组织明确提出能源互联网的标准架构，能源互联网建设可以采用国际电工委员会智能电网核心标准及配电、用电、储能、电力电子、信息和通信技术等相关标准，包括电动汽车充放电设施、智能家居及设备间的通信协议等相关技术标准，为能源互联网建设奠定了较好的基础；但仍有一部分标准缺失或标准间协调性不够，如分布式能源接入、大容量化学储能装置接入等，不能满足能源互联网建设需求，需要加大工作力度。

1. 分布式能源并网标准

（1）IEEE 1547《分布式电源与电力系统互联》系列标准

该标准是由电气和电子工程师协会（IEEE）制定的，是国际上认可度较高，也是国外针对所有类型的分布式能源并网最有参考价值的标准。

（2）我国国家能源局发布了一系列能源行业标准

1）NB/T 33010—2014《分布式电源接入电网运行控制规范》

2）NB/T 33011—2014《分布式电源接入电网测试技术规范》

3）NB/T 33012—2014《分布式电源接入电网监控系统功能规范》

4）NB/T 33013—2014《分布式电源孤岛运行控制规范》

5）NB/T 33014—2014《电化学储能系统接入配电网运行控制规范》

6）NB/T 33015—2014《电化学储能系统接入配电网技术规定》

2. 能量管理系统应用程序接口系列标准

(1) 内容

IEC 61970 是针对能量管理系统应用程序接口（Energy Management System Application Programming Interface，EMS-API）的系列标准，是由国际电工委员会负责制定的，规定了与 EMS 专业相关的公共信息模型（Common Information Model，CIM）和组件接口规范（Component Interface Specification，CIS）等标准，使 EMS 的应用软件实现组件化并具有开放性，便于集成来自不同厂商的 EMS 应用软件，便于将 EMS 与调度中心内部其他生产运行系统互联，以及便于实现不同调度中心 EMS 之间的模型交换，能即插即用和互联互通。CIM 规定了此 API 的语义；CIS 规定了信息交换的内容。

CIM 是国际电工委员会工作组制定的一套开放的国际通用模型，标准 IEC 61970 的核心部分是控制中心接口的公共信息模型（Control Center Application Programming Interface Common Information Model，CCAPI-CIM）。该标准的目的是为了方便地对不同独立开发商的 EMS 应用进行集成，或对 EMS 和其他涉及电力系统运行的不同方面的系统进行集成。IEC 61968 是针对配电网信息交互的系列标准，是为了对配电管理系统进行集成。IEC 61850 是针对电力系统自动化的系列标准，是为了对变电站自动化系统进行集成。这三个标准的发展和融合最终构成智能电网的信息模型。

系列标准 IEC 61968 旨在促进支持企业配电网管理的多种分布式软件应用系统的应用间集成。与应用间集成相对，应用内集成针对的是同一应用系统中的程序，这些程序通常依靠嵌入底层运行环境的中间件相互通信，而且应用内集成往往通过优化实现紧密的实时的同步的连接及交互应答或会话通信模型。与此相对，系列标准 IEC 61968 支持电力企业的应用间集成。企业需要连接已建成的或新的（遗留的或购买的应用）不同的应用，这些应用由不同的运行环境支持。因此，系列标准 IEC 61968 涉及的是松耦合应用，这些应用在语言、操作系统、协议和管理工具上有很多不同。系列标准 IEC 61968 支持需要在一个事件驱动基础上交换数据的应用。系列标准 IEC 61968 可实现应用间代理消息的中间件服务，将会补充企业数据仓库、数据库网关和操作存储而不是代替它们。

通过定义标准 API，使得这些应用或系统能够不依赖信息的内部表示而存取公共数据和交换信息，完成对这些系统的集成。CIM 规定了这类 API 的语义。标准的其他部分则规定了 API 的语法。CIM 是一个抽象模型，包含了信息模型中电力企业的所有主要对象，用对象类和属性及它们之间的关系来表示电力资源。CIM 描述的对象实质上是抽象的，可以用于各种应用。但是 CIM 的使用远远超出了其在 EMS 中应用的范围。其标准应当理解为一种能够在任何领域进行集成的工具，而与任何具体应用无关。

系列标准 IEC 61970 主要有五大部分，其中关于 CIM 和 CIS 的分别是 IEC 61970-3xx、4xx、5xx。IEC 61970-3xx 是关于 CIM 的；IEC 61970-4xx 定义了 CIS 规范的语法，与底层的实现技术无关，是 CIS 的第一层；IEC 61970-5xx 定义了 IEC 61970-4xx 系列如何映射到具体的底层技术，是 CIS 的第二层。

关于 CIS 系列标准规定了组件（或应用）标准的方式和其他组件（或应用）交换信息和访问公共数据的接口。这些组件接口描述了应用程序为以上目的所使用的特定的事件、方法和特性。

1）IEC 61970-3xx 包括的主要有以下几部分：

IEC 61970-301《CIM 基础》

IEC 61970-302《CIM 能量计划、财务和预订》

IEC 61970-303《CIM SCADA》

2）IEC 61970-4xx 包括的主要有以下几部分：

IEC 61970-401《CIS 框架》

IEC 61970-402《CIS 通用服务》

IEC 61970-403《CIS 通用数据访问》

IEC 61970-404《CIS 高速数据访问》

IEC 61970-405《CIS 通用事件通知和消息订阅机制》

IEC 61970-407《CIS 时间序列访问》

IEC 61970-452《CIM 网络应用模型交换规范》

IEC 61970-453《CIM 基础图形交换》

IEC 61970-501《CIM 资源描述框架》

系列标准 IEC 61970 的接口包括通用数据访问（Generic Data Access，GDA）、高速数据访问（High Speed Data Access，HSDA）等，既可以实现现有系统通信，也便于将来新应用系统的访问。GDA 是用于访问基于 CIM 组织的公共数据所需的 API 服务。客户在只需要掌握 CIM 知识的条件下，就可以访问由另一个构件或系统维护的数据，而无须知道数据的逻辑模式。HSDA 提供了高速数据访问的一个规范。所访问的数据可以是电力系统的实时数据、计算数据、设备的参数及下发到系统的控制数据，这些数据带有时戳和质量码。

CIM 用一套规范化的面向对象的格式描述电力企业中的各种实际对象（如厂站、发电机、电力变压器等），通过一种用对象类、对象属性及它们之间的关系的标准方法表示电力系统资源，用这种方式定义模型可以便于交换信息，可以便于实现不同厂商开发的系统或应用进行集成。

从标准采用的技术方案来看，系列标准 IEC 61968 采用了 CIM 来描述业务元数据，采用了框架（schema）方法来描述业务之间交换消息表单，并同开放应用组织

（Open Application Group，OAG）合作借鉴了动词的封装方式表述业务之间的逻辑关系。

对于运行环境，国际电工委员会第57技术委员会第13工作组（IEC TC57 WG13）正在制定一系列的接口标准，称为通用接口定义（Generic Interface Definition，GID）。而配电管理工作组——IEC TC57 WG14，没有再制定新的接口，原则上这四个接口为配电管理的通用接口：

1）GDA，面向请求/访问的通用接口，支持对有关结构化数据（包括schema信息和实例信息）的随机浏览和查询。

2）通用事件和订阅（Generic Eventing and Subscription，GES），面向发布和订阅的接口，支持对schema信息和实例信息的分层浏览。GES通常被用做API来发布和订阅XML格式的消息。

3）HSDA，面向对公共请求/访问及发布/订阅进行优化的接口。支持对高速数据的schema信息和实例信息的分层浏览和查询。

4）时序数据访问（Time Series Data Access，TSDA），面向对公共请求/访问及发布/订阅进行优化的接口。支持对时序数据（如历史数据）的schema信息和实例信息的分层浏览和查询。

（2）目前状态

系列标准IEC 61970自1994年开始逐渐成形，在国际上已进行过9次各厂商参与互操作试验；在我国，由国家电网调度中心组织进行了7次互操作试验，取得了一些研究成果。系列标准IEC 61970涵盖了调度领域除通信规约外的主要方面，是调度各专业必须遵守的基础性标准。目前，该系列标准已经被国内外业界普遍接受并采用。该标准作为一个基础性标准，基本适合能源互联网调度需求，总体上可以继续沿用。国内电网领域已经等同采用该系列标准作为行业标准，即系列标准DL/T 890。

（3）未来工作

需要研究系列标准IEC 61970和IEC 61850的差异和映射，逐步解决系列标准IEC 61970与IEC 61850的融合问题。

3. 系列标准IEEE 1888《泛在绿色社区控制网络协议》

在构建能源互联网的过程中，数以百亿计的设备需要与网络互联互通，同时这些设备产生的海量数据需进行格式统一，并最终保证数据安全。在此过程中，其标准的制定及统一一直是行业的关键问题。为解决设备与设备、设备与网络、信息与数据间存在的“孤岛”问题，最终实现能源互联网产业的全球部署，由我国主导的全球能源互联网产业首个国际标准IEEE 1888，应运而生。目前，它已作为能源互联网产业入口的重要标准受到全球关注。

IEEE 1888-2011《泛在绿色社区控制网络协议（Ubiquitous Green Community Control Network Protocol，UGCCNet）》是由我国企业主导制定的国际标准，该标准采用全 IP 的思路，深度融合 IPv6、物联网、云计算等信息通信技术，构建了一个开放的能源互联网体系，可广泛应用于智慧能源网络，包括下一代电力管理系统、楼宇能量管理系统、设施设备管理系统等领域的通信。系列标准 IEEE 1888 定位于一种在智慧能源特别是需求侧管理上发挥显著成效的互联网通信协议。

最初，系列标准 IEEE 1888 应用在绿色社区网络控制方面，它基于标准开放的 TCP/IP，网络架构兼容各种主流及新兴技术，在物理层支持多种接入技术，在网络层支持 IPv4/IPv6，并且可以与下一代融合网络兼容。这些特性让系列标准 IEEE 1888 成为，在工业控制通信向全 IP 网络转型中，上层控制系统应用协议的首要选择。在智能电网的现场区域网络（Field Area Network，FAN）采用系列标准 IEEE 1888 就能够整合多种末端智能终端的接入方式，如工业总线和多种无线方式，为 FAN 接入互联网提供了统一的平台。鉴于系列标准 IEEE 1888 的这些特点，国际物联网智能设备互联网协议（Internet Protocol for Smart Object，IPSO）联盟通过了专家委员会技术审核，确定其技术先进性和创新性，一致决定将系列标准 IEEE 1888 联合 IPv6 推荐作为国际智能电网的基础通信架构和协议。结合智能电网的 FAN 的需求，标准 IEEE 1888 主要有以下三个优点：

1）兼容主流工业控制总线系统。

2）支持多种无线接入技术。

3）基于“云”的绿色节能数据处理平台。

作为一个应用层通信标准，系列标准 IEEE 1888 基于开放的 TCP/IP，网络架构兼容各种主流及新兴技术，在物理层支持多种接入技术，在网络层支持 IPv4/IPv6，并且可以与下一代网络融合、后向兼容，并且能很好地与智慧能源和智能电网兼容，作为其中的一个重要功能模块。

系列标准 IEEE 1888 定义的网络框架主要，网关（Gate Way，GW）、存储器（storage）、应用（App）单元、注册器（registry）单元。以管控点（point）为单位处理数据，注册器也是网关、存储器、应用单元的管理平台（management plane），各组件通过 TCP/IP 网络（TCP/IP Network）通信。系列标准 IEEE 1888 系统构架如图 10-2 所示。传感器和执行器等设备通过使用某种现场总线网络与网关连接，进而接入采用系列标准 IEEE 1888 结构的系统；存储器在线化地将传感器数据或状态信息长期保存，可在任意时间读取；应用单元则有多种功能和开发方式，如可视化应用或统计分析应用等；注册器单元负责在网络中维护“组件与数据信息”的对应关系；管控点则表示现场设施网络领域的检测点、控制点，如温度、湿度。

典型的基本通信过程如下：首先组件先向注册器注册，网关将数据上报到存储

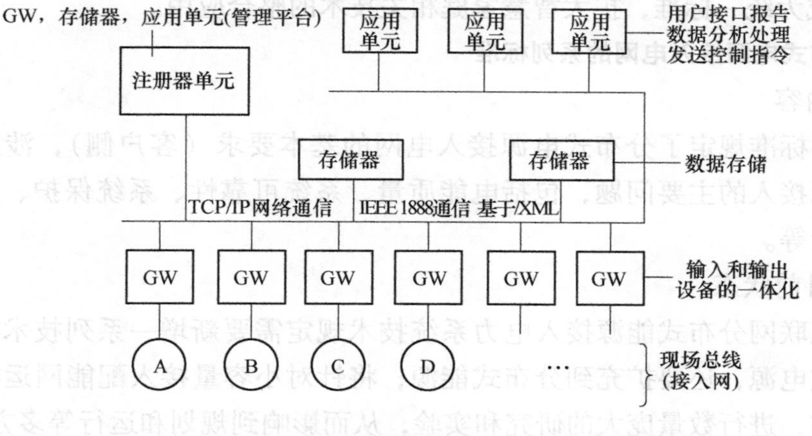

图 10-2 系列标准 IEEE 1888 系统构架

器，应用单元从存储器读取数据并进行分析处理，等。应用单元可以从网关直接获取数据，可以向网关下达控制指令。系列标准 IEEE 1888 还提供基于事件的异步通信模式，还支持注册器的查询。

因为它基于 IP 体系结构而具有的高扩展性和灵活性，让它越来越成为工业控制通信向全 IP 网络转型中上层控制系统应用协议的首选。它将基于 IPv6 的下一代互联网技术及物联网技术等应用于大规模工业系统，融入能量管理及节能环保领域，建立标准的网络化的开放的智能的能量管理平台，对各种工业体系的设备、服务、命令、消息交互流程进行规范化定义。作为一种网络融合的技术标准，系列标准 IEEE 1888 提供了通用的系统架构，极大地支持了现在及将来智能设备信息监测和控制技术，提供给终端用户多样性的应用。

4. 我国关于电动汽车充放电的系列标准

（1）内容

本标准规范规定电动车辆充电装置、充电接口、通信协议等方面的内容。

（2）目前状态

我国系列国标 GB/T 18487《电动车辆传导充电系统》等同采用了系列国际标准 IEC 61851，并根据我国充电技术的研究和运行经验修改了其中一些不符合我国国情的内容。

5. 我国台湾标准 TaiSEIA 101《智慧家庭物联网通信标准》

在我国台湾“经济部能源局”的支持下，我国台湾“工研院”和“台湾智慧能源产业协会”于 2015 年初发布了标准 TaiSEIA 101《智慧家庭物联网通信标准》，未来消费者购买任何品牌的智慧节能家电产品，都可自由建构家庭智慧节能网络，依照电价的高低来智慧化使用家电。未来我国台湾“工研院”也将持续协助推动 Tai-

SEIA 101 成为统一标准，扩大智慧家庭相关技术的整合应用。

6. 分布式电源接入电网的系列标准

（1）内容

该系列标准规定了分布式电源接入电网的基本要求（客户侧），涉及所有有关分布式电源接入的主要问题，包括电能质量、系统可靠性、系统保护、通信、安全标准、计量等。

（2）目前状态

能源互联网分布式能源接入电力系统技术规定需要新增一系列技术标准，不止针对分布式电源，还要扩充到分布式能源；将针对小容量接入配能网运行的分布式能源的影响，进行数量庞大的研究和实验，从而影响到规划和运行等多方面。

7. 配电管理的系统接口标准

（1）内容

该标准是智能电网的基础性标准之一，将适用于智能电网企业应用层面的互操作。系列标准 IEC 61968 倾向于促进支持企业配电网管理的多种分布式软件应用系统的应用间集成。

（2）目前状态

能源互联网配能管理的系统接口需要抓紧制定和完善相关标准，加快制定余下标准，同时协调上下互操作的相关标准，达到输配的融合。

8. 我国架空线路在线监测技术的系列标准

（1）内容

行业标准 Q/GDW 242～245 是针对我国架空线路在线监测技术的发展需要和相关设备研制需求而制定的，规定了架空线路导线温度在线监测系统的监测对象、技术要求、试验项目及方法；规定了架空线路气象在线监测系统的系统组成、技术要求、试验项目、试验方法；规定了架空线路微风振动在线监测系统的技术要求、试验项目、试验方法、数据处理、动弯应变判据；规定了架空线路在线监测系统的基本技术要求、基本功能、检验方法、检验规则、安装调试、验收、运行维护责任及包装储运要求等。

（2）目前状态

该系列标准可为之后相关标准的制定提供参考。状态评估、故障诊断和预测是能源互联网实现自检测、自诊断、自切除的功能的重要环节，这些领域统一的标准缺失会制约了在线监测系统在能源互联网的广泛应用。

9. 我国行业标准 Q/GDW617—2011《光伏电站接入电网技术规定》

国家电网公司于 2011 年 5 月发布了行业标准 Q/GDW 617—2011《光伏电站接入电网技术规定》，适用于通过逆变器接入电网的光伏电站，包括有变压器与无变压器连接的情况。

10. 我国风电场接入电网技术规定

2005 年的国标 GB/Z 19963—2005《风电场接入电力系统技术规定》已废止。2011 年 12 月发布了国标 GB/T 19963—2011《风电场接入电力系统技术规定》。国家电网公司 2009 年 12 月发布了企业标准 Q/GDW 392—2009《风电场接入电网技术规定》，是国家电公司用于风电场接入电网方面的技术标准，适用于通过 110（66）kV 及以上电压等级线路与电网连接的新建或扩建风电场。

10.3　对我国能源互联网标准化工作的建议

根据工业和信息化部开展的能源互联网发展战略课题研究，本书对我国能源互联网标准化工作提出以下建议。

（1）先确立能源互联网重要的和需要优先制定的标准

应涵盖 7 个专业和 30 项技术领域，其中能源互联网重要标准见表 10-1，能源互联网需要优先制定的标准见表 10-2。

表 10-2　能源互联网需优先制定标准

标准名称	理由	对应国际标准
能源网络安全稳定导则	在能源互联网的发展建设过程中，保证能源网络的安全稳定性是最基本的要求	无
能源互联网的名词术语与方法学标准	明确能源互联网建设的思想方法和各环节接口的总体要求及规范，以保证能源互联网建设的有序性	无
分布式能源并网标准	能源互联网的信息接口应当可以支持各种分布式设备的识别与通信。对于能源互联网而言，实现分布式设备的协调优化与控制的前提，是各种分布式设备是“可见”的。因此，信息接口需要能够在分布式设备接入后识别其身份及设备类型，而这需要有标准通信协议的支持。目前，支持分布式设备接入的标准通信协议尚不存在。从分布式能源并网的测试技术、运行控制、检测项目及方法等方面对并网分布式能源进行相应规定，对分布式能源有序并网具有重要意义	无
大容量化学储能装置并网标准	从确保并网化学储能系统安全运行、充分发挥其平抑可再生能源发电波动等积极作用的角度出发，对接入配网的化学储能系统在并网条件、运行控制等方面进行规定	无
能量路由器通信网络和系统系列标准	对能量路由器的设备层内部、设备层与系统层之间及系统层内部之间的通信协议进行规定	无
配网自动化通信标准	在配网自动化、智能用电和智能家居等领域存在着多种不同的通信协议。在配网通信系统中，仍在广泛使用现场总线、DNP 3.0 等工业通信协议。在未来的能源互联网中，各类分布式设备既可能通过工业通信网络，也可能通过互联网等开发网络接入系统。为适应多种通信协议并存的现象，能源互联网必须能支持上述各种通信协议的相互转换，从而保证系统的兼容性	无

（2）推广使用现有标准

利用现有标准给产业提供服务，配合使用能源互联网标准，统筹编写实施导则，包括挑战、实施指南。通过白皮书、网站、研讨会等形式整理、宣传。

（3）开发新标准，填补空缺

利用现有成果和资源，开展标准化工作前先调查其他标准化组织或国家是否已经发布相关标准，转化国际标准。

（4）建立闭环反馈过程改进标准

了解市场对能源互联网标准的意见，收集分享使用标准化框架用户经验，对标准做出改进。

（5）开展试点工程

按照“标准先行”的原则，在能源互联网标准体系中选取保障试点工程建设的关键标准。

10.4 我国能源互联网标准化路线图

该路线图主要包括，对能源互联网的融合性标准进行研究、协调，建立一个实现能源互联网融合的技术框架，对各种协议和标准模型进行信息管理，以实现能源互联网各设备和信息提供之间的互操作性。我国能源互联网技术标准化路线图如图10-3所示。

1）完整性，从系统的角度出发，形成完整的体系。

2）逻辑性，体系的逻辑层次清晰，能够无缝衔接。

3）开放性，能够与时俱进、动态扩展，适应技术与的发展。

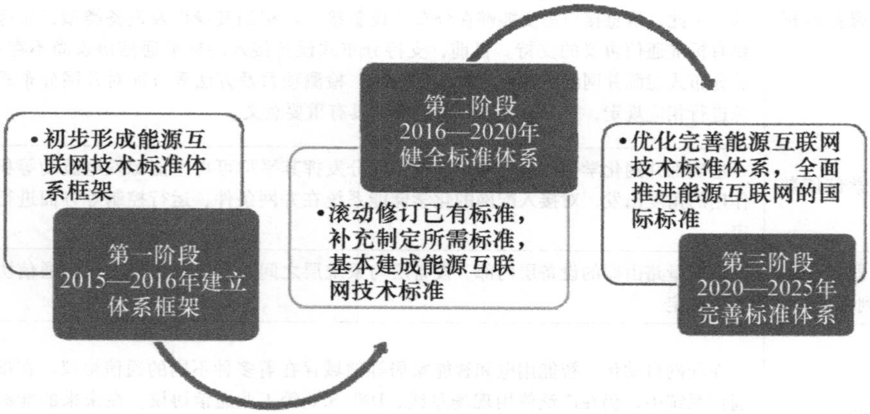

图10-3　我国能源互联网技术标准化路线图

第11章　能源互联网的规划与发展趋势

能源互联网需要做好规划，做好顶层设计，分步骤实施。本章主要介绍能源互联网的发展规划与趋势，在对技术现状进行详细分析的基础上，提出能源互联网的重点任务、建设路径及保障措施。

11.1　重点任务

根据工业和信息化部开展的能源互联网发展战略课题研究，认为我国能源互联网重点任务包括以下几方面。

1. 加快关键技术研究

（1）加强能源互联网体系架构研究

逐渐构建完善的能源互联网系统，包括总体架构、能源体系架构、IT 体系架构、安全体系架构、运维体系架构等能源互联网框架体系。这些奠定了能源互联网系统研究的基础。

（2）加强能源相关适应性技术研究

大力推进新能源生产设施、能源储存设施、大规模间歇式能源并网、能源的分布式优化存储、能源智能输送系统、柔性输配电技术、直流供电、直流电网、多类型能源生产调度等能源网络关键技术研究，促进新能源的广泛应用。到 2030 年，基本建成适应我国国情的安全、可靠、可控的新型能源网络——能源互联网。

（3）推进基于云计算的能源信息高效处理研究

重点关注信息获取支撑、高效能源调配、可靠性储存和传输机制。研究已有信息资源的继承和整合，在不影响现有网络安全运行的情况下进行相关业务改造、系统集成整合及服务模式转变方法的研究，构建支撑能源互联网安全、稳定、可靠运行的完善云计算系统。

（4）推进能源大数据分析技术的研究和应用

探索将大数据技术的研究成果应用于能源互联网服务体系的方式方法，实现能源供需实时平衡、尽可能利用清洁可再生能源满足日益增长的用户个性化需求的能源互联网发展目标。利用大数据技术分析用户对能源价格、服务质量的反应，设计有针对性的能源激励机制，以实现需求的平滑迁移，尽可能减少能源消耗，提供最优的服务质量。针对可再生能源的利用问题，研究利用大数据解决需求和储存空间的精确控制和调节。

表 11-1 给出了能源互联网相关技术及发展情况，对上面列举的技术及其进展进行了总结。不同的技术发展水平不尽相同，有些技术已经进入商业化应用阶段，而有些技术仍停留在概念层面。

表 11-1　能源互联网相关技术及发展情况

技　术		发展情况
固态变压器（SST）	技术水平	应用于 10kV 和 20kV 电压等级的 SST 还未真正形成成熟的技术路线，有待电力电子器件串并联技术的进一步研发和高性能基础器件的低成本化及商业化
	应用水平	目前无大规模商业化应用；但相关市场研究报告显示，到 2020 年全球 SST 市场规模有望达到 50 亿美元以上，2015～2020 年的复合年增长率可能高达 80%；前提是成本下降，具备经济可行性
	案例	美国能源互联网项目——FREEDM 项目
能量路由器	技术水平	尚处于概念阶段，功能组成、性能指标尚不明确；一些研究机构开发了概念样机，尚未走出实验室
	应用水平	一些概念性产品已出现，但大多是对已有产品的概念性包装；与分布式储能及公共储能功能定位尚不清晰；应用的普遍性、适应性尚不明确；前提是降低成本、减少损耗、提高可靠性，具备经济可行性；各国对能量路由器的理解及定义不尽相同
	案例	无
分布式能源设备	技术水平	以分布式光伏（PV）、冷热电联供（CCHP）、地源热泵为主要技术形式，已经形成了较成熟的技术路线；现阶段主要是解决性能指标的进一步提高和成本的进一步削减的问题；此外，分布式能源设备的后期维护问题也有待探索
	应用水平	到 2014 年，我国分布式光伏发电装机容量已突破 4GW，占光伏装机总容量的近 1/6，目前已形成了政策补贴、银行贷款、企业自筹和资本市场融资相结合的丰富市场模式，值得借鉴；分布式风电受制于政策因素，目前应用水平有限；地源热泵、CHP 和 CCHP 在国外已得到了大规模的商业化推广，但我国受制于天然气资源、价格等因素，应用水平相对落后
	案例	我国金太阳工程、上海浦东国际机场分布式能源项目等
微网	技术水平	微网各主要组件（电力电子装置、储能、燃气机组、分布式发电装置）都已有较成熟的技术方案，但微网整体的控制技术、能量管理系统（EMS）、储能技术等还有待进一步提高，尤其是要保证微网在并网、孤网运行状态下的安全性、可靠性和电能质量；对并网型微网的战略性、必要性、经济性也有不同观点
	应用水平	示范性项目为主，少量商业化项目；业界普遍认为，储能系统的高昂成本是目前微网广泛应用的主要障碍
	案例	我国中新天津生态城微网项目、浙江南麂岛海岛微网项目等
储能	技术水平	在储电方面，已经形成各种能量密度、功率密度的储能元体系，但成本和往返效率这两个指标仍有待改进；在储热方面，新的材料和储存介质还在不断出现，提高能量存储密度是当前需要解决的主要问题；储气技术则相对成熟
	应用水平	商业化程度较高；储电技术已经和光伏技术结合，形成了较好的商业模式，在提供电网调频服务方面的应用也即将启动；储热技术目前和光热电站及风电供热等应用场景结合，也体现出较好的应用前景
	案例	我国张北国家电网风光储输示范项目、坪山新区比亚迪厂区 20MW/40MV · A · h 铁电池项目、华强兆阳张家口一号 15MWe 光热发电站项目等

（续）

技　术		发展情况
主动配电网（ADN）	技术水平	测量和自动控制技术相对成熟，但分布式发电装置接入情形下配电网故障定位、故障隔离与恢复供电、保护、网络重构，以及电压控制、分布式发电装置优化控制等技术还有待进一步研究
	应用水平	ADN 在我国已进入配电网建设的近期规划，但部分城市配电网自动化水平近年来已经得到了大幅度提高，为 ADN 建设提供了基础；一些科研性、示范性项目已经落地
	案例	我国北京未来科技城主动配电网项目、厦门岛主动配电网项目
多种能源协调互补技术	技术水平	CHP、CCHP 技术和热泵技术已有成熟的技术路线；电力转化大规模电解制氢技术目前还主要处于预研状态，还未到达技术经济性的程度
	应用水平	商业化程度很高；CHP、CCHP 及热泵方面都有非常丰富的应用实践案例，但由于目前还没有很好的多能源网络联合运行和控制技术，这些设备作为其能源耦合节点的作用并未充分发挥出来；用于电力能量转化存储的大规模电解制氢技术还未见大规模商业化应用
	案例	英国格林尼治新千年村和瑞典马尔默市 Bo01 住宅示范区
微电子技术	技术水平	在材料、芯片层面技术相对成熟，但工艺和器件层面仍有待进一步研究
	应用水平	目前，微电子技术已在智能电网、微网等电力系统中得到广泛应用，但还未在涉及多种能源的能源互联网中得到应用
	案例	无
复杂软件技术	技术水平	目前，仅提出复杂软件系统这一概念，如代理（agent）技术、软件定义网络（SDN）技术等，关于该系统的构造和演化法则还在进一步研究之中；只有在确定系统构造和演化法则后，才能针对性地进行技术研发
	应用水平	一些概念性产品在实验平台中已有出现，真正能实现能源互联网中复杂软件系统功能的产品还在研究
	案例	我国北京未来科技城主动配电网项目、厦门岛主动配电网项目
信息物理系统（CPS）技术	技术水平	研究处于起步阶段，未来主要研究集中在系统架构、CPS 的应用、实时系统和安全性四个方面
	应用水平	已经广泛应用于智能电网等领域
	案例	无
信息和通信技术	技术水平	具有海量通信设备且延时低、层级各异的信息和通信技术已经相对成熟，但技术的安全可靠性需要进一步提高，且针对能源互联网下的信息和通信技术需要制定新的标准和协议
	应用水平	在智能配、用电环节已经得到应用
	案例	我国吐鲁番新能源示范城市项目、北京房山智慧城市项目
大数据和云计算技术	技术水平	大数据和相关的计算技术已相对成熟，但云平台的发展相对滞后
	应用水平	在物联网、智慧城市等项目中已经得到广泛应用
	案例	我国吐鲁番新能源示范城市项目、北京房山智慧城市项目

2. 完善技术标准体系

（1）落实能源互联网标准体系顶层设计

要研究梳理能源领域与信息领域的相关标准，并针对两者的融合研制共性关键技术标准，与我国现有的基于智能电网的标准做好协调，建成开放、兼容的标准体系。统筹制定能源生产设备和存储设备接口标准，将水、电、气、热等用能的数据采集监控、用电设备控制作为重点，在智能微网领域逐步推广执行标准 IEEE 1888，技术上以统一接口规范、保证系统兼容性为主。

（2）建设标准化工作体系和技术队伍

面向行业、社会，公开征集相关标准，鼓励和支持企业、科研院所、行业组织遵循相关标准并进行研究制定工作。了解市场对能源互联网标准的意见，收集分享使用标准化框架用户经验，对标准做出改进。规范各部门之间的协调和统筹管理，保证标准的快速推进。

（3）推进标准实施与应用推广

完善标准信息服务、认证、检测体系，做好标准实施的监督工作，推动合格评定与产品认证服务的发展及国际合作。借鉴标准 IEEE 1888 从技术标准转化为国际标准的成功经验，积极推进我国的相关标准进入国际能源、国际移动通信等标准组织。开展试点工程，按照“标准先行”的原则，在能源互联网标准体系中选取保障试点工程建设的关键标准。

3. 建设多种能源优化互补的工业园区

（1）加强能源网络适应性优化改造

适应不同区域和应用需求，开展基于冷热电联供、太阳能、风能等分布式可再生能源的能源互联网试点，开展基于太阳能、风能等分布式可再生能源的能源互联网多种形式的试点应用。推广风光电储冷和储热（供冷和供热）、储电等多种方式，丰富可再生能源的应用形式，提升能源利用率，增强可再生能源接入的安全性、可靠性和可控性。到2050年，争取实现可再生能源接入网络的比例超过90%，利用率超过80%。

（2）融合多种技术建设能源信息网络

融合多种技术，构建由移动通信网络、光纤接入网络、电力线载波等各项能源设施构成的基础接入网络，包括由大容量光纤网络构成的信息汇集和传输网络，以及由大容量高速路由器构成的核心信息交换网络。重点加强基础信息网络的可靠性、安全性及网络架构的研究工作，突破网络可靠性模型、安全传输机制、软件定义网络、智慧能源交换设备设计和优化等技术。到2030年，全面建成以移动/固定接入网络、光纤传输网络、高速核心信息交换网络为核心的及时、有效、可靠的高速信息网络。

4. 推广可再生能源及工厂节能

按照输出与就地消纳并重、集中式与分布式发展并举的原则，加快发展可再生能源，建立基于互联网的能源生产调度信息公共平台，促进电厂之间电厂与电网的信息对接，支撑电厂生产和电网规划决策，助力实现全国范围内非化石能源与化石能源协同发电，切实解决弃风、弃水、弃光问题。

鼓励能源生产企业建设智能工厂，采集工厂的运行过程数据、设备状态特征、能源运输存储等信息，推广机器人、无人机智能巡检；鼓励能源企业通过大数据技术对设备状态、电能负荷等数据进行分析挖掘与预测；开展精准调度、设备状态评估、故障判断和预测性维护方面的工作，实现对能源设备运行状态的可控、能控和在控，从而提高能源利用效率和安全稳定运行水平。

5. 建立能源市场、开展能源交易

逐步完善电力价格体系，放开30%以上的公益性和调节性以外发电计划，逐步放开输配环节以外的竞争性环节电价，开展能源价格市场化区域试点，建立基于能源互联网的供需信息实时交互机制，逐步推广实时电价。

完善煤炭、石油、燃气、电力等能源市场，建立国家、省、市、区多级在线能源交易服务平台。融合碳交易市场，实时发布能源供应和需求信息，实现能源供给侧与需求侧信息对接，促进能源生产和消费协调匹配。以智能电网、智能气网、智能交通网、智慧物流为配送平台，推动用户基于电子商务的区域间能源交易，实现跨区配送和区域间备用共享，促进能源生产和消费对接，最终形成国家、省、市、区多级能源市场有机融合、统一开放的市场体系。在有条件的地区，率先开展基于互联网的区域电力交易平台试点，电厂、企业、居民小区均可在平台上基于负荷曲线进行交易，电力价格由双边交易或竞价交易确定，基于互联网推送能源实时价格；依托智能电网实现按需配送，从而实现电力区域内优化调度和优化配置。

鼓励发展在线能源交易信息查询、交易代理等服务，开发基于移动智能终端的能源服务应用程序，让售电公司或个人用户可查询实时能源交易价格、交易量、市场变化和期货市场的批量交易信息及相关交易服务。

6. 建立智慧能源管理和服务系统

构建不同市场主体共同参与，以各类能源存储设施（储电、储热等）为中心的能源削峰填谷网络；加强智慧能量管理与服务系统，并将其连接到相应的互联网云计算中心，结合能源实时消费情况，由互联网云计算中心控制各能源存储设施的存储和释放，以实现能源的平稳供应，进而实现能源的有效利用，提升能源效率。

推广电动汽车、智能冰箱、智能热水器等具有联网、数据采集、远程控制等功能的家庭智能用电设施，通过智能插座等方式进行集中调控，将当前离线预测、事前控制的能源调控模式改变为在线预测、实时调节的自动需求响应模式。

构建以电动汽车等移动能源存储装置为中心的移动能源网络，并纳入能源交易市场。电动汽车充电设施建设包括充电桩、计量装置、控制装置、电能质量治理设施、计量计费及电动汽车充电管理系统等，通过GPS/北斗系统、RFID设备、传感设施等连接到云端，结合能量管理、能源交易体系等，实现移动能源存储装置的充电时段和充电容量的最优选择，来参与能源削峰填谷，同时实现装置自身的监控、诊断等多种功能。建设无人值守的云充能站，通过互联网云中心实现移动装置充能自动识别、自动引导、自动结算等功能，具有按时、按电量、按金额、自动多种充电模式，构建以充能站为中心的小型智能微网。

在用户间普及负荷互济，探索基于直购电批发等模式，推行用户的电网削峰，探索发展虚拟电厂调峰交易模式。以可再生能源发电为主，配合储能设备，通过能量管理系统或能量路由器智能地满足主网削峰填谷的需求。鼓励智能电力社区发展，在用户侧实现“智能用电”，使用户成为主动的电力使用者；在电网侧实现“智能配电”，为智能电网社区提供可靠的供电保障和营销服务。鼓励用户按照《电力需求侧管理平台建设技术规范（试行）》要求，实现用电在线监测并接入国家平台。

推广用能管理云平台，提供基于云的用电远程服务，包括基于大数据的能效分析、专家远程诊断、用电可靠性分析、设备运行分析、故障预警等。鼓励用户基于物联网布设能源传感器检测节点，数据通过能量路由器传输到用能服务云平台，用户通过网页、App软件等互联网方式登陆云平台管理和控制各用能设备和节点。

7. 加强需求侧能效管理

（1）加强工业能效管理

构建能效监控平台，以能效管理倒逼工商业、企事业单位提升能量管理水平。以能源灵活交易为出发点，通过需求响应与负荷互济建立工商业、企事业单位的需求侧管理。通过能源交易平台，授权能源直购等模式，以政府能效监控为基准，根据各工商业、企事业单位自身特点制订能量管理方案，在同一能源配送网内实施负荷互济，由工商业、企事业单位自主交易降负指标以满足用户在特定生产工况下的需求，对于全体参与者实施降负补贴，提高工商业、企事业单位参与积极性。

（2）加强社区（community）能效管理

通过大数据与分布式云体系为社区用户提供能耗增值服务，包含能耗分析、能效监控、可靠性分析、节能改造与节能评估等；通过专业服务团队，为社区用户提供各种运行服务，包含专业抢修，日常运维等。构建以O2O[⊖]为支撑体系的能源服务市场，整合社区用户侧数据资源，搭建大数据基础设施与云计算平台，通过大数据分析保障社区用户的用能安全等，不断提升社区能效水平，增强社区用能的安全性和稳定性。

8. 开展商业模式创新

鼓励社会资本以混合所有制、独资等形式投资成立新的发售电主体。大量吸纳

⊖ O2O：Online to Offline，这里主要指线下服务线上交易等形式的能源互联网服务应用。

拥有分布式电源的用户或微网系统参与电力交易。引导供水、供气、供热等公共服务行业、节能服务公司等提供售电业务。支持符合条件的高新产业园区或经济技术开发区组建售电主体向用户销售。大力培育能够整合电力数据信息与金融服务的企业，以及在碳交易等领域或能源服务领域有独特优势的企业。

鼓励相关市场主体和第三方数据资源开发者依托能源互联网平台及其资源数据库，并利用大数据技术完成海量数据的筛选、分析及挖掘，发展能源大数据分析服务。引导售电主体创新服务，允许企业进行虚拟电厂运营和需求侧管理及服务，探索发展虚拟电厂调峰交易模式，提供包括合同能源管理、综合节能和用能咨询等增值服务。支持用户深度参与孕育新商业模式，培育形成广泛的用户与用户间电子商务（Consumerto Consumer，C2C）模式。大力发展以新能源汽车为代表的“移动式新能源终端”，促进 V2G 的应用快速拓展[66]。

综合集成能源存储数据、能源消耗数据、具有时空标志的能源供需侧数据、智能终端（智能家居、新能源汽车等）随机实时数据等基础信息，建立全国性的能源数据综合服务中心。增强数据共享，通过大数据中心为企业提供创新知识和能源数据的开放共享服务，提升服务精准度。

11.2 建设路径

根据工业和信息化部开展的能源互联网发展战略课题研究，提出能源互联网发展路径建议。

能源互联网远景的实现并非一蹴而就的，能源互联网技术体系的形成和各项技术的应用实践不仅取决于技术本身的成熟度，还和技术之间的依赖关系、技术应用的经济性和社会效益，以及国家战略、复杂的外部环境密切相关。考虑这些因素对能源互联网相关技术发展及应用推广的路径进行前瞻性研究，有助于政策制定者合理地使用政策资源，为能源互联网产业的发展提供有利的政策环境；有助于相关企业和研究机构提前布局，在科研和开发方面做好储备与积累；也有利于引导资本市场为相关领域提供充分的资金支持。

我国能源互联网建设初期发展路径：以分布式能源、微网、需求侧管理、需求响应、储能、节能、提高能效为切入点，采用物联网、无线传感器网络及各种智能测控终端，完成能源数据采集、负荷辨识、负荷的全监测、全计量、全互动、选择性控制、用能可视化。在此基础上，构建国家级能源互联网平台、区域级能源互联网平台、省级能源互联网平台、市级能源互联网平台及各种分布式能量管理与服务平台。探索分布式能源、微网、需求侧管理、需求响应和社会资本混合合作、基于数据的能源交易、远程运维、用能服务等商业模式。未来可持续的商业模式将包括能源交易服务、增值服务、远程运维服务、节能服务。

结合我国能源和信息基础设施及能源市场等方面的现有条件，我国建设能源互联网可以大概分为以下三个阶段：

1）第一阶段，主要是机制制度的准备，以及能源信息基础设施的建设和试点。

2）第二阶段，是分布式能量管理系统的形成、标准体系的建立及能源互联网商业模式的培育。

3）第三阶段，则是能源网络各参与方灵活互动协调的完整能源互联网的形成。

下面，以不同阶段为线索对能源互联网技术的应用和推广进行分析。

1. 第一阶段

目前，能源网络还并不具备互联的基本条件：首先，不同能源种类间、不同参与者之间的耦合度还较弱；其次，很多能源网络环节的信息化程度也比较低。在这种情况下，很多能源互联网的高层次技术并没有充分的应用基础。

首先，需要解决的一个重要问题就是能源基础设施的数字化。目前，能源网络各环节的信息化程度参差不齐，大型能源生产企业、电力输电网等环节信息化程度最高，大型企业（尤其是高耗能企业）的信息化程度次之，而配电网络、热力网络、燃气网络、交通网络及具有巨大节能和响应潜力的终端用户侧信息化程度则非常有限。能源网络信息化涉及主要技术包括传感器技术、局域通信技术、能源可视化技术等；需要解决的问题主要是如何以低廉的成本构建可靠性和准确性较高的本地能源信息采集系统，同时将能源信息以友好的方式展现给决策主体（尤其对终端用户而言）。实践证明，不计成本的投资搞示范工程的做法并不可取，既不可持续，又不可复制，难以推广应用。

其次，一些新型的能源基础设施的普及建设也是第一阶段的重要工作，包括分布式储能、分布式能源装置和一些能源综合/耦合利用设备。这些设备的普及是为未来形成局域微能源网、实现本地多种能源的综合优化利用的重要基础。目前，包括屋顶分布式光伏、分布式储能、天然气（冷）热电联供等技术已经不同程度地得到了推广，有的甚至已取得不错的经济效益。第一阶段要进一步为包含这些设备在内的各类分布式能源基础设施的接入和并网提供技术条件上的便利。当然，对相关设备的制造行业而言，如何进一步降低设备成本，尤其是储能设备的成本仍然是关键性的课题。

无论是信息还是能源基础设施建设，对资金投入都提出了较高要求。目前，由于能源市场尚未完全形成，因此无论是信息基础设施还是能源基础设施，大多数很难体现出明显的经济效益。这就需要政府在明确行为主体责任和义务的同时，提供必要的政策支持，把商业模式的探索交给市场，由市场决定商业模式的走向。例如，主要的能耗企业有责任按照一定标准实现企业内部的能源信息化监测，但对于达标的企业，政府可以进行奖励、补助或赋予其他政策倾斜；又如，允许个人或专业企业安装和拥有分布式发电设备，并对其中一些特殊的技术形式予以长期稳定的补贴支持。对于具有显著社会效益和应用前景的技术，应当在国家或地方层面以试点的形式进行应用推广。试点应以鼓励技术和模式的创新和探索为主要目标，为普及能源互联网理念，积累整体解决方案服务。

与此同时，政府应逐步推进能源市场化改革等机制制度层面的工作，建立燃气市场、电力辅助服务市场、碳交易市场等重要的能源市场，降低市场的交易费用。一方面为能源互联网的进一步发展做好机制和制度准备；另一方面也为各类技术的应用提供激励信号，充分发挥市场在配置资源方面的优势，为能源互联网的发展提供驱动力。

2. 第二阶段

第二阶段是在能源市场化条件、基础设施条件初步具备，以及相关产业已经有足够多的技术和解决方案储备的前提下开展的。这一阶段的主要任务是在园区、企业、楼宇、家庭等用能单位形成定位明确、功能完整的分布式能量管理系统，实现从信息化到智慧化的过渡。在园区和企业层面，可以与目前“工业 4.0”的进展相结合，在园区和企业内部综合考虑供应链、生产计划、客户关系、人力资源、能源市场、碳交易、排放、工厂能量管理系统（FEMS）等多个领域，实现能源使用的自动优化调度和控制。

在楼宇建筑领域，可以和我国推行的绿色建筑标准及美国的能源之星（Energy Star）标准，以及能源与环境设计先锋（Leadership in Energy and Environmental Design，LEED）标准等结合，通过楼宇能量管理系统（BEMS）实现对楼宇内的暖通、照明、采光、供电、供水系统及配置的分布式能源设备、储能等进行综合控制，提高能源使用效率。

在家庭层面，则可以和当前非常活跃的智能家居及云技术相结合，通过家庭能量管理系统（HEMS）为每个家庭提供能够与各种用能设备互通互联的轻量级能量管理终端。

分布式能量管理系统（DEMS）的发展还应该和微型能源网络的发展相结合，在本地实现为以可再生能源为主的微能源网提供能量管理与优化功能，通过微能源网控制模块保证微能源网安全、可靠和智能化运行。之所以将分布式能源量理系统的形成放在第二阶段，主要是这些分布式能量管理系统的价值需要一定的市场机制的支撑。在能源交易市场机制缺失的情形下，即使有政府的政策支持，也难免扭曲这些分布式能量管理系统的功能结构。这对于能源互联网的长期发展而言可能意味着资源的浪费，甚至会导致技术锁定效应，阻碍技术的革新。

此外，在产业已经有了一定的技术和解决方案的积累与储备后，政府、联盟和行业协会应当积极组织对能源互联网涉及的标准进行制定。标准的制定有利于形成开放互联的接口，鼓励更多参与者以较低的成本参与能源互联网的建设。而且，好的标准体系能够极大地减少不必要的竞争和资源的浪费。能源互联网标准体系并不是从零开始的，智能电网核心标准及各环节都有大量的现有标准可以使用，因此首先需要对适用于能源互联网的现有标准进行梳理和整合；还有一些标准可以相互借鉴和推广，如用于智能电网智能变电站的建模规范 IEC 61850 具有非常好的可扩展性，未来可以用于对其他的能源网络子站进行建模；在一些新出现的领域，则需要新的标准，包括底层多种能源传感器的组网标准、各类能源耦合装置的建设和运行标准、分布式能量管理系统的互操作标准等。

第二阶段还有一项重要工作，就是对能源互联网的衍生市场和商业模式进行孵化和培育，包括分布式能源设备的投资、建设和运营模式，能源互联网背景下的合同能源管理、能源咨询、能源审计、能量管理服务等。对这些市场和商业模式的孵化和培育，应当和我国目前建设创新型国家、新型城镇、新能源示范城市、工业园区、高新技术开发区、新建工厂、新建楼宇及鼓励大众创业、万众创新的政策相结合，为能源互联网提供良好的外部发展环境。

3. 第三阶段

第三阶段是能源互联网最终形成的阶段。在能源互联网基础设施条件已经基本具备，标准化的分布式能量管理系统广泛应用的条件下，这一阶段的主要任务是实现能源网络“电源-电网-负荷-储能”的充分灵活互动。要实现这一点，一方面要借助分布式计算机控制理论和通信网络的发展，实现广域范围内多代理、多主体系统的优化控制、动态协调；另一方面，要利用大数据、云计算技术，协助能源网络的各个参与者更好地参与能源市场、需求响应管理、碳交易等平台，使参与者们能够在合理市场信号的激励下共同改善能源网络的运行状态。

在设计互动机制时，要注意能源互联网技术的边际效益和成本随应用场景和应用规模的变化趋势。通常，对于能耗基数小的场景，如家庭、小型楼宇和社区等，能源互联网的边际效益可能低于边际成本。此时，一方面如第二阶段所述要利用本地轻量化的自动化、智能化能量管理技术降低边际成本；另一方面也应当鼓励能量管理的代理商、中间商的出现，并允许它们参与到能源网络的互动中。

11.3 保障措施

根据工业和信息化部开展的能源互联网发展战略课题研究，提出以下保障措施。

（1）强化统筹协调

统筹能源互联网重大政策、举措的研究和制定，加强部门间在政策制定和实施方面的协调配合，健全中央部门、地方政府、行业组织、联盟组织和企业之间的协调机制。统一各方对能源互联网重要意义的认识，明确各部门定位分工，强化互联网主管部门在推动能源互联网发展中的主导作用。

（2）完善扶持政策

整合利用现有专项资金，加大对能源互联网领域技术研发、产品和服务创新、平台建设、应用示范等的倾斜力度，将可再生能源纳入政府采购目录。完善能源互联网融资服务体系，鼓励商业银行和政策性银行创新信贷产品和金融服务，引导风险投资基金加大对能源互联网领域的投资倾斜，鼓励互联网金融在能源互联网领域的应用。

（3）深化体制改革

有序开放能源市场竞争业务，在发电侧和售电侧鼓励社会资本或外资依法平等进入，放宽对分布式能源或清洁能源的准入限制。建立和完善能源市场化交易机制，推动制定交易的规范、标准，规范交易市场行为，鼓励市场主体积极探索双边交易、集中竞价交易等多元化交易模式，促进能源资源大范围优化配置。

（3）加强运行监管

加强能源互联网安全管控、预控，建议出台能源互联网技术安全指南，加强安全标准推广应用。加强能源互联网业务监管，特别关注能源大数据分析业务、智慧能源云平台、用能咨询等新业务可能存在的问题和风险。加强跟踪评估，将可再生能源使用情况纳入国家对地方的评价体系。

（4）健全人才培养

鼓励有条件的企业联合高等院校、科研机构对能源互联网行业的管理人才、科技人才进行系统的再教育和培养。依托联盟组织、行业协会，开展能源互联网人才专题培训工作，组织开展技术转让、研发及学术交流等，鼓励高等院校、科研单位的高层次人才智力流动。

（5）加大宣传普及

充分利用媒体、社交网络、广播电视、各类展会等活动，开展能源消费新观念宣传，普及能源互联网相关知识。加大能源领域清洁替代宣传，大力推广分布式离网型风、光、水、气直供的新能源生产消费模式。积极宣传电能替代，推广应用电锅炉、电采暖、电制冷、电炊等，推动实现以电代煤；推广电动交通、电动汽车、农业电力灌溉等，促进以电代油。

11.4 发展趋势

未来我国能源发展总体趋势是能源结构将由高碳向低碳转变，能源效率由低效向高效发展，能源市场结构由垄断走向竞争，能源的资源配置方式由计划为主转向以市场为主。预计到2050年可再生能源将成为主导能源，能源消费、能源供给、能源技术和能源体制将发生根本转变。能源互联网作为多层次能源交易平台，将能够推动可再生能源的使用，基于能源互联网的电动汽车、智能建筑、光伏发电设备的大规模推广将有效提升可再生能源的比例。到2050年，全球清洁能源占一次能源消费总量的80%左右，成为主导能源。杰里米·里夫金预言，到2050年，我国有望脱离碳基能源。根据世界生物能源协会预测，到2020年，30%的电力将来自绿色能源；到2030年，插电式电动汽车的充电站和氢能源燃料电动汽车会更为普及，并将为主电网的输电、送电提供分散式的基础设施；到2040年，75%的轻型汽车将由电驱动。能源互联网可以为插电式电动汽车、氢燃料车、家庭和工厂提供充足的电力。

（1）分布式能源网络在部分区域将成为主流

预计2025年风能发电成本将与火电持平，2030年太阳能发电成本与火电持平，届时，风能、太阳能充足的区域将迅速普及风力发电和光伏发电。例如，非洲电网建设成本较高，尚有诸多偏远地区并未通电，随着可再生能源发电成本的逐步下降和储能技术的突破，未来非洲处于偏远地区的千家万户都可成为就地采集太阳能的微型发电厂。这些微型发电厂之间形成微能源网络，成为这些地区能源的主流形态。在日照充足、风力强劲的地区，便宜又环保的清洁能源发电必将愈加受到青睐。能源消费模式产生重大变革，出现多种能源共享模式，这将有力带动能源共享经济兴起。

（2）目前能源消费的主导形态仍是用户向能源销售公司购电，未来将产生多种多样的消费模式

部分地区可基于分布式可再生能源发电可实现自给自足。同时，人们也可以通过智能终端轻松地将自家屋顶多余的光伏发电通过社交网络卖给附近准备给电动汽车停车充电的用户。

能源交易共享将出现多种形态，可能出现的有三种形态。

一是本地用户之间可直接或通过电力公司的储能装置进行电能交换，这种模式称为物理共享。

二是用户通过从电力公司购电并将这些电能与异地其他用户共享，在用户之间不存在实际的电能传输，而是通过电力公司对用电的预测、计划和调度来实现，这种模式称为虚拟共享。

三是用户向本地电力公司输入电能，并通知电力公司输送给异地用户，电力公司在异地的代理将电能输送给指定用户从而实现共享，这种模式称为虚实共享。

（3）移动能源将成为电力系统的有效补充

集电气设计、系统集成、储能、智能化控制和精准电力配送为一体的移动能源解决方案将逐步商用。移动餐车、房车、观光车可充分利用薄膜发电组件柔性可弯曲、质量轻、能效转换率高、弱光发电性好等优势，将其集成到车顶和车身，把车辆打造成独立的绿色发电主体，通过阳光照射为车载电池进行充电，并通过信息与能源的结合，实现信息主导、精准控制的电力配送，解决车辆的各类用电需求。同时，它通过降低排放提升了车辆的环保系数。此外，商用无人机、可穿戴装备、电子产品等也均可通过光伏薄膜进行移动充电。

（4）用能终端智能化、网络化成为发展趋势

分布式能源网络的控制将进一步扁平化，每个微能源网络均具有自学习、自调整、自控制、自优化能力，可基于实时数据进行在线调整，彻底改变当前离线预测、事前控制的能源调控模式。未来每一个用电设备都将具备智能。例如，每一个家用电器会根据能耗曲线设置最佳的开关时间，并随时远程遥控；建筑物的能耗控制随时依据会议、活动、类型、人数和实时电价自动进行动态调整。在此基础上，城市的整体能源消耗和二氧化碳排放随时依据天气和事件变化进行需求侧编排以实现最优。

（5）第三方平台型能源服务机构将大行其道

目前，能源服务主要由电力公司提供，服务好坏的主要指标是电能的质量和价格。未来能源服务市场会更加开放，会有更多主体进入，能源服务将更加多样化。评判服务优劣的要素不只是价格和质量，是否能够提出节能建议等增值服务将成为评判服务能力的重点。未来，将有更多类似美国 Opower 公司这样的第三方专业能源服务公司出现，提供消费者管理服务及节能方案。此外，将出现独立的能源交易机构，提供基于能源互联网平台的能源交易服务。未来的能源产业将囊括家电、电动汽车、智能建筑、家庭节能建议、合同能源服务等众多产业，可能出现众多能源服务移动终端 App 软件开发商，最终将形成一个巨大的能源产业生态圈。

下　篇

智慧能源

第 12 章　智慧能源的定义与特征

智慧能源将现代信息和通信技术、智能控制和优化技术与现代能源供应开发、储运、消费技术深度融合，广泛应用于能源工业各个领域，使能源供应开发智能化、储运最优化、管理交易信息化、消费使用智能化；在能源工业各个领域最大限度地实现节能减排的同时，通过价格机制及能量管理政策等手段，实现各种能源在现代经济社会中的协同开发、储运和利用。它是构筑安全、稳定、经济、清洁的现代能源产业体系的重要手段。本章主要阐述智慧能源的定义和内涵、智慧能源的基本特征，并介绍智慧能源体系的构架设计，提出智慧能源发展的战略目标和阶段目标。

12.1　智慧能源的定义

智慧能源将先进信息和通信技术、智能控制和优化技术与现代能源供应、储运、消费技术深度融合，具有数字化、自动化、信息化、互动化、智能化、精确计量、广泛交互、自律控制等功能，实现能源的优化决策及广域协调。

智慧能源重点研究各类能源的开发、利用、相互转换，以及各种能源网间的协同配合和优化互补等问题。智慧能源主要是通过多目标优化方法，最大限度地提高能源的利用率及清洁能源的开发与消费比例[2]。

12.2　智慧能源的基本特征和基本内涵

12.2.1　基本特征

智慧能源的基本特征如下：

1）数字化，是采用传感器技术，实现能源基础设施的数据采集、传输和处理，包括数字化的工具、系统、能力和技术等。

2）信息化，是智慧能源的实施基础，能实现实时和非实时信息的高度集成、共享与利用，促进能源供应与消费的实时匹配。

3）自动化，是智慧能源的重要实现手段，依靠数字化的自动控制技术及装备，实现各能源领域各环节运行管理水平的全面提升。

4）互动化，是智慧能源的内在要求，能实现不同能源业务之间、能源服务提供商与用户之间、能量管理与能源企业之间的友好互动和相互协调。

5）智能化，是采用智能算法对能源信息进行智能处理。

6）精确计量，是采用智能仪表对能量进行精确计量。

7）广泛交互，是采用信息物理系统（CPS）实现各相关主体之间的信息互动。

8）自律控制，是采用分布式控制技术及动态能量管理系统，利用本地信息，实现快速的控制与调节。

12.2.2 基本内涵

（1）智慧能源以能源资源及设施为基础

智慧能源是在各种一次、二次能源已有发展成果基础上，立足于能源工业基础设施，基于信息物理系统在各能源领域实现数字化、信息化、自动化、智能化的基础上，进一步实现整个能源网络的综合集成。

（2）通过先进技术手段实现整个能源行业的安全、高效清洁和可持续发展

通过将现代信息和通信技术、智能控制与优化技术和现代能源供应、储运、消费技术深度融合，大幅提高各能源领域生产力技术水平，进而促进各种能源的高效供应、储运和消费，促进新能源和可再生能源比例的提升和能源结构调整优化，促进能源综合集成体系的建立和高效运营，促进用户用能理念变革和终端能效的提升，实现在节能减排目标约束下的能源安全、清洁、节约和可持续发展。

（3）能源网络是实施智慧能源高效管理的重要平台

通过大幅提升信息化水平，构建基于互联网的现代能源综合集成与服务平台，为能源优化管理提供更为科学的预测、决策与互动平台，为相关激励政策的实施落实创造物理载体和技术支撑，是构筑安全、稳定、经济、清洁的现代能源产业体系的重要手段。

通过平台转型，实现允许消费者“按需”获取服务的全新商业模式，消费者可以出卖多余能源、获得消息更新、在价格高于一定水平时提示更换供应商等实时化（消费）商业模式[81]。

从 P2P 平台、储能、电动汽车到可再生能源，各种技术进步正在为消费者创造获取能源、存储能源乃至售卖能源的全新方式[81]。

成熟的平台应具备如下特征：开放性、标准化、互联、安全、可选择[81]。

智慧能源的范畴如下：

1）从涉及的能源领域来看，包括油、气、煤炭、电力、热力、交通、新能源及可再生能源等所有能源工业领域；从能源消费过程来看，包括能源的生产开发（转换）、储运和消费使用等各个环节。

2）从业务类型来看，涉及能源工业本身及其衍生的各类业务，包括能源资源前

期工作、战略规划、基础设施建设、行业协调、用户服务及增值业务等。

12.3　智慧能源的体系架构

智慧能源的体系架构为分层分布式体系架构，如图 12-1 所示，主要包括以下四个部分：

1）发展基础体系，包括能源资源、能源基础设施。

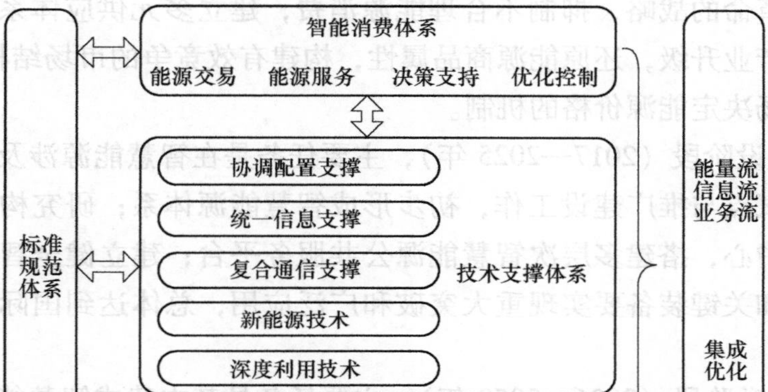

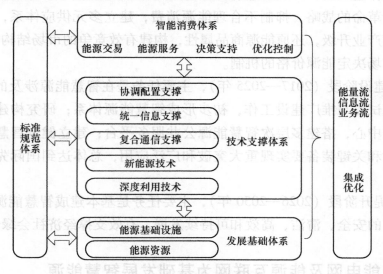

图 12-1　智慧能源的体系架构

2）技术支撑体系，包括能源供应技术、能源消费技术、信息和通信技术、智能控制技术、决策支持技术的研发。

3）智能消费体系，包括能源交易、能源服务、决策支持、优化控制。

4）标准规范体系，包括遵循开放架构、公共信息模型、网络安全等核心标准，逐步建立时钟同步、通信技术、统一数据传输格式、统一价格信息模型、需求响应、能源协调、新能源汽车、能源分配与消费等技术标准。

12.4　智慧能源发展的战略目标

智慧能源发展的战略目标，主要是采用先进的能源供应与能源转换技术、能源消费技术、智能信息处理技术、综合系统优化技术，实现能源供应与消费的多元化、集约化、清洁化、高效化、精益化。

智慧能源发展主要可分为以下三个阶段：

1）基础研究与规划试点阶段（2015—2016年），主要任务是结合我国能源工业发展和管理体制机制的实际，全面开展智慧能源的顶层设计；围绕智慧能源及各领域涉及的关键技术、标准体系建设、政策需求和体制机制等问题，整合国家优势资源，全面开展推动能源供应、能源消费、能源技术、能源体则转变的基础研究工作；在电网等条件成熟的领域，采用新型微网、能源互联网及智能电网架构，结合需求侧管理、需求响应、节能、提高能效等措施，开展智慧能源试点工作；在基础研究和局部试点工作基础上，开展智慧能源规划研究与编制工作，制定到2030年实现能源生产与消费革命的战略，抑制不合理能源消费，建立多元供应体系，推动能源技术革命，带动产业升级，还原能源商品属性，构建有效竞争的市场结构和市场体系，形成主要由市场决定能源价格的机制。

2）推广建设阶段（2017—2025年），主要任务是在智慧能源涉及的各领域全面部署智慧能源试点与推广建设工作，初步形成智慧能源体系；研究构建国家能源信息与运营调控中心，搭建多层次智慧能源公共服务平台；建立健全智慧能源标准体系，关键技术和关键装备要实现重大突破和广泛应用，总体达到国际先进或领先水平。

3）引领提升阶段（2026—2050年），主要任务是基本建成智慧能源网络，实现整个能源行业的安全、清洁、高效和可持续发展，有效支撑经济社会绿色低碳发展。

12.5　以智能电网及能源互联网为基础发展智慧能源

未来的能源结构将由目前的以化石能源为主，逐步转变为以可再生能源为主。能源安全、清洁、高效是保障人类社会可持续发展，实现能源供应与能源消费革命的重要标志；而用清洁能源、可再生能源逐渐代替化石能源，是人类利用能源的必然趋势。对可再生能源的利用绝大部分要通过转换为电能来实现。当前和今后相当长的时期，我国能源变革的主要任务是，推动能源消费革命，抑制不合理能源消费；推动能源供给革命，建立多元化能源供应体系；推动能源技术革命，带动能源产业升级；推动能源体制革命，建设能源发展快速通道。随着新能源和可再生能源发电比重逐步加大，智能电网、能源互联网、微能源网的重要性将日益突出，它们将成为全社会重要的能源输送和配给网络。

12.5.1　智能电网和能源互联网将在未来能源供消和输配体系中发挥重大作用

智能电网和能源互联网作为新一轮能源变革的重要代表，对智慧能源网络发挥着核心和引领作用。智能电网的功能作用在多种能源协调互补与社会网络等方面都得到了全面丰富和发展。它不仅是电能输送的载体和能源优化配置的平台，更有可能成为能源革命的重要标志之一；并通过能源流与信息流的全面集成与融合，进而成为影响现代社会高效运转的“中枢系统”。智能电网与智慧能源架构如图 12-2 所示。

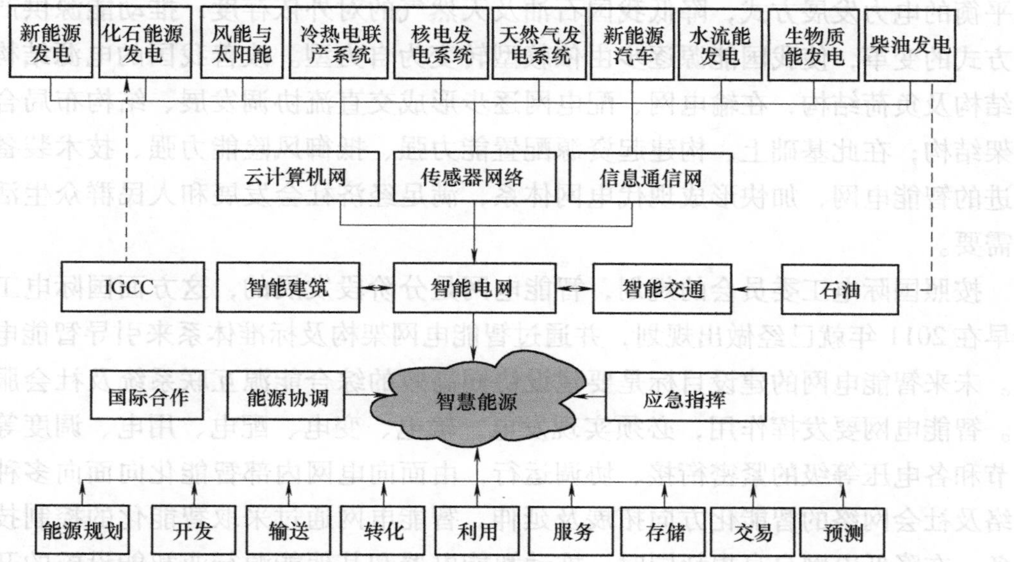

图 12-2　智能电网与智慧能源架构

12.5.2　能源消费方式将转向基于能效最优的多元化能源综合利用

能源消费将摆脱过去孤立、封闭、线性和信息不对称的简单利用模式，而是转变为基于系统能效最优的多种类能源协同、互补、循环的智能应用。利用信息化、智能化手段，实现多种类能源的系统协同、跨种类转换、循环利用，从而整体上大大提高了能源利用效率。能源消费者也将由原来被动使用能源，逐步转变为身兼能源买方与卖方的全新角色。

2010 年 9 月，在加拿大蒙特利尔召开的世界能源大会发布的白皮书中提及，为了应对能源挑战，需要从根本上改变能源供应和消费的方式，其中的关键因素就是在能源领域广泛应用数字化、自动化、信息化、互动化和智能化技术应对资源紧缺和减少碳排放的挑战。智能电网作为优化终端用能方式的重要载体，必将在多种能源综合优化利用中发挥重要作用。我们需要站在节能减排及应对气候战略的高度，全面准确地理解智能电网；从发展的角度，采用国际视野，看待智能电网的未来发展趋势。智能电网的发展不是要建设一个封闭的系统，而是要建设一个开放的多种能源协调互补的提高能源利用效率的能源网络及社会网络。

12.5.3 智能电网是实现能源转型的重要载体

转变能源发展方式的核心，是转变我国过度依赖输煤的能源配置方式，实现就地平衡的电力发展方式，降低我国石油及天然气的对外依存度，推动能源供产和消费方式的变革，使我国能源逐步由依赖型转变为自力型。改善我国的电源结构、电网结构及负荷结构，在输电网、配电网逐步形成交直流协调发展、结构布局合理的网架结构；在此基础上，构建起资源配置能力强、抵御风险能力强、技术装备水平先进的智能电网，加快形成现代电网体系，满足经济社会发展和人民群众生活的用电需要。

按照国际电工委员会的规划，智能电网是分阶段发展的，这方面国际电工委员会早在2011年就已经做出规划，并通过智能电网架构及标准体系来引导智能电网建设。未来智能电网的建设目标是要建设协同高效的综合能源互联系统及社会服务网络。智能电网要发挥作用，必须实现发电、输电、变电、配电、用电、调度等各个环节和各电压等级的紧密衔接、协调运行，由面向电网内部智能化向面向多种能源网络及社会网络的智能化方向拓展及延伸。智能电网通过采取智能化的控制技术和设备，在降低电网自身损耗同时，推动智能电器和其他能源行业智能设施的开发应用，并可以带动新型用电技术的发展和能源消费方式的升级，最大限度地提升能源综合利用效率，在能源战略转型中发挥重要作用。

2011年10月，在国际电工委员会墨尔本会议上，已经达成共识，认为智能电网的物理架构、逻辑架构、信息架构及互操作标准也是在不断发展和完善的。智能电网的发展也将经历初级阶段、中级阶段和高级阶段。电网内部的智能化阶段属于智能电网的初级阶段，能源互联网阶段属于智能电网的中级阶段，与自然环境及社会网络互联阶段属于智能电网的高级阶段。

12.5.4 智能电网是实现智慧能源网络的关键设施

每一次全球性的危机都会带来新一轮的技术革命。上一次国际金融危机之后，许多国家从应对气候变化、保障能源安全、促进经济发展的需要出发，加快了智能电网、智能家居、智能交通、智能城市等的发展进程，大量智能技术和成果在各行各业特别是能源行业迅速推广和应用。在智慧能源网络中，智能电网成为能源发展智能化的关键，并呈现日新月异、蓬勃发展的趋势。

智能电网作为未来多种能源及社会的新型服务平台，一方面，建成开放性、标准化、互联、安全、可选择的公共网络服务平台，实现能源流、信息流的高度集成和综合应用；另一方面，智能电网的发展对相关产业结构的调整和产业升级的快速发展具有巨大的带动作用，能够成为推动绿色经济发展的强大动力。因此，智能电网是推动能源网络智能化、低碳经济和绿色经济的重要载体和有效途径，在经济社会可持续发展中发挥重要作用。

12.5.5 智能电网体系架构已经具备成为智慧能源网络的良好基础

一方面，电力行业由于生产安全性和稳定性的要求，技术装备水平在整个能源行业内处于领先水平。其生产控制自动化技术方面处于先进水平，信息化也处于较高水平，电力生产、调度自动化系统应用成熟，电厂、电力调度的自动化处于国际先进水平。

智能电网中各项先进技术的应用覆盖了电力系统的各个环节，具有很好的技术条件成为智慧能源网络的核心。我国在大电网安全稳定控制、广域相量测量、柔性交流输电、智能变电站、配电网自动化、智能电表应用、大容量储能、电动汽车充换电设施等领域开展了大量工作，取得了一批拥有自主知识产权的重要成果。

另一方面，电网与广大用户关系密切，电力是不可或缺的二次能源，相对其他能源行业有着独特的优势，因此智能电网具有良好的推广和带动基础。在为客户提供电力的同时，它可以通过市场和价格的杠杆作用引导节约用电、合理用电、科学用电，成为一个环境友好、可持续的能源服务平台，从而可以带动能源消费方式和观念的变革，有条件成为智慧能源网络的基础平台。未来还要根据智慧能源发展的需要，来创新物理架构、信息架构及业务架构。

第 13 章　发展智慧能源的机遇与挑战

发展智慧能源将面临许多机遇与挑战。本章主要介绍发展智慧能源的基础，包括发展智慧能源的技术基础、实践基础；还要分析发展智慧能源面临的重要机遇，提出发展智慧能源面对的主要问题与挑战。

13.1　发展智慧能源的基础

13.1.1　技术基础

（1）智能传感器技术

数据采集是实现电网数字化的基础，需要大量的传感器。传统的传感器功能单一、稳定性较差，且会使数据采集设备的体积大大增加，很难实现集成与智能分布式计算功能。微机电系统（Micro-Electro-Mechanical Systems，MEMS）是建立在微米、纳米基础之上的 21 世纪前沿技术，整合了无线技术、传感器技术和集成电路技术，但目前仍然不够成熟。在低频段下工作是 MEMS 技术发展趋势，而传感器又对低频干扰的反应比较敏感。

虽然目前，美国加州大学伯克利分校已经研制成功了基于 MEMS 的无线变送器，麻省理工学院（Massachusetts Institute of Technology，MIT）已经研制成功了采用 nRF24e1 芯片的无线传感节点；加州理工学院（California Institute of Technology，CIT）已经研制成功了采用 nRF903 芯片的无线传感节点，但距智慧能源体系的要求还相差甚远。我国在山东淄博也建立了 MEMS 产业基地，但离真正的实用化还有距离。

（2）大容量储能

在大规模储能应用中，钠硫（Na-S）电池和全钒氧化还原液流电池（VRB）目前在我国应用还存在许多瓶颈因素，主要是安全问题、储能密度问题、转换效率问题、价格问题、运行经验问题，距实用化尚有距离。在智能电网应用中，要实现系统的稳定控制、电能质量改善和削峰填谷等多时间尺度上的功率控制，需要进一步研究将超导储能、飞轮储能或超级电容器等功率密度高、储能效率高、响应时间快及循环寿命长的储能技术，要与铅酸电池、液流电池或钠硫电池等能量密度高，但受制于电化学反应过程、响应时间慢的储能技术相结合。

目前，锂离子电池也存在一些瓶颈因素：成本高；大型模块的批量化生产技术还不够成熟（仍没有完全脱离手工生产，一致性问题很难解决）；锂金属的热失控问题（正极在300℃以上会分解出氧化物）；电池监控系统比较复杂（充放电均衡难保证）；剩余电量计算（仍没有理想模型）；循环寿命（充放电次数）问题。

（3）智能设备

智能设备是指基于计算机或微处理器的各种设备，包括控制器、远程终端单元、智能电子设备等；也包括实际的电力设备，如开关、变压器、电容器、电抗器等。智能设备的研制是跨行业、跨领域、跨专业的难题，最终要达到的目的是使设备具有自检测、自诊断、自动控制和网络通信等功能。这对新型智能传感器、计算机、微处理器、嵌入式技术等提出了更高的要求。要真正实现一次设备和二次设备融合、机械设备和电子设备一体化，而且保证智能设备在恶劣环境下（强电磁、高低温、振动等）能够可靠运行，也将是一个巨大的技术挑战。

（4）通信系统

通信系统主要是指通信媒介和开发的通信协议。这些技术的成熟程度参差不齐。智慧能源体系必须满足目标要求，从而要确保智慧能源体系的信息互操作性和安全性。未来一段时间内，在各类能源资源内部、不同类型能源资源之间建立信息共享、数据匹配、实时更新、网络互通的通信系统，将是我国智慧能源体系建设的重要工作。

（5）数据管理

数据管理是指各方面数据的收集、分析、存储，并向用户和应用程序提供数据，包括数据识别、验证、准确性、数据更新和数据库一致性等问题。处理好数据管理的全面性、高效性和可信度，是建立我国智慧能源体系的基础。

（6）网络安全

网络安全涉及对网络安全损害、未经授权使用和开发的预防与控制，并且要在需要的情况下确保信息保密性、完整性和可用性。

（7）信息/数据的私密性管理

私密性的保护与管理是智慧能源体系的是一个重大关键问题。各利益相关者应该对智慧能源体系的信息具有不同的访问权限。随着越来越多的监控数据嵌入智慧能源体系，对数据保密和安全提出了更高的要求。在数据安全方面主要包括，数据保密；受到错误指令或信息攻击时电网的安全性；第三方控制能源的能力。数据保密问题本身比较复杂，因为消费者在与企业分享个人数据时一般比较敏感。该技术的发展，将对智慧能源体系全面推广和需求响应机制的充分发挥起到重要支撑作用。

（8）应用软件

应用软件主要实现信息的智能处理，涉及程序、算法、计算和数据分析。应用范围从单一的控制算法，到大规模的互操作。对于重要设备来说，应用软件是智慧能源体系的核心功能和重要节点技术。在智慧能源体系中，先进控制方法的研究、先进模式识别方法的研究、Web服务、网格计算、云计算等，均将迎来巨大的发展空间。依托上述软件技术的发展，打造多类型能源资源信息数据库、调控平台，对于实现能源资源的自身纵向深度发展、多类型资源横向协同发展，至关重要。

13.1.2　实践基础

1. 多种能源协调互补

现阶段，实际系统中多种能源品种之间的耦合还不是太紧密。然而，随着一批新技术的出现、成熟和应用，这种现状将会显著改变。届时，借助能源品种间的灵活转换，能源系统将呈现出更高的可靠性和经济性。在各类能源耦合技术中，分布式热电/冷热电联供技术、热泵技术和电解制氢技术是前景相对被看好的几项技术。

（1）分布式热电/冷热电联供

热电联供（CHP）和冷热电联供（CCHP）的基本原理都是用单一燃料作为输入却生产多种形式能量的技术。这样的联供技术可以显著提高能量的利用效率。一般而言，单纯发电机组的能量转换效率通常在30%~40%；而通过对剩余的热量进行利用，总的能量转换效率可达到80%~90%。

冷热电联供技术并不是一种新的技术，我国6MW以热电联供装机已经超过2200GW，占全国发电机总装机容量的19.25%[28]。我国冷热电联供每年新增热电装机容量为13.3~37.3GW，增速居世界首位。这些装机容量主要来自大型机组的新建和改造扩建项目。但值得注意的是，近年来供热机组总供热量的增幅却远小于装机容量的增幅。一种说法认为，很多机组打着热电联供的旗号，以节能减排的名义新增装机容量，但实际却并没有按照供热的方式运行，这种机组被业界称之为“假热电”。

这种现象的出现，一方面是政策支持力度和监管不足，另一方面说明这种模式在本质上有自身的瓶颈。未来，新建大型机组往往远离负荷中心。要实现这类大型机组的联供运行，对热网和机组的联合规划、热网投资及联合运行等都提出了较高的要求。针对大型联供机组的缺点，我们认为，未来发展小型化的热电/冷热电联供技术，尤其是基于天然气的联供技术，将是具有优势和较好前景的。

小型化天然气联供技术通常是指应用在区域、社区、楼宇等规模的联供技术，容量从几十千瓦到数百兆瓦，目前都有可以适配的机型。不同机型在原动机类型、余热回收方式、制热方式和制冷方式上都有不同的技术方案。吸收式制冷机组、蒸汽溴化锂吸收式空调机组、余热利用型冷温水机等都是联供机组中常见的组件。这种分散在用户侧的可独立输出冷、热和电的系统，不仅自身能源利用效率极高，还有效避免了大型热网和电网的传输损耗；此外，除了自身相对清洁环保外，其优秀的调节能力使其能够支撑一定规模的风电、光伏等间歇性能源接入。正如前面讨论微网和分布式能源时提到的，这类机组往往可以作为微网中的支撑节点，保证微网系统在一定分布式间歇性能源接入时仍然有足够高的可靠性。这种围绕天然气联供机组建设的微网在美国伊利诺伊理工学院、普林斯顿大学等园区都有成功的应用案例。在我国，上海浦东国际机场、湖南长沙黄花医院、北京燃气大楼等也都有可借鉴的天然气分布式能源项目。

未来，天然气市场和电力市场（零售市场）的发展将给予冷热电联供技术新的发展契机，再加上微网、分布式能源技术的发展，冷热电联供机组的优化运行和控制将越来越具有经济效益优势。在合理的政策引导和支持下，预计这类技术将成为新的投资热点。

（2）热泵

热泵是一种将低位热源的热能转移到高位热源的装置，通常以电作为驱动来源，是热能和电能的耦合节点。热泵的关键技术指标是制冷性能系数（Coefficiency of Performance，COP）。其定义为，将热能由低温物体传导到高温物体时，转移的热能与消耗的能量之比。通常而言，热泵的COP值为3~4左右，而目前最新的技术可以将这一指标提高到8左右。未来一旦这种效率能够普遍实现，热泵将体现出极高的经济性。

热泵按照低位热源的种类不同分为地源热泵、空气源热泵、水源热泵等，也有可能是不同低位热源混合构成的复合式热泵。

其中，地源热泵是发展最为迅速的热泵技术之一。广义上的地源热泵以土壤（浅层、深层）、地表水等作为热源。我国浅层地热应用面积已经达到1.6亿m^2，而这一数量在国家和地方政策的支持下，近年来还在以每年30%以上的速度递增。仅北京市地源热泵的应用规模就达到了4000万m^2。有预测数据显示，2015年我国浅层地热的利用将实现5269万tec（吨标准煤）的节能效果。学校、医院、公共建筑是地源热泵应用的主要场所。目前，地源热泵的初期投资仍然较高（相比中央空调），阻碍了其大规模应用。

相比地源热泵，空气源热泵相对简单，初期投资更低。其被广泛应用于制冷、制热和热水器等场合，更适合小型化应用，如单栋中型（3万m^2）公共建筑和分散性小区建筑、别墅等。水源热泵则主要是以江河湖海的水体作为热源的热泵，具有相对较高的COP值，且占地面积小（设备体积较小），因此特别适用于大型商业综合体和楼宇（尤其是处在核心地段的）等场合。一些将生活废水、污水（温度通常高于自然水体）作为热源的冷热联供热泵已经取得了良好的商业化效果。

广义上，热泵也可以作为分布式能源技术的一种。现阶段，虽然热泵作为一种能源耦合节点，但独立运行仍然是其主流的模式。进一步提升 COP、降低初始投资和维护成本，是热泵技术近期发展的主要目标。而未来，在局部区域（微网）中，热泵如果能实现和其他分布式能源技术及耗能设备的互动，实现联合的优化控制，将进一步加强本地能源的联网特性，成为能源互联网的重要组成部分。

（3）电解制氢

传统的制氢技术往往是用于供给石油、化工等工业部门，电解制氢是其中的一种制氢工艺。而随着可再生能源的接入，电解制氢技术有了新的应用途径。通过电解制氢，可以将一部分电能转换成化学能存储在氢气中，这些氢气最后可用于燃料电池、燃氢机组甚至氢燃料汽车等。从应用的角度，电解制氢是一种特殊储能方式的环节之一。

德国是世界上开展电解制氢储能最早也是目前技术最为先进的国家。按照德国规划，到 2050 年，德国 80% 的电力来自可再生能源，最终目标是实现 100% 采用可再生能源。在这样的渗透率水平下，高效率、大容量的储能方式显得尤为重要。为此，德国在电解制氢技术方面开展了大量工作。为了保证这种储能方式的经济性，需要解决的核心问题就是提高电解制氢的转换效率，涉及电极材料、催化剂等关键技术。目前，德国已经实施了若干个风电制氢储能的项目。近两年，太阳能电解水制氢技术也有了突破性进展，有希望在不久的将来出现商业化应用。

大规模的电解制氢技术应用还离不开储氢设备的支持。传统的压缩和冷冻方法显然不能用于实现氢气的大容量储存，而近年来金属氢化物、纳米材料、配位氢化物等技术的发展使得氢气的高密度、大容量的安全存储成为可能。

可以预见，随着制氢、储氢关键技术的逐渐成熟，未来氢气也将成为能源系统中重要的能量载体，近年来，因为氢能获取成本较高而发展相对缓慢的氢能利用技术也将面临新的机遇。

2. 其他能源工业领域的实践

当前，我国尚未实现煤炭、石油、天然气等行业整体信息化、智能化水平的根本性改善，只是在生产和管理中采用了一些局部信息化、智能化技术。以煤炭行业为例，煤矿近几年机电装备的技术改造升级，自动控制、传感器、计算机、网络、电力电子等技术的发展，国内众多厂商和煤矿在系统和综合自动化建设的实践，为实现煤炭工业与信息技术、智能技术的高度融合奠定了基础。近年来，建设数字矿山的理念得到成功实践，有效提升了企业的精益化管理水平，提高了生产效率，降低了投资及运营成本，增强了企业竞争力。

再比如，石油行业作为一个跨学科、多专业相互配合的高度技术密集型行业。石油行业的信息化一直伴随着石油行业发展，并发挥了巨大的作用。20 世纪中期，计算机技术已经在石油勘探领域得到了较为广泛的应用，并收到了显著的效果；随后，在油气田生产及其他石油工业的各个领域，信息技术也逐步得到应用；目前，数字油田建设已成为众多石油企业，特别是上游油田企业信息化建设的核心内容。随着信息技术和自动化工艺的不断发展，生产自动化系统在油田生产中的应用越来越广，为油田高效开发、降低消耗、安全生产、减轻员工劳动强度、提高工作效率和管理水平提供了可靠的保障。油气田自动化系统可分为两部分：一是用来完成过程控制和数据采集的数据采集与监视控制（Superrisory Control And Data Acquisition，SCADA）系统或分布式控制系统（Distributed Control System，DCS）；二是用来保护工艺设备和人身安全、保护环境、减少和避免事故发生的紧急停车设备（Emergency Shutdown Device，ESD）。

13.2　发展智慧能源面临的重要机遇

当前，发展清洁能源、提高能源利用效率已经成为能源发展的主要趋势。能源网络智能化需求越来越明显，能源行业与信息技术进行深度融合，是占领能源行业世界制高点，实现我国能源生产与消费革命的重要基础。建设智慧能源体系是实现综合集成能源网络的重要机遇，主要体现在以下几个方面。

13.2.1　发展智慧能源的国际环境

国际上，把应对气候变化、发展清洁能源、促进节能减排提高到了很高的层面。应对气候变化引发的国际竞争日益激烈。当前，很多国家推动绿色经济和实现低碳发展的主要动机是应对气候变化。而能源问题又是这些国家在应对气候变化时要着重解决的问题。美国、德国、英国、日本等发达国家，越来越重视对于清洁能源的开发和利用，并结合各自国情制定了相应的清洁能源规划，将其作为应对气候变化的重要手段。发达国家之间、发达国家与发展中国家之间的合作、竞争贯穿于国际清洁能源发展和应对气候变化过程中。发达国家希望通过发展清洁能源，提高其在未来国际能源竞争中，占据更大的市场份额和掌控主导权。气候问题实质上是发展问题。发达国家将气候问题当作一个强大的政治经济工具，通过制定新的国际规则，挤压发展中国家的发展空间，保证各自的未来发展。发展中国家尽管在技术、资金、规则等方面处于不利地位，仍然需要在应对气候变化的过程中，尽可能地保证其未来发展所需的空间。

在大力开发利用清洁能源的同时，很多国家都积极改善能源效率。对于我国这样快速发展的国家而言，在未来较长时间内，对能源的需求将持续增长，能源需求与供给之间的矛盾将长期存在。如何实现既可以确保能源供需平衡，不过度牺牲经济社会发展速度、人民的工作与生活条件，又要合理控制能源消费总量，优化能源结构，降低温室气体排放，实现绿色发展、可持续发展，将是我国当前和未来都要认真研究和应对的一个重大战略课题。

13.2.2　当前是发展智慧能源的战略机遇期

在我国，经济发展方式转变需要能源发展方式转变，亟需通过发展智慧能源来推动能源供应与能源消费的根本性转变，当前我国在促进能源发展方式转变方面处于重要机遇期。

长期以来，我国的快速发展是建立在能源资源大量消耗、温室气体大量排放的基础上的，经济社会发展与能源资源之间存在突出的问题，主要体现在三个方面：一是能源资源约束矛盾对经济社会发展的影响日渐突出，保障能源供给的任务越发艰巨；二是传统经济发展模式下能源资源的利用效率低下，极大增加了实现合理控制能源消费总量的难度；三是传统经济发展模式带来的能源资源与环境的矛盾越来越突出，增加了建立发展速度、质量与效益之间协调关系的急迫性。

转变经济发展方式，实现能源供应与消费革命是确保我国经济社会的长期稳定较快发展的战略选择。转变经济发展方式实现能源供应与消费革命至少要进行两个方面的转变：一个是生产方式的转变，一个是消费方式的转变。而这两方面的转变的关键在于转变能源发展方式，实现能源消费总量控制，增加清洁能源所占比例，保证我国能源安全、清洁、高效。

实现能源发展方式转变的关键，就是采用先进信息和通信技术，开展技术创新，促进智慧能源产业自主创新能力的提升；推动能源生产装备智能化和生产过程自动化，加快建立现代能源生产体系；以信息化推动绿色发展，提高资源利用和安全生产水平。实现我国能源发展方式转变的过程，是我国能源基础设施与现代信息、控制、计算机、微电子及电力电子技术深度融合的过程，也就是我国智慧能源体系建立的过程。因此，当前正是我国能源发展方式转变的战略关键期。

13.2.3　发展智慧能源有助于我国实现应对气候战略

智慧能源是实现我国能源产业技术与管理创新的重要抓手，是占领行业发展制高点的重要机遇。

智慧能源的推动作用将重点体现在以下方面：推动节能减排，实现先进信息通信技术与能源基础设施及相关技术的融合，对能源开发环节，实行合理布局、集约管理；对能源转换环节，实现能源战略转型，推进可再生能源、清洁气体能源、地热能源和水电的大规模开发；对能源输送环节，构建能源综合集成网络，加强国际能源合作，有效缓解我国能源资源和生产力分布不均衡的矛盾，实现整个能源价值链的可持续发展；对能源利用环节，实行精益化管理、市场化运营，以价格为杠杆，开展节能服务，带动能源相关产业发展。

通过上述工作的开展，大力实施能源产业的数字化、信息化、互动化、自动化、智能化建设，借助科技创新，推动产业升级，优化能源结构，建立现代能源产业体系，将有助于我国抢占世界能源产业制高点，降低我国能源对外依存度，加强我国能源安全及能源应急体系建设，实现我国由能源大国向能源强国的转变。

从世界能源发展史和当前国内外能源发展趋势看，“新常态”下我国能源发展趋势将呈现四大特征：能源结构由高碳向低碳转变，能源效率由低效向高效发展，能源市场结构由垄断走向竞争，能源的资源配置方式由计划为主转向以市场为主[82]。

13.3　发展智慧能源面对的主要问题与挑战

13.3.1　发展智慧能源面对的主要问题

发展智慧能源非常重要的一点是通过能源综合集成网络实现多种能源的优化互补与综合利用，包括与其他能源相互配合，发挥最大的协同效益。以智能电网为基础，建设能源互联网，与其他能源进行协同，最终建立综合能源集成网络的智能化公共服务平台，使先进的信息技术和能源基础设施融合，采用能源大数据及智慧能源云平台提高我国能源供应与消费的优化水平。发展智慧能源要解决的几个关键问题如下：

（1）化石能源和可再生能源的协调利用

例如，在我国风电丰富的边远地区，煤炭资源也十分丰富的地区，输煤、输电都有一定难度，将这些资源输送给全国其他资源缺乏地区并发展地方经济是亟待解决的问题。以智能电网为基础，将风电和火电打捆输送，是一个高效可行的方案。

（2）储能与各种能源互补方面的协调

太阳能、风能等间歇性、随机性的特点，给其利用带来了很大的挑战。当此类能源发电份额较小时，不会对电网的安全可靠运行带来太大的影响；而随着我国千万千瓦级风电基地等大规模、大比例份额电源的开发利用，其接入电网需要各种其他能源的电源进行调峰平衡等，安全稳定及功率控制等问题需要协调和研究。采用储能的方式促进可再生能源的发展就显得越来越重要。

（3）集中和分布式能源供应的协调

现代化的能源网络，不仅要求高效率和资源的优化配置，也需要足够的灵活度和安全性，此外能源供应和终端能源需求在形式和距离上，因地制宜，发展靠近用户的分布式能源网络。这就需要研究从集中式的能源网络转向集中和分布式能源网络的协同问题。

分布式能源网络直接安装在用户端，通过现场的能源生产，辅以各种控制和优化的技术，实现能量的梯级利用。分布式能源网络的一次能源以气体燃料（天然气等）为主，可再生能源为辅，可以利用一切当地可获得的资源。分布式能源网络具有一些特有的优势，主要体现在三方面：能量利用效率高；就地生产，就地利用，能量输配的损失小；各种能源来源的协同配合，使利用效率发挥到最优状态。由于分布式能源的这些优势可以在一些特别情况下弥补集中式能源网络在效率和可靠性上的不足，将来的能源网络应当是分布式能源和集中式能源协同供应的能源网络；并且在分布式能源网络内部，实现各种能源的协同利用。

（4）电网、天然气网、交通网、热（冷）网及水网的协调

目前，各国都在进行智能电网的发展。建设智能电网，最主要的是调动各种电源点的潜力和出力特性的优势，尤其是不同规模的可再生能源的接入，大到吉瓦级的大风电场，小到个人屋顶发电。各种余热、余压发电，各种生产过程的联产发电，各种分布式微网都能发挥应有的作用。从发展角度来看，电源与用户一体化的倾向越来越强，传统的用户将既是能源生产者又是能源消费者。人们对能源服务的需求除了最主要的电力需求之外，还有供热、供冷、气体燃料、用水需求。随着能源互联网的发展，城市天然气网、城市交通网、城市热网和城市用水网也将得到相应的整合与协调。这些不同能源领域的网络从本质上是以互联网为传播信息的手段实现相互协同、相互耦合、相互支撑的。随着智能电网及能源互联网建设的发展，必然会带动天然气网、交通网、热网、水网的智能化，使其成为一个综合集成能源网络。

13.3.2　发展智慧能源面对的主要挑战

建设智慧能源体系不是一蹴而就的工作，需要要深入分析和认真应对许多挑战。

（1）跳出对能源行业的传统认识，树立“全国能源一盘棋”的思想

长期以来，我国的煤炭、石油、天然气、核能、可再生能源、运输、电力等行业，多是条块分割、各自运营的发展模式。这种模式凭借其专业化、技术化和纵深化的优势，在我国经济社会发展初期发挥了重要作用，促进了各行业的从小到大的成长。近些年，我国经济社会快速发展，能源消费总量迅速增加。我国一次能源消费总量年均增长速度很高，为世界同期平均增速的3.5倍。在一定时期内，能源消费总量还将继续增长。我国还面临巨大的减排压力，能源结构急需优化，清洁能源比例需快速增加。因此，我国需要突破传统能源行业格局，出台统一的能源资源发展规划，统筹协调各类能源资源的开发利用，推动能源生产与消费革命，早日形成能源资源的多元、互补发展。

（2）发展智慧能源体系还存在技术瓶颈

智慧能源体系将对新型智能传感器、计算机、微处理器、嵌入式技术、储能技

术等提出更高的要求，要真正实现一次设备和二次设备的融合，机械设备和电子设备的一体化，并保证智能设备在恶劣环境下（强电磁、高低温、振动等）能够可靠运行，将是一个巨大的技术挑战。通信系统技术的成熟程度参差不齐。智慧能源体系必须满足目标要求，从而确保智慧能源体系的信息互操作性和安全性。智慧能源体系的大数据管理将是众多功能中最耗时间和最艰巨的任务之一，大数据的搜集、识别、分析、处理等各个环节都有关键问题需要解决。

网络安全涉及对网络安全损害、未经授权使用和开发的预防与控制等方面，并且在需要的情况下确保信息保密性、完整性和可用性的问题。在众多技术挑战中，最重要的是建立统一、权威、公平的技术标准体系和科学、严格的检测认证体系，主要做好以下几方面工作：

1）信息安全研究必须保证实用性。

2）从最开始就要考虑到安全问题，而且是保证各个环节的安全。

3）对组件、产品、服务和解决方案在全生命周期的安全性进行检查。

4）通过设计保护国家及个人隐私。

5）研究云安全。

6）研究信息物理系统（CPS）安全。

7）研究能源供应（如SCADA系统）和消费（如App软件）中的网络安全。

（3）发展智慧能源面对的管理体制方面的挑战

首先是广泛的利益相关方。智慧能源体系将影响到每个人和每个企业。虽然并不是每个人都将直接参与智慧能源的开发，但要让每个人和每个企业都能够理解智慧能源和解决他们的需求，需要各利益相关方付出的巨大的努力。其次是智慧能源体系的复杂性。智慧能源体系是一个非常复杂的开放的巨大系统。智慧能源体系有些地方需要人的参与和互动，有些方面则需要即时、自动地做出反应。智慧能源体系建设也将面临财政的压力、环境保护等各方面的挑战。再次是从管理层面确保智慧能源体系的网络安全。智慧能源的每个环节都必须是安全的。没有良好的管理制度、在线的风险评估、严格的培训制度和先进的网络安全技术是不能保证系统安全运行的。再有是标准方面达成共识。标准是建立在政府部门、监管机构、行业组织、企业等许多利益相关者协商一致基础之上的，这也需要时间的磨合，在标准方面达成共识也将面临挑战。

目前，我国能源价格主要由政府制定，其价格构成不尽合理，缺乏科学的价格形成机制，不能真实反映能源产品市场供求关系、稀缺程度及对环境的影响程度，缺乏对投资者、经营者和消费者有效的激励和约束作用。今后，需要逐步完善水电、风电、抽水蓄能等价格形成机制，出台电动汽车用电价格政策，促进清洁能源发展；同时，逐步实行分类电价、分时电价、阶梯电价、实时电价等电价制度[82]。

第14章 智慧能源发展的重点领域

近年来，各个领域的能源网络正在逐步迈入数字化、信息化、自动化、互动化、智能化的发展阶段，通过各领域的能源网络协调发展，提升能源网络整体的智能化水平，以实现能源生产开发清洁化、储存运输综合效益最优化、消费使用精益化和智能化，最终实现各种能源在现代经济社会中的协同开发、储运和利用，达到综合集成能源网络总体优化的目标。本章重点介绍能源网络及其主要领域数字化、信息化、智能化的发展情况。智慧能源的重点发展领域包括电网、煤炭、石油、天然气、煤气、交通、热力管网等能源网络各领域的数字化、信息化、自动化、互动化、智能化进展情况，以及能源公共服务与交易平台的构建。

14.1 加快推进智能电网建设

14.1.1 发展智能电网的重要意义

电力是我国能源发展战略布局的重要组成部分。电网是能源产业链的主要环节，是国家综合运输体系的重要组成部分。随着技术的不断进步和电力工业的发展，电网功能由单一的输配电物理载体功能将逐步扩展为促进能源资源优化配置、引导能源生产和消费布局、保障电力系统安全稳定运行及电力市场运营等多项功能。电网发展方向反映的已不仅是本行业、本领域的需求，更是各行各业共同作用的结果，是保障国家能源安全、清洁、高效和经济社会全面、协调、开放、可持续发展的必然要求[62]。

按照国际电工委员会（IEC）的智能电网架构及标准规划，智能电网、能源互联网、自然环境及社会网分别代表智能电网初级阶段、中级阶段和高级阶段三个不同的发展阶段，最终将实现智能电网、能源互联网、自然环境及社会网的高度协调与深度融合。这是IEC经过多次会议研究讨论后在国际范围内形成的广泛共识。所以，为了实现最终目标，在智能电网、能源互联网、自然环境及社会网的建设过程中统一规划及遵循开放性标准、架构显得非常重要。

从国外智能电网发展情况可以看出，世界各国提出的智能电网发展思路都是建立在各自国情基础之上，发展思路不尽相同。我国发展智能电网也必须立足于我国的能源资源条件、电网发展阶段、能源生产清洁化、能源消费精益化、能源技术进步及能源体制变革的基本国情，做好统一规划及遵循开放性标准、架构，抓住适当的时机，因地制宜，发展智能电网、能源互联网、自然环境及社会网。

(1) 我国能源资源总量匮乏、结构不均衡，发展智能电网有助于保障我国能源安全供应

我国一次能源结构不均衡，煤炭资源丰富而石油、天然气等资源相对匮乏。我国能源资源总量匮乏，人均资源拥有量仅为世界平均水平的40%左右，在能源资源的可持续供应方面存在较大压力。能源对外依存度高，目前我国是世界第二大石油消费和第三大石油进口国，预计2020 年我国能源资源缺口约合 6 ~8 亿 tec（吨标准煤），石油对外依存度将达到60%以上。

我国能源发展的供不应求、结构失衡、效率偏低、污染严重等突出问题和矛盾，推动了以风力、太阳能、地热能等清洁能源的开发利用。这在客观上要求电网必须适应能源结构的调整，提高电网的适应性、灵活性及开放性，满足国家能源发展战略的需要。

建设智能配电网，将为集中与分散并存的清洁能源发展提供更好的平台，促进清洁能源较快发展，进而有效增加我国能源供应总量。真正建设一个具有适应性、灵活性及开放性功能的智能电网可以促进电动汽车的规模化快速发展，促进风力发电、太阳能发电、分布式天然气发电与微网建设，优化我国能源供应和消费结构，降低对传统化石能源特别是石油的依赖，为经济社会可持续发展提供更加安全、更加优质的能源供应，保障国家能源安全、清洁、高效。

(2) 我国能源资源与需求呈逆向分布，发展智能配电网有利于提升配电网的多元化能源大范围资源优化配置能力

我国能源资源与能源需求呈逆向分布，80%以上的煤炭、水电和风能资源分布在西部、北部地区，而75%以上的能源需求集中在东部、中部地区。未来能源生产中心不断西移和北移，跨区能源调运规模和距离不断加大，能源运输形势更为严峻。一次能源资源与生产力布局不平衡的基本国情，客观上决定了我国能源供应的长期发展格局，必须在全国范围内优化资源配置。同时，必须发展分布式能源、微网、需求侧管理、需求响应、储能、节能、提高能效，进一步实现能源互联网。

(3) 我国风电规模化快速发展带来的电力系统安全稳定运行问题突出，发展智能配电网有助于提升系统的清洁能源接纳能力

目前，我国包括核电、水电、风电、太阳能在内的清洁能源约占一次能源产量的8.2%，但大部分为水电。近年来，清洁能源发电尤其是风电、太阳能发电增长速度较快，其中增速最快的是风电。

风能、太阳能等清洁能源发电具有波动性和间歇性的特点，其可控制性、可预

测性均低于常规火电，大规模接入电力系统将给系统调峰、并网控制、运行调度、功率预测、供电质量等带来巨大挑战。客观上需要在电源侧加大清洁气体能源发电的比例，合理调整电源结构。在配电网侧采用柔性直流配电技术对配电网进行合理分区，增强配电网的灵活性与适应性，初步建成主动配电网，进一步建成智能配电网。在负荷侧遵循开放性标准架构发展分布式能源、微网、需求侧管理、需求响应、储能、节能、提高能效，进一步实现能源互联网。

智能电网通过集成先进的信息和通信技术（ICT）、电力电子技术、自动化及储能技术，能够对包括清洁能源在内的所有资源进行准确预测和统筹安排，辅助决策全系统的能源消费形式，有效解决因大规模清洁能源接入而产生的电网安全稳定运行技术问题，提升电网接纳清洁能源的能力。

（4）我国经济社会发展面临巨大的节能减排压力，发展智能电网有助于推动低碳经济的发展

我国化石燃料燃烧产生的二氧化碳超过美国成为世界二氧化碳排放第一大国，约占世界总量的1/5。“富煤、贫油、少气”的能源资源条件，决定了我国以煤为主的能源结构在短期难以发生根本改变，未来二氧化碳排放增量依然巨大。

当前应对气候变化形势严峻，2009年底的哥本哈根会议讨论了后京都时代全球减排规则，可能成为全球走向低碳经济的标志。我国经济社会发展既面临来自外部的巨大减排压力，又面临着发展低碳经济和绿色经济的巨大挑战。

建设智能电网，首先可以提升电网适应不同类型清洁能源发展的能力，促进清洁能源开发和消纳，为清洁能源的广泛高效开发提供开放平台，在低碳经济发展中具有重要作用。其次，未来的智能配电网能够使电能在终端用户得到更加高效合理的利用，引领能源消费理念和方式的转变，从而适应低碳经济的发展要求。通过配电网智能化建设，推动友好互动的用户服务，推动储能电池充电技术的发展，促进和加速低耗节能设备、电动汽车和智能家电等智能设备大规模应用，有效改变终端用户用能方式，推动能源消费革命，提高低碳的电能在终端能源消费中的比例，减少化石燃料的使用，降低能耗并减少排放。同时，通过加强用户与电网之间的信息集成共享，电动汽车接入、双向电能交换等应用将进一步改善电网运营方式和用户电能的消费模式，推动低碳经济和节能环保的长足发展。

（5）我国电网处于快速发展阶段，发展智能电网有助于实现电网的可持续发展

我国仍处在工业化、城镇化快速发展时期，在今后相当长一段时期内电力需求将保持较快增长的态势，电网处于快速增长的发展阶段。而发达国家经济已步入成熟阶段，电力需求增速较缓；同时，对大规模、远距离能源传输要求低，电网建设与发展的压力相对较小。

由于长期的“重发、轻供、不管用”，加上近年来发电装机持续大规模投产，

目前，我国配电网发展严重滞后的矛盾没有根本缓解，配电网发展的任务还相当艰巨。如何在配电网向智能化发展趋势下，既保证配电网发展的技术先进性，又兼顾配电网的开放性、发展速度、发展效率与可持续发展能力，成为我国配电网发展亟待破解的战略问题。

建设智能配电网，在配电网规模快速发展的同时，依靠现代信息、通信和控制技术，实现技术、设备、运行、管理各个方面的提升，促进电网发展方式的深刻变革，推动电网的跨越式发展，向能源互联网、自然环境及社会网络迈进。

(6) 我国电工行业核心竞争力不足，发展智能电网有助于电力及相关行业技术进步及装备升级

近年来，我国电工行业迅速发展，培养出一批大型企业和集团公司，具备了先进电工设备的大规模生产制造能力和一定的设备研制、设计能力，整体技术水平有了长足的进步，设备国产化率不断提高。

然而，我国电工设备制造业的核心竞争力仍有待提高。电工行业的整体研发水平较低，科研投入不足，自主创新能力弱，部分核心技术来源依靠国外，高科技含量产品与国际先进技术差距较大，在自主知识产权、设计技术、关键设备制造等方面有待进一步提升。

智能电网将融合网络通信、传感器、电力电子和储能等高新技术，对于推动通信、信息、能源、新材料等高科技产业，推动新技术革命具有直接的综合效果。建设智能配电网，一方面将带动其上下游和周边衍生产业链，推动电力和其他产业结构调整，促进技术和装备升级；另一方面，将为国内电动汽车和智能家电等相关行业提供友好、公平的竞争平台，促进关联产业良性发展和新产业的涌现。

(7) 用户多元化需求不断涌现，发展智能配电网有助于提升和丰富电网的服务质量及内涵

配电网作为连接电源与用户的重要载体，其未来发展需更注重与用户间的沟通和互动，解决能源交易过程中的信息不对称竞争问题。随着生活水平的提高，居民对供电可靠性、电能质量、用电服务水平更加关注，对电力供应的开放性和互动性提出更高要求。微网、电动汽车、储能装置和分布式电源的推广应用，也要求电网能够兼容各类电源和用户的接入与退出。

目前，我国已初步形成了以现代电力技术、信息技术为基础的电力营销技术支持体系和多渠道服务接入体系。但是，随着电力市场机制的引入及分布式能源、微网电动汽车等大量复杂用户的接入，天然气管网、热力管网系统的现有技术还不能满足能源互联网建设的要求。用电信息采集系统建设标准化程度较低，电能表及采集终端形式多样、智能化水平不高。支撑用电信息采集系统和营销信息系统等营销核心业务运行的通信网络和信息网络，尚不能达到实用化要求，面向用户侧的通信

网络资源不足，智能电表尚未实现能量路由器的功能，距离真正的高级量测体系（AMI）还相关甚远，不能支撑主动配电网建设。

建设智能配电网，有利于提高电能质量和供电可靠性，创新商业服务模式，提升电网与用户双向互动能力和用电增值服务水平。智能配电网将为用户管理与互动服务提供实时、准确的基础数据，从而实现电网与用户的双向互动，加大用户参与力度，提升用户服务质量，满足用户多元化需求。智能配电网还应友好兼容各类电源和用户接入与退出，为电动汽车、用户侧分布式储能的应用推广提供广阔的发展空间，满足客户对分布式电源的接入需求，实现终端客户分布式电源的“即插即用”[64]。

14.1.2 我国关于促进智能电网发展的重要文件

2015年7月6日国家发展改革委、国家能源局联合发布了《国家发展改革委、国家能源局 关于促进智能电网发展的指导意见（发改运行［2015］1518号）》，提出以下指导意见。

一、发展智能电网的重要意义

发展智能电网，有利于进一步提高电网接纳和优化配置多种能源的能力，实现能源生产和消费的综合调配；有利于推动清洁能源、分布式能源的科学利用，从而全面构建安全、高效、清洁的现代能源保障体系；有利于支撑新型工业化和新型城镇化建设，提高民生服务水平；有利于带动上下游产业转型升级，实现我国能源科技和装备水平的全面提升。

二、总体要求

（一）指导思想

坚持统筹规划、因地制宜、先进高效、清洁环保、开放互动、服务民生等基本原则，深入贯彻落实国家关于实现能源革命和建设生态文明的战略部署，加强顶层设计和统筹协调；推广应用新技术、新设备和新材料，全面提升电力系统的智能化水平；全面体现节能减排和环保要求，促进集中与分散的清洁能源开发消纳；与智慧城市发展相适应，构建友好开放的综合服务平台，充分发挥智能电网在现代能源体系中的关键作用。发挥智能电网的科技创新和产业培育作用，鼓励商业模式创新，培育新的经济增长点。

（二）基本原则

坚持统筹规划。编制智能电网战略规划，发挥电力企业、装备制造企业、用户等市场主体的积极性，在合作共赢的基础上合力推动智能电网发展。

坚持集散并重。客观认识我国国情和能源资源赋存与消费逆向分布的实际，在进一步发挥电网在更大范围优化配置能源资源作用的同时，提高输电网智能化水平。

与此同时，加强发展智能配电网，鼓励分布式电源和微网建设，促进能源就地消纳。

坚持市场化。充分发挥市场在资源配置中的决定性作用，探索运营模式创新，鼓励社会资本进入，激发市场活力。

坚持因地制宜。各地要综合考虑经济发展水平、能源资源赋存、基础条件等差异，结合本地实际，推进本地智能电网发展。

（三）发展目标

到2020年，初步建成安全可靠、开放兼容、双向互动、高效经济、清洁环保的智能电网体系，满足电源开发和用户需求，全面支撑现代能源体系建设，推动我国能源生产和消费革命；带动战略性新兴产业发展，形成有国际竞争力的智能电网装备体系。

实现清洁能源的充分消纳。构建安全高效的远距离输电网和可靠灵活的主动配电网，实现水能、风能、太阳能等各种清洁能源的充分利用；加快微网建设，推动分布式光伏、微燃机及余热余压等多种分布式电源的广泛接入和有效互动，实现能源资源优化配置和能源结构调整。

提升输配电网络的柔性控制能力。提高交直流混联电网智能调控、经济运行、安全防御能力，示范应用大规模储能系统及柔性直流输电工程，显著增强电网在高比例清洁能源及多元负荷接入条件下的运行安全性、控制灵活性、调控精确性、供电稳定性，有效抵御各类严重故障，供电可靠率处于全球先进水平。

满足并引导用户多元化负荷需求。建立并推广供需互动用电系统，实施需求侧管理，引导用户能源消费新观念，实现电力节约和移峰填谷；适应分布式电源、电动汽车、储能等多元化负荷接入需求，打造清洁、安全、便捷、有序的互动用电服务平台。

三、主要任务

（一）建立健全网源协调发展和运营机制，全面提升电源侧智能化水平

加强传统能源和新能源发电的厂站级智能化建设，开展常规电源的参数实测，提升电源侧的可观性和可控性，实现电源与电网信息的高效互通，进一步提升各类电源的调控能力和网源协调发展水平；优化电源结构，引导电源主动参与调峰调频等辅助服务，建立相应运营补偿机制。

（二）增强服务和技术支撑，积极接纳新能源

推广新能源发电功率预测及调度运行控制技术；推广分布式能源、储能系统与电网协调优化运行技术，平抑新能源波动性；开展柔性直流输电技术试点，创新可再生能源电力送出方式；推广具有即插即用、友好并网特点的并网设备，满足新能源、分布式电源广泛接入要求。加强新能源优化调度与评价管理，提高新能源电站试验检测与安全运行能力；鼓励在集中式风电场、光伏电站配置一定比例储能系统，鼓励因地制宜开展基于灵活电价的商业模式示范；健全广域分布式电源运营管理体系，完善分布式电源调度运行管理模式；在海岛、山区等偏远区域，积极鼓励发展分布式能源和微网，解决无电、缺电地区的供电保障问题。

（三）加强能源互联，促进多种能源优化互补

鼓励在可再生能源富集地区推进风能、光伏、储能优化协调运行；鼓励在集中供热地区开展清洁能源与可控负荷协调运行、能源互联网示范工程；鼓励在城市工业园区（商业园区）等区域，开展能源综合利用工程示范，以光伏发电、燃气冷热电三联供系统为基础，应用储能、热泵等技术，构建多种能源综合利用体系。加快源-网-荷感知及协调控制、能源与信息基础设施一体化设备、分布式能量管理等关键技术研发。完善煤、电、油、气领域信息资源共享机制，支持水、气、电集采集抄，建设跨行业能源运行动态数据集成平台，鼓励能源与信息基础设施共享复用。

（四）构建安全高效的信息通信支撑平台

充分利用信息通信技术，构建一体化信息通信系统和适用于海量数据的计算分析和决策平台，整合智能电网数据资源，挖掘信息和数据资源价值，全面提升电力系统信息处理和智能决策能力，为各类能源接入、调度运行、用户服务和经营管理提供支撑。在统一的技术架构、标准规范和安全防护的基础上，建设覆盖规划、建设、运行、检修、服务等各领域信息应用系统。

（五）提高电网智能化水平，确保电网安全、可靠、经济运行

探索新型材料在输变电设备中的应用，推广建设智能变电站，合理部署灵活交流、柔性直流输电等设施，提高动态输电能力和系统运行灵活性；推广应用输变电设备状态诊断、智能巡检技术；建立电网对冰灾、山火、雷电、台风等自然灾害的自动识别、应急、防御和恢复系统；建立适应交直流混联电网、高比例清洁能源、源-网-荷协调互动的智能调度及安全防御系统。根据不同地区配电网发展的差异化需求，部署配电自动化系统，鼓励发展配网柔性化、智能测控等主动配电网技术，满足分布式能源的大规模接入需求。鼓励云计算、大数据、物联网、移动互联网、骨干光纤传送网、能量路由器等信息通信技术在电力系统的应用支撑，建立开放、泛在、智能、互动、可信的电力信息通信网络。鼓励交直流混合配用电技术研究与试点应用，探索配电网发展新模式。

（六）强化电力需求侧管理，引导和服务用户互动

推广智能计量技术应用，完善多元化计量模式和互动功能；推广区域性自动需求响应系统、智能小区、智能园区以及虚拟电厂定制化工程方案；加快电力需求侧管理平台建设，支持需求侧管理预测分析决策、信息发布、双向调度技术研究应用；探索灵活多样的市场化交易模式，建立健全需求响应工作机制和交易规则，鼓励用户参与需求响应，实现与电网协调互动。

（七）推动多领域电能替代，有效落实节能减排

推广低压变频、绿色照明、企业配电网管理等成熟电能替代和节能技术；推广电动汽车有序充电、V2G（Vehicle-to-Grid）及充放储一体化运营技术。加快建设电动汽车智能充电服务网络；建设车网融合模式下电动汽车充放电智能互动综合示范工程；鼓励动力电池梯次利用示范应用。鼓励在新能源富集地区开展大型电采暖替代燃煤锅炉、大型蓄冷（热）、集中供冷（热）站示范工程；推广港口岸电、热泵、家庭电气化等电能替代项目。

（八）满足多元化民生用电，支撑新型城镇化建设

建设低碳、环保、便捷的以用电信息采集、需求响应、分布式电源、储能、电动汽车有序充电、智能家居为特征的智能小区、智能楼宇、智能园区；探索光伏发电等在新型城镇化和农业现代化建设中的应用，推动用户侧储能应用试点；建立面向智慧城市的智慧能源综合体系，建设智能电网综合能量信息管理平台，支撑我国新城镇新能源新生活建设行动计划。

（九）加快关键技术装备研发应用，促进上下游产业健康发展

配合"互联网+"智慧能源行动计划，加强移动互联网、云计算、大数据和物联网等技术在智能电网中的融合应用；加快灵活交流输电、柔性直流输电等核心设备的国产化；加紧研制和开发高比例可再生能源电网运行控制技术、主动配电网技术、能源综合利用系统、储能管理控制系统和智能电网大数据应用技术等，实现智能电网关键技术突破，促进智能电网上下游产业链健康快速发展。

（十）完善标准体系，加快智能电网标准国际化

加快建立系统、完善、开放的智能电网技术标准体系，加强国内标准推广应用力度；加强智能电网标准国际合作，支持和鼓励企业、科研院所积极参与国际行业组织的标准化制定工作，加快推动国家智能电网标准国际化。

四、保障措施

（一）加强组织协调，统筹推动智能电网发展

一是建立组织协调机制。加强政府部门间协调，研究落实支持智能电网发展的财税、科技、人才等扶持政策，加强国际交流与合作，推动智能电网技术、标准和装备走出去。二是建立科技创新机制。充分发挥政府、企业和高校科研机构的作用，加强顶层设计，建立开放共享的智能电网科技创新体系。

（二）加大投资支持力度，完善电价机制

一是加大投资支持力度。加大国有资本预算支持力度；研究设立智能电网中央预算内投资专项，支持储能、智能用电、能源互联网等重点领域示范项目。二是促进形成多元化投融资体制。鼓励金融机构拓展适合智能电网发展的融资方式和配套金融服务，支持智能电网相关企业通过发行企业债等多种手段拓展融资渠道。鼓励并引进推广智能电网新技术、新产品，从成果转化的效益中提出一定份额用于技术创新的再投入。三是鼓励探索灵活电价机制。结合不同地区智能电网综合示范项目，提供能反映成本和供需关系的电价信号，引导用电方、供电方及第三方主动参与电力需求侧管理。在电力价格市场化之前，鼓励探索完善峰谷电价等电价政策，支持储能产业发展。

（三）营造产业发展环境，鼓励商业模式创新

一是建立产业联盟推动市场化发展。发挥政府桥梁纽带作用，支持建立产业联盟，促进形成统一规范的技术和产品标准，构建多方共赢的市场运作模式。二是鼓励智能电网商业模式创新。探索互联网与能源领域结合的模式和路径，鼓励将用户主导、线上线下结合、平台化思维、大数据等互联网理念与智能电网增值服务结合。依托示范工程开展电动汽车智能充电服务、可再生能源发电与储能协调运行、智能用电一站式服务、虚拟电厂等重点领域的商业模式创新。

14.1.3　促进智能电网发展的主要工作

智能电网是开放的并且不断发展的平台。随着能源转型及推动能源生产与消费方式变革的需要，智能电网建设也要遵循开放性标准及新型架构向能源互联网、自然环境及社会网络的高级发展阶段迈进。具体体现在以下两方面：

首先，由于能源互联网是推动能源生产和消费模式变革的重要手段，所以要积极推动能源互联网的建设。能源互联网的建设将以需求导向、创新驱动、开放协作、因地制宜、试点先行为原则，以发展可再生能源、分布式能源、微网、需求侧管理与需求响应，提高能效、节能减排为切入点，推动先进信息和通信技术与能源基础设施深度融合。

其次，推进能源信息交互和服务平台的建设，逐步实现能量、信息和金融等资源深度融合；重点抓好能源互联网产业体系、标准体系构建和关键技术的研究。从能源的角度，逐步实现清洁能源就地收集、就地存储、就地使用；从信息的角度，逐步实现能源信息就地采集、就地分析处理、就地平衡。

促进智能电网发展具体需要做好以下几个方面的工作：

（1）加快能源互联网体系架构及关键技术研究

构建完善的能源互联网网络系统架构、能源体系架构、IT体系架构、安全体系、运维体系及标准体系等能源互联网框架体系，奠定能源互联网系统研究的基础。

大力推进新能源及可再生能源生产设施、储能设施、并网设施及能源网络关键技术的研究，促进新能源的广泛应用；逐步建成适应我国国情的安全、可靠、高效、可控的新型能源网络架构；在过电压、大功率、高可靠、智能化的电力电子器件方面取得突破。

重点研究已有信息资源的集成和整合，加强能源数据治理，提高数据质量，构建支撑能源互联网安全、稳定、可靠运行的大数据分析与云计算系统。利用大数据分析用户对能源价格、服务质量的反应，设计有针对性的能源交易价格及能源激励机制。

（2）重视技术标准的开放性与协调性

梳理能源领域与信息领域的相关标准，并针对两者的融合研制共性关键技术标准，与国际、国内智能电网标准协调，逐步建成开放、互操作的标准体系，尤其要重视技术标准的协调性。

（3）加强园区及新能源城市能源基础设施建设

要适应不同区域和应用的需求，开展基于太阳能、风能等分布式可再生能源的能源互联网试点，开展基于太阳能、风能等分布式可再生能源的能源互联网多种形式的试点应用。

融合多种技术，构建由移动通信网络、光纤固定接入网络、电力线通信等各项能源设施构成的基础接入网络，由大容量光纤网络构成的信息汇集和传输网络，由大容量高速路由器构成的核心信息交换网络。

（4）提高能源生产的智能化与能源消费的精益化水平

鼓励能源生产企业建设智能工厂，采集工厂的运行过程数据、设备状态特征、能源运输存储等信息。鼓励能源企业通过大数据技术对设备状态、电能负荷等数据进行分析、挖掘与预测，开展精准调度、设备状态评估、故障判断和预测性维护，提高能源利用效率和安全稳定运行水平。

建立基于互联网的能源生产调度信息公共平台，促进电厂之间、电厂与电网信息对接，支撑电厂生产和电网规划决策，助力实现全国范围内非化石能源与化石能源协同发电，切实解决弃风、弃水、弃光问题。

（5）有序开放能源交易

推进电力价格体系逐步完善，逐步放开公益性和调节性以外发电计划，逐步放开输配环节以外的竞争性环节电价，开展能源价格市场化区域试点，建立基于能源互联网的供需信息实时交互机制，推广实时电价。

（6）通过需求侧管理与需求响应实现智慧用能

构建不同市场主体共同参与的以各类能源存储设施（储冷、储热、储电等）为中心的能源削峰填谷网络，加强智慧能量管理与服务系统，以实现能源的平稳供应，进而实现能源的有效利用，提升能源效率。

在用户间普及负荷互济，探索基于直购电批发等模式，推行用户的电网削峰，探索发展虚拟电厂调峰交易模式。鼓励在用户侧实现“智能用电”，按照《电力需求侧管理平台建设技术规范（试行）》要求，实现用电在线监测并接入国家平台，逐步实现用户通过网页、App 软件等互联网方式登陆云平台管理和控制各用能设备和节点。

（7）加强能效管理

加强工商业能效管理，提高工商业企业用能效率；构建能效监控平台，提升能量管理水平。以能源灵活交易为出发点，通过需求响应与负荷互济建立工商业、企事业单位的需求侧管理。

（8）培育新模式新业态

鼓励社会资本以混合所有制（即 PPP）、独资等形式投资成立新的发售电主体；大量吸纳拥有分布式电源的用户或微网系统参与电力交易；引导供水、供气、供热等公共服务行业和节能服务公司等提供售电业务；支持符合条件的高新产业园区或经济技术开发区组建售电主体向用户销售。

14.2 推进能源网络智能化

近年来，各领域的能源网络正在逐步迈入数字化、信息化、自动化、互动化智能化的发展阶段，通过各领域的协调发展，提升能源网络整体的智能化水平，以实现能源生产开发清洁化、存储和运输综合效益最优化、消费使用智能化，实现各种能源在现代经济社会中的协同开发、储运和利用，达到能源网络总体优化的目标。

14.2.1 煤炭行业的清洁化、智能化发展

1. 必要性和可行性

目前，我国国民经济正处于快速发展时期，对能源的需求量也在不断增加，煤炭企业集团纷纷向着实现煤炭集团大型化和煤矿井大型化及安全、清洁、高效、节能、集约化方向发展。为实现这一目标，就必须加快煤矿信息化与自动化建设步伐，并通过信息化和自动化的融合从根本上解决煤炭生产相对落后局面。

近几年，煤矿机电装备的技术改造升级，自动控制、传感器、计算机、网络、电力电子等技术的发展，国内众多厂商和煤矿在系统和综合自动化建设的实践，为煤炭企业集团实现综合自动化奠定了基础。

加快煤炭企业集团自动化建设的步伐，对于扭转我国煤炭企业整体落后的局面，促进煤炭企业的信息化与工业化的融合，推动煤炭企业产业升级，实施洁净煤燃烧技术，建立本质安全型矿井，增加效益，降低能耗，提高煤炭企业的核心竞争力，有着举足轻重的意义。为此，必须通过产业升级、采用先进适用技术，对矿井生产、安全系统进行自动化改造。

针对煤矿企业人员多、效率低的问题，采用设备、系统集中控制的方式，实现减人提效的目的。针对煤矿企业生产环节多、安全差的问题，研发人本安全的保护技术，实现人本安全。针对煤矿企业设备能耗高、效益低的问题，研发变频、优化等控制技术，实现节能降耗。

2. 自动化和信息化的发展趋势

1）国内的煤改工作相继展开，煤改工作的推进和完成，意味着我国煤炭行业集中度将会大幅度提高。我国大型煤矿采掘机械化程度将达到95%以上，中型煤矿达到80%以上，小型煤矿机械化、半机械化程度达到40%。煤炭行业集中度的提高必然带来煤矿规模的扩大，这也将推动煤炭自动化的大发展。

2）国内煤炭安全生产的问题一直是备受各方关注的。随着国家对煤矿生产安全的重视，煤矿企业对于煤炭自动化机械设备的需求越来越高，尤其是安全类设备。同时，随着劳动力成本的上升，煤矿企业对于自动化技术的需求也将会大幅增长，提高煤矿生产的自动化水平将会成为煤炭行业的一个发展趋势。

3）传感器技术的发展，使煤矿生产、安全、管理、营销等可采集的信息种类大大增加，而且这些信息以数字的形式通过网络传输，使信息得到更大的共享。由于网络技术的发展，数字、语音、视频等信息可以在同一个网络平台上传输，使各种信息得到高度的集成。因此，生产、安全、管理的信息可以互相得到利用，使采集到的信息可以发挥更大的作用。如果矿井机电设备实现远程自动控制，就可以减少井下作业人员，实现少人甚至无人。这是煤炭工业自动化、信息化追求的主要目标，现在只有少数矿井部分设备已实现了无人操作。

4）信息融合技术将渗透到生产、安全与经营各个层面，利用智能专家系统、现代企业管理理论，形成安全、生产、管理、营销各种决策支持系统，最终达到矿井高度信息化、自动化、高安全、高可靠、高效率及高效益的目的。由于井下人员流动性大，有的设备在生产中又是移动的，为了实时采集到信息或进行控制，移动设备和无线网络就成为煤矿自动化、信息化的另一发展趋势。

3. 智能化矿山的实践

（1）基本概念

智能化矿山是指将矿山中的固有信息（即与空间位置直接有关的固定的信息，如地面地形、井下地质、开采方案、已完成的井下工程等）数字化，按三维坐标组织起来一个数字矿山，全面、详尽地刻画矿山及矿体。在此基础上嵌入所有相关信息（即与空间位置有关的相对变动的信息，如储量、安全、机电、人事、生产、技术、营销等），组成意义更加广泛的多维的数字矿山。

智能矿山包含三方面的意义：数字化的矿山、信息化的矿山和精益化的矿山。

1）数字化的矿山。即对真实矿山整体及其相关现象的统一性认识与数字化再现。基于钻孔数据、补勘数据、地震数据、设计数据、开挖揭露数据及各类物探、化探数据等，建立矿山井田、矿体与采区巷道及开挖空间矢栅整合的三维（3D）整体模型与重点细节模型。

2）信息化的矿山。在统一时间坐标与空间框架下，科学、合理地组织各类矿山信息，将海量异质的矿山信息资源进行全面、高效和有序的管理和整合。

3）精益化的矿山。在信息集成、应用集成的基础上，实现流程优化，完成企业转型，由劳动密集型转向技术密集型，并最终实现知识密集型的目标。通过技术创新，结合煤炭行业的具体实践，带来思维方式、管理模式上创新，建立一种全新的精益化的煤炭生产、管理体系。

（2）发展方向和特点

现代化矿山的核心是信息，是对各种信息的采集、传输、应用和反馈的闭环过程。随着计算机技术、网络技术的发展，所有的信息都将以数字的方式表现出来，其应用的最终价值将体现在矿井安全生产自动化（管控一体化）上，体现在企业的减员增效、保障安全上。

智能化矿山的主要特征是矿山的高度信息化、自动化、高效率、高安全和高效益。

1）信息化。信息是未来煤矿企业的重要战略资源，拥有全面、完整、准确的信息是企业提高生产能力，保证安全，提高管理水平、市场应变能力和竞争能力的重要保障。

2）数字化。由于信息是以数字的形式进行采集、处理、传输和应用的，因此生产、安全、管理、市场等信息可以在一个统一的平台上进行传输和交流，使所采集的信息得到更大的增值。

3）自动化（管控一体化）。实现管控一体化之后，把生产、安全和管理有机融合在一起，在管理层可以实时采集许多生产、安全的信息，也可以得到许多信息的变化趋势，为信息化或数字矿山奠定基础。在此基础上，利用一些先进的控制理论建立煤矿安全生产所需的决策支持系统，实现矿井安全、生产和效益的多目标优化和全矿井自动化，最终建成无人化矿井。

（3）发展目标

1）应用计算机技术、网络技术、信息技术、控制技术、智能技术和煤矿生产工艺技术，实现企业的经营、生产决策、安全生产管理和设备控制等信息的有机集成。

2）通过应用软件，实现经营管理科学化，生产计划、生产安全调度、生产过程控制最优化。

3）保证煤矿生产安全，提高产量和质量，提高企业经济效益和竞争力。

4）提高客户多种要求的响应能力。

(4) 发展重点

煤矿信息化建设，需要从以下七个方面进行集成：

1）矿产资源信息和矿山设计、矿井建设及开采过程的数字化、可视化。

2）煤矿生产过程监控、全矿井生产安全环境监测、生产过程信息综合利用等方面的网络化、自动化和智能化。

3）各种检测仪器仪表、自动化设备在恶劣生产环境中的安全可靠应用，以及设备间的关联信息共享。

4）图像监视和传输的数字化。

5）煤炭企业管理信息化及电子商务系统。

6）基于信息融合技术的渗透到生产、安全与经营各个层面的决策支持系统。

7）矿区信息网络系统建设等。

(5) 信息平台建设

1）统一传输网络平台。统一传输网络平台的建设，解决了传统方式下各子系统单独传输、信息相对独立、系统相对独立的缺点，实现了矿井安全生产信息化，确保了矿山安全、高效的生产，为数字矿山的建设打下了良好的基础。

2）数据仓库平台。由于数字矿山子系统众多，未来的发展需要对子系统的数据进行综合分析和数据挖掘。因此，从一开始就利用数据仓库具有的海量数据存储能力，利用联机分析处理（On-Line Analysis Processing，OLAP）和数据挖掘技术进行强大的多维数据分析，为实现管理的决策支持功能提供条件。

3）地理信息平台。地理信息平台是以基础地理信息资源为基础，以地理空间框架数据为核心，利用现代信息技术建立一个面向全矿山的开放式的信息服务平台。

4）系统集成平台。数字矿山的系统集成技术泛指实现系统集成服务所涉及的所有技术，包括信息集成、物理集成、应用集成。系统集成技术，使不同部门、不同专业、不同层次的人员，在信息资源方面达到高度共享；在此基础上，实现不同专业、不同部门的有机联系和优化控制，实现地理、生产、安全、调度、管理等相关学科集成和价值集成。

(6) 生产综合自动化系统

瞄准国际先进水平，以高产、高效、大型、现代化矿井为建设目标，借鉴其他矿井的成熟经验，建立煤炭生产的核心业务系统。其目标是，实现除采煤环节外，运输、供电、供排水、通风、洗选等生产环节无人值守、无固定岗位工，从而大量减少生产及辅助人员；通过对矿井环境参数的全面实时监测，及时对瓦斯浓度过高、透水等潜在危险进行预防处理，有效杜绝恶性事故的发生，保障生产安全；通过及时、准确地获取井下各个区域人员及设备的动态情况，增强安全生产工作的主动性和预见性，提高应急救援工作的效率；降低生产过程中设备的故障率，并有效提高故障处理能力，增加正常生产时间，充分发挥设备的能力；通过生产全过程闭锁控制及使用无线通信系统，保证各生产环节的协调运行，提高生产效率、减少设备的无效运行时间，从而减少电、水、气等能耗。

建设企业生产综合自动化系统，包括矿井综合自动化系统、生产动态监测系统、工业电视系统、安全监测系统、人员定位系统、小灵通系统等，实现生产数据采集传输，满足安全生产监测、监控要求。

1）矿井综合自动化系统。实施矿井综合自动化系统，要做到各环节全面自动化。即，在采煤、掘进、运输、通风、排水、供电、原煤加工及装车外运八个生产环节，实现综合自动化。其中，“采煤、掘进”环节实现工作面生产自动化控制、地面集中监测；“运输、原煤加工及装车外运”环节实现地面集中控制、无固定岗位工；“通风、排水、供电”环节实现三遥控制，无人值守。

2）生产动态监测系统/工业电视系统。生产动态监测系统/工业电视系统，不仅要实现实时地面调度室监视各矿、洗煤厂、装车站的主要流程、关键环节，实现主要生产过程的可视化；也要实现井下工作人员了解地面生产的可视化，各级管理人员能够及时掌握生产过程实时信息，对生产现场实时事件具有更高的响应能力，保证和改善生产作业流程的协同性 。

3）安全监测系统。在矿井安全生产中，特别是在预防矿井“一通三防”重大灾害方面，安全监控系统可以发挥了积极的作用。企业领导与相关业务部门、矿领导与矿业务科队均可通过局域网查看各矿实时动态、相关报表、报警数据等信息。

4）井下小灵通系统。井下小灵通系统要实现地面、井下及矿井与企业总部整体覆盖、统一组网，大大地提高管理效率；实现井下人员快速调度，提高井上、井下事故应急处理能力。它可以解决各矿井的生产、指挥、调度、突发事件的通信困难，实现“安全、快速、优质、高效”。

5）人员定位系统。人员定位系统能够及时、准确地将井下各个区域人员及设备的动态情况反映到地面计算机系统，使煤矿管理人员能够随时掌握井下人员、设备的分布状况和每个矿工的运动轨迹，以便于进行更加合理的调度管理。当事故发生时，救援人员也可根据人员定位及安全监测综合系统所提供的数据、图形，迅速了解有关人员的位置情况，及时采取相应的救援措施，提高应急救援工作的效率。

14.2.2 石油行业的智能化发展

1. 必要性和可行性

石油行业是一个跨学科、多专业相互配合的高度技术密集型行业。石油行业的信息化一直伴随着石油行业发展，并发挥了巨大的作用。20 世纪中期，计算机技术已经在石油勘探领域得到了较为广泛的应用，并收到了显著的效果；随后，在油气田生产及其他石油工业的各个领域，信息技术也逐步得到应用。目前，数字油田建设已成为众多石油企业，特别是上游油田企业信息化建设的核心内容。

随着信息技术和自动化工艺的不断发展，生产自动化系统在油田生产中的应用越来越广，为油田高效开发、降低消耗、安全生产、减轻员工劳动强度、提高工作效率和管理水平提供了可靠的保障。油气田自动化系统可分为两部分：一是用来完成过程控制和数据采集的数据采集与监视控制（SCADA）系统或分布式控制系统（DCS）；二是用来保护工艺设备和人身安全、保护环境、减少和避免事故发生的紧急停车（ESD）系统。

数字油田是石油企业特别是上游企业信息化发展的产物，是内因与外因共同作用的结果，是油田信息化建设进程中的必经阶段。实际需求是建设数字油田的内因，而技术的发展为数字油田创造了条件。对于下游企业，数字石化有着与数字油田相类似的发展因素和战略目标。

数字石化的提出有着深刻的需求背景，富有明确的战略意义，其最终目的是支持石油企业自身的高效持续发展。我国的石油、天然气开发与利用已经进入了二次创业时期，在油气开发方面，剩余油气藏普遍存在于复杂的生储盖地质环境中，具有埋藏更深、更隐蔽、更难开采的特点；在油气加工方面，随着原油价格的迅速攀升，石化企业生产成本不断上涨。中国的三大石油石化集团已经进入国际市场，已经从计划经济模式走到了国际竞争的前缘，正在承受着日益加大的来自国际石油行业的竞争压力，以低劳务成本取胜不会是永远的优势。数字石化建设对提高油气开发与加工能力和管理决策水平、降低经营风险具有重大意义。另外，数字油田和数字石化也是石油石化企业全面升级与再造的需要。这些需求越来越迫切、越来越复杂、越来越苛刻，只有建设全面数字化的油田和企业才是最终的解决之道。

2. 自动化和信息化的发展趋势

(1) 全方位支持勘探技术突破瓶颈，实现数字盆地

信息技术必须为实现勘探目标提供全方位、全过程的支持。目前，盆地精细地质研究等关键技术的发展，迫切需要在信息技术的全力支持下寻求突破。信息技术不仅要继续为油气勘探提供高强度的计算能力，还要提高地震资料等海量数据的存储与管理水平，为全过程共享勘探信息搭建环境，最终实现数字盆地、数字区带和数字圈闭。

(2) 为油气田开发技术现代化提供基础保障，建设数字油（气）藏

在多学科油藏研究和现代化油藏管理等可提高油气田开发水平的关键技术攻关方面，信息技术必须充分发挥应有的作用，必须依靠信息技术实现描述、预测和评价的定量化。近期，着重解决基础数据质量控制和共享问题，搭建应用软件平台，

完善信息管理系统，推动油气田开发技术现代化，早日实现“数字油（气）藏”的目标。

（3）将信息一体化作为勘探开发一体化的纽带，实现成果共享

勘探开发一体化的重要基础之一是信息一体化。从勘探阶段的粗犷模型评价，到开发阶段的精细地质模型描述，模型的建立、演化、完善和再认识等各阶段工作成果的继承是至关重要的。这不仅关系到工作的质量和效率，更直接体现为经济效益。信息化建设，要为勘探开发一体化提供全程信息共享的支持平台，用信息技术推动模型的演变，用信息对模型进行精雕细刻。

（4）规划数字地面建设，辅助科学决策，实现地上地下一体化

地面工程建设是一个不断认识、不断深化的过程，需要反复地对所涉及的信息进行精细的研究。数字化地形图等基础地理信息数据库、原油集输等地面工程信息系统，都是依靠地理信息系统（GIS）等信息技术实现的，并且已经见到了很好的效果。今后要通过建立有效的数据资源更新维护机制，准确、动态地反映油气田地面信息的演变，为地面工程的规划决策提供保障。同时，要进一步加强与勘探、开发信息的共享，加快“数字地面工程”建设，实现“地上地下一体化”的目标。

（5）为建立完善现代企业制度奠定基础，推动流程再造

信息化建设是建立和完善现代企业制度的必要基础。信息技术能够加快经营管理信息的传递速度，提高业务流程的运行效率，明确责任和义务，实施有效监控，规范流程运作，强化内部管理。要继续大力发掘管理信息系统的潜力，以信息化带动业务和技术流程的整合与再造，全面实施企业资源计划（ERP）系统，打造现代化石油企业。

3. 智能油田的实践

智能油田是数字油田的高级阶段，可以实现实时监测、实时数据采集、实时解释、实时决策与优化的闭环管理，可以将油井、油田及相关资产相互联系起来统筹经营与管理。因此。智能油田是提高采收率的有效途径和发展方向，特别是在注剂比较昂贵的情况下更是如此。目前，随着油藏动态监测技术、水平井油井管理及建立在水平井基础上的油藏管理技术的进步与成熟，智能油田提高采收率的前景已经十分明朗。

（1）基本概念

智能油田的基本概念和发展方向就是将涉及油气经营的各种资产（油气藏等实物资产、数据资产、各种模型和计划与决策等），通过各种行动（数据采集、数据解释与模拟、提出并评价各种选项、实施等），有机地统一在一个价值链中，形成虚拟现实表征的智能油田系统。人们可以实时观察到油田的自然和人文信息，并与之

互动。

智能油田就是实现全面感知、自动操控、趋势预测和优化决策的油田。智能油田借助先进的计算机技术、自动化技术、传感技术和专业数学模型，建立覆盖油田各业务环节的自动出力系统、模型分析系统和专家系统。

智能油田概念的提出，表明油气田开发将进入智能化、自动化、可视化、实时化的闭环新阶段。

（2）发展需求

现在很多关于数模、试井、GIS、油气藏动态分析、油藏经营管理系统等石油工程软件已经发展得比较完善，但是这些软件分析都是相对独立的，所有这些软件的相关数据得不到很好的综合利用。石油工程信息技术的发展方向是，将这些相对独立的系统集成起来以更好地进行综合分析和动态预测，来支持决策和信息共享。智能油田系统的产生和发展顺应了这一发展趋势，智能油田系统是以系统集成、信息共享、分布式网络、安全稳定的数据为宗旨，以信息技术为支撑，以油田信息为数据源，以互联网为传输媒介，以管理决策和信息共享为目标的现代化油田信息管理系统。我国的油田数字化系统起步比较晚，大多数还停留在以二层 C/S 模式的体系基础之上。而二层 C/S 体系结构本身的局限性是限制智能油田系统发展的一个重要因素。因此，寻求一种新的体系模式来开发智能油田系统是十分必要的。

智能油田系统为各个能源公司和其供应商之间实现信息交流和自动化操作提供了一种基于网络的解决方案，使油田操作管理中一些复杂的工作流程简单化，并且使各个相关部门进行团队合作，从而能更合理有效地利用各种油田资源，提高资源利用率和经济效益。无论是勘探、钻井、开发、决策还是销售部门，利用油田数字化系统，都可以大大提高生产效率。

（3）主要任务

建立智能油田是一个系统工程，而建立数据银行和信息平台是建立智能油田的基础。智能油田的核心，是将油气发现与开发工作从历史性分类资料的顺序处理改变成实时资料的并行处理，利用实时数据流结合创新型软件的应用和高速计算机系统，建立快速反馈的动态油藏模型；并将这些模型配合遥测传感器、智能井和自动控制功能，让经营者更直接地观察到地下生产动态和更准确地预测未来动态变化；以便提高产量和进行有效的油田管理，实现各种层次的闭环优化管理，最终实现全油田范围的实时闭环资产经营管理。

智能油田建设的工作重点是数据挖掘、知识管理、过程控制和人工智能。通过建立覆盖油田各专业的知识库和分析决策模型，为油田生产管理和辅助决策提供智能化手段，实现数据知识共享化、科研工作协同化、生产过程自动化、系统应用一体化、生产指挥可视化、分析决策科学化。

智能油田建设主要有四项主要任务：一是开展智能油田信息平台研究和建设，为智能油田应用提供协同工作环境和决策平台；二是开展油田生产运行预警体系研究，建立油田生产现场和管理过程的预警关键指标库；三是开展油田专家知识信息体系研究，建立覆盖油田勘探开发生产过程的计算机辅助决策模型库，以及研发计算机辅助决策支持系统；四是开展油田生产数据挖掘和集成分析研究，通过旧数据新计算获取对油藏地质新认识，实现油田高产、稳产。

（4）关键技术突破

智能油田的主要研究内容包括，智能油田的总体技术框架、GIS 在油田的应用、多学科地质模型研究、勘探开发业务与信息一体化模式、信息基础设施体系、企业信息门户（Portal 系统）、海量数据存储方案、虚拟现实技术的应用、数据与应用系统的标准体系、企业的数字化概要模型，以及信息流、业务流、物流、知识管理、协同环境、决策支持等业务模型和人力资源的数字化及智能油田的发展战略等。

（5）架构体系

广义智能油田的结构划分为环境层、数据层、专题库层、模型层、应用层、集成层和战略层七个层次。其中，数据层包含源数据子层、专业主库子层和数据仓库子层三个分层次。

1）环境层，是智能油田的最底层，主要是指信息化基础设施，包括计算机系统、网络、电子邮件等公共系统。它为智能油田提供全方位的信息技术支持。

2）数据层，处于智能油田结构的底部，为智能油田提供数据支持。数据层的主要内容是各类数据库和非结构化数据体，以及组织、管理这些数据的基础平台（数据仓库等）。这些数据是构建油田模型的基础信息，主要包括基础地理信息数据和油田研究、生产、经营管理数据。

数据层被分成三个子层，各个子层的数据由下至上逐渐集中。源数据分布在整个油田的各级单位和岗位，但以基层为主。源数据库系统是智能油田的前端信息采集器和存储器。专业主库是以油田工程和管理单元划分的若干类源数据的汇总，可供一定范围内的单位使用，并由它们进行日常管理。数据仓库的作用是完成油田各类数据的整合与调度。其中一个重要部分是元数据库。

3）专题层，主要包括各类专题数据库。专题数据库是指面向不同应用或研究主题而专门抽取的项目数据库或专题数据库。实际上，专题库中的内容在数据层已经存储，设置专题库是为了应用方便和保证数据层的稳定性及相对独立性。这种双层数据结构的合理性已经被有经验的用户群普遍认可和被实践所证明。

4）模型层，定义了油田的地质模型和企业模型。这些模型是在丰富的信息基础（数据层和专题库层）上建立的。通过这些模型实现了智能油田的仿真和互动功能。

地质模型以数字地球模型为参考和基础。

5）应用层，由油田的石油专业和经营管理两方面的各个应用系统组成，解决油田科研、生产、经营管理的实际问题。应用层以软件系统为主，是最复杂的一层。

6）集成层，就是利用企业信息门户等把整个应用层及以下各层的应用系统整合起来，实现完整的数据油田的统一入口。

7）战略层，是智能油田结构的最高层，是整个智能油田的方向主导者。在战略层，要依靠智能油田建设达到企业再造的目的。在战略层制定智能油田的整体性方案与建设策略。

14.3　智能电网支撑智慧能源公共服务平台的发展

智能电网是现代社会新型的公共服务平台。电网既是电力传输的载体和平台，又是重要的公共服务资源平台。随着现代信息和通信及智能控制技术的应用，未来的智能电网将与互联网、电视网、广播网、能源网络、自然环境及社会等网络全面融合，形成复杂交互式网络与系统（CIN/SI）；将基于互联网形成开放、高效、优质、便捷、对等、互联、互动的公共网络服务平台，实现能源流、信息流等的高度集成和综合应用，成为推动低碳经济发展的重要载体和有效途径，在能源战略转型和社会进步中发挥重要作用。

14.3.1　公共服务通信信息平台服务多网融合

1. 多网融合的作用和意义

在促进我国经济发展方式转变的背景下，为了实现电信网、广播电视网、互联网、能源网络、自然与社会网络的融合发展，提高网络利用率，提升国民经济和社会信息化水平，需要国家积极制定相关政策并加快实施。

推动与互联网、电视网、广播网、能源网络、自然环境及社会等网络全面融合，是构建公共服务平台的重要基础，将为我国社会经济发展创造巨大空间。多网融合业务，可实现智能电表、水表、燃气表、热量表等信息的远程采集，家居智能用电分析与控制，分布式能源接入管理，以及用户、社区与电网客户系统之间的信息互动等多种功能。实现网络基础设施的共建共享，解决信息高速公路的末端接入问题，在满足智能电网自身业务需求的同时，支持电信网、广播电视网、互联网的同网传输。

2. 发展新型通信基础设施和业务

在实现互联网、电视网、广播网、能源网络、自然环境及社会等网络全面融合的基础上，用户在享受智能化电力供应的同时，不仅可以随时与电网等企业进行全面的信息互动，还能体验光纤上网、高清数字电视、IP 电话，以及远程教育、远程办公、远程医疗、智能化家居等调整信息服务。智能电网将使居民生活更加智能化。

根据工业和信息化部等七部委发布的《关于推进光纤宽带网络建设的意见》，城市光纤宽带接入能力平均将达到 8Mbit/s。

在能源互联网的建设过程中，信息基础设施（包括大数据中心、云计算平台等）将整体嵌入能源基础设施（如储能、电力电子控制设施等）中，从而形成一体化的结构。不论是微网还是主干大电网，都包含有能源基础设施和信息基础设施，都要求光纤宽带具有足够的接入能力。其中，一个地域范畴也是能源互联网供电模型中的基本单元，其中包含家庭用户、商业用户、工厂园区或各类用电机构。供电由分布式能源、微网和大电网共同支撑，如以分布式发电及微网为主、以大电网供电为辅。微网内部既有风、光、储、电动汽车、冷热电联供等基本分布式能源单元（微网的基本要素），又包含了信息基础设施建设，如光纤通信、移动通信、传感器及数据中心。信息层收集用电信息、发电信息、环境信息并参照历史数据，根据当前用户用电需求，进行供电、调度决策。同传统微网的概念相比，增加信息层之后，微网本身不再是一个简单的能源供应环节，而变成一个智能的多种能源互补实体，可实现多种能源之间协调与平衡。同时更重要的是，信息层使得各个微网不再独立，而是通过信息通道，使得微网组网，达到能量在微网间流动的目的。

基于这样的框架，如出现微网 A 处于缺电态时，传统情况将向主干的广域网提出电能需求，等待调度支配，这样是低效率的。在能源互联网的信息能源基础一体化的框架下，微网 A 并不急于向主干电网求助，而可以转向附近电价更加低廉、使用更加环保的微网 B 或者微网 C 提供供电需求，微网 B 和微网 C 根据自己发电和用电的情况，选择向微网 A 供电的最优策略，可以单独供电也可共同供电。而最优策略的选取可以按照不同的控制目标，如当前时刻最优电价目标，或最大程度利用新能源的环保目标，或最大输出功率目标等，完全取决于信息层的控制策略。而这一过程正代表着能源互联网自底向上开放互联、能量信息对等交换的典型场景[72]。

14.3.2 智能配电网支撑智能社区的建设

1. 智能社区的内涵和基本功能

在现代社会，电力的影响已经渗透到了人们日常生活的各个方面。居民生活日趋多样化、个性化的需求，对电网数字化、信息化、自动化、互动化、智能化的要求越来越高。智能配电网的发展，将给人民群众提供更加贴心、更具价值的服务，在更高水平上深刻改变人们的生活方式。建设智能小区在提升居民生活质量、提高社会运行效率、改善民生与推进社会进步方面，能够发挥重要作用。

智能社区是采用光纤复合电缆通信或电力线载波通信（PLC）等先进技术，构造覆盖小区的通信网络，通过用电信息采集、双向互动服务、小区配电自动化、电动汽车有序充电、分布式电源及微网运行控制、智能家居等技术，对用户供用电设备、分布式电源、公用用电设施等进行监测、分析与控制，提高能源终端利用效率，为用户提供优质便捷的双向互动服务及“三网融合”服务，同时可以实现对小区安防等设备和系统进行协调控制[66]。

能源互联网的实现也将给用户侧提供的便利，实现是用户与电网之间的交互，即能量的双向流动。以家庭为例，基于信息和通信技术、家庭能量管理系统（HEMS），可以实现舒适生活，同时又兼顾节能环保，如图 14-1 所示。

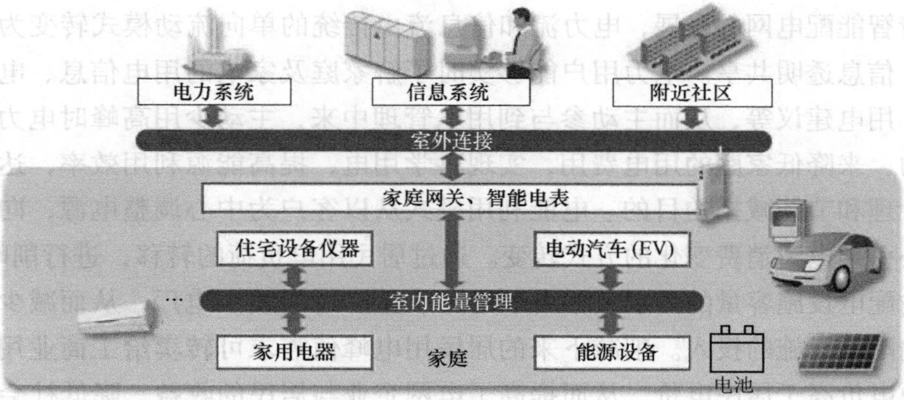

图 14-1　能源互联网下智能家居示意图

未来的气象系统也将与智能电网融合，用户能够利用天气信息与传感器找到多余的能耗源，并通过对家用电器的控制达到节约能耗的目的。另外，在家用能源机器的使用上，当光伏发电量出现剩余时，该系统可以指示热泵热水器烧热水，或者指示洗衣脱水机开始工作，从而实现对电力的有效利用。由于可再生能源易受天气等因素影响，为确保电力供应的稳定，可以利用各种储能技术，以便在节约能源又保证舒适生活。该系统具有“可视化”功能，能够及时掌握家庭的用电情况，用户可通过家里的电视或监视器了解用电信息；通过能源消耗统一管理，根据用户的行为习惯和天气信息，系统还会向用户提出高效用电的可视化建议。而通过家庭系统与电网信息系统的交互，在电网缺电的情况下，家庭可以将存储的电能反售给电网，既节约了家庭用电费用，同时也帮助电网完成削峰填谷。家庭和社区变成了潜力巨大的分布式能源储电站。

对于未来的家庭，电动汽车也扮演着重要的角色。随着技术的发展和能源发展的需求，电动汽车将会广泛应用。电动汽车可通过 G2V 或 V2G 方式，作为储能设备或分布式电源设备。基于能源互联网开放互动的理念，家庭可以根据家庭能量管理系统提供的信息，在电网用电压力较小、电费较低的情况下为电动汽车充电（G2V），在电网压力较大时可以将电动汽车中的电反售给电网（V2G）。因此，数量众多的电动汽车可以形成一个超大规模的分布式储能网络，有效实现支持可再生能源接入、削峰填谷等功能。

在智能楼宇、智能住宅方面，日本走在世界前列。2013 年日本建成了第一个智能住宅小区，各住宅白天通过光伏发电储存电能供夜间使用；家用信息化管理系统能够随时监控发电量及用电量等数据，当电量过剩时可以反售给电力公司，住宅基本实现零电费及二氧化碳零排放。

2. 智能配电网推动家庭生活模式变革

随着智能配电网的发展，电力流和信息流由传统的单向流动模式转变为双向互动模式，信息透明共享。电力用户能够实时了解家庭及家电的用电信息、电价信息及政策、用电建议等，从而主动参与到用电管理中来，主动少用高峰时电力，多用低谷电力，来降低家庭的用电费用，实现科学用电，提高能源利用效率，达到电力需求侧管理和节能减排的目的。电能利用模式从以客户为中心调整电源，向以新能源为中心引导电力消费变化的方式转变。通过居民用电负荷的转移，进行削峰填谷，降低对输配电设施容量的需求，相当于建设了虚拟（能效）电厂，从而减少了电网企业对输配电设施的投入。削减下来的居民用电峰值需求可转卖给工商业用户，由于工商业电价高于居民电价，从而提高了电网企业与居民的收益，降低社会用电峰值需求，实现节能减排的目的。

通过智能社区建设的高速通信通道及电力线载波和其他通信手段的融合研究，逐步提供电力网、电力通信信息网络、电信网和有线电视网的“四网合一”的增值服务，有助于加速推动网络融合，产生质的飞跃；同时，能够为居民提供多种社区服务信息，提供家庭安防增值服务，让居民得到实惠。这些都将彻底改变城市家庭的生活模式，为构建和谐社会做贡献。

智能社区的主要功能应包括用电服务和增值服务两部分。其中，用电服务主要包括用电信息采集与发布、双向互动服务与能效管理、分布式能源接入及储能、电动汽车充放电及储能、互联网缴费功能、电力故障诊断及处理、负荷预测分析、异常用电分析等；增值服务主要包括智能家电控制、信息定投、视频点播、网络接入、社区服务、家庭安防等。

智能社区改变了传统单一的供电方式，实现了电力公司和用户之间电力流、信息流、业务流的双向互动。电力公司实时了解用户用电信息并掌握用电行为规律，针对用户用电特点开展灵活、精细的需求响应工作，引导用户改变用电行为，科学合理用电，实现用户参与电力负荷平衡和电网运行；支持光伏、风电、电动汽车、储能等多种客户侧分布式电源接入电网，鼓励清洁能源的使用。通过双向互动服务，为用户提供停电告知、电网运行信息、用电安全常识、多种电价信息、电费查询、居室用能等多样化的用电服务信息和社区信息、商业信息等增值服务，提供通过互联网、查询电费、自助缴费、业扩报装等用电营销业务服务。通过电网与用户的互动，实现小区用电服务和物业管理水平智能化和互动化。

应用太阳能、风能等可再生新能源，用于小区应急照明储能、路灯等；建设电动汽车充电站，支持电动汽车接入配电网；建设地源热泵，充分利用地热能；根据电网供电状态、电价状态和自身及周边的分布式电源系统的工作状态及用电状况等，进行智能协同优化，使终端需求实现最优化配置，提高能源使用效率。

3. 智能小区提升居民生活品质

（1）智能小区让生活更便捷

家庭智能用电系统，既可以传输空调、热水器、电炊具等智能家电的用电信息和控制信息，进行实时控制和远程控制；又可以为电信、互联网、广播电视传媒等提供接入服务，拓展互联网接入、拨打数字电话、收看高清电视等业务；还能够通过智能电能表实现自动抄表，以及自动转账交费等功能。智能配电网建成后，将实现通过智能用电设备进行电表查询、物业配送、网络增值、医疗等特色服务，实现电热水器、空调、冰箱等家庭灵敏负荷的用电信息采集和控制，能建立紧急求助、燃气泄漏、烟感、红外探测于一体的家庭安防系统。用电信息采集系统平台，可以为供水、供气、供热等信息平台，提供有力的支持；为智能水表、智能气表、智能热力表的自动抄收和管线的在线监测、智能调度及与用户的双向互动，提供经济、可靠、方便的技术支持。

（2）智能小区让生活更低碳

通过小区内安装的光伏发电、地热发电、电动汽车、储能装置等分布式电源，部署控制装置与监控软件，实现分布式电源的双向计量，用户侧分布式电源运行状态监测与并网控制；综合小区能源需求、电价、燃料消费、电能质量要求等，结合储能装置，实现小区分布式能源消纳和优化协调控制，实现分布式电源与微风参与电网错峰避峰，从而提高清洁能源消费的比例、减少城市污染。

（3）智能小区让生活更经济

智能配电网能够为客户搭建一个家庭用电综合服务平台，提供家庭能源消费、电价电费、安全提示等实时信息，帮助客户合理选择用电方式，有效降低费用支出和安全风险。居民可以通过智能家居系统，实现远程的家居控制，在住宅以外的区域实现对所有家电的开关和工作模式进行选择，也可以通过终端设备的设定来定时启动某些家电，实现家电管理的自动化及家庭用电的科学和节能。

14.3.3　智能配电网支撑智慧城市的发展

1. 建设智慧城市的必要性

（1）城市化进程要求建设智慧城市

随着城市的数量和城市人口的不断增多，城市被赋予了前所未有的经济、政治和技术的内容。对于我国来说，城市发展关系到城市化和经济成长的大局，关系到我国的现代化目标能否顺利实现，意义格外重大。

城市建立在一系列不同的系统之上，系统运行和发展的核心因素是组织（人）、商业、政务、交通、通信、水和能源。这些系统的高效性和有效性，是衡量城市发展是否成功的重要标准。

在城市发展的道路上，智慧城市是所有人的梦想，也是城市发展的必然方向。智慧城市，能够通过对城市众多建筑物进行智能功能配备，通过强调高效率、低能耗、低污染，在真正实现以人为本的前提下，达到节约能源、保护环境和可持续发展的目标。智慧城市，能够塑造城市新的凝聚力和吸引力，在城市中工作和生活的每一位居民都会得到更多的舒适和便利。这一认同的扩散和传播，又会为城市发展吸引更多的新资源，将智慧城市的发展不断推向更高的水平。

（2）智慧城市可以推动经济发展和节能减排

随着我国城市化进程不断深入，城市数量显著增长、城市人口迅速增加、城市规模持续扩张、城市建设日新月异、城市经济蒸蒸日上，城市化已经成为拉动我国经济增长的“火车头”。

目前，智慧城市的投资成本高达 300 亿元/km^2。其中，每 250 亿元智能医疗投资，将产生 35.4 万个就业岗位；每 2 万亿元的智能配电网投资，将产生 37.5 万个就业岗位。采用智能配电网后，停电时间和频率将减少 30%，城市污染下降 10%，而燃料使用量降低 25%，碳排放量降低 10% 以上。

（3）智慧城市可以提升医疗服务水平

城市医疗卫生智能化旨在解决医疗资源有限的问题，在实现医院资源整合、病人信息整合的基础上，建立统一的医疗数据共享平台，实现数据之间的互联和业务之间的互通，除能够合理分配医疗资源、指导患者合理就医之外，还能够为有需要的患者提供远程医疗等更为便利有效的服务。

（4）智慧城市可以提高居住安全水平

“平安城市”是近段时间人们非常关注的话题。运用科学、先进的安防技术构建强大的安防网络，可以进一步提高整个城市的安全水平。智能城市的安全监视系统，可对重点路段、场所（如繁华商业区、社区和重要机构周边、主要干道等）进行全方位治安监控，能够严密跟踪可疑目标，对突发紧急事件及时取证和调查，从而大幅提高城市的治安监管水平。

(5) 智慧城市可以改善交通运输状况

打造智慧的交通系统，通过可以实时监控干道车流量，控制并及时调配通勤情况，能够提高公共交通安全性和可靠性，同时减少交通延误、碳排放和燃料消耗。

(6) 智慧城市可以提供优质电力

城市电网是电力系统的重要组成部分，作为电力网末端的城市电网直接与用户相连，反映着用户在安全、优质、经济等方面的用电需求。城市经济发展伴随着电力需求的快速增长，合理配置的城市网络架构，有助于降低网损、减少资源损耗、节约土地资源及提高电网安全运行水平。

城市电网的电压等级多、配电设备数量多、覆盖面广、基础数据的信息量非常庞大，现行软件系统只对部分信息进行管理，还有许多信息没有录入到计算机系统，因此数据管理不完整、不全面。

城市电网的管理涉及供电企业中的大多数部门，如电网调度、配电部门、用电部门、营业部门等。这些部门虽然相互独立，但又是紧密联系的，它们的数据需要互为所用。现行信息系统大多数都是孤立的系统，没有形成网络共享。其功能单一，有的甚至重复建立数据库，造成数据来源不统一、准确性降低、信息处理和传递的速度慢、存储和查询不便、工作效率低、无法对信息进行深加工等缺陷。

智慧城市的电网能够提高对城市电网的驾驭能力，为电力用户提供更优质的服务。城市电网智能化就是使电网更加敏捷、高效、经济和安全。

2. 智能配电网全面支撑城市智能化发展

智能配电网作为未来城市能源供应和服务的“高速公路”，将在城市的资源优化配置、社会经济发展中发挥重要的作用。利用信息化、自动化、互动化的技术手段，实现电力流、信息流、业务流的高度一体化融合，构建安全、可靠、优质、清洁、高效、互动的可持续能源供应体系和服务体系，打造生态、节能、环保、自然、宜居、和谐的智能电网城市。城市居民用户可以通过电力光纤到户实现与电网的信息交互，实现智能家居控制，使用户更便捷地接受医疗、教育等服务，更好地参与社区管理、市政管理。同时，随着智慧城市的发展和物联网的应用，信息量将呈几何级数式增长，信息的获取、分析和应用也将越来越复杂。光纤到户可让智能电网采集城市的多种信息，支持城市相关机构进行数据分析和处理，以帮助其更好的决策。

(1) 智能配电网让城市实现“绿色”用能

我国 80% 以上的清洁能源需要转换为电力才能加以利用。我国清洁能源分布大多远离城市，智能电网可将远离城市的清洁能源不断输送到城市。智能电网通过引入可普及推广的大容量储能系统（如抽水蓄能电站、大规模压缩空气储能等）、清洁能源发电功率预测系统、智能调度等技术，能够适应包括分布式电源在内的各类型电源与用户的便捷接入、退出，提高清洁能源在终端能源消费的比例，减少城市温室气体排放，促进城市使用更多的绿色能源。

（2）智能配电网让城市实现“无忧”用电

智能配电网，可以实现对城市电网的全面监控、灵活控制；可以及时发现并隔离故障，将用户切换到其他备用电源上，有效避免电力供应的中断，提升城市电网的自愈能力。同时，智能配电网可快速诊断电能质量问题，并准确提出解决方案，以保证优质电能供应，从而实现城市的“无忧”用电。

（3）智能电网让城市实现高效运转

智能电网有助于实现各类信息的高速传输，促进城市高效运转。强大的电力通信网可以为城市通信提供可靠、优质的服务，加速城市的信息化、现代化进程，支持城市相关机构进行大数据分析和处理，可支撑智慧城市的智能经济系统、智能社会网络和智能生态系统的几乎所有子系统，形成复杂交互式网络与系统（CIN/SI）促进城市交通、通信、供电、供排水等基础设施一体化建设和网络化发展，带动城市资源优化配置综合平台建设，充分发挥城市对于人流、物流和信息流的聚集功能，实现城市资源高效配置、经济健康发展和社会的全面进步。

（4）智能配电网带动能效管理和节约终端用能

通过远程传输手段，智能配电网可以对重点耗能用户主要用电设备的用电数据进行实时检测，并将采集的数据与设定的阈值或是同类用户数据进行比对，分析用户能耗情况，通过能效智能诊断，自动编制能效诊断报告，为用户节能改造提供参考和建议，为能效项目实施效果提供验证。实现能效市场潜力分析、用户能效项目在线预评估及能效信息发布和交流等。

智能配电网采用的智能电表，使分时电价的实施具备了条件，而分时电价既可以有效平衡电网负荷，也方便人们选择合理而省钱的用电方式。智能配电网可以让用户方便地控制家里每个电器。保证家里的热水器、洗衣机、电冰箱等设置在电价较低的时段使用。用户可以看到每个电器的电压、电流、有功功率、无功功率、频率、功率因数等用电信息，以及每日、每周的用电曲线图。用户通过合理安排电器使用，就可以方便地优化家里的用电方案，提高用电效率，降低电费支出，从而实现对家庭用电的精益化管理。根据权威机构估算，智能配电网初步建成后，家庭可以节约10%的电力消耗。

智能配电网将自动监控楼宇的整体用电情况及相关变配电设备的运行情况，并通过采集的信息对楼宇的耗能情况进行分析，结合分时电价，为楼宇提供更为节约、更加合理的用电方案。智能配电网通过改变楼宇空调等用电设备的运行方式，实现负荷跟踪，确保空调主机始终保持最高的热转换效率，使空调系统既舒适又节能。

智能配电网可以为企业提供用电和电能质量管理的精细化动态数据，为实施节电改造及节能考核提供科学准确的依据。通过安装在企业中的智能电表和传感器，配电网能够收集到企业用电的所有信息；通过对这些信息的挖掘分析，可以监测、诊断和分析企业用电结构和用电方式存在问题，让企业直观了解用电的实时动态过程，企业能够清楚了解自己是怎样用电的，用的是什么样的电；给企业提供用电和电能质量管理的精细化动态数据，为实施节电改造及节能考核提供科学、准确的依据。

第 15 章　智慧能源关键技术

本章主要介绍智慧能源的关键技术，包括分布式能量管理系统（Distributed Energy Management System，DEMS）的概念、架构和功能，以及冷热电联供（CCHP）技术、地源热泵技术、相变储能技术和智慧能源标准化设计技术。

15.1　分布式能量管理系统

15.1.1　分布式能量管理系统概述

分布式能量管理系统，是实现低碳社会可持续发展的重要因素之一。系统的目标是实现多种能源优化，提高能源利用效率，减少二氧化碳排放，最大限度地减轻环境负担，抑制社会的总体成本。

分布式能量管理系统能够以智能的方式对纷繁复杂的信息进行各种处理或协调控制。分布式能量管理系统必须具备能够收集各种信息，采用先进信息和通信技术（ICT）传输信息，通过智能算法分析处理关联信息，并能够根据信息做出快速反应的控制技术。分布式能量管理系统典型示意图如图 15-1 所示[68]。

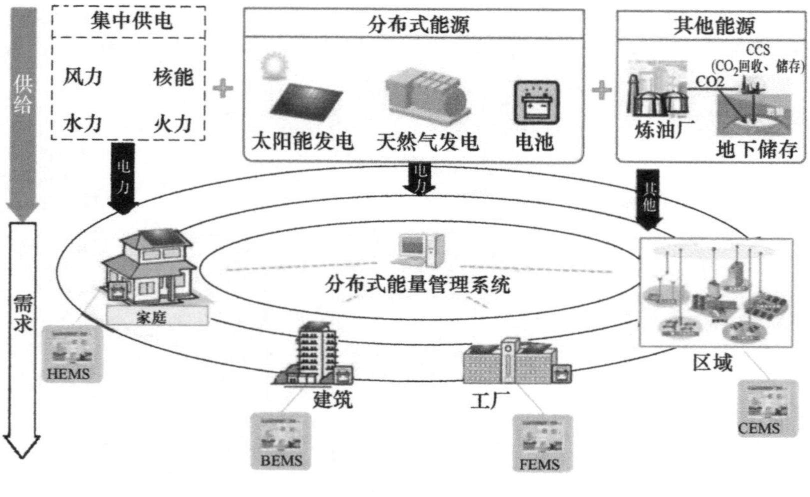

图 15-1　分布式能量管理系统典型示意图

15.1.2　分布式能量管理系统架构

分布式能量管理系统一般采用两层网络架构：第一层为控制终端；第二层为管理平台。

（1）第一层控制终端

控制终端主要放置在各应用场景的客户端，一般为一嵌入式计算机系统，其基本功能与网关设备相似。它主要的功能是，收集各个自动化系统、智能化仪表和自动控制设备所采集的数据，并通过标准的通信协议转发；同时，按照运行控制策略，实现对各自动化（智能化）系统的控制。

（2）第二层管理平台

管理平台承担平台的综合管理、数据处理、分析优化等应用功能的实现。客户可通过互联网访问该平台以获得相应授权内的服务，专业技术人员也可通过管理平台对授权内的企业实施能源供应、节能优化、提高能效等运行策略。专业技术人员还可以通过管理平台嵌入各种专业服务模块，为客户提供相应的能源供应、节能优化、提高能效等服务。系统管理人员可以通过管理平台进行各种管理操作及控制操作等。

在系统的结构设计中，采用分布式计算的方式将第一层的控制终端和第二层的管理平台构建成动态的系统结构。其中，每一个控制终端都定位成一个分布式智能设备，它具备相对完善的结构和相对固定的功能，同时每个控制终端都有不同的配置和运行不同的算法及策略。在对所有控制终端进行动态调度的过程中，每一个控制终端中的控制算法及策略的作用结果都会实时反馈给管理平台，管理平台也可以将效果不良的反馈结果传递给每一个控制终端，这样各控制终端就可以避免由于控制策略参数或配置不正确导致的不良影响，始终会保持将策略运行在高效范围内。这就是采用分布式计算技术形成的动态策略算法调度。

基于分层的分布式技术并结合目前主流数据计算处理方法，通过云计算技术将第一层和第二层的所有设备构成一个宏观云，实现云诊断、云策略、云控制和云服务等多项服务功能；同时，结合云计算技术构建动态系统结构，使所有的服务项内容都可以动态添加和删除。分布式能量管理系统架构如图 15-2 所示[68]。

15.1.3　分布式能量管理系统功能

整个能量管理系统（EMS）平台由电力公司的能量管理系统和分布式能源资源监控器（Distributed Energy Resource Controller，DERC），需求方的家庭能量管理系统（HEMS）、工厂能量管理系统（FEMS）、楼宇能量管理系统（BEMS）、电动汽车（EV）充电系统，以及其他服务商的相关系统连接而成。需求方的能量管理系统通

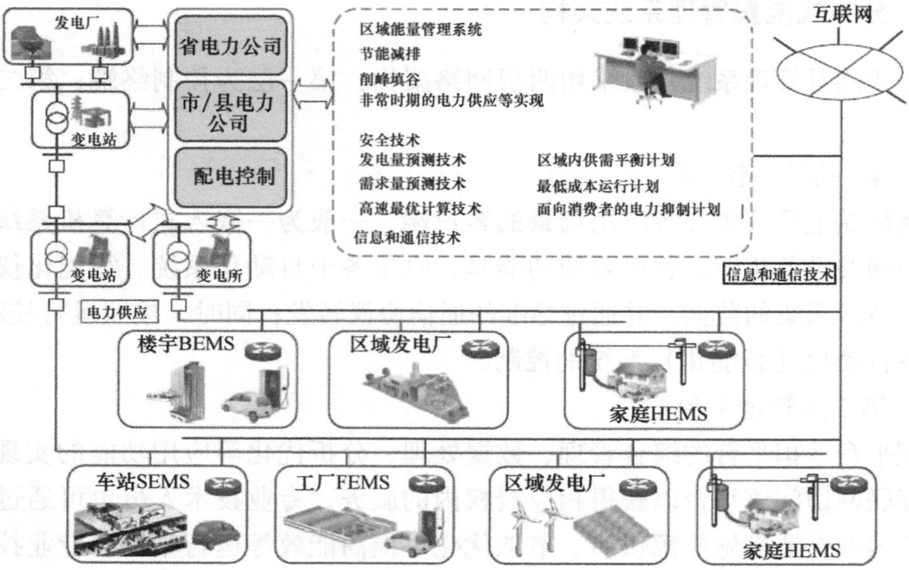

图 15-2　分布式能量管理系统架构

过 HEMS、FEMS、BEMS、EV 充电系统等进行连接，实施能量监视功能。能量管理系统智能监视示功能意图如图 15-3 所示[68]。家用及办公的光伏（PV）电站将由 HEMS 或 BEMS 实施控制功能。能量管理系统智能控制功能示意图如图 15-4 所示[68]。

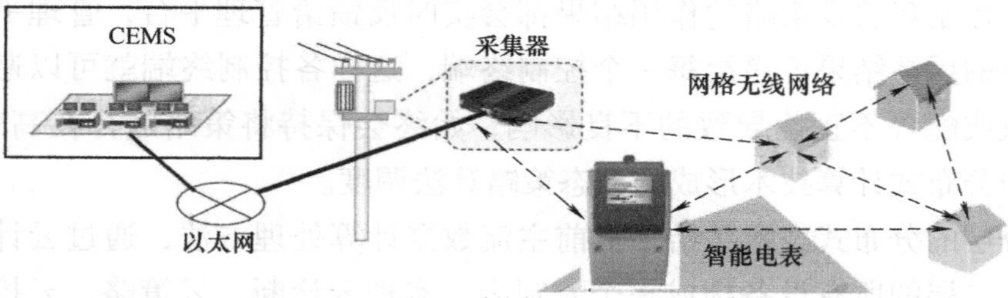

图 15-3　能量管理系统智能监视功能示意图

下面以 BEMS 为列，进行说明。BEMS 往往通过利用楼宇自动化系统（Building Automation System，BAS）对电源、热源、空调、照明、电梯等各设备进行监视、控制来实施设施的能量管理。但是，原来的 BAS 中用于有效实施能量管理的功能并不完善，省电措施大多由管理人员手动采取以下措施加以实施：

1）室内照明的间隔亮灯。

2）室内空调的控制。

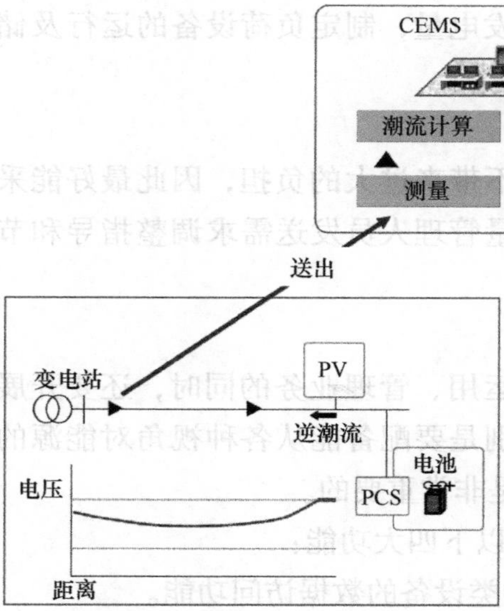

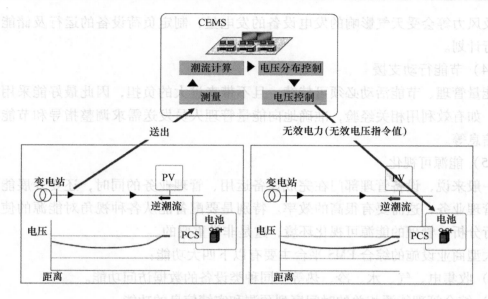

图 15-4　能量管理系统智能控制功能示意图

3）升降机（电梯等）的停止。

4）热源的控制。

如果引进面向大型商业设施的 BEMS，不仅能够将这些操作自动化，还可以收集、分析设备的运行信息，在评估经济性和节能效率的基础上实现最佳运行。

对于面向大型商业设施的 BEMS，通常需要研究以下的课题：

（1）能量管理的细化和节能活动的全员参加

因为能量管理业务大多由设施管理部门兼管，所以无法实现与能源需求侧一体的能量管理。这就需要开展供需一体的能量管理和节能活动，如需求侧要考虑供给侧的状况，供给侧要考虑负荷变动实现最佳供给等。

要对各类别、各行业的能源使用情况进行分析，明确提高能效的方法，进行与可实施措施相结合的管理。为此，需要建立一套能够在需求侧和供给侧的设施部门之间共享能源信息、让各方面共同参加节能活动的机制。

（2）电、热及新能源的最优化运用

因为能源资源自身的限制，从中长期来看，电费和燃料费都有上升的趋势，因此在设施中需要对电、热及新能源进行最优化。

（3）电力负荷的削峰、移峰

大用户实施电力削峰、移峰的最有效方法，是使用可再生能源（太阳能发电、风力发电等）及引进储电系统、储热系统。但是，运用这些设备时，需要判断在什么时间段运行哪种设备比较好，这对管理人员来说是一项极为复杂的工作。管理人员需要预先考虑气温、湿度、时段等因素，在预测设施内能源负荷的同时，预测太阳能及风力等会受天气影响的发电设备的发电量，制定负荷设备的运行及储能系统的运行计划。

（4）节能行动支援

能量管理、节能活动必须可持续，且不带来过大的负担，因此最好能采用相关软件，如有效利用相关经验，准确地向能量管理人员发送需求调整指导和节能行动指示信息等。

（5）能源可视化

一般来说，设备管理部门在完成设备运用、管理业务的同时，还要开展能源分析、管理业务，这需要有很高的效率。特别是要配备能从各种视角对能源的使用情况进行分析、管理的能源可视化环境，这是非常重要的。

大型商业设施的综合 EMS 平台主要有以下四大功能：

1）收集电、气、水、冷、热等不同种类设备的数据访问功能。

2）综合管理能源相关的时间序列预测和实绩信息的功能。

3）能够根据对象设施规模定制系统的建模功能。

4）能够实现最优节能控制的应用程序动作管理功能。

大型商业设施的综合 EMS 平台以实施动态能量管理业务为主。它会判断设施内部、外部所发生的各种条件，在最佳时机进行设备控制，进而对下游设备和人员作出指示。大型商业设施的综合 EMS 平台的特色功能如下：

（1）需求预测

需求预测可以从不同消耗特性的各区域统计负荷信息，将其用于预测计算，计算出各区域的微观预测值；然后综合各区域的预测值，精确计算整个设施的宏观需求预测。此外，它还具有专门针对大型商业设施的修正功能，能够进一步提高预测准确度。

（2）最优运行计划

最优运行计划可以根据发电、储电、负荷、热源等各种设备构成的系统的模型化信息和预测信息，进行能源供需模拟，制作出能够实现高效运行的供需计划和控制计划表（成本控制及 CO_2 削减）。根据所制作的供需计划和控制计划表，在最佳时机对各设备进行控制和设定，就可以高效运用能源，实现电、热、水、气、冷、新能源的最优运用。

此外，还可以开发软件工具，综合利用最优运行计划基础数据，并控制显示设备及表征能源系统关联性（能源的输入/输出）的模型。

（3）需求调整指导

需求调整指导可以通过检测能源供需情况和设备运行状态的变化，制订出针对运用管理员的推荐操作指导，告知管理人员“何时”“发生何事”“应掌握的信息”

“推荐的行动及效果”，并立刻给出“提醒”。

（4）节能支持

节能支持的目的是通过显示能源的消耗动向和供需情况来促进节能行动。在大型商业设施中，承租单位能耗占了很大比例。因此，促使承租单位改变用能行为，以便在供需紧张时能够实施具体的“节能行动”，这对实现最佳能源控制（节能、削峰、移峰等）是非常重要的。

1）承租单位信息终端的设置。在各承租单位中设置平板式计算机信息终端或 App 软件，并构建能够让承租单位相关人员随时掌握承租单位的能耗动向。通过与智能电表联动，以承租单位为单元收集各用能（照明、空调、动力）信息，同时按照承租单位的规模及特性实时显示，以提高承租单位信息终端用能可视化效果。

2）节能行动请求信息的显示。各承租单位中实施的节能行动，按照承租单位的行业特性、规模等，存在各种各样的类型。面向大型商业设施的 EMS，可以根据承租单位的能耗信息和节能目标值进行管理及计算，并在供需紧张时向承租单位信息终端发出报警和通知。

大型商业设施的综合 EMS 平台可以对承租单位配合程度进行定量评估，对节能行动的效果进行定量管理，并且将来可以向反向售电的激励制度方向发展。

此外，对于参与智能社区的设施，还可以通过能源网络发出特价商品通知，从整个区域招揽顾客，从而提高整个区域的能源效率。

15.2　柔性能源协调控制技术

传统的能源规划是以满足能源供求关系为基本出发点、以化石能源资源为物质基础的。其核心内容是电、热、气等各行业制定的专项规划。新的区域能源规划，就是利用柔性能源协调控制技术，规避以专项规划为基点的诸多弊病，最大限度地节约资源，实现多种能源协调互补、节能减排，提高能源利用效率，促进经济和社会的可持续发展[68]。

15.2.1　冷热电联供技术

冷热电联供系统是一种建立在能源梯级利用理念基础上，将供热（采暖和供热水）、制冷及发电过程一体化的多种能源协调互补的能源综合利用系统。其基本原理是，首先利用天然气高品位热能在原动机中做功发电，再利用原动机发电所产生的废热进行供热或驱动吸收机制冷，从而实现能源的高效梯级利用。冷热电联供原理示意图如图 15-5 所示[68]。

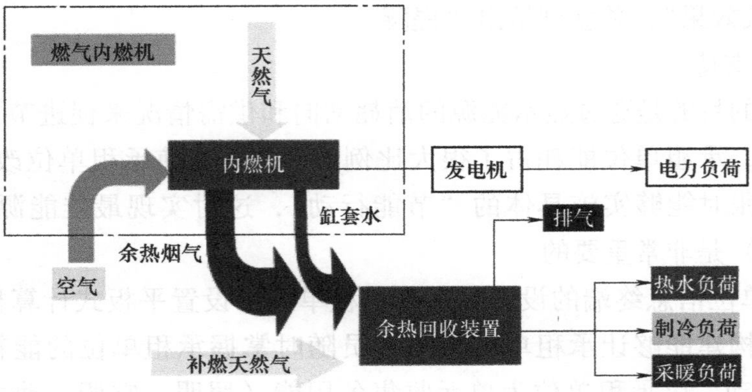

图 15-5　冷热电联供原理示意图

工厂的电力负荷和蒸汽负荷会因开工状态和季节不同而出现大幅波动。这样，废热回收锅炉的蒸汽量也会出现波动。根据工厂大幅变动的电力、供暖需求，及时恰当地供给是设备运用的最优先事项。

根据工厂蒸汽负荷和蒸汽供给的状态，利用下面所示的三大模式运行、运用设备。

（1）正常运行时

工厂开工水平为正常状态时，电力和蒸汽的供给量分别与工厂侧的电力负荷和蒸汽负荷保持平衡；燃气透平在最大负荷下运行；蒸汽透平则进入背压运行模式，自动调节蒸汽供给量。如果工厂电力负荷稍小，则会监视电力，尽量不产生逆电流，避免多余发电。

（2）蒸汽剩余时

工厂开工水平稍低时，工厂蒸汽负荷便会下降。如果废热回收锅炉运转，则会有蒸汽剩余。此时，不得不放出剩余蒸汽（放蒸）。为了减少放蒸量，可以将蒸汽涡轮的废蒸汽量设定为保持固定的输出运行模式，利用放蒸阀进行压力控。因发电量减少，需进行监视，以避免发生需求过量。

（3）蒸汽不足时

即使工厂开工水平为正常水平，也可能会因废热回收锅炉停止而导致短时间内工厂蒸汽不足。如遇到这种情况，则运转辅助锅炉，补充不足的蒸汽后再运行。蒸汽透平在背压运行模式下运行。由于发电量增加，需进行监视，以避免发生逆电流。

最佳运行是指消除放蒸量、选择低价燃料且削减燃料使用量，以防发生需求过量或逆电流的情况。但是，在实际运用过程中，会遇到需要长期进行监视或因操作人员不同而导致结果出现差异等问题，因此无法简单实现。通过能源最佳运行，系统可自动运行，实现较好的节能效果和运用效果。

实际工程中，通常在软件和硬件功能设计方面，将冷热电联供系统设计成一个能够实时进行最佳运行且充分考虑安全性的系统。此外，利用现有燃气透平、蒸汽透平的仪表控制装置来实现最佳运行。这要求在软件功能和硬件功能具有如下特点：

（1）软件功能上的特点

现有的燃气透平、蒸汽透平和废气锅炉中装有负责各项控制的控制系统。系统的定位是成为可赋予设定值的设定控制（Set Point Control，SPC）系统。从有效利用现有检测控制装置的观点和安全性角度来看，系统并不是可赋予下游控制系统设定值的位置型 SPC，而是可赋予与当前设定值的差值部分的速度型 SPC。由此可见，如果系统发生异常，切断本系统，便可继续安全地运行热电联产设备。在算法中采用超启发式方法，可以利用现有检测控制装置中对应的过程值，不断接近最佳值。然后，使用能源最佳运用支援软件包等实施模拟的同时，确认算法的有效性。

（2）硬件功能上的特点

在现有的燃气透平和蒸汽透平中加入了专用的控制装置，并且为方便操作人员，设置了远程控制柜。将控制柜变更为可接收从本系统发出的脉冲信号后，可以进行有效利用。此外，还可以与现有系统并用，不使用本系统时，利用现有的控制装置和远程控制柜，便可继续进行原来的运行和运用。系统为可实现节能的系统，遇到紧急情况时可以停止功能，立即切换成由操作人员进行运行。

15.2.2　冷热电联供地源热泵技术

地源或地表水源热泵系统通过消耗少量高品位能源（如电能），实现低温位热能转变成为高温位有利用价值的热能。通常地源热泵消耗 1kW 的能量，用户可得到 4kW 以上的热量或冷量。地表水源热泵夏天利用水体温度低于大气温度、冬天水体温度高于大气温度，通过提高机组效率来节能。冷热电联供地源热泵技术原理示意图如图 15-6 所示[68]。

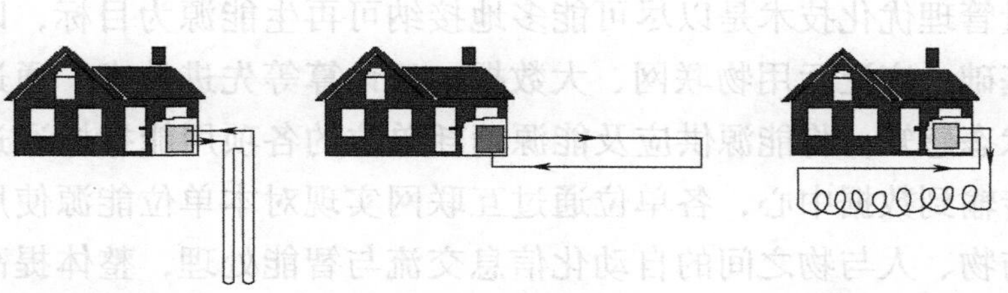

图 15-6　冷热电联供地源热泵技术原理示意图

15.2.3　相变储能技术

相变储能技术是利用材料的相变潜热来实现能量的储存和利用的，是缓解能量供求双方在时间、强度及地点上不匹配的有效方式。通过与太阳能、空气源热泵、热电厂蒸汽、工厂余热、燃气锅炉等多种热源供应结合，使用高热焓值、高密度的相变材料，为用户提供清洁、高效、节能的供热解决方案。大容量相变储能技术克服单一热源稳定性差、能效比低等缺陷，使多种热源优势互补。相变储能技术原理图如图 15-7 所示[68]。

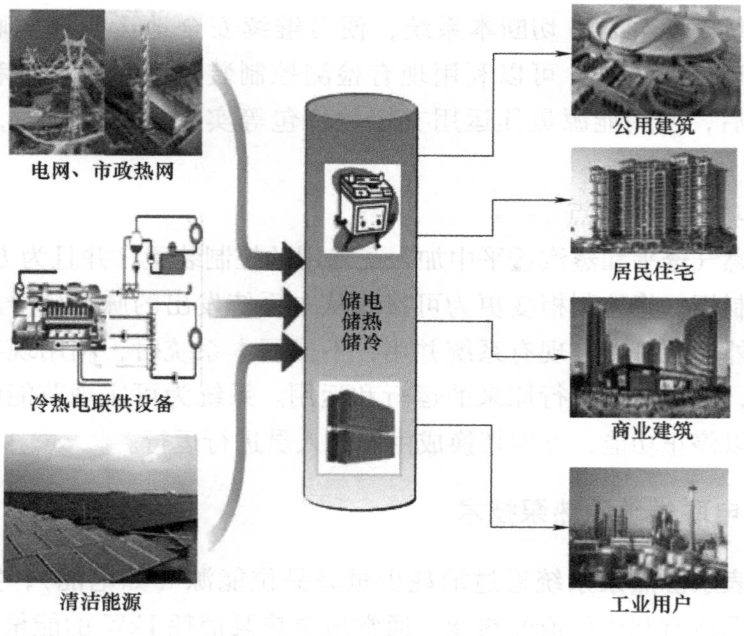

图 15-7　相变储能技术原理图

15.2.4　区域能量管理优化技术

区域能量管理优化技术是以尽可能多地接纳可再生能源为目标，以先进信息和通信技术为基础，广泛运用物联网、大数据、云计算等先进技术，通过传感器进行广域量测、状态感知，将能源供应及能源消耗单位的各项用能指标通过有线和无线公网络实时传输到数据中心，各单位通过互联网实现对本单位能源使用实时动态掌控，实现物与物、人与物之间的自动化信息交流与智能处理，整体提高用能单位能量管理水平，达到优化用能、节约用能、提高能源利用效率的目的。区域能量管理优化技术如图 15-8 所示[68]。

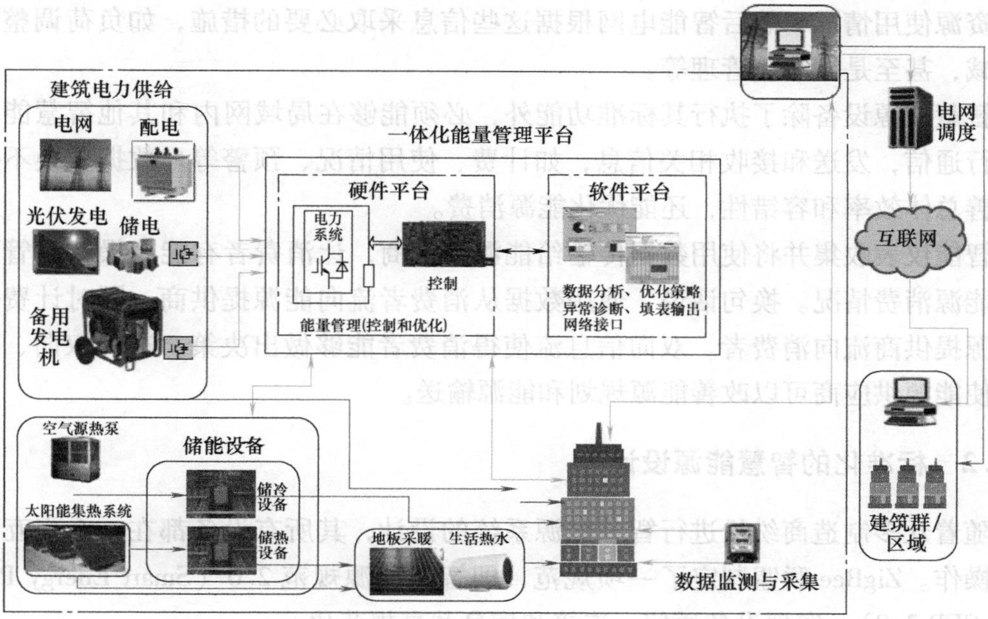

图 15-8　区域能量管理优化技术原理图

15.3　智慧能源标准化设计

机器与机器通信（Mechine-to-Mechine，M2M）技术是新兴的技术领域之一。随着智能电表、个人移动终端和各种电器开始相互连接，为了做出更为明智的能源消费决策，未来将需要设计更全面的智慧能源解决方案[69]。

15.3.1　物联网技术在智慧能源领域的应用

物联网技术在智慧能源领域的应用目标之一，是坚持节能优先、改善能源消费现状、抑制不合理能源消费，合理控制能源消费总量。智慧能源的理念是对能源进行智能控制，实现优化能源生产、输送和消费的目标，通过优化模型与算法实现能源的多目标自趋优。采用先进的信息和通信技术保障国家能源安全和可持续发展。

智能电网、智能家居智能楼宇、智能工厂、智能社区、智能园区和智能仪表是智慧能源生态系统的主要元素。

智能家电一般是每天都要与消费者互动的设备。通过让这些设备互相对话，并且能够为消费者所操控，这样就带来了全新的便利。如今市面有几种产品可以提供一定程度的智能和无线连接（如智能恒温器、智能开关、智能冰箱等）。一些更高端的电器包括有内置网络服务器，可与联网家庭中的其他设备互动[69]。

智能仪表是进入这些家庭、办公室、工厂、园区的入口，智能电网首先收集并测量资源使用情况，然后智能电网根据这些信息采取必要的措施，如负荷调整、峰值削减，甚至是需求侧管理等。

智慧能源设备除了执行其标准功能外，必须能够在局域网内和其他智慧能源设备进行通信，发送和接收相关信息，如计费、使用情况、预警等。数据交换不仅能够改善总体效率和容错性，还能优化能源消费。

智能仪表收集并将使用数据传输给能源提供商，让消费者有能力操控并管理自己的能源消费情况。换句话说，使用数据从消费者流向能源提供商，同时计费数据从能源提供商流向消费者。双向信息流使得消费者能够做出决策。这种双向、实时通信使能源供应商可以改善能源规划和能源输送。

15.3.2　标准化的智慧能源设计

随着众多制造商纷纷进行智慧能源系统的设计，其所有设备都在一个交互式网络中操作。ZigBee 联盟制定了一项规范，即智慧能源规范 2.0（Smart Energy Profile 2.0，SEP 2.0），实现设备通信、连接和信息共享规范化。

SEP 2.0 给出了指南，规定了设备之间应当如何互相通信。它为各种可控的设备属性做出了明确规定。这些属性在逻辑组中共同运作，执行 SEP 2.0 规定的功能（简称 SEP 2.0 功能）。计量系统或者计价系统，都是特定应用的功能集方面的例子[69]。

SEP 2.0 功能及其在设备上的资源通过 HTTP URL 方式来获取。这些设备在使用如 mDNS 和 DNS-SD 技术的网络上动态发现相关服务，并且在注册后可进一步获取资源来执行 SEP 2.0 功能。要为互联的智慧能源设备提供一个真正的互操作生态系统，就必须使用 TCP/UDP 和基于 IP 的网络连接。由于这些设备直接面向外界更大的网络，并且能够通过这些设备对整体电网提供连接，因此支持设备内的安全特性极为重要。由于许多智能设备要提供连续的可靠的实时数据，这样就必须确保所有智慧能源设备本身要足够节能。最后，它们必须同时支持有线和无线网络[69]。

家用电器设备将逐步选择片上系统（SoC）硬件，就要在功能性、外观、软件支持和成本之间找到平衡。32 位微控制单元（Microcontroller Unit，MCU）具有集处理、存储和连通于一体的特性，使其成为一个不错的选择。目前，这一代 MCU，如 Freescale Kinetis、STMicroelectronics STM32 或 TI Stellaris（ARM Cortex-M core），功能齐全且价格合理。

SEP 2.0 制定的软件技术要求包括，有 UDP 支持的 TCP/IP；具有如 mDNS 和 DNS-SD 等动态服务发现性能的 IPv6 服务；支持 GET、PUT、POST 和 DELETE 等请求方法的 HTTP。SEP 2.0 同时要求支持如 SSL/TLS 的安全实现和若干现代网络技术，如 RESTful 架构、XML、EXI 编码方案等。这样对软件技术的大范围支持在 Linux 上很容易实现，但是配备 96KB 或 128KB 大小 RAM 的微处理器的使用与 Linux 不兼容。开发这样的内部技术非常昂贵和费时，因此可能会对这些设备安装实时操作系统[69]。

实时操作系统（Real-Time Operating System，RTOS）不仅快速、高效、可靠，并且一般包括一个大范围的网络协议栈，对使用 SSL 或者 TLS 的安全性提供有力支持，而且大部分都满足这些设备体积严重受限的要求及其他存储要求。由美国明导（Mentor Graphics）公司提供的实时操作系统 Nucleus 是这种解决方案的一个例子。Nucleus 操作系统得到了广泛使用。该操作系统可实时升级，满足了对智能电网设备的要求。它既有可靠的实时性能，并且集成了能量管理服务功能。这样的实时操作系统可以安装在存储器受限的微控制器上，仍然可以提供联网的智能电网设备要求的大量功能[69]。

15.4 物联网、大数据及云计算在智慧能源中的应用

物联网也是近几年兴起的概念，受到广泛关注。虽然对于物联网还没有一个一致的定义，但大部分学者认为物联网是通过 RFID 技术、无线传感器技术及定位技术等自动识别、采集和感知获取物品的标识信息、物品自身的属性信息和周边环境信息，借助各种信息传输技术将物品相关信息聚合到统一的信息网络中，并利用云计算、模糊识别、数据挖掘及语义分析等各种智能计算技术对物品相关信息进行分析、融合、处理，最终实现对物理世界的高度认知和智能化的决策控制网络[74]。

本书参考文献［74］提出了物联网在能源基础设施中应用的架构，描述了物联网应用于能源基础设施生产过程的全程监测网络架构。物联网技术应用于生产过程监测，能够解决的主要问题有输电线路在线监测、设备全方位防护、现场作业管理、户外设施防盗等；同时，物联网应用于智能电网用户服务的网络架构。针对智能电网用户服务，物联网技术主要应用于智能家电传感网络系统、智能家居系统、无线传感安防系统、用户用能信息采集系统等，主要硬件设备包括智能交互终端、智能交互机顶盒、智能插座等。李娜等人认为，面向智能电网应用的物联网应当主要包括感知层、网络层和应用服务层。感知层主要通过无线传感器网络、RFID 等技术手段实现对智能电网各应用环节相关信息的采集；网络层以电力光纤网为主，辅以电力线载波通信（PLC）网、无线宽带网，实现感知层各类电力系统信息的广域或局部范围内的信息传输；应用服务层主要采用智能计算、模式识别等技术实现电网信息的综合分析和处理，实现智能化的决策、控制和服务，从而提升电网各个应用环节的智能化水平。

在本书参考文献［74］中，研究人员还分析了物联网信息聚合技术应用在能源基础设施中的优势，并提出了能源基础设施中的信息聚合解决方案。其主要内容包括以下两个方面：

(1) 配变电智能检测物联网主要功能

能源基础设施中配变电环节占比很高，针对配变电网的电力设备监测是保障电网安全运行的必要工作，是智能电网建设的重要内容。以物联网技术为手段，针对各种电力设备日常运行过程中的设备运行参数、设备状态异常、设备破损、性能降低等项目进行监测和记录，并在各种隐患发生前采取应对措施，避免电网设备出现故障，实现智能电网的信息化、智能化，可以进一步提升电网运行效率。其中涉及的主要功能有，监测电力设备运行环境和状态信息，为电力设备状态检修提供辅助手段，提供标准化作业指导功能，对现场工作人员进行定位的功能。

(2) 能源基础设施监测物联网的信息聚合方案

本书参考文献［74］提出了基于物联网技术的智能电网配变电设备监测系统的网络架构，该系统的网络实体包括传感器节点、固定 sink 节点和移动 sink 节点。

其中，传感器节点部署于配变电设备的安全部位，负责获取并采样电力设备的运行状况及电力设备周围环境的信息，并具有基本的运算控制和数据处理能力。另外，为实现设备管理和监督巡查路线的功能，部署于巡查路线旁侧的传感器节点需加载 RFID 标签。传感器节点可通过配置多种不同的传感模块，获知多种类型的状态信息，包括设备自身的温度信息、设备运行环境的湿度信息、设备的震动信息、设备的漏电流信息等。

本书参考文献［75］，基于已经开展的物联网、云计算领域的研发和示范工程，重点研究了物联网、云计算技术与电力系统信息和通信调度领域的融合方式。通过分析电力信息和通信调度系统中现阶段存在的问题，对物联网和云计算技术在电力调度领域的应用形式进行了分析。文中指出，当前电力系统信息和通信调度系统主要存在的三个问题：严重的信息浪费；信息孤岛严重；信息开放性不够，数据二次处理困难。而为了进一步提升电力系统中各类现场信息的有效利用率，解决不同系统之间的信息孤岛问题，获取更多有利于电网调度的有价值信息，提升信息和通信调度员的综合素质，可采用以物联网、云计算为代表的新型信息和通信技术来丰富信息和通信调度系统的功能，提升智能电网的信息和通信调度过程的实时性、有效性，提高电网的智能化调度水平。物联网、云计算等新型信息和通信技术在电网调度中可能涉及的应用领域包括以下几个方面。

(1) 基于物联网的分布式能源调度系统

以电动汽车、风电、太阳能等为代表的分布式电源正在逐步融入传统电网中，其不规律性将对电网的调度过程产生显著影响。借助物联网技术可以对上述电动汽车、分布式电源发电机组的用/耗能状况进行实时监控，并将监控信息反馈至调度中心。调度主站系统将根据当前电力负荷的使用情况确定分布式电源是否可以并网，在电网安全性和经济性之间寻找平衡点。在实际部署过程中，需要研究物联网的统一感知信息模型和统一通信传输规约，并开发物联网网关设备，提高软硬件设备的标准水平，减少通信网络中的中间件数量，实现不同厂商设备的互联、互通及互换。

（2）构建基于物联网的能源应急通信指挥调度系统

能源应急通信发生的时间和地点具有不确定性，导致指挥中心和事故地点的连通过程有很大的延迟；而物联网系统的感知装置可采用内置电池形式供电，不受线路、设备布置环境的影响，可以将电网状态信息、线路和设备运行状态信息及时提供给调度中心或应急指挥中心。当应急情况发生时，通过物联网感知信息能够在第一时间准确定位事故现场，并能对现场设备及部件、杆塔的损坏情况进行分析，以便及时调拨合适型号的设备到现场进行更换，缩短事故处理时间。同时，结合光纤及无线通信技术提供的电话及视频通信技术，现场人员能够提前做好抢修准备，接受应急指挥中心的调度指挥，提高事故抢修处理能力。

（3）基于云计算的智慧能源调度系统

智慧能源调度系统比现有的 EMS 更为复杂，涉及面更广，不仅涉及电力系统，未来还将涉及煤炭、石油、天然气、热力、交通等网络。从数据源的角度看，基于云计算的智慧能源调度系统所采用的数据不仅包括正常条件下 SCADA 系统的稳态数据，还将包括煤炭、石油、天然气等网络系统提供的动态数据，在此基础上形成了综合数据源，数据更加丰富和全面。

基于云计算的智慧能源调度系统包括支撑平台和该层面之上的高级应用功能。系统硬件支撑包括硬件设备、数据交换平台等，为系统提供数据采集通道、总线方式、数据流和辅助决策的知识库系统。高级应用功能包括电网的网络拓扑、状态估计、潮流计算、负荷预测、智能诊断等多种功能。采用云计算技术对原生分散数据进行抽取、转换、加载和展现，再基于不同需求进行数据挖掘可以获取有用信息。

以电网为例，基于云计算的智慧能源调度系统可以对常见问题和能够产生重大影响的状态进行快速分析求解，缩短系统处理时间。根据实时监测数据进行运行态势分析，对故障隐患进行定位，可以提高电网的预见性维护水平，在电力系统出现事故时尽快诊断事故并提出解决方案。结合电力系统的地理信息系统（GIS），调度分析软件支持数据可视化功能，并具备可视分析能力，降低调度监控人员的经验分析工作量，便于调度中心及时发现监控信息中事故隐患。

（4）智慧能源云信息安全平台

智慧能源云信息安全平台通过建立多数据副本来保证存储数据的高可靠性，以及具备快速数据迁移能力，并能根据不同用户要求提供不同的信息安全等级；设计数据优先权管理权限，采用强身份认证方式，限定数据的使用权；采用“分区分域、等级防护、多层防御”的安全策略，保证数据交换的安全性；云计算病毒防护安全平台拥有强大的运算能力，能够第一时间将安全补丁或安全策略分发到各个客户端，有效保证能源信息的安全性；基于“云-管-端”的云安全综合防护体系能够对安全威胁区域和位置进行准确定位，对可疑终端进行及时隔离，有效确保大数据的安全性。

目前，云计算技术在智慧能源方面的应用还处于研究探索阶段。本书参考文献［76］结合Hadoop平台，借助虚拟化技术、分布式冗余存储及基于列存储的数据管理模式来存储和管理数据，以保证海量状态数据的可靠和高效管理。目前，这还只是一个框架，目的是为了解决电力系统灾备中心资源利用率低、灾备业务流程复杂等一系列问题。

在国外，云计算应用目前已用于海量数据的存储和简单处理，已有实现并运行的实际系统。本书参考文献［77］分析了电力系统中不同用户的实时查询需求，设计了用于实时数据流管理的智能电网数据云模型，特别适合处理智能电网中产生的海量流式数据，同时基于该模型实现了一个实时数据的智能测量与管理系统。

美国Cloudera公司设计并实施了基于Hadoop平台的美国田纳西河流域管理局（Tennessee Alley Authority，TVA）的智能电网项目[78]，帮助美国电网管理了数百万亿字节（Trillionbyte，TB）的数据，突显了Hadoop平台高可靠性及价格低廉方面的优势。另外，TVA在该项目基础上开发了superPDC平台，并通过openPDC项目将其开源，此工作将有利于推动量测数据的大规模分析处理，并可为电网其他时序数据的处理提供通用平台。

日本Kyushu电力公司使用Hadoop云计算平台对海量的电力系统用户消费数据进行快速并行分析，并在该平台基础上开发了各类分布式的批处理应用软件，提高了数据处理的速度和效率[79]。本书参考文献［80］对云计算平台应用于智能电网进行了详细的分析，得出的结论是，现有云计算平台可以满足智能电网监控软件运行的可靠性和可扩展性，但实时性、一致性、数据隐私和安全等方面的要求尚不能满足，有待进一步研究。

从国际情况看，美国主要是发展统一智能电网，把分散的智能电网互联成全国性的网络体系，主要包括实现美国电力网格的智能化，解决分布式能源体系的需要，以长短途、高低压的智能网络连接客户电源，实现可再生能源的优化输配。

德国主要是发展互动式电网，德国的智能电网集创新工具和技术、产品与服务于一体，利用高级感应、通信和控制技术，为用户的终端装置及设备提供发电、输电和配电一条龙服务，把所有能源产生的电量都放在一个电网上进行传输，实现与用户的双向交换。同时，德国开展技术创新计划“E-Energy”，成功建立基于互联网的区域性能源市场，如智能电力交易平台实现覆盖区域的分布式能源交易。同时，德国的1100多家售电公司围绕光伏、储能、电动汽车领域衍生出各种创业型公司。近两年，德国加大智能电网和储能技术的创新和发展，并以现代信息和通信手段，将智能电网和储能技术应用于大量的微网、节能建筑等多种分布式能源示范项目，有力推动分布式能源的快速发展。

欧盟明确表示，将通过信息和通信技术（在线测试）实现节能减排，计划在2020 年实现节省 20% 的主要能源消耗、减少20% 的温室气体排放量及提高20% 的再生能源使用率的目标。

英国制定了“2050 年智能电网线路图”，并且支持智能电网技术的研究和示范，建设工作将严格按照路线图执行；苏格兰地区的坎伯诺尔德研究中心正在研究智能电网的优化问题，提升发电效率。

2013 年，丹麦启动了新的智能电网战略，以推进消费者自主管理能源消费的步伐。该战略将综合推行以小时计数的新型电表，采取多阶电价和建立数据中心等措施，鼓励消费者在电价较低时用电。目前，丹麦在智能电网的研发和演示方面已处于欧盟领先地位。

15.4.1 基于 ZigBee 技术的企业智慧能源云平台

随着低速率、近距离无线通信技术 ZigBee 的兴起，基于 ZigBee 技术的组网在智能电网、能源互联网、智慧能源等领域将得到很好的应用。本节主要介绍 ZigBee 技术在智慧能源能量管理云平台中的应用，从而为企业的能量管理及优化提供一种云端解决方案。

ZigBee 是一种近距离、低复杂度、低功耗、低数据速率、低成本的双向无线通信技术。相对于现有的各种无线通信技术，ZigBee 技术具有超低功耗和低成本的特点，适用于承载数据流量相对较小的业务，因此 ZigBee 技术非常适用于近距离无线监控组网的相关应用。近年来，越来越多的专家学者开始研究 ZigBee 技术作为对企业能量管理云服务系统的硬件组网方案。ZigBee 组网结构如图 15-9 所示[83]。

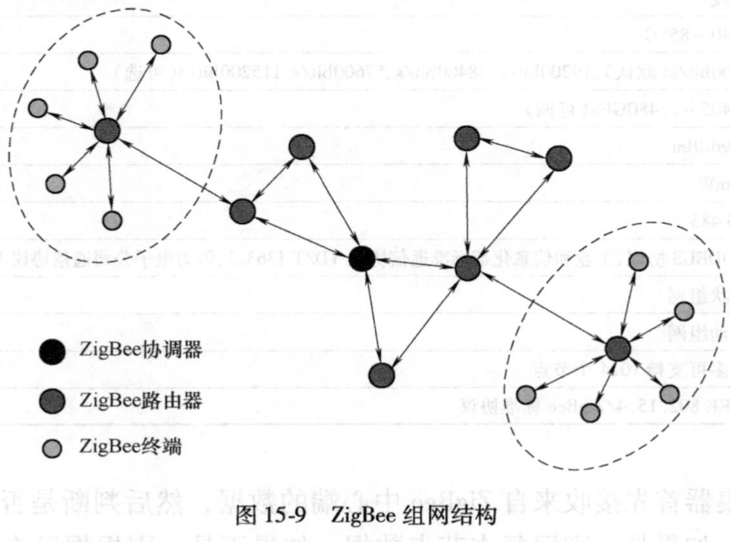

图 15-9 ZigBee 组网结构

ZigBee 组网及整个网络的数据传输由 ZigBee 中心端发起并建立；建立网络成功后，中心端设备等待 ZigBee 采集器加入组网；采集器上电之后自动查找网络，自动加入已建立的 ZigBee 网络并获得独立的网络地址；网络建立成功之后即可进行数据的收发。ZigBee 中心端通过网内广播的方式传输数据。ZigBee 组网流程如图 15-10 所示[83]。

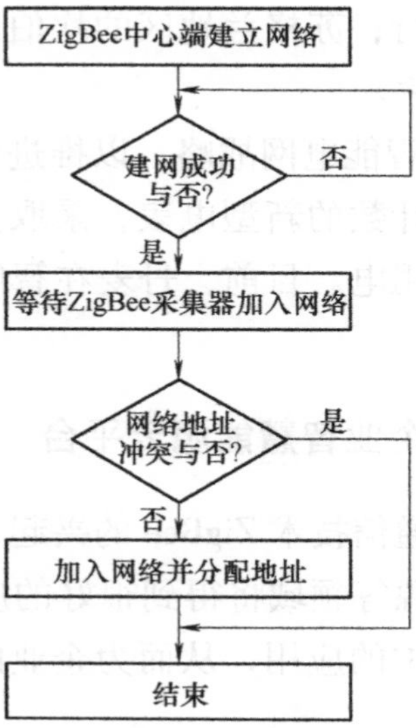

图 15-10 ZigBee 组网流程

ZigBee 无线模块的技术指标见表 15-1[83]。

表 15-1 ZigBee 无线模块的技术指标

技术指标	ZigBee 采集器	ZigBee 中心端
通信方式	无线	
温度范围	-40 ~ 85°C	
通信速率	9600bit/s(默认)、19200bit/s、38400bit/s、57600bit/s、115200bit/s(可选)	
无线频率	2.405 ~ 2.480GHz(可调)	
接收灵敏度	-96dBm	
发射功率	10mW	
通信接口	RS 485	工业以太网
通信协议	MODBUS 协议、工业和信息化部标准通信协议 YD/T 1363.3、创力电子公司通信协议 MPJ	
网络结构	网状组网	
组网方式	自动组网	
网络容量	最多可支持 1024 个节点	
协议标准	IEEE 802.15.4/ZigBee 标准协议	

ZigBee 采集器首先接收来自 ZigBee 中心端的数据，然后判断是否属于传送给自己节点的数据。如果是，则回复本节点数据；如果不是，则根据已有的路由表广播

转发来自 ZigBee 中心端的数据，所有访问结束后进入休眠低功耗节能模式，等待下次数据访问。ZigBee 数据传输流程如图 15-11 所示[83]。

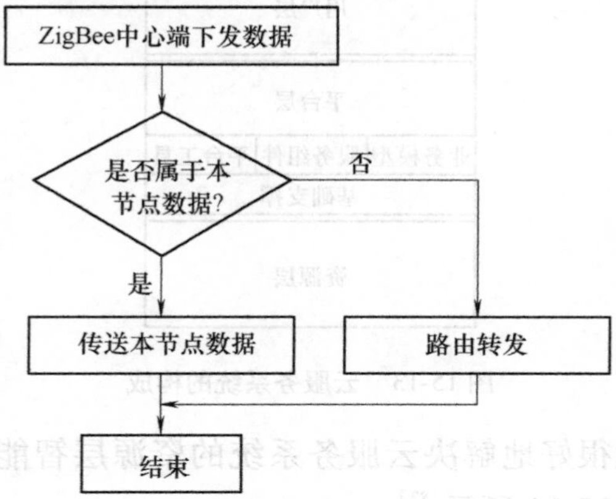

图 15-11　ZigBee 数据传输流程

基于 ZigBee 组网的企业能量管理云服务系统拓扑结构如图 15-12 所示[83]。

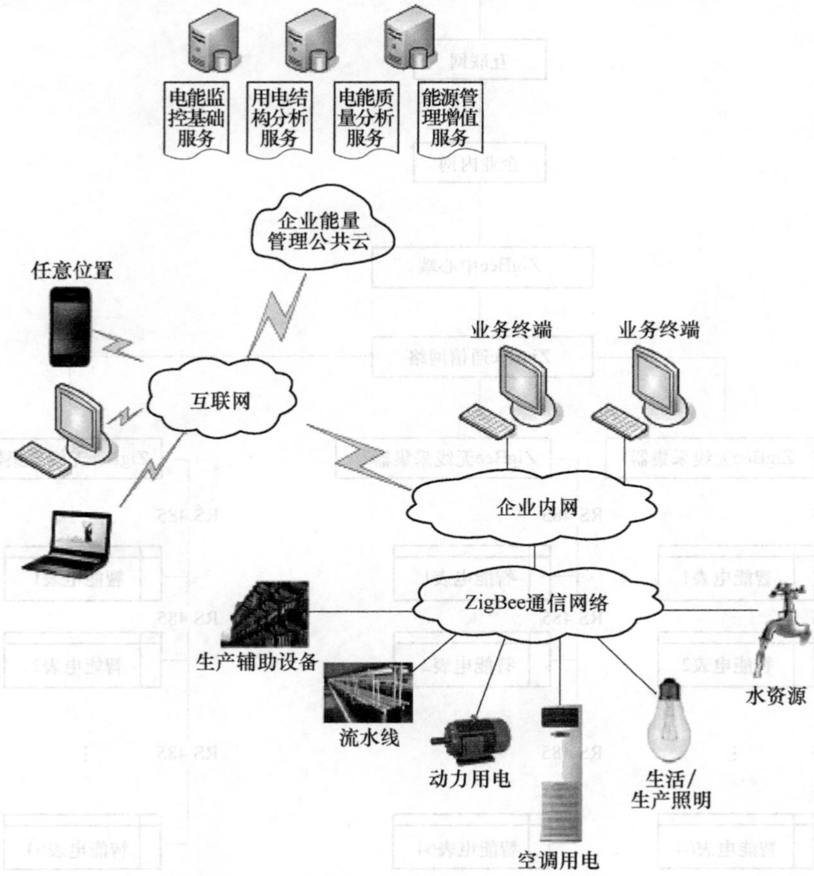

图 15-12　基于 ZigBee 组网的企业能量管理云服务系统拓扑结构

云服务系统的构成如图 15-13 所示[83]。

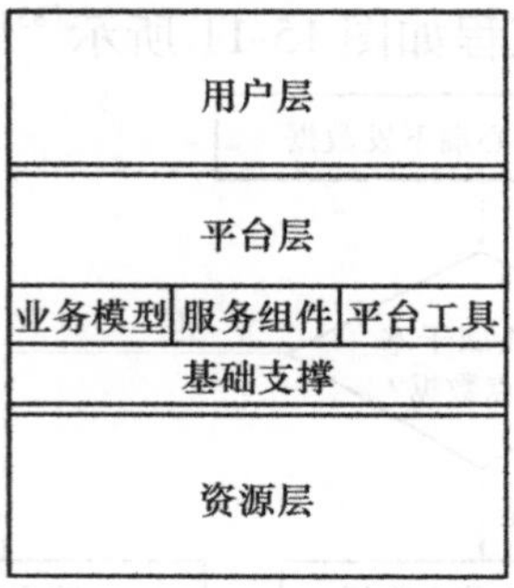

图 15-13　云服务系统的构成

基于 ZigBee 组网能很好地解决云服务系统的资源层智能终端设备的接入问题，系统设备拓扑结构如图 15-14 所示[83]。

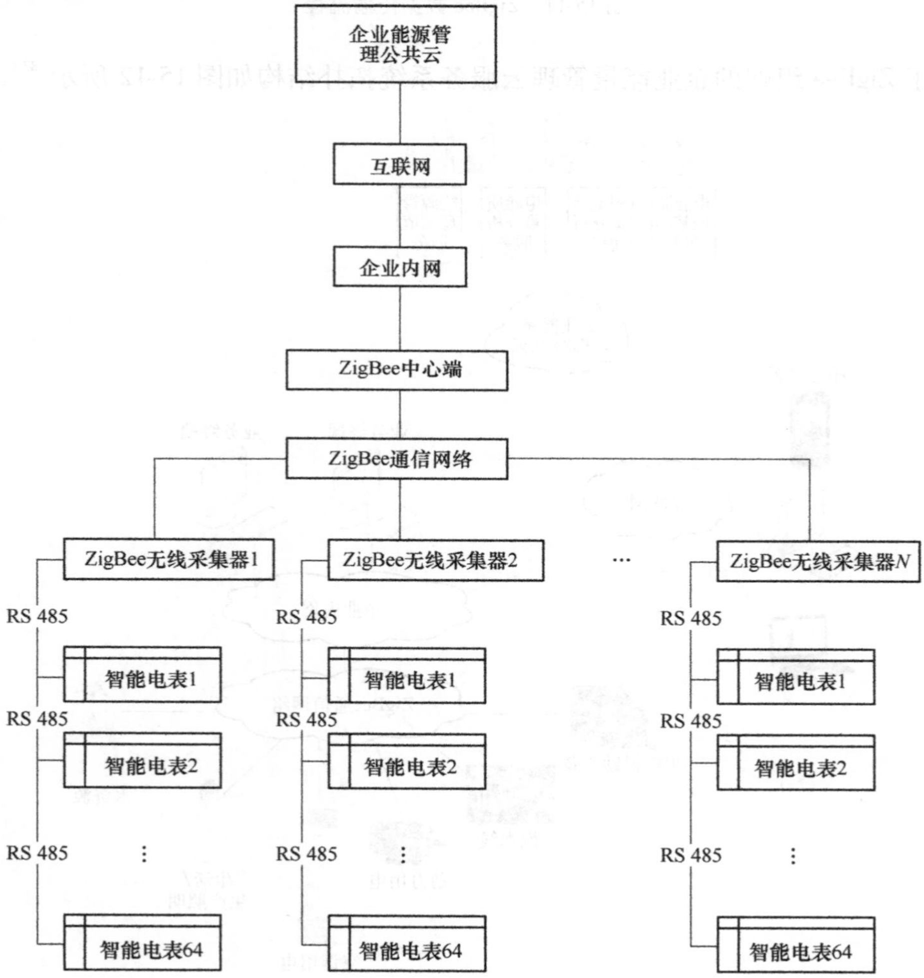

图 15-14　系统设备拓扑结构

整个系统覆盖了企业的所有用电、用水设备，如办公区域的照明用电、空调用电、插座、电脑、打印机、饮水机等用电；各生产车间的用电，包括生产照明用电、生产用动力设备用电、生产用辅助设备用电等；还有供水系统管道终端的用水。

基于互联网的云服务系统将为智能电网的发展及节能减排做出贡献，企业管理者可以通过计算机、手机等智能终端随时随地通过互联网访问云服务系统，获取所需要的能量管理服务，获取企业能耗数据及预警、告警服务[83]。

为了更好地满足能源供应与消费变革的需求，未来需要采用新的技术能感知、传输、分析和整合用户能源数据，智能地响应用户的需求。使能源的供应与消费变得更加智能和高效，实现智慧能源的美好愿景，实现自然、环境、社会的全面协调发展。通过智能电表及相关智能仪表系统监视一次能源消费情况，并将收集到的能源数据传送到智慧能源云平台。云计算，是一种基于互联网的计算方式。通过云计算，可以分享资源、软件和应需向计算机和其他设备提供的所有信息。借助云计算，可以培养快速创新和决策的能力，提高敏捷性，以在当今激烈的竞争环境中做出快速反应，减少资本和运营成本，创造出一个能有效地满足用户需求的能源环境。

15.4.2　智慧能源云平台

智慧能源是一种全新的能源形式，包括多种能源优化互补、自然环境和社会网络及与可持续发展要求的相关能源技术和能源制度体系。智慧能源应该是一套以能源工业为基础，通过互联网开放平台实现对能源供应与能源消费系统的监测控制、操作运营、能效管理的多层次综合服务系统[86]。智慧能源云平台模块如图 15-15 所示[87]。

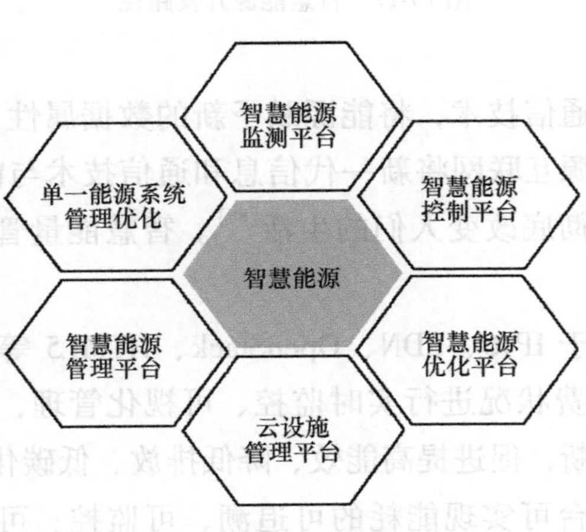

图 15-15　智慧能源云平台模块

智慧能源的一个重要目标是提高能源利用效率，围绕这个目标的能源技术创新贯穿能源供应到消费的全部环节。智慧能源的思路是基于能源产业链产生的各种数据，实现相应的服务（主要是节能减排）。节能管理与控制过程如图 15-16 所示[87]。

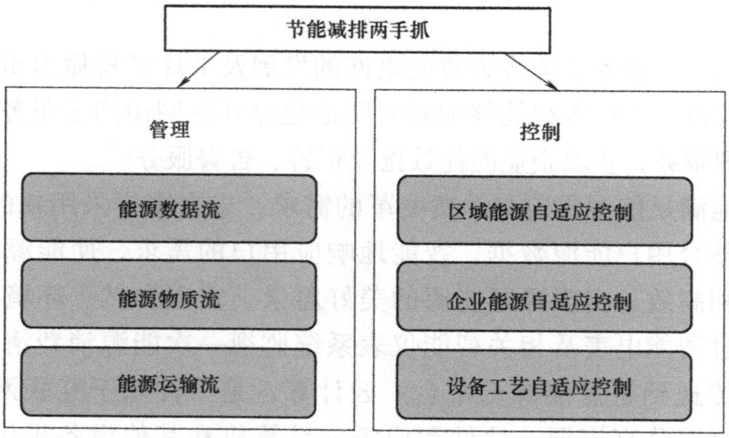

图 15-16　节能管理与控制过程

这样形成的产业创新包括新型合同能源管理服务、智慧能源解决方案、智慧能源大数据运营服务等。能源互联网将冷、热、气、水、电等能源数据化，利用 IPv6、大数据、云计算等先进信息技术，对能源供应与消费实施动态管理与协调控制，达到提高能源利用效率、节能减排等目的[86]。智慧能源开发路径如图 15-17 所示[87]。

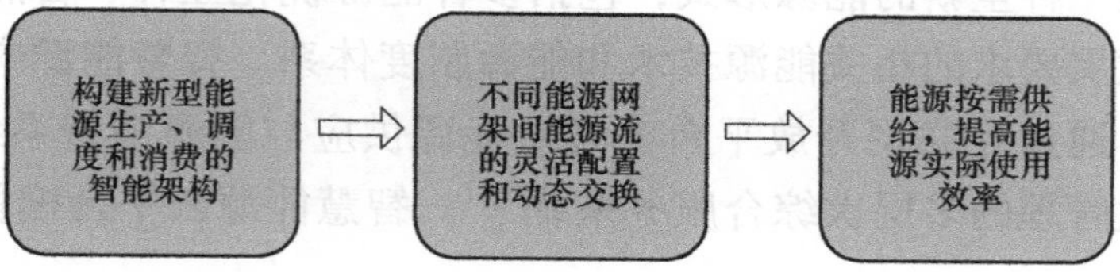

图 15-17　智慧能源开发路径

利用先进的信息和通信技术，将能源赋予新的数据属性，达到能源经济、高效及环保。可以预见，能源互联网将新一代信息和通信技术与能源完美结合，势必成为一个巨大的能量体，彻底改变人们的生活[86]。智慧能量管理服务平台如图 15-18 所示[87]。

智慧能源云平台基于 IPv6、SDN、OpenStack、HTML5 等互联网最新技术搭建，将对能源供应和能源消费状况进行实时监控、可视化管理，开展能源大数据分析，推行风险管理、健康诊断，促进提高能效、降低排放、低碳化管理等[86]。

通过智慧能源云平台可实现能耗的可追溯、可监控、可管理，从而降低成本、提高能源使用效率；对实施合同能源管理的技术服务公司而言，不但可以降低开发、建设和运营成本，还可以通过第三方的实时数据存储、分析、可视化管理等服务，使节能数据更有公信力，减少纠纷，实现效益最大化；对政府及金融机构而言，智慧能源云平台能打破各自封闭的信息孤岛，政府及金融机构可以把握能源供应和消费的整体动向，掌握真实透明数据，实行有效监管和调控。这些数据还可以支持节能技术改造、节能量监测、核算和评价，支持碳交易的开展等[86]。

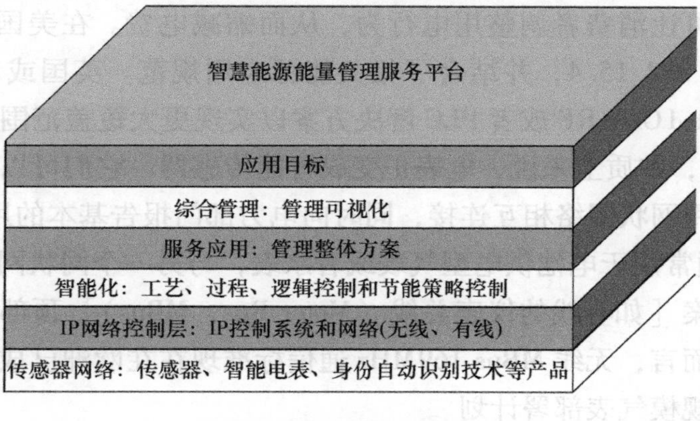

图 15-18　智慧能源能量管理服务平台

标准 IEEE 1888《泛在绿色社区控制网络协议》，是全球首个关于能源互联网的国际标准，于 2015 年 3 月 2 日正式获得国际标准化组织 ISO/IEC 通过。标准 IEEE 1888 是能源互联网领域的 TCP/IP 标准。它基于全 IP 的思路，将电、水、气等能源数据化，将能源控制总线转化为互联网节点，将能源转化为互联网流量，应用大数据、云计算等互联网新技术，达到提高能效、节能减排等作用。在这个过程中，标准 IEEE 1888 不仅满足数以百亿计的设备与网络之间互联互通的问题，同时还将规范这些设备产生的海量数据的格式，并保证数据安全，最终实现能源互联网产业的全球部署。

标准 IEEE 1888 开放平台生态体系包括，基于标准 IEEE 1888 的网关、终端、存储、应用等产品，基于标准 IEEE 1888 的系统集成与运维方案，标准 IEEE1888 测试规范和认证，标准 IEEE 1888 云服务等。具体来讲，即围绕标准 IEEE 1888 将形成包括终端产品、汇聚产品、多协议网关产品、存储系统、智能分析平台、可视化界面、认证与安全系统、网管和计费系统、系统集成、认证与测试、合同能源管理服务的产业链[86]。

15.4.3　基于智能用电需求响应的云平台

目前，关于智能电表的通信解决方案有很多种，通用的网络接入方案是不存在的，有的可能需要采用物联网技术实现更广泛的互联通信，有的需要采用有线与无线互补的方式，有的需要采用无线与载波互补的方式的组合方案。在现有的解决方案中，有的采用小功率射频（Low Power Radio Frequency，LPRF）通信（使用 Sub-1GHz 网状网络）；有的解决方案使用有线窄带正交频分复用（Orthogonal Frequency Division Multiplexing，OFDM）PLC 技术。

功能完善的智能电表需要通过家庭显示器或者网关，为该家庭提供有用的用电信息。这种信息可让消费者调整用电行为，从而缩减电费。在美国，使用 2.4 GHz ZigBee 标准 IEEE 802.15.4，并结合了相关能源应用规范。英国或者日本等其他国家，正在评估 Sub-1GHz RF 或者 PLC 解决方案以实现更大覆盖范围，或者混合使用 RF 和 PLC。因此，本质上来说，电表正变成智能传感器，它们可以向室内和室外同时传输信息，使用网状网络相互连接，同时向电力部门报告基本的用电数据[89]。

LPRF 技术通常用于电池供电型气表或者水表，与另一个网状网络内计量表或者传统有线解决方案［如有线的仪表总线（Meter Bus，MBus）］顶部数据采集器进行通信。就流量表而言，无线 MBus 169MHz 通信标准现在在欧洲已成熟，并正在法国和意大利实施大规模气表部署计划。

未来的配电网拓扑结构将逐步发生改变，从放射状集中拓扑转变为拥有多种能源分布的交直流混合的网状拓扑。通过采用标准 IEC 61850 使配电站内部不同设备厂商提供的产品需具备通用性，并且共享采集数据，从而实现大规模部署。利用标准 IEC 61850，如断路器、变压器和发电机等配电站内部设备可共同建立起一个时间敏感型网络，在中央工作中心采集所有配电站信息，并同样也建立起双向通信[90]。未来的智能电表要求可实现多种有线和无线网络接入方法，包括 Sub-1 GHz、2.4 GHz ZigBee、Wi-Fi、NFC 和多 PLC（标准有 G3、PRIME、IEEE P1901.2、PLC-Lite）。

功能完善的智能电表是实施智能用电需求响应的基础，目前，需求响应领域出现了实现标准化的趋势。作为需求响应实施主体的电力公司、集成商及用电方之间的通信规格，OpenADR 起到了推动作用。OpenADR 联盟制定 OpenADR 的标准，并推进需求响应标准及连接认证。目前，美国开始将 OpenADR 安装在产品上，并开始提供利用 OpenADR 的智能用电需求响应节电服务。基于 OpenADR 的智能用电需求响应示意图如图 15-19 所示。

日本电报电话（NTT）公司开发出可利用 OpenADR 信息提供智能用电需求响应服务的云平台。通过互联网服务，提供实施需求响应所需的客户管理及信息收发等功能。其特点是电力公司及集成商即使不自备支持 OpenADR 的装置，也可提供需求响应服务。以前当电力公司要求用户削峰节电时，主要是通过电话及电子邮件等进行联络，事实上采用的是“手动”方式。而能源运营商也通过电话和电子邮件将这个要求通知用电方；接到指示的用电方大多也是手动抑制设备耗电。OpenADR 将使这一系列过程实现了自动化，符合未来发展方向。

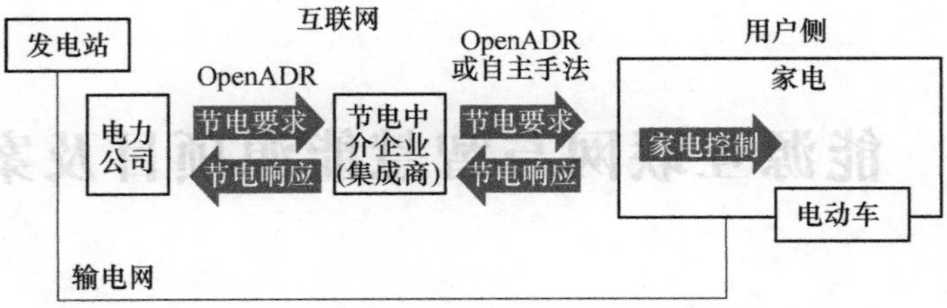

图 15-19　基于 OpenADR 的智能用电需求响应示意图

对于信息泄露的风险，需要采取以该服务器为对象的加密及数据屏蔽等安全措施，如图 15-20 所示。

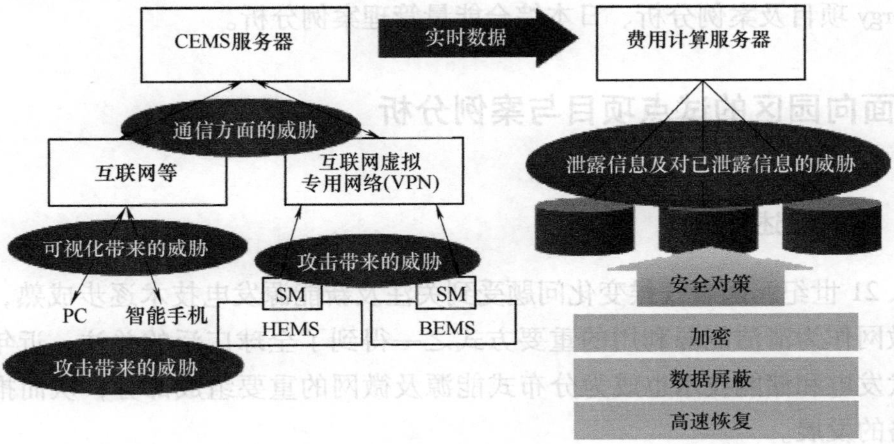

图 15-20　加密及数据屏蔽安全措施

但是，如果把所有的数据全部加密，那么在计算费用时，数据的复合化就会花费太多的时间，处理时间将过长。为此，通过只对智能电表的身份（ID）信息和计测时间及计测值这类测量数据进行加密，在保证安全的同时，又能尽量不使用计算机的资源。

第 16 章　能源互联网与智慧能源项目及案例分析

本章主要介绍国内外能源互联网与智慧能源领域的案例并进行案例分析，供我国开展能源互联网与智慧能源试点及全面推广建设参考。本章首先介绍国内面向园区的试点案例、面向工商业的试点项目及案例分析、园区智能微网系统与智慧能源云平台项目及案例分析、能源互联网环境下数据中心能耗优化管理，然后介绍了德国 E-Energy 项目及案例分析、日本综合能量管理案例分析。

16.1　面向园区的试点项目与案例分析

16.1.1　项目概述

进入 21 世纪，随着气候变化问题受到关注及新能源发电技术逐步成熟，分布式能源及微网作为清洁能源利用的重要方式之一得到了全球广泛的关注，近年来，风电、光伏发电和储能技术也成为分布式能源及微网的重要组成部分，从而推动了微能源网络的发展。

我国微能源网技术的研究起步相对较晚，尚处于基础理论研究阶段，在研究力量和研究成果上仍与国外存在一定差距。2009 年以来，我国启动了微能源网的发展研究工作。2012 年，发改委发布了《可再生能源发展“十二五”规划》和《太阳能发电发展“十二五”规划》，目的是促进分布式能源和面向新能源的微能源网的发展。

16.1.2　项目特点

面向园区的试点项目具有以下特点：

（1）尽可能多地采用可再生能源

所使用的能源均为无排放或微排放的能源（光能、风能、生物能、天然气），生态环保、绿色低碳。

（2）节能与提高能效

实现能源梯级利用，大大降低不合理用能；采用绿色用能设备，提高能源利用效率；采用先进信息和通信技术实现智慧用能。

（3）多种能源优化互补

能源的来源形式和能源的供应与消费形式均实现了多种能源的充分利用和优化

互补应用，保障用能的安全性和可靠性。

（4）多种能源互相转化

利用可再生能源和废弃能源，转化成可供使用的热、电、冷能源，优化能源消费模式。

（5）能源利用形式微型化

可将能源的生产单元降低到千瓦级甚至更小，增强能源系统生产调度的灵活性，提高能源利用的精益化水平，提高能源利用效率。

（6）储能

采用多种储能形式，使能源能够储供结合，吸收、缓冲能量波动，削峰填谷，增强系统稳定性。

（7）智能

通过采集数据、分析预测，对微网系统设备实施智能调度，实现系统设备的可靠运行、经济运行。

16.1.3　用电负荷估算与需求分析

某园区一期项目用电负荷见表 16-1 所示。

表 16-1　某园区一期项目用电负荷

序号	用电设备组名称	设备容量 P_e/kW	K_x	cosφ	tgφ	计算负荷			
						P_{30}/kW	Q_{30}/kvar	S_{30}/(kV·A)	I_{30}/A
1	冷冻机	570	0.7	0.85	0.62	399	247.3	469.4	713.2
2	冷却水塔	30	0.8	0.85	0.62	24	14.9	28.2	42.9
3	循环水泵	220	0.7	0.85	0.62	154	95.4	181.2	275.3
4	空调机房杂项	50	0.7	0.85	0.62	35	21.7	41.2	62.6
5	冷冻机房	200	0.7	0.85	0.62	140	86.8	164.7	250.2
6	生活泵房给水泵	50	0.7	0.85	0.62	35	21.7	41.2	62.6
7	生活泵房杂项	50	0.7	0.8	0.75	35	26.3	43.8	66.5
8	一层照明办公用电	270	1	0.9	0.48	270	130.8	300	455.8
9	二层照明办公用电	270	1	0.9	0.48	270	130.8	300	455.8
10	三层照明办公用电	270	1	0.9	0.48	270	130.8	300	455.8
	用电总计	1980				1632		1869.7	

注：1. 冷冻机水泵房等主要设备用电按照设计院提供图样实际统计。

2. 各层照明及办公用电按照 45W/m² 统计，不含主要空调用电，如制冷机及相应水泵等。

（1）园区配电方案

采用双路进线，分别由两个变电所引来，设置 2 台 2000kV · A 的变压器。

（2）建筑用热能

园区一期综合办公楼采用“电制冷＋真空锅炉”的方式。夏季空调计算冷负荷约为 3174kW（约 900RT[⊖]），夏季空调计算单位建筑面积的冷负荷指标为 154W/m²；冬季

⊖ RT：（美制）冷吨，制冷量单位。1RT≈3.517kW。

空调计算热负荷约为1854kW，冬季空调计算单位建筑面积的热负荷指标为90W/m²。

1）设计选用的冷源。采用3台制冷量为1050kW（约300RT）的螺杆式冷水机组作为冷源。机组提供的冷冻水供回水温度分别为7℃和13℃。机组最高工作压力为0.6MPa，冷水机组、冷冻水泵、冷却水泵、定压装置等均设置在地下室冷冻机房内。采用3台300t/h的横流式冷却塔，冷却水进、出水温度分别为32℃、37℃，并考虑冬季的使用情况，局部设置辅助电加热。冷却塔设置在通风良好的总体绿化带中。为保证大厦24小时值守的消防安全监控中心、值班室等特殊部门不受集中空调系统运行的影响和制约，这些部门将采用多联式变冷媒流量直接蒸发空调系统。

2）设计选用的热源。采用两台供热量为930kW的燃气真空热水锅炉提供空调热水，供、回水温度分别为60℃和45℃，热水泵、稳压罐置于地下室机房内。

未来五年园区用能负荷将扩大一倍，为节约市电供电容量，减少重复投资，提高能源使用效率及为创建新能源技术综合运用示范区，园区供能系统采用以市政供电、太阳能光伏、储能系统、天然气分布式能源、风电分布式能源、LED照明等多项技术的微能源网，以满足园区内的冷、热、电多种能源需求增长和用能安全性。

16.1.4　项目实施方案

1. 智能微能源网技术方案

智能微能源网示意图如图16-1所示。

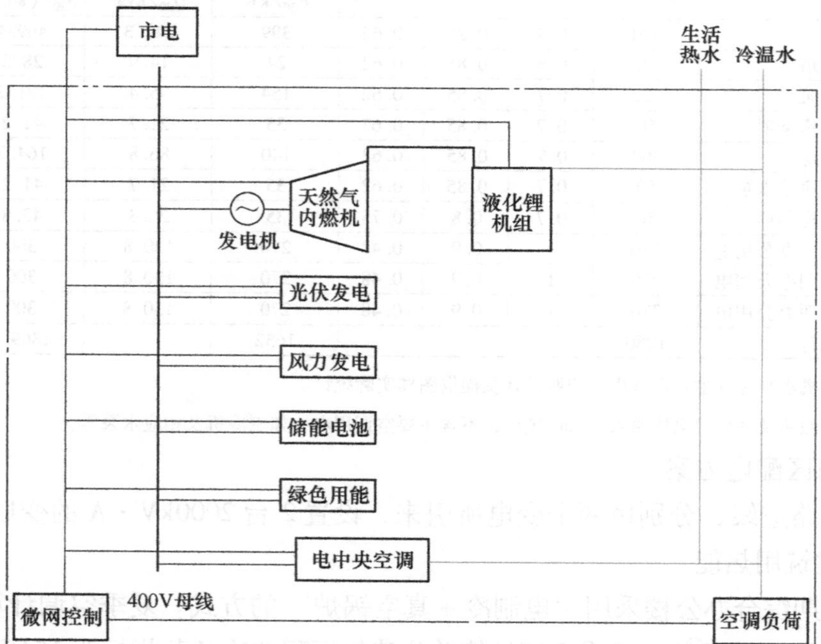

图16-1　园区智能微能源网示意图

2. 电气系统接入

园区变电所采用两路 20kV 进线，设置 1 段 10kV 高压母线，两路进线互为备用，配置两台 2000kV·A 干式变压器。能源站设置 1 台 400kW 的燃气内燃发电组，发电机出口电压 0.4kV，接入变配电间 2000kV·A 变压器 0.4kV 低压母线侧，向园区建筑内用电设备供电。

各发电设备同期点设在 0.4kV 低压母线上发电机出口开关位置，发电机设置自动同期装置，自同期装置经自动检测发电机与市电的电压、频率、相位满足要求后，发电机开关自动闭合，发电系统与市电系统并列运行。市电进线开关处需增加逆功率保护；当检测到发电机向市电反送功率时，逆功率保护动作，自动解列发电机，保障电网系统正常运行。以“自发自用、余电上网”为原则，所发电力先在园区院内消纳。园区电气主接线示意图如图 16-2 所示。

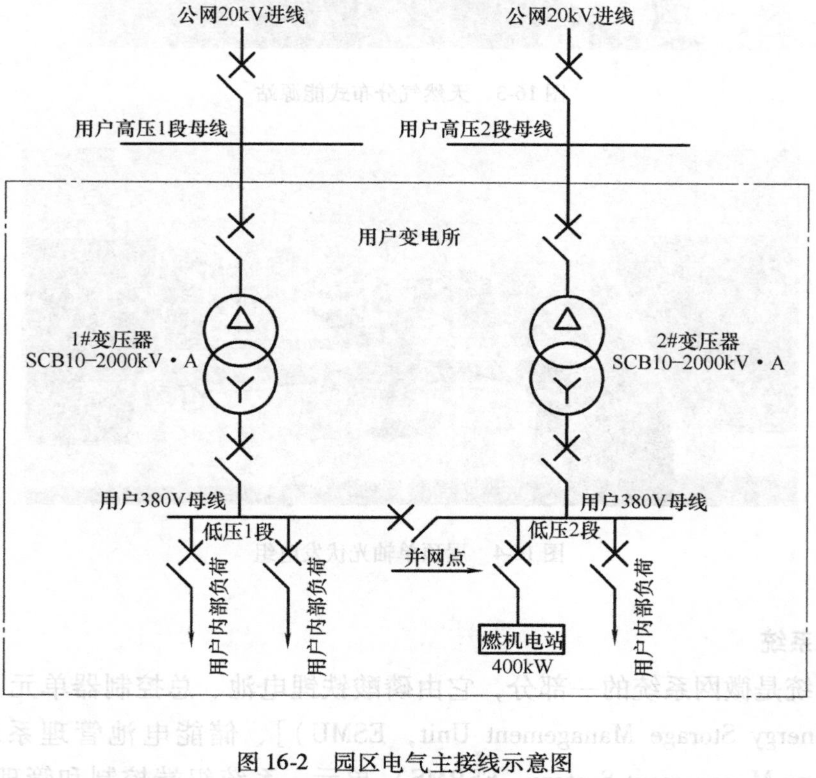

图 16-2　园区电气主接线示意图

3. 天然气分布式能源

建设 400kW 级天然气冷热电联供（CCHP）能源站，配置 1 套 400kW 级燃气型内燃机和 1 台烟气热水两用型溴化锂吸收式制冷机组（制冷量 450kW）。天然气分布式能源站如图 16-3 所示。

4. 光伏发电系统

光伏发电系统主要是利用光伏效应原理制成的太阳电池板产生电能，利用办公楼屋顶装机350kW光伏发电。屋顶单轴光伏发电组如图16-4所示。

图16-3　天然气分布式能源站

图16-4　屋顶单轴光伏发电组

5. 储能系统

储能系统是微网系统的一部分，它由磷酸铁锂电池、总控制器单元［即储能管理单元（Energy Storage Management Unit，ESMU）］、储能电池管理系统（Energy Storage Battery Management System，ESBMS）单元、系统组端控制和管理单元组成，系统容量为200kW·h。储能系统结构示意图如图16-5所示。

6. 微网智能调度方案

随着风电、光伏等可再生能源的迅速发展，能源互联网逐步进入发展的快车道，以此为契机，建设多种能源协调互补的微能源网项目非常有必要，所以微能源网将成为能源互联网的基础单元。该系统集成天然气内燃机可提供400kW电能、450kW

热（冷）能，并配套 200kW 储能、风光互补、60kW 风电、电动汽车、微网、发光二极管（LED）等多项能源技术。园区采用的是并网型供电系统，其分布式能源的种类多样，包括燃气内燃机冷热电联供系统、太阳能和电池储能系统。在供电系统的运行中，根据外部条件的不同，将涉及并网运行、孤岛运行及模式转换三种运行状态。

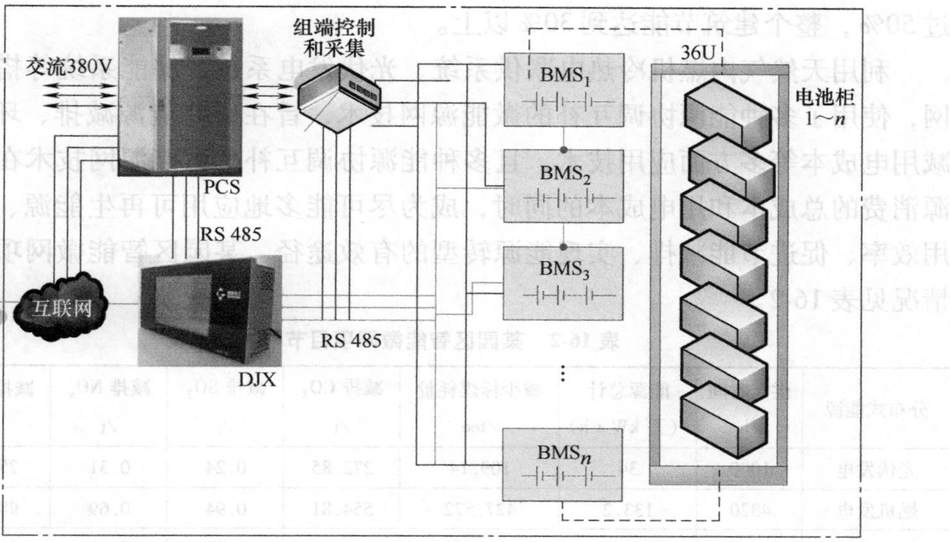

图 16-5　储能系统结构示意图

运行于并网模式时，微网在与配电网连接时需满足配电网的接口要求。此时，冷热电联供、光储并网型微网应能实现减少电能短缺、提高当地电压质量和不造成电能质量恶化等目标。

运行于孤岛模式时，微网能维持自己的电压和频率。在传统电网中，频率能通过大型发电厂内拥有大惯性发电机来维持，电压通过调节无功功率来维持。在微网中，由于采用大量电力电子设备作为接口，其系统惯性小或无惯性、过负荷能力差，以及采用可再生能源发电的分布式电源输出电能的间歇性和负荷功率的多变性，增加了微网频率和电压控制的难度。

当微网运行在两种模式之间切换时，维持微网稳定是其最主要的问题。如果微网在联网运行时吸收或输出功率到电网，当微网突然从联网模式切换到孤岛模式时，微网产生的电能和负荷需求之间的不平衡将会导致系统不稳定，此时采用恰当的模式切换控制方法是非常重要的。

16.1.5　案例分析

园区一期建筑面积为 19515m^2，试验办公楼总用能需求（电力、空调用冷用热、卫生热水）计算负荷约为3000kW左右，比常规能源配置节约2000kW左右。园区是建筑节能一体化的典范，采用绿色可再生能源为楼宇供能，屋顶光伏装机容量为350kW、天然气分布式发电为400kW、烟气热水吸收式溴化锂机组为450kW、储能为200kW、风光互补路灯为2kW，自供能达1000kW。另外，还配套电动汽车充电桩、LED等，具有创能、储能、节能、绿能、微能、多能的突出特点，自供能率超过50%，整个建筑节能达到30%以上。

利用天然气内燃机冷热电联供系统、光伏发电系统、储能系统等搭建了一个微网，使用了多种能源协调互补的微能源网技术，旨在研究能源减排、环境保护、缩减用电成本等多方面应用技术，且多种能源协调互补型微能源网技术在降低用户能源消费的总成本和用电成本的同时，成为尽可能多地应用可再生能源、提高能源利用效率、促进节能减排、实现能源转型的有效途径。某园区智能微网项目节能减排情况见表16-2。

表16-2 某园区智能微网项目节能减排情况

分布式能源	供能时间/h	能源总计/(万kW·h)	减少标煤耗量/tec	减排 CO_2/t	减排 SO_2/t	减排 NO_x/t	减排灰渣/t	减排烟尘/t
光伏发电	1000	34	109.14	272.85	0.24	0.31	25.10	0.19
燃机发电	4320	133.2	427.572	554.81	0.94	0.69	98.21	0.73
燃机供热	1080	43.2	138.672	179.94	0.30	0.22	31.74	0.23
燃机供冷	1080	43.2	138.672	179.94	0.30	0.22	31.74	0.23
数据机房供冷	2160	64.8	208.008	270.26	0.46	0.34	47.84	0.35
总计		318.4	1022	1458	2.24	1.78	234.63	1.73

16.2 面向工商业的试点项目与案例分析

16.2.1 项目概况

该项目面向大型三级甲等医院，现有分布式供能的2台1500kW等级的燃气内燃发电机组和2台容量为2t/h的余热锅炉，大型冷库及相应的配套设施的设计。需要设计优化储能电池系统，尽可能降低储能电池的比例，多采用储冷及储热的比例，尽可能提高可再生能源渗透率，优化设计太阳能光伏发电系统，提出并网型微网技术方案，并进行技术方案比较与分析，提出项目的关键技术与主要创新点，提出投资预算及投资回收周期。

该项目现有冷、热、电三种负荷。其中，热负荷主要为蒸汽，蒸汽负荷冬季最大，日产汽量约为136t/天，小时产汽量为6.05t/h；夏季最小，日产汽量约为90t/天，小时产汽量为4t/h；春秋两季相当，日产汽量约为100t/天，小时产汽量为

4.45t/h。冷负荷目前暂无相关机组运行数据，有待进一步调研收集资料或者模拟分析。在电负荷方面，根据 2012 年度用电统计数据，全年用电约为 1891.64 万 kW·h，每天按 16h 用电时数计算，年小时电负荷平均为 3239kW·h。

该项目按年太阳辐射量为 4525MJ/m^2、年日照为 1808.8h 设计。站址区域太阳能资源属三级地区，太阳能资源很丰富，建设并网光伏电站条件较好。光伏工程组件所发电为自发自用型，光伏系统可采用用户侧并网，并能实现孤网运行。所有光伏系统的通信信号均接入微网监控室，在监控室中进行远方控制。

16.2.2　设计依据

根据国家相关政策和统一部署，本方案设计主要依据了国家相关标准和国家电网公司相关指导规范，具体如下：

《国务院办公厅转发发展改革委等部门 关于加快推行合同能源管理促进节能服务产业发展意见的通知》（国办发〔2010〕25 号）

《关于印发 <合同能源管理项目财政奖励资金管理暂行办法> 的通知》（财建〔2010〕249 号）

《关于印发 <电力需求侧管理办法> 的通知》（发改运行〔2010〕2643 号）

《中华人民共和国节约能源法》

《国务院关于加强节能工作的决定》（国发〔2006〕28 号）

GB/T 24915—2010《合同能源管理技术通则》

《国家电网公司　节能服务体系建设总体方案》

《国家电网公司　能效服务网络管理办法（试行）》

《关于开展国家电网公司能效管理体系建设工作的通知》（营销市场〔2010〕61 号）

16.2.3　设计目标

通过本方案的设计及工程实施，努力为推动能源生产与消费革命，实现低碳发展提供关键性技术指导与示范，推动微能源网示范工程建设，为其他地区提供可参考的低碳实践引领技术，以及节能低碳技术挖潜方法。

在低碳实践区，努力构建终端用户新型能源生产、消费的互动架构，形成高效互补的能量流智能配置、智能交换，为用户端的微能源网技术在中心城区、工业园区、高新技术开发区、多功能建筑群中的应用提供示范。

本设计方案，将为夏热冬冷地区的不同功能建筑及建筑群的微能源网最佳选择方案，提供重要参考；同时，也将对微能源网、可再生能源、储能和分布式供能等技术和优化集成系统进行探索研究——系统优化集成技术、系统集成设计方法、系统运行过程的综合利用效率及节能减排预测等研究成果。

在应用最新成果和研究集成技术方面，关键问题是系统集成技术和能量调控技术不够完善，因此采用智能用电、需求响应（DR）、智慧能源及微网技术，将多元化能源在能源生产与消费环节进行系统整合、集成、优化和控制，成为可复制、可借鉴的技术。建设用户端能源生产与消费的维能源网案例，也为节能低碳行动和智慧城市建设提供参考。

为此，本设计方案具有以下特点：

1）尽可能多地采用可再生能源，尽可能增加光伏发电等可再生能源的比例，这符合未来能源发展趋势。

2）采用智能用电、需求侧管理与需求响应技术，尽可能减少储能的比例，这可以降低整个分布式发电与微网的成本。

3）本设计方案既考虑需求响应的赢利模式，又考虑合同能源管理及公私合作模式（PPP）的赢利模式，投资回收周期短。

4）采用直流供电技术，减少中间转换环节，努力实现节能。将光伏发电的直流电压提高，既可以对 LED 照明、电冰箱等以直流的方式供电，又减少从太阳能电力到电池、从电池到家用电器的电能变换所带来的能耗。

此外，本设计方案可在能量管理方面实现减少能源消耗、提高能源使用效率、降低污染排放的目标等方面提供重要支撑，具体如下：

（1）给低碳示范用户提供新型能源消费模式

构建微能源网能量管理系统（EMS），采用智能用电、需求响应技术，优化用电行为，改变用能习惯，降低用能成本，提高能效水平，实现能源效率的提高和资源的优化配置与利用。

（2）给低碳示范用户提供专业化能量管理与服务

通过合同能源管理，打造微能源网能量管理系统整体解决方案，在节能项目实施中获得节能项目收益，缩短投资回收周期，形成能量管理的长效运营机制。

（3）为智能电网及能源互联网提供有力支撑

建设能效管理体系，采用需求响应，实现削峰填谷，促进电网与需求侧的全面互动，实现电网的最优化运行，同时完成国家规定节能指标。

（4）为实现全社会低碳、节能探索可复制的商业模式

创建节能共享价值网络，促进节能减排战略的实施，推动相关用能政策的落实，带动能效管理产业发展，提高社会能效水平，带来社会经济效益。

16.2.4 智能用电设计方案

1. 内容与目标

考虑本项目属于智慧能源网与多元化微能源网集成示范项目，主要目标是应用

最新成果、研究最先进的系统集成技术和能源调控技术，构建终端用户用能的交互式系统架构及开放平台，最终形成多种能源的高效互补、智能配置、智能交换，为用户终端用能、节能、低碳及智慧城市提供示范。下述几项功能设计都是与项目的具体目标相吻合的：

1）遵循国际智慧能源技术标准（即 SEP 2.0），开发具有原创性、开放性、自主知识产权的智慧能源测控终端；采用了无线传感器网络（WSN），不需要对设备及现场进行改造。

2）尽可能多地采用可再生能源，实现多元化微能源网集成及提高能源利用效率。

3）降低储能配比，降低系统成本。

4）验证智慧能源优化模型。

5）为后期实现智慧能源，提供完整的解决方案；为多元化能源在供能、用能环节整合系统优化和控制，提供可借鉴的技术。

6）在微网控制系统上层提供能量管理系统平台。

项目的目标是建立基于需求响应的智能用电管理控制系统，与微网内部的负荷控制作用有不同之处，是微网内部的负荷控制功能不能替代的，不能单纯地理解为节电。微网内部的负荷控制主要是保证微网系统内部的功率平衡；而基于需求响应的智能用电管理控制系统主要作用是接收电网的需求响应信息及能源交易信息，按照价格补贴，削减负荷。微网内部的功率平衡是在需求响应智能用电下层的内部功率平衡。两者的功能定位不在同一个层面上，所以不能互相替代，否则整个项目的功能是不完整的，也很难保证系统的开放性及可扩展性。

考虑到智慧能源项目的关键问题是系统集成技术、能量管理技术及协调控制技术不够完善，采用基于需求响应的智能用电技术，将实现能源在供能、用能环节整合系统及优化和控制上的多元化。所以，在智慧能源项目中，还是要实施基于需求响应的智能用电功率控制系统，这样投资不会增加多少，但可以保证整个项目的完整性、先进性。这样不但能够带来经济效益，而且还会开创一种可复制的商业模式，可以为后续项目积累系统集成和协调控制方面的工程经验。目前，微网的投资成本很高，很难在短期内收回投资，通过该项目来示范，建设一个有亮点并充分体现完整性、先进性和可扩展性的系统。

2. 智能用电功能设计

智能用电与需求响应系统的采集与监测功能，是针对各类用户的电压、电流、功率及电度表计、负荷、设备等装置进行数据采集和实时监测。

采集与监测功能包括数据采集与实时监测两个模块，主要实现基本用电信息采集、用电信息查询与统计、用电状态与负荷等实时监测、用电信息可视化等功能。

数据采集功能，是能量管理系统的基本功能，是进行能效分析诊断的必要依据，包括用户基本信息采集和查询与统计两种功能。

查询与统计功能，是面向计量人员或管理人员的，是在数据采集的基础上对数据进行存储、初步处理及查询的功能。

智能用电管理系统实时监测功能，是针对各类节能用户使用的各种表计、负荷、设备等装置进行监测、控制及可视化展示的功能。

用电状态监测功能，主要负责对各类用户、各种负荷的用电信息进行监测，可以实时采集设备、线路等计量点上的用电信息，及时上传到能量管理系统数据中心；并可以根据企业具体需求，对同意进行需求侧管理、合同能源管理的企业用户进行精确负荷控制。

16.2.5 需求响应技术方案

需求响应是指，在电力供应紧张或电力生产成本较高期间，通过动态电价及激励机制使用户减少用电需求。这种对电能的动态价格的反映，可以通过用户需求随价格变化而相应变化的各种计划来完成。这种计划就叫作需求响应计划。

基于需求响应的智能用电管理控制系统，是在用电量即将超过事先确定的电力需求目标值及动态电价超过预先设定的目标值时，自动切换用电设备运行模式或者关闭开关，来抑制电力需求。

实施需求响应目的，是让电力用户在电力供应紧张时通过智能用电管理控制系统对用电设备进行自动控制、定量控制、定价控制、联动控制及协同控制，使用户降低其电力消耗，以削峰填谷，实现电力与电量的改变、负荷现状的改变及用户用电行为的改变，达到节能节电的目的，实现智慧能源与多元化微能源网集成的目标。

基于需求响应的智能用电管理控制系统，可根据具体用电方式，通过服务器设定各个用电设备的优先使用顺序。如果用电需求增大、接近目标值，便会从优先顺序较低的用电设备开始，改变运行模式或者直接关闭。基于需求响应的智能用电管理控制系统的意义在于，采用价格方法鼓励用户并主动参与需求响应计划，不仅能帮助用户进行节电及节能；而且与区域能量管理系统（CEMS）连接，通过电力需求方的节电来保持系统电力供求平衡，以减少微网储能电池的配比，降低微网成本。

根据智慧能源项目配电系统管理和能耗监测的要求，对楼内的高压进线、低压配出线、各楼层和各个房间内配电箱及照明、空调、洗衣机等用电设备进行电力监控，实现统一管理的机制，不仅让用电量可视化，并对设备进行闭环控制，且不需要对现场进行改造。例如，如果前一天天气预报播报的最高气温低于18℃，在达到电力需求峰值时，能量管理系统会启动需求响应。高峰用电量削减目标最大为20%。开发低压智能配电监控系统，利用现代电子技术、计算机技术、网络技术和现场总线技术的最新发展，对变配电系统进行分布式数据采集和集中监控管理。对配电系统的二次设备进行组网，通过计算机和通信网络，将分散的现场设备连接为一个有机的整体，实现远程监控和集中管理。

1. 主要目标

1）采用分布式量测控制终端，监测各种用电设备各时段电价、用电量等信息，传送到智能用电管理控制系统主站。

2）根据用户用电的历史信息进行分析，结合电价，优化用户能源使用方案，通过服务器设定各个用电设备的优先使用顺序及节电目标值。如果用电需求增大、接近目标值，便会从优先顺序较低的用电设备开始，改变运行模式或者直接关闭，为用户节能节电，降低用能成本。

3）接收电网的电价信息、供求信息，并与用户微网能量管理系统无缝集成，协同联动。同时，通过智能用电管理控制系统应用，也可以减少微网系统的储能配比，降低微网系统的造价。

4）整个系统采用智能优化软件和连续学习型算法，对用电设备实现全新的高精确控制、协同控制及联动控制。

2. 需求响应系统功能设计

（1）配电系统管理和能耗监测

根据配电系统管理和能耗监测的要求，采用量测控制终端对医院内的高压进线、低压配出线，各楼宇、各楼层和各个房间内配电箱及照明、空调、热水器、冷冻泵及冷却泵，进行用电监控，实施温差闭环控制，由系统根据负荷的变化自动调整运行频率，实现智慧能源的协同管理控制，不仅让用电量可视化，并对设备整体进行联动控制。

（2）运行信息与保护信息采集

作为间隔级智能装置的数字电能表，应覆盖电能量和电能质量的数据采集与监控需求。其基本功能有，测量电压、电流、频率、功率和功率因数；分时计量正反向有功电能和四象限无功电能；分相计量正反向有功电能，以及输入/输出无功电能；分时计量正反向有功及输入/输出无功功率最大需量，以及发生时间；多费率及时间设置。同时，还应记录以下内容：失电压、全失电压、失电流、全失电流、电压合格率；负荷曲线；清零、清需量、编程、校时、调表、设置初始底度、上电、过压电、逆相序、开盖等。另外，数字电能表应具备自身故障报警功能，如时钟故障、内部数据存储器故障、电压逆相序及电池欠电压、失电压、过电压、失电流报警等。数字电能表还应提供以太网接口。

（3）通信网络

根据不同的现场条件，采取不同的通信方式，运用包括总线技术、ZigBee 技术、以太网技术等，构建无线传感网络，不需要对现场进行改造。

1）无线自组织网络。在某些应用场合中，需要安装若干采集/控制单元，这些单元节点相互之间距离不是很远，布线较为复杂。因此，采用无线自组织网络的形式，将各个节点的信息通过无线方式汇聚到一个无线网关单元节点，该网关节点将所有该无线子网中的单元节点的信息打包发出去。无线网关的信息可以通过运营商网络（GPRS、3G、LTE 等）回传给控制中心，如果有有线网络接入，可以通过有线网络回传。

2）孤立单元。一些采集/控制单元比较孤立，和其他的单元节点距离较远，因此，可以直接通过运营商网络将信息回传给控制中心。

3）有线网络。若干采集/控制单元已经通过总线（RS 485、CAN、ModBus 等）连接到一起，已经建立了局域信息采集与控制网络，那么，只需要设置一个网关，将总线上的数据通过网关回传数据中心，同样，回传方式可以通过有线网络，也可以通过运营商网络。在网关中，一方面实现了物理通信链路的转换，另一方面实现了数据格式的统一。

16.2.6　智慧能源管理方案

智慧能源管理，通过 OpenADR 与电网侧区域能量管理系统通信接收与发送信息，合理调整用户侧的负荷及用户自身配备储能设备的充放电来适应电网负荷和电价变化，在节约能源、确保用户用电安全、减少用户电费支出、削减和转移负荷方面有很大的潜力，将会在提高电网稳定性和安全性方面起到重要作用。

智慧能源管理，结合地区的储能设备、分布式发电设备，在综合统筹天气、负荷、安全等各方面条件的前提下，为用户提供智能用电的解决方案；可以起到移峰填谷、稳定电力系统运行、提高电能使用效率的作用。

智慧能源管理，支持用户对本区域内储能系统的管理及用电策略的实施，如在电价高峰期，用户可以选择使用光伏发电对区域内电器供电；同时，优先利用基于需求响应的智能用电管理控制系统，为抑制地区用电峰值做出贡献；此外，还将充分利用本地区域能量管理系统进行节能。而在电价低谷期，用户可以选择不使用光伏发电，将电能存储至电池。结合控制策略优化算法与模块，可以帮助用户实现减少用户电费支出、削减和转移负荷；在抑制电力需求峰值、优化电力供求关系的同时，尽可能采用光伏发电等。

1. 人机交互界面

系统提供简单、易用、良好的用户使用界面，可显示配电所内设备状态及相应实时运行参数，显示各楼宇、各楼层和各个房间内配电箱及照明、空调、热水器、冷冻泵及冷却泵用电状态。

为了方便用户现场了解各个用电设备的运行状态、用电信息、当前电价、电能储量等信息，用户可利用人机交互界面便捷地进行相应的操作。用户通过人机交互界面可以查看当日、一周甚至几个月的基本图形报表。根据需求，人机交互界面甚至可以提供多年的历史数据，方便用户直观查看与当地平均用电水平的差距。同时为了支持企业或工厂用户，系统也支持报表的生成和下载。

2. 光伏发电技术方案

项目将采用两级非隔离光伏并网器的结构，如图 16-6 所示。光伏电池板采用串联结构，系统逆变器由两级组成：由 Boost 电路构成的前级 DC/DC 变流器和全桥逆变器。Boost 电路具有升压的作用，因此即使光伏电池输出的电压较低，也仍然可以实现并网。通过对 Boost 电路及全桥逆变器的协调控制，可以实现光伏电池的最大功率跟踪（Maximum Power Point Tracking，MPPT）控制及直流母线电压的稳压控制。两级非隔离型光伏并网系统如图 16-6 所示。

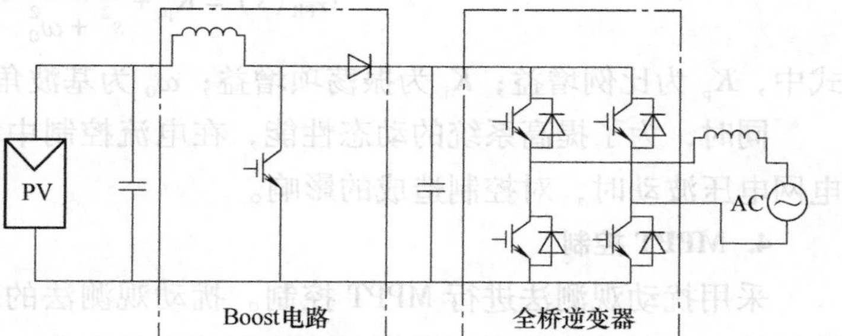

图 16-6　两级非隔离型光伏并网系统

对于两级式并网逆变器的控制，由于存在前级 DC/DC 和后级 DC/AC 两个功率变换单元，因此 MPPT 控制可以由前级完成，也可以由后级完成。若采用前级进行 MPPT 控制，则后级用于控制直流母线电压及并网电流；若采用后级进行 MPPT 控制，则前级用于控制直流母线电压，后级实现 MPPT 及并网电流控制。考虑到基于前级的 MPPT 控制具有前后级耦合小、控制精度高等优点，采用了基于前级的 MPPT 控制方案。对于图 16-6 所示的结构，通过控制 Boost 电路来改变光伏电池的输出电压，进行 MPPT 控制，后级则对直流母线电压进行控制，实现能量的传递，并实现单位功率因数正弦波电流控制。

3. 全桥逆变器控制

逆变器双闭环控制原理图如图 16-7 所示。对于单相逆变器，由于只有一个单一的交流量，一般不方便进行坐标变换，项目将采用静止坐标系直接对单相逆变器进行控制。

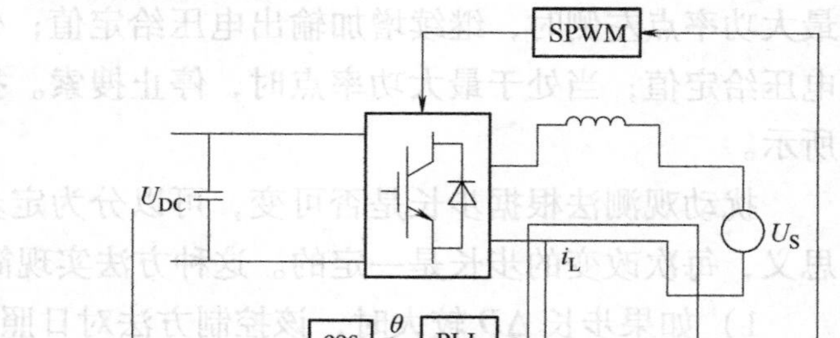

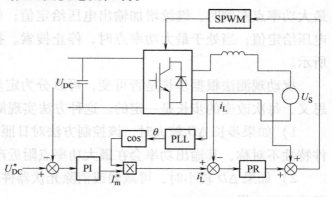

图 16-7　逆变器双闭环控制原理图

直流母线电压外环的控制是通过改变逆变器输出的有功的大小来

调节直流母线电压值的。外环采用 PI 控制器对 U_{DC} 进行稳压控制，PI 控制器的输出作为内环并网电流控制的幅值给定值。该给定值与锁相环检测到的电网电压相位的余弦值相乘，作为并网电流瞬时值的给定值，从而实现并网电流与电压的同相位，即单位功率因数控制。如果需要进行无功控制，可以在 θ 的基础上加减一个角度，从而实现无功功率的控制。

内环采用比例谐振（Proportional Resonant，PR）控制器对并网电流 i_L 进行控制。并网电流的给定值为交流量，因此不能采用 PI 控制，因为积分控制对交流给定控制无效；可以采用比例控制，但是比例控制无法实现无静差控制。PR 控制器的基本原理，是控制器在基波频率时发生谐振，使得控制器对基波控制的比例增益为无穷大，因此可以实现无静差控制。PR 控制器的传递函数 $G_{PR}(s)$ 由比例项和二阶无阻尼振动项组成，可以表示为

$$G_{PR}(s)=K_p+\frac{K_i s}{s^2+\omega_0^2}$$

式中，K_p 为比例增益；K_i 为振荡项增益；ω_0 为基波角频率。

同时，为了提高系统的动态性能，在电流控制中增加了电压前馈补偿项，抑制电网电压波动时，对控制造成的影响。

4. MPPT 控制

采用扰动观测法进行 MPPT 控制。扰动观测法的基本思想是，首先扰动光伏电池的输出电压，然后观测光伏电池输出功率的变化，根据功率变化的趋势判断系统的工作点，连续改变扰动电压方向，使光伏电池最终工作在最大功率点。光伏电池在最大功率点两侧的 dp/dv 的可以表示为

$$\mathrm{d}p/\mathrm{d}v\begin{cases}<0 & \text{最大功率点左侧}\\ =0 & \text{最大功率点处}\\ >0 & \text{最大功率点右侧}\end{cases}$$

根据上式，通过输出电压和功率的变化来判断光伏电池工作点的位置。当处于最大功率点左侧时，继续增加输出电压给定值；处于最大功率点右侧时，减小输出电压给定值；当处于最大功率点时，停止搜索。扰动观测法搜索流程框图如图 16-8 所示。

扰动观测法根据步长是否可变，可以分为定步长法和变步长法。定步长法顾名思义，每次改变的步长是一定的。这种方法实现简单，但是存在以下两个问题：

1）如果步长 ΔD 较大时，该控制方法对日照变化跟踪速度快，但是由于光伏器件特性不对称，其输出功率会在最大功率点附近产生功率振荡现象。

2）如果 ΔD 较小时，可减弱或消除光伏器件输出功率的振荡，但对日照变化的跟踪速度变慢。

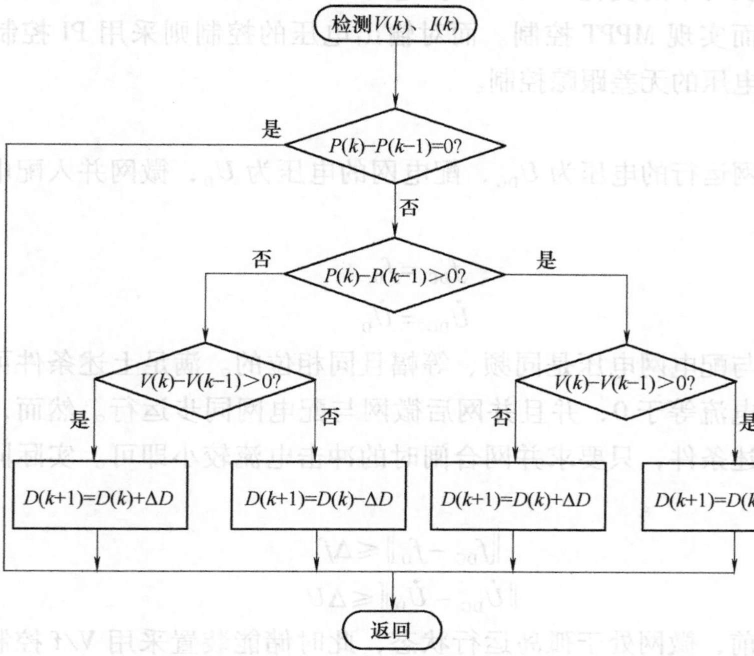

图 16-8　扰动观测法搜索流程框图

可以通过变步长的方式来对定步长方法进行改进，从而使得初始时步长较大，以加快搜索速度；而当接近功率最大点时，减小搜索步长，从而提高 MPPT 的精度，并且减弱甚至消除振荡现象。常用的变步长算法又分为最优梯度法和逐步逼近法。

采用逐步逼近的变步长算法的基本工作原理：假设初始时系统工作在最大功率点左边，初始时以较大的步长进行搜索，当检测到系统工作在最大功率点右边时，说明已经越过最大功率点，并且已经接近最大功率点，此时将步长缩短一半，改变搜索方向；继续进行搜索，当发现系统工作在最大功率点左边时，再次将步长缩短一半，并改变搜索方向；重复上述过程，一直搜索到给定的精度范围内时，就认为搜索到了最大功率点。

可见，该算法实现简单、搜索速度快，并且在搜索过程中精度是以指数形式提高的，很好地解决了搜索速度和搜索精度之间的矛盾。

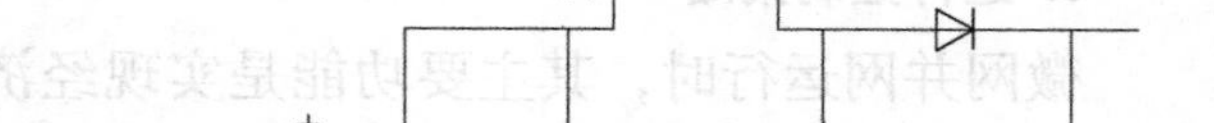

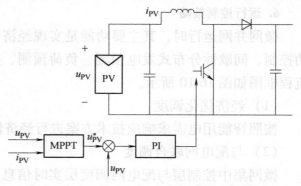

图 16-9　前级 Boost 电路的 MPPT 控制原理图

前级 Boost 电路的 MPPT 控制原理图如图 16-9 所示，可知，根据光伏电池输出电压及功率的变化，判断光伏电池的工作点，对光伏电池输出电压给定值进行调整，从而实现 MPPT 控制。而对输出电压的控制则采用 PI 控制器进行控制，实现对输出电压的无差跟踪控制。

5. 并网方案

假设微网离网运行的电压为 U_{DG}，配电网的电压为 U_{D}，微网并入配电网的理想条件为

$$f_{DG}=f_{D}$$
$$\dot{U}_{DG}=\dot{U}_{D}$$

即微网运行电压与配电网电压是同频、等幅且同相位的。满足上述条件可以实现并网合闸时的冲击电流等于 0，并且并网后微网与配电网同步运行。然而，实际并网操作很难满足上述条件，只要求并网合闸时的冲击电流较小即可。实际同期条件判据为

$$\|f_{DG}-f_{D}\|\leqslant\Delta f$$
$$\|\dot{U}_{DG}-\dot{U}_{D}\|\leqslant\Delta U$$

在微网并网前，微网处于孤岛运行状态，此时储能装置采用 V/f 控制对微网的电压幅值和频率进行控制，而光伏发电系统进行 MPPT 控制，燃气内燃发电机采用 PQ 控制。当微网接收到并网指令时，项目采用如下并网方案：

1）采用锁相环技术检测配电网侧电压的幅值和相位。

2）以锁相环检测到的配电网侧电压的幅值和相位为指令值，通过控制储能装置输出的有功功率和无功功率来改变微网的电压幅值和频率，使得微网运行电压逐渐接近配电网电压。

3）当检测到微网运行电压与配电网电压满足同期条件时，闭合公共连接点处的断路器，实现微网的并网。

4）微网并网后，储能系统停止功率输出并由 V/f 控制模式切换至 PQ 控制模式，微网实现并网运行。

6. 运行控制策略

微网并网运行时，其主要功能是实现经济优化调度、配电网联合调度、自动无功控制、间歇性分布式发电预测、负荷预测、交换功率预测。采用的并网运行控制流程框图如图 16-10 所示。

（1）经济优化调度

按照智能用电需求响应技术方案进行经济优化调度。

（2）与配电网联合调度

微网集中控制层与配电网调度层实时信息交互，将微网公共连接点处的并离网状态、交换功率上传调度中心，接收调度中心对微网的并离网状态的控制和交换功

率的设置。当微网集中控制层收到调度中心的设置命令时，通过综合调节分布式发电、储能和负荷，实现有功功率和无功功率的平衡。配电网联合调度可以通过交换功率曲线设置来完成，交换功率曲线在微网管理系统中设置。

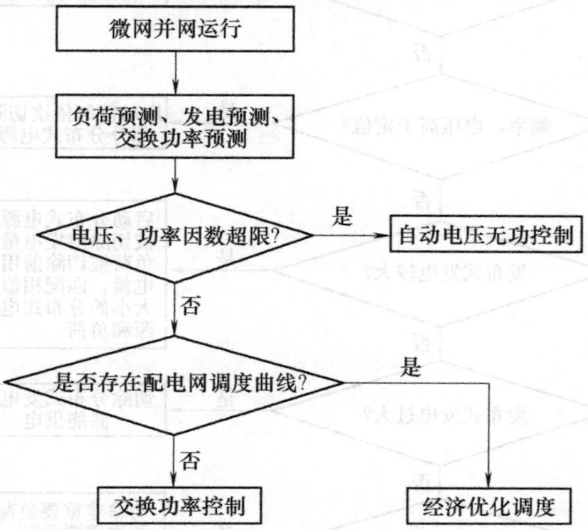

图 16-10　并网运行控制流程框图

（3）自动电压无功控制

微网对于大电网表现为一个可控的负荷，在并网模式下微网不允许进行电网电压管理，需要微网运行在同一的功率因数下进行功率因数管理，通过调度无功补偿装置、各分布式发电无功出力以实现在一定范围内对微网内部的母线电压的管理。

（4）间歇性分布式发电预测

通过气象局的天气预报信息及历史气象信息和历史发电情况，预测短期内的分布式发电系统的发电量，从而实现分布式发电预测。

（5）负荷预测

根据用电历史情况，预测超短期内各种类型负荷的用电情况，包括总负荷、敏感负荷、可控负荷和可切负荷等。

（6）交换功率预测

根据分布式发电的发电预测、负荷预测、储能预设置的充放电曲线等因素，预测公共连接支路上交换功率的大小。

7. 孤岛运行

微网孤岛运行时，其主要功能是保证孤岛期间微网的稳定运行，最大限度地为更多负荷供电。微网孤岛运行控制流程框图如图 16-11 所示。

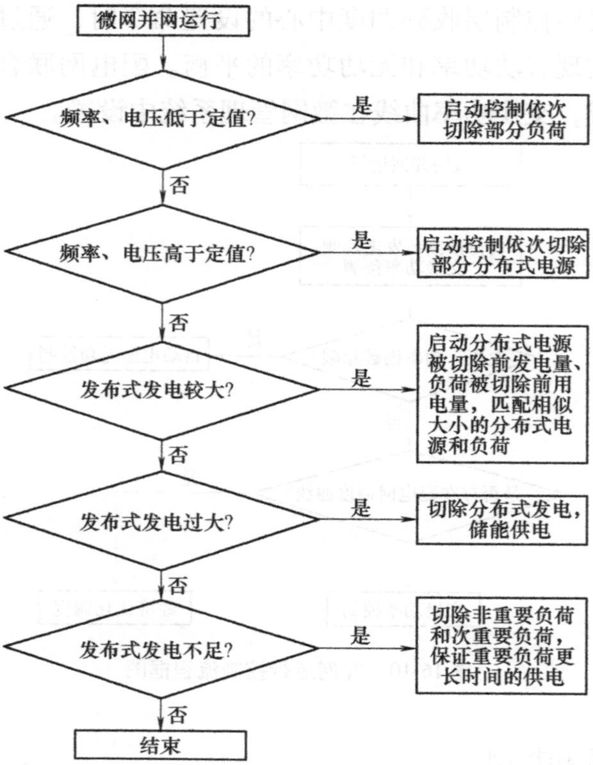

图 16-11　微网孤岛运行控制流程框图

（1）低频、低电压控制

负荷波动、分布式发电出力波动，如果超出了储能设备的补偿能力，可能会导致系统频率和电压的跌落。当跌落超过一定值时，切除不重要或次重要的负荷，以保证系统不出现频率崩溃和电压崩溃。

（2）过频、过电压控制

如果负荷波动、分布式发电出力波动超出储能设备的补偿能力导致系统频率和电压上升，当上升超过一定值时，限制分布式发电出力，以保证系统频率和电压恢复至正常范围。

（3）分布式发电较大控制

分布式发电出力较大时，可恢复部分已经切除的负荷的供电，恢复的负荷应与分布式发电多余电力匹配。

（4）分布式发电过大控制

如果分布式发电过大，此时所有的负荷均已供电并且储能装置已充满电，但系统频率、电压仍然过高，分布式发电退出，由储能装置来供电；储能供电到一定程度后，再恢复分布式发电投入。

（5）发电容量不足控制

如果发电出力可调节的分布式发电已经达到最大出力，储能当前剩余容量小于可放电容量时，切除次重要负荷，以保证重要负荷有更长时间的供电。

16.2.7　智慧能源管理系统与微网联动设计方案

考虑智慧能源管理系统项目属于针对含有光伏发电、冷热电联供、储能电池和智能用电的整体能源管控系统，在进行系统建模及模拟仿真基础上，提出了一套基于智能用电需求响应并可与微网实现联动的整体设计与解决方案。

方案的突出特点：尽可能多地采用可再生能源，尽可能增加光伏发电的比例；通过采用智能用电技术，尽可能减少储能的比例，降低整个分布式发电与微网的成本；既考虑需求响应的赢利模式，又考虑合同能源管理的赢利模式，投资回收期短；通过部分采用直流供电，减少中间转换环节，努力挖掘节能潜力。

1. 基于智能用电需求响应的微网整体设计方案

微网由光伏发电系统、冷热电联供、储能电池、智能用电及需求响应控制装置等组成，微网对外作为一个整体，通过一个公共连接点（PCC）点连接至公共电网。微网的组成结构图如图 16-12 所示。

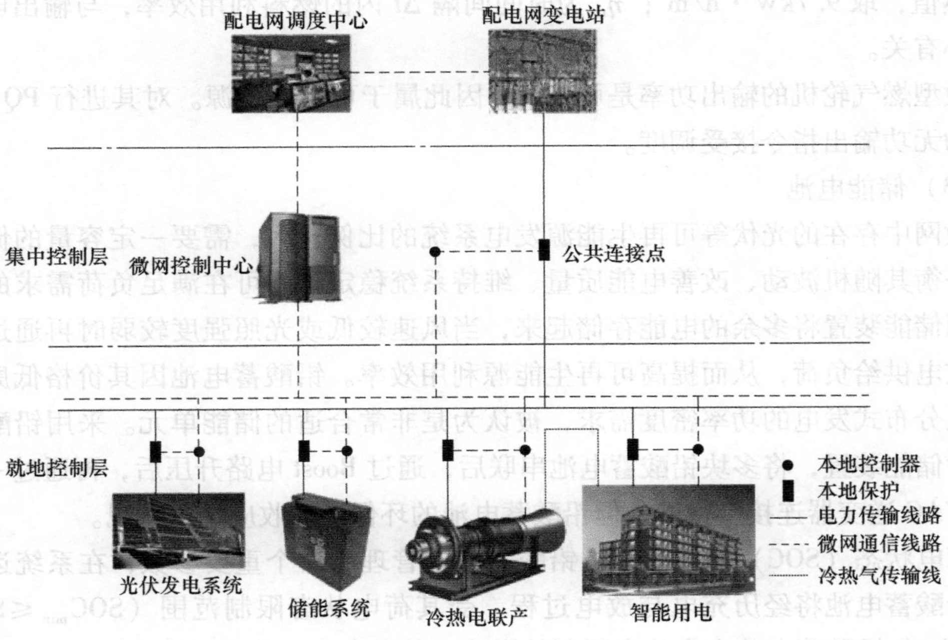

图 16-12　微网的组成结构图

（1）光伏发电系统

采用串联结构，将多块光伏电池板串联后，通过 Boost 电路升压后，再通过一个全桥 DC/AC 逆变器连接至微网。

光伏（PV）组件的功率输出模型可表示为

$$P_{PV}=P_{STC}G[1+k(T_c-T_r)]/G_{STC}$$

式中，P_{STC}为标准测试条件（Standard Test Condition，STC）下的最大测试功率；G_{STC}为 STC 下的太阳能辐照强度；T_c 为组件工作温度；T_r 为参考温度；G 为实际太阳能辐照强度；k 功率温度系数。

光伏发电为输出功率不可控的微电源，因此属于不可控型电源，为获得可再生能源的最大利用率，采用 MPPT 控制，不接受调度。

（2）冷热电联产

采用微型燃气轮机作为冷热电联产设备，满足系统对冷热负荷的需求。

对于微型燃气轮机，其有功功率输出与燃料输入量呈比例，微型燃气轮机的燃料成本计算公式可表示为

$$C_{FC}=\frac{c_{ng}}{L}\frac{P_{Gi}^t}{\eta_{Gi}^t}\Delta t$$

式中，P_{Gi}^t为时间间隔 Δt 内的净输出电功率；c_{ng}为天然气价格（元/m^3）；L 为天然气低热值，取 9.7kW · h/m^3；η_{Gi}^t为时间间隔 Δt 内的燃料利用效率，与输出电功率的大小有关。

微型燃气轮机的输出功率是可控的，因此属于可控性电源。对其进行 PQ 控制，其有功无功输出指令接受调度。

（3）储能电池

微网中存在的光伏等可再生能源发电系统的比例较大，需要一定容量的储能装置以平衡其随机波动、改善电能质量、维持系统稳定，并可在满足负荷需求的情况下利用储能装置将多余的电能存储起来，当风速较低或光照强度较弱时再通过储能装置放电供给负荷，从而提高可再生能源利用效率。铅酸蓄电池因其价格低廉，又能满足分布式发电的功率密度需求，被认为是非常合适的储能单元。采用铅酸蓄电池作为储能装置，将多块铅酸蓄电池串联后，通过 Boost 电路升压后，再通过一个全桥 DC/AC 逆变器连接至微网。但铅酸蓄电池的环保及回收应予以重视。

荷电状态（SOC）和端电压是铅酸蓄电池管理的两个重要参数，在系统运行过程中铅酸蓄电池将经历充电与放电过程，受其荷电状态限制范围（$SOC_{min}\leqslant SOC\leqslant SOC_{max}$）与铅酸蓄电池本身技术限制的影响，其最大充、放电功率为

$$P_{ch}^{max}(t)=N_{bat}\max\{0,\ \min\{(SOC_{max}-SOC(t))C_{bat}/\Delta t,\ I_{ch}^{max}\}V_{bat}(t)\}$$

$$P_{dh}^{max}(t)=N_{bat}\max\{0,\ \min\{(SOC(t)-SOC_{min})C_{bat}/\Delta t,\ I_{dh}^{max}\}V_{bat}(t)\}$$

式中，SOC_{max}、SOC_{min}分别为铅酸蓄电池荷电状态的上下限；C_{bat}为铅酸蓄电池容量；$V_{bat}(t)$为铅酸蓄电池端电压；Δt为单位时间间隔；$P_{ch}^{max}(t)$、$P_{dh}^{max}(t)$分别为在第 t 个时段内铅酸蓄电池的最大可充电功率和最大可放电功率；I_{ch}^{max}、I_{dh}^{max}分别为铅酸蓄电池允许的最大充电电流和最大放电电流。

储能装置既可以吸收电能，也可以释放电能。当微网并网运行时，储能装置进行 PQ 控制，其输出功率指令接受调度；当微网孤岛运行时，储能装置作为主电源，采用 V/f 控制，为微网电压的幅值和频率进行支撑。

(4) 智能用电

它是指智能的可调的用电负荷，可以根据需求响应对负荷进行调节。

(5) 控制装置

由控制装置组成控制系统，实现微网的实时监控、能量管理、分布式电源控制以及并离网切换控制。

2. 智能用电与微网能量优化管理联动设计方案

微网能量优化管理是指，通过协调微网内部各分布式微电源、储能设备、与上级电网之间的能量交换，通过对微电源的输出功率控制管理，对用户的需求侧管理，以及对并网方式下与上级电网间的电能交换管理，实现根据微网实时运行情况动态地对微网负荷在各分布式电源、储能单元之间进行全局性优化分配，使微网安全、可靠、高效、经济运行。

微网既可以与大电网联网运行，也可以与大电网脱网而孤岛运行。在联网运行模式下，所有分布式微源均以 PQ 控制或 MPPT 控制方式运行。对于电池，可在大电网负荷低谷时段通过从大电网以较低电价购电来对电池充电，而在高峰时段通过电池放电以较高电价卖电给电网，这样对于微网实现了其效益的最大化，对于大电网亦起到了削峰填谷的作用。然而在孤岛运行模式下，由于缺少了大电网的支撑，由电池为电网提供稳定的电压和频率，电池以 V/f 控制方式运行，其他分布式电源以 PQ 或 MPPT 控制方式运行；电池运行在 V/f 模式下为电网提供稳定的电压和频率，其容量主要用以平衡系统的不平衡功率，以节省电池容量及充放电总功率，因此在一般情况下不对电池进行充放电调度。两种运行模式下微网所具有的不同特点决定了其能量优化管理方式的不同。

3. 能量优化管理方案

并网运行模式下的微网实时运行调度策略中 SOC_{max}、SOC_{min}分别为设定的蓄电池运行的 SOC 上下限。在微网实时运行过程中，可以每 5 ~ 15min 为周期实时调度一次，整个实时运行调度策略按以下 5 步确定调度方案：

1）每天第一次调度时，根据大电网的负荷情况将全天 24 小时划分为峰时段、平时段、谷时段三种时段，如果大电网采用峰谷分时电价，则就依照分时电价所确定的峰时段、平时段和谷时段划分。

2）在微网的实时运行过程中，在每次调度时刻确定当前所处的时段，超短期预测微网负荷及不可控型电源（这里是指光伏发电）出力，并监测微网内电池的SOC。

3）如果当前处于谷时段或平时段，则进一步判断当前电池的SOC是否满足$SOC<SOC_{max}$；如果当前处于峰时段，则进一步判断当前电池是否满足$SOC>SOC_{min}$。

4）如果当前处于谷时段或平时段，且不满足$SOC<SOC_{max}$，则确定电池可放电，并进行优化A，满足$SOC<SOC_{max}$，则确定电池既可充电又可放电，并进行优化B；如果当前处于峰时段，且满足$SOC>SOC_{min}$，则确定电池可放电，并进行优化C，不满足$SOC>SOC_{min}$，则确定以恒定功率对电池充电（以使其恢复到$SOC>SOC_{min}$的安全运行区域），并进行优化D。

5）通过步骤4）中的优化结果得到各微电源的有功功率和无功功率输出指令，然后将其传送给各电源控制器，以控制微电源按照指令输出相应的有功功率和无功功率。

4. 优化模型

（1）能量优化模型A

能量优化模型A的目标，是在满足系统运行的约束条件下，优化微网中各可控型电源的有功出力、电池的放电功率及各无功输出可调节型微电源的无功出力，以使微网总运行成本最低。

1）目标函数。

$$\begin{aligned}\min F = \sum_{i\in S_G}\left(U_i^t C_{Fi}^t(P_i^t) + U_i^t C_{OMi}(P_i^t) + U_i^t(1-U_i^{t-1})C_{Si}^t\right) + \lambda_{bat} \\ + U_P^t P_{Pgrid}^t c_P^t - U_S^t P_{Sgrid}^t c_S^t \qquad t\in S_T\end{aligned}$$

其中

$$\lambda_{bat} = \sigma P_{bat}^t$$

$$C_{OMi}(P_i^t) = K_{OMi}P_i^t$$

式中，S_T为各调度时刻集合；S_G表示可控型微电源集合；t为系统运行时段；i为系统中可控型电源编号；P_i^t为t时刻第i台可控型电源的输出功率；U_i^t为在t时刻第i台可控型微电源的状态，0表示处于停运状态，1表示处于运行状态；U_P^t为在t时刻微网是否从外部电网购电，0表示否，1表示是；U_S^t为在t时刻微网是否向外部电网售电，0表示否，1表示是；$C_{Fi}^t(P_i^t)$为可控型微电源的能耗成本；$C_{OMi}(P_i^t)$为可控型微电源的运行维护成本；C_{Si}^t为可控型微电源的启动成本；λ_{bat}为所设计的电池充放电阈函数；P_{Pgrid}^t为微网从外部电网购电功率；P_{Sgrid}^t为微网向外部电网售电功率；c_P^t为微网从外部电网购电电价；c_S^t以为微网向外部电网售电电价；Δt为优化时间间隔；σ为所设计的常量阈系数，其值设置得比平时段的大电网售电电价低；P_{bat}^t为电池的放电功率。

2）约束条件。

①潮流约束条件为

$$\begin{cases} P_i - \sum_{j=1}^{j=n} [e_i(G_{ij}e_j - B_{ij}f_j) + f_i(G_{ij}f_j + B_{ij}e_j)] = 0 \\ Q_i - \sum_{j=1}^{j=n} [f_i(G_{ij}e_j - B_{ij}f_j) - e_i(G_{ij}f_j + B_{ij}e_j)] = 0 \end{cases} \quad i, j \in S_N$$

式中，P_i、Q_i为各节点注入有功功率和无功功率；e_i、f_i为用复数表示的各节点电压的实部和虚部；G_{ij}、B_{ij}为 i 与 j 节点导纳元素的实部和虚部；n 为微网内总节点个数；S_N为微网内所有节点集合。

②可控型微电源容量约束为

$$U_i^t P_i^{min} \leqslant P_i^t \leqslant U_i^t P_i^{max} \quad t \in S_T, i \in S_G$$

③电池的放电有功功率约束为

$$0 \leqslant P_{bat}^t \leqslant U_{bat}^t P_{dh\_max}^t \quad t \in S_T$$

④微网与外部电网间能够交互的最大容量约束，这可能是它们之间所达成的供求协议或者联络线的物理传输容量限值，即

$$\begin{cases} 0 \leqslant P_{Pgrid}^t \leqslant U_P^t P_{Pgrid}^{max} \\ 0 \leqslant P_{Sgrid}^t \leqslant U_S^t P_{Sgrid}^{max} \end{cases} \quad t \in S_T$$

（2）能量优化模型 B

能量优化模型 B 的目标，是在满足系统运行的约束条件下，优化微网中各可控型微电源的有功出力、电池储能的充电或放电功率及各无功可调节型电源的无功出力，以使微网总运行成本最低。

1）目标函数。能量优化模型 B 的目标函数与能量优化模型 A 完全相同。

2）约束条件。其约束条件与能量优化模型 A 基本相同，只是约束条件中的“③电池的放电有功功率约束”有变化，能量优化模型 B 的约束条件中的“电池的放电有功功率约束”为

$$-U_{bat}^t P_{ch\_max}^t \leqslant P_{bat}^t \leqslant U_{bat}^t P_{dh\_max}^t$$

（3）能量优化模型 C

能量优化模型 C 的目标，是在满足系统运行的约束条件下，优化微网中各可控型微电源的有功出力、电池的放电功率及各无功输出可调节型微电源的无功出力，以使微网总运行成本最低。

1）目标函数。能量优化模型 C 的目标函数与能量优化模型 A 略微不同。不同之处在于，能量优化模型 C 的目标函数中的 λ_{bat} 项与能量优化模型 A 的目标函数中的 λ_{bat} 项设计得不一样，根据在不同 SOC 时，对不同放电功率 P^t_{bat} 取不同的阈值进行描点，各阈值点的取值遵循规律为，当 SOC 一定时，P^t_{bat} 越大，对应的阈值取得越大；当 P^t_{bat} 一定时，SOC 越小，对应的阈值取得越大。

2）约束条件。能量优化模型 C 的约束条件与能量优化模型 A 完全相同。

（4）能量优化模型 D

能量优化模型 D 的目标，是在满足系统运行的约束条件下，优化微网中各可控型电源的有功出力及各无功可调节型电源的无功出力，以使微网总运行成本最低。

1）目标函数。相对于能量优化模型 A，能量优化模型 D 的目标函数中缺少了 λ_{bat} 项，能量优化模型 D 的目标函数为

$$\begin{aligned}\min F = &\sum_{i \in S_c}\left(U^t_i C^t_{Fi}(P^t_i) + U^t_i C_{OMi}(P^t_i) + U^t_i(1 - U^{t-1}_i)C^t_{Si}\right)\\&+ U^t_P P^t_{Pgrid} c_P - U^t_S P^t_{Sgrid} c_S \qquad t \in S_T,\ i \in S_G\end{aligned}$$

其中

$$C_{OMi}(P^t_i) = K_{OMi} P^t_i$$

2）约束条件。能量优化模型 D 的约束条件与能量优化模型 A 的约束条件基本相同，只是能量优化模型 D 的约束条件中没有模型 A 中"③电池的放电有功功率约束"这一项约束。电池的充放电功率不参与优化，而以恒定功率对电池充电，此时电池相当于一个恒定的负荷，且将对电池充电的恒定功率计入电池所在的微网节点处的负荷中去。

5. 孤岛运行

通常情况下，微网与大电网并网运行，以互为补充，增强微网运行的灵活性。然而在某些情况下，如大电网故障而导致微网脱网或在偏远牧场、边防、孤岛等特殊场合，由于无大电网存在，微网只能独立自治运行。

与并网运行时不同，独立运行时微网需要由其内部微电源为系统提供稳定的电压和频率，称此类微电源为压频控制单元。其将自动吸收微网内发电和负荷的不平衡功率，以维持电压和频率的稳定。通常，微网内可再生能源发电（如光伏发电）占据一定比例，受自然环境影响，它们的功率输出具有随机波动特点，难以准确预测，加上负荷功率的波动，将使微网在实时运行过程中存在一定的非计划瞬时波动功率。这就要求压频控制单元始终有吸纳非计划瞬时波动功率的功率调节裕量，以确保微网能实时跟随功率波动，避免微网有功功率及频率的大幅偏移，超出安全运行范围，确保微网运行的安全可靠性。储能装置具有功率快速响应的特性，在微网独立运行时，通常充当压频控制单元的角色，以快速平衡微网

内的非计划瞬时波动功率，维持微网电压和频率的稳定，保证电能质量。由于微网中储能容量配置有限，随着微网持续独立运行，所分摊的非计划瞬时波动功率引起的能量累积很可能超出储能装置允许的能量状态范围。若是不针对储能装置能量状态进行实时调整，以确保其处于允许范围之内，并且始终拥有可调节功率裕量，则微网难以长时间独立运行。因此，为确保独立运行模式下的微网在运行过程中的安全性和可靠性，以及确保微网能长时间持续独立运行，有效的微网能量优化管理是非常重要的。

多数情况下，微网内部负荷由可再生能源发电和可控型微电源按照优化结果供给，储能装置并不参与调度，而只是作为压频控制单元平衡非计划瞬时波动功率，以稳定微网电压和频率，并通过储能装置充放电策略实时调整其能量状态，以使其长期维持在 $SOC_{OEmin}\sim SOC_{OEmax2}$（区间2），保证随时满足储能装置平衡功率波动所需要的裕量。当可再生能源发电过剩时，为提高可再生能源的利用率，对储能装置充电直至其能量状态达 SOC_{OEmax1}；再有剩余功率时，则需要进行卸荷（即通过卸荷电阻将多余的电能消耗掉），以实现功率供需平衡。当储能装置能量状态超过 SOC_{OEmax2}时，则优先让其放电，以使能量状态回到区间2内，确保储能装置具有足够容量来平衡功率波动；当储能装置能量状态在 SOC_{OEmin} 以下时，优先对其充电，使其能量状态回到区间2；如果各可控型微电源均已按基点运行功率上限发电，但仍不能满足所有负荷，则对储能装置放电直至其减小到 SOC_{OEmin}为止；如果还是不满足所有负荷，则引入负荷竞价策略，通过切除部分可中断负荷来实现功率供需平衡。

6. 负荷优化分配模型

（1）基本负荷优化分配模型

1）目标函数。对于负荷优化分配模型，在能完全供给所有负荷的情况下，以微网运行成本最低为目标，建立负荷优化分配模型，根据模型求解结果分配各可控型微源有功出力，使微网系统以最经济的方式运行。其中，运行成本考虑分布式微源的能耗成本、运行维护成本，负荷优化分配模型的目标函数为

$$\min F = \sum_{i\in S_G}\left[C_f(P_{Gi}) + C_{OM}(P_{Gi})\right]$$

式中，S_G为该调度时段被安排运行的可控型微电源集合；P_{Gi}为可控型微源的有功功率输出；$C_f(P_{Gi})$ 为各分布式微源的能耗成本；$C_{OM}(P_{Gi})$ 为各可调度分布式微源的运行维护成本。各可调度分布式微源的运行维护成本假定与电源输出功率呈比例关系，取比值 K_{OM}，即

$$C_{OM}(P_{Gi}) = K_{OMi}P_{Gi}$$

2）约束条件。

①功率平衡约束条件为

$$\sum_{i \in S_G} P_{Gi} = \sum_{i \in S_L} P_{Li} - \sum_{i \in S_1} P_{1i} + P_{ch1}$$

②可控型微电源容量约束条件为

$$P_{Gi,\min} \leqslant P_{Gi} \leqslant P_{Gi,\max} \qquad i \in S_G$$

③可控型微电源爬坡率约束条件为

$$\begin{cases} P_{Gi} - P_{Gi,p} \leqslant \Delta t R_{Gi} \\ P_{Gi,p} - P_{Gi} \leqslant \Delta t D_{Gi} \end{cases} \qquad i \in S_G$$

式中，R_{Gi}、D_{Gi}分别为爬坡率限制的最大功率上升率与最大功率下降率（kW/h）；$P_{Gi,p}$为前一调度时刻的调度指令；Δt 为两调度时刻间的时间间隔。

（2）负荷可中断优化分配模型 A

如果微网中所有可控型微电源均已按基点运行功率上限，仍不能完全满足所有负荷需求，此时引入负荷竞价策略，建立负荷可中断优化模型，根据模型求解结果切除部分可中断负荷，实现微网系统内部功率供求平衡。

（3）负荷可中断优化分配模型 B

如果微网中所有可控型微电源均已按功率运行基点的上限，且储能单元按最大可放电功率放电，但仍不能完全满足所有负荷的需求，此时引入负荷竞价策略，优化切除部分可中断负荷，实现微网系统内部功率供求平衡。

负荷优化控制信息传递示例如图 16-13 所示。

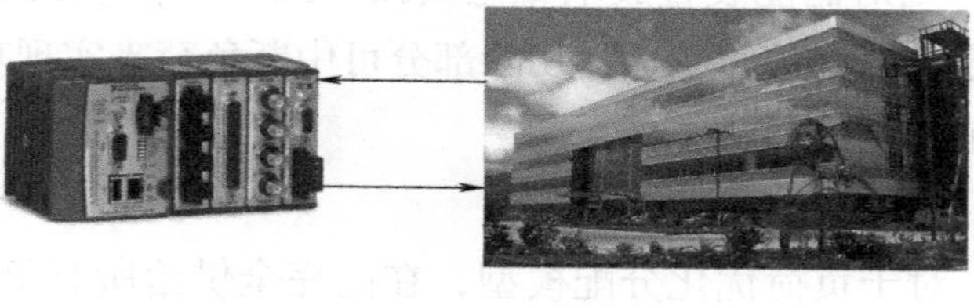

图 16-13　负荷优化控制信息传递示例

7. 关键技术与主要创新点

1）未来不仅要解决分布式电源的大规模接入问题，还要在智慧能源与社会服务方面为用户带来更多的效益。

2）将智慧能源管理系统视为一个闭环系统，在智慧能源管理系统内部实现能量平衡、多种能源的协调互补及高效利用。

3）以智慧能源管理系统为基础建立综合能量管理平台，从根本上改变传统的应对负荷增长的方式，在智慧能源管理与社会服务等方面有巨大的市场潜力。

4）最优化电压控制技术。

5）通过智能终端与能量管理系统实现需求响应。

6）用户电能质量及系统稳定功能。

7）采用面向服务架构（SOA）。

8）系统中的各服务器均采用双重化结构。监视控制服务器具有所有 Web 画面的服务器功能，应用服务器对数据库进行管理。

9）为了分散中央处理器（CPU）的负荷，各服务器分别采用独立的结构。今后，可根据连接通信对象的数量和同时访问数量的增加，增加与现场进行通信的前端通信服务器及向各家庭、建筑物管理人员提供能源可视化服务。

16.2.8　容量配置及模拟仿真

1. 光伏日出力模拟仿真曲线

根据现有光伏资源，采用国际通用的仿真系统软件，进行模拟仿真，得出光伏日出力曲线（见图 16-14、图 16-15）。

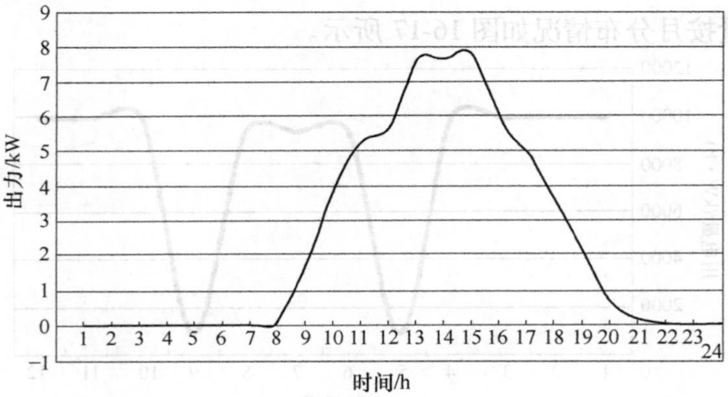

图 16-14　6 月中旬光伏出力曲线

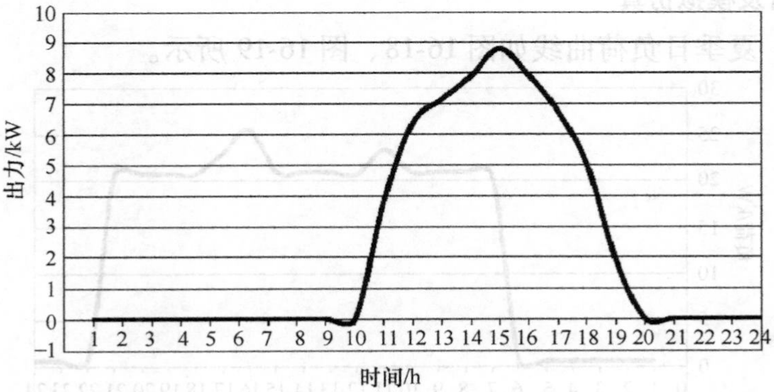

图 16-15　12 月中旬光伏出力曲线

光伏全年发电量模拟仿真结果如图 16-16 所示。

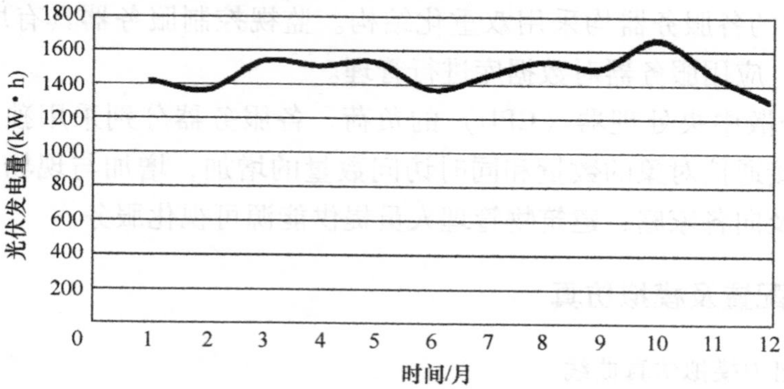

图 16-16　光伏全年发电量模拟仿真结果

2. 全年用电模拟仿真曲线

全年用电量按月分布情况如图 16-17 所示。

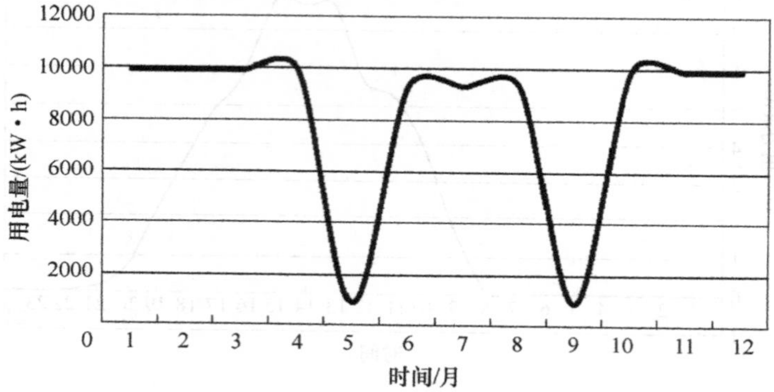

图 16-17　全年用电量按月分布情况

3. 负荷分析及模拟仿真

典型冬季、夏季日负荷曲线如图 16-18、图 16-19 所示。

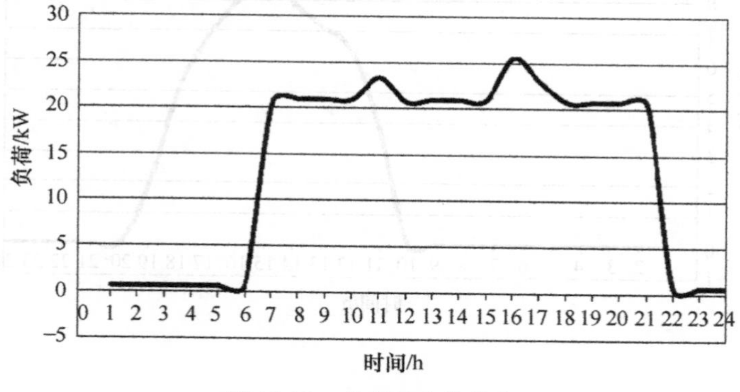

图 16-18　冬季日负荷曲线

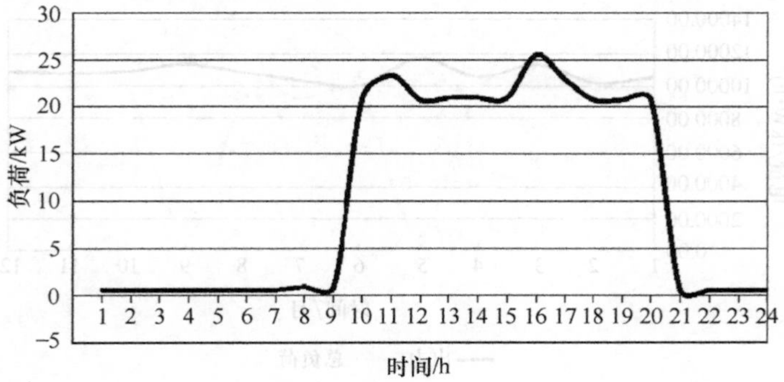

图 16-19　夏季日负荷曲线

非供热、供冷期间的普通日负荷曲线如图 16-20 所示。

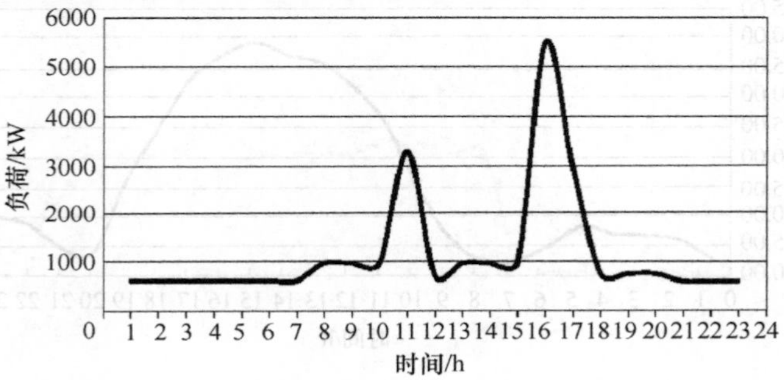

图 16-20　非供热、供冷期间的普通日负荷曲线

从图中可知，系统日用电负荷高峰分别为中午和晚上，影响负荷的主要用电设备为空调设备，夏季和冬季负荷变动不大。由于无季节性负荷、空调出力均按最大考虑，因此除 5 月和 9 月外，全年负荷基本无较大变动。

全年负荷主要受空调设备影响，5 月和 9 月不开空调情况下，系统总负荷较小。

4. 容量配置分析

根据电力需求情况及光伏和风机出力情况，各设备容量可按如下方案配置（由于现场资料不够充足、全面，因此分布式电源出力暂在理论分析上预留 30% 作为余量，以下分析给出的是扣除余量后的分析）。

首先，考虑光伏容量配置。分布式电源基本满足负荷所需时，尽可能采用太阳能光伏发电装置。极端天气条件下使用热电联产、储能、智能用电补充不足电量。全年用电量与分布式电源发电量模拟仿真如图 16-21 所示。

在此配置条件下，分布式电源可基本满足系统全年用电量需求，但电源容量无余量，考虑到实际天气情况、仿真误差及采集数据的准确性，在此容量配置下有可能发生个别月份、个别时段分布式电源电量供应不足的情况。

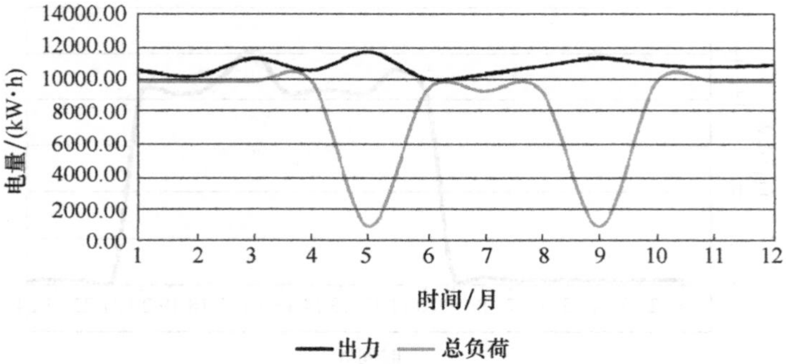

图 16-21　全年用电量与分布式电源发电量模拟仿真

系统日负荷平衡曲线如图 16-22、图 16-23 所示。

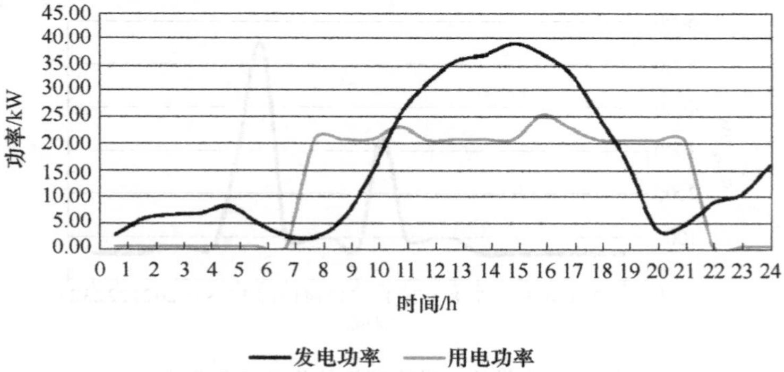

图 16-22　冬季典型日电量平衡曲线

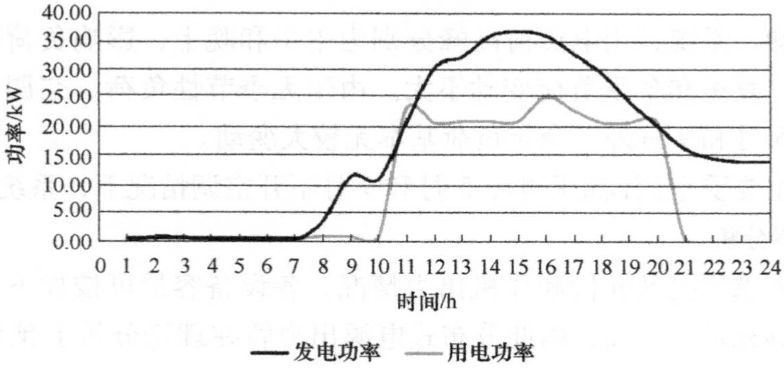

图 16-23　夏季典型日功率平衡曲线

根据计算情况，在此配置下，充分考虑系统冬季缺额及盈余、夏季缺额及盈余缺额，配置尽可能少的储能即可满足调节需求。根据系统缺额及盈余情况，考虑储能设施一定余量以延长其使用寿命。

5. 混合控制系统控制策略建模与仿真

子系统包括冷、热储能子系统（储能），电池储能子系统（储能），并网光伏电站子系统（发电），智能用电及需求响应子系统；在收到输出功率参考值后，通过本地控制器，发出指定数额的能量。实际的控制目标，是发出足够多的能量以满足负荷需求，同时满足系统其他需求。

（1）系统建模

在进行系统控制策略设计时，主要为了满足以下两个目标。

1）目标 1，是提供储能子系统、光伏子系统输出功率参考，以输出足够的能量满足负荷需求。

2）目标 2，是通过智能用电及需求响应子系统降低储能电池的比例，多采用储冷及储热的比例，尽可能提高可再生能源渗透率。

混合系统控制框图如图 16-24 所示。总控制器发出储能子系统、光伏子系统和电池组输出功率参考值（工作点），分控制器依据参考值给出控制命令，两个子系统和电池组依据控制信号输出给定功率。

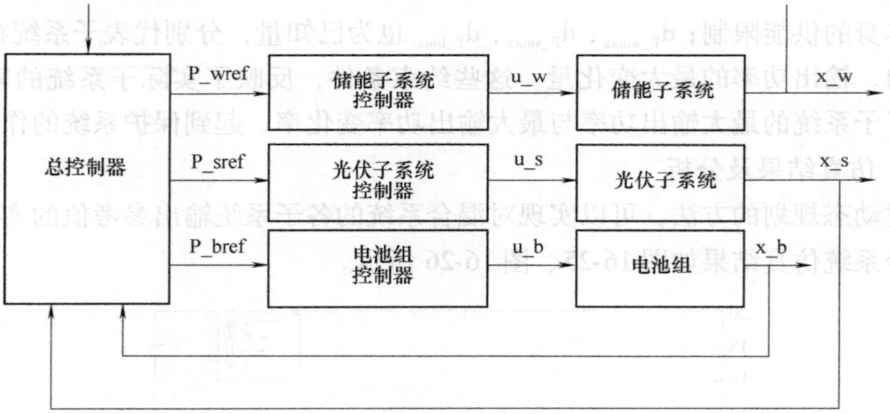

图 16-24　混合系统控制框图

仿真模拟的主要目标，是使输出功率满足总体能量需求 P_D。同时，对冷热储能、光伏、电储输出参考值 P_wref，P_sref,P_bref 的变化率有所限制。代价函数为

$$L(x,\mathrm{P\_wref},\ \mathrm{P\_sref},\mathrm{P\_bref}) = \alpha(P_D - \mathrm{P\_wref} - \mathrm{P\_sref} - \mathrm{P\_bref})^2 + \beta\mathrm{P\_sref}^2 + \gamma\mathrm{P\_bref}^2$$

优化目标是使代价函数最小化。α、β、γ 是权重因子。式中，第一项使得系统提供的能量尽量满足负荷需求。同时，由于电池的使用寿命受到充放电的影响，因希望尽量减少作为备用电源的电池的使用次数与时间，所以加入第三项。由于满足第一、三项的解（P_wref，P_sref，P_bref）有无穷多个，所以加入第二项，使得优化问题有唯一解。实际上，β 的值可以取到很小。这也使得储能系统成为了混合系统的主要供能部分，光伏子系统与电池组只在风电子系统无法提供更多能量时，才开始供能。

系统需要满足负荷需求，就要实时地跟踪负荷变化，时间延迟是不可避免的。为了解决这一问题，参考了负荷需求分布的历史数据，通过这些数据和实时测量得到的数据，来预测下一时刻的负荷需求。由于这种估计与该项目的研究没有太多关联，所以在仿真中直接给出预测后需要系统实时跟踪的负荷分布。

约束条件如下：

$$P\_wref(t) \leqslant P\_wmax, \ \forall t$$
$$P\_sref(t) \leqslant P\_smax, \ \forall t$$
$$P\_bref(t) \leqslant P\_bmax, \ \forall t$$
$$P\_wref((j+1)\Delta) - P\_wref(j\Delta) \leqslant d_{P\_wmax}$$
$$P\_sref((j+1)\Delta) - P\_sref(j\Delta) \leqslant d_{P\_smax}$$
$$P\_bref((j+1)\Delta) - P\_bref(j\Delta) \leqslant d_{P\_bmax}$$

式中，P_wmax，P_smax，P_bmax 为已知量，分别代表子系统输出功率参考值的上限，即系统本身的供能限制；d_{P_wmax}，d_{P_smax}，d_{P_bmax} 也为已知量，分别代表子系统在单位时间间隔内，输出功率的最大变化量。这些约束条件，反映了实际子系统的容量，同时限制了子系统的最大输出功率与最大输出功率变化率，起到保护系统的作用。

（2）仿真结果及分析

通过动态规划的方法，可以实现对混合系统的各子系统输出参考值的实时输出。混合系统仿真结果如图 16-25、图 16-26 所示。

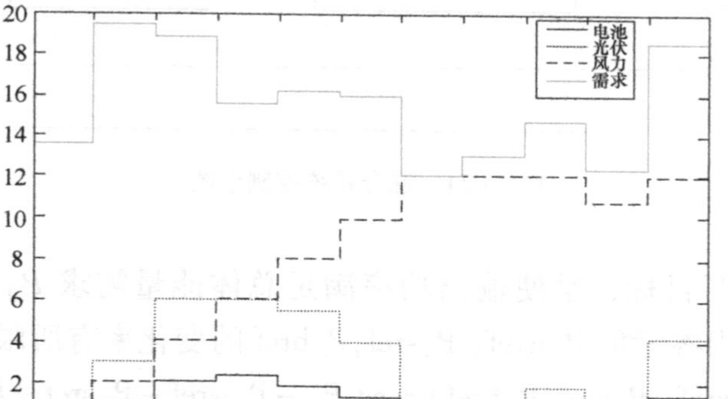

图 16-25　混合系统仿真结果一

图 16-25 中，横坐标为时间，反映了 12h 的负荷需求和子系统输出参考值；纵坐标为功率大小。可以看到在 $t=2$ 时刻，系统负荷需求有较大变化，由于输出功率变化率的限制，系统不能很好地跟踪负荷变化（虽然此时两个系统都没有达到最大输出值），因此由电池组来补充此时的供能不足。

利用真实负荷需求的实际数据，得到了仿真结果。

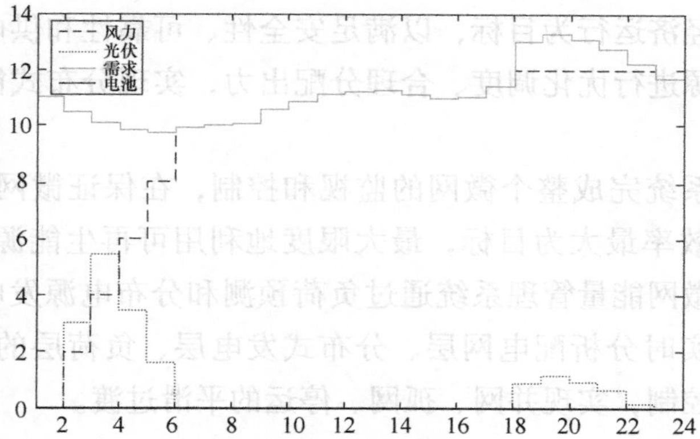

图 16-26　混合系统仿真结果二

可以看到，仿真给出的子系统输出参考值，可以在约束条件下满足负荷需求，同时尽可能地减少了电池组的使用。

16.3　园区微能源网系统与智慧能源云平台项目及案例分析

16.3.1　项目概要

园区微能源网系统项目，总用地面积为 308 亩（净地 254 亩），总规划建筑面积为 30 万 m^2，容积率达 1.8，充分提高了土地利用率。

微能源网能量管理及服务系统结构上划分为以下三层：

1）第一层是分布式能源（分布式风、光、蓄设备）控制器。紧密结合智能电网与新能源发展的需要，提供基于电力电子接口的风光储等分布式能源控制器，就地对各种分布式能源进行控制。就地控制器完成分布式电源对频率和电压的一次调节，就地控制器分为发电控制器和负荷控制器。发电控制器实现 V/f 控制和 PQ 控制；负荷控制器根据系统的频率和电压，延迟切除不重要的负荷，保证系统安全运行；就地控制器实现微网暂态控制。

2）第二层是一体化的微网保护控制系统。微网保护控制系统提供微网在并网、孤网两种模式运行及其无缝切换条件下的完整的保护控制方案。其主要功能为，控制保护一体化功能；并离网运行模式间的切换控制；离网模式下的 V/f 稳定控制；分布式电源与储能系统的协同控制；并网功率交换控制；黑启动控制；防孤岛保护、三段定时限电流保护、过负荷保护、反时限过电流保护、零序保护、电压保护、低频减载保护、重合闸等；微网与配网的配合保护。

3）第三层是微网能量管理系统。可实现冷、热、电各种能源的综合优化，以保证整个微网系统的经济运行为目标，以满足安全性、可靠性和供电质量要求为约束条件，对分布式能源进行优化调度、合理分配出力，实现分布式能源微网系统的优化运行。

微网能量管理系统完成整个微网的监视和控制，在保证微网安全运行前提下，以全系统能量利用效率最大为目标，最大限度地利用可再生能源，同时兼顾电能、热能的优化配置。微网能量管理系统通过负荷预测和分布电源发电预测及当前整个微网的运行情况，实时分析配电网层、分布式发电层、负荷层的优化和控制策略，并进行及时的远方控制，实现并网、孤网、停运的平滑过渡。

（1）主要功能

微网 SCADA 功能；不同类型储能系统的运行效率与经济性技术分析；不同类型分布式发电的运行效率和经济性的计算分析；微网内可再生电源的出力预测，如光伏发电预测、风力发电预测、储能发电预测等；多种分布式发电经济调度与控制；冷热电联供系统的冷热电优化调度与控制；微网适应电价机制、削峰填谷等的运行方式与控制策略。

（2）有利的政策环境

国务院关于积极推进“互联网 +”行动的指导意见中指出：通过互联网促进能源网络扁平化，推进能源生产与消费模式革命，提高能源利用效率，推动节能减排。加强分布式能源网络建设，提高可再生能源占比，促进能源利用结构优化。加快发电设施、用电设施和电网智能化改造，提高电力系统的安全性、稳定性和可靠性。

1）推进能源生产智能化。建立能源生产运行的监测、管理和调度信息公共服务网络，加强能源产业链上下游企业的信息对接和生产消费智能化，支撑电厂和电网协调运行，促进非化石能源与化石能源协同发电。鼓励能源企业运用大数据技术对设备状态、电能负荷等数据进行分析挖掘与预测，开展精准调度、故障判断和预测性维护，提高能源利用效率和安全稳定运行水平。

2）建设分布式能源网络。建设以太阳能、风能等可再生能源为主体的多能源协调互补的能源互联网。突破分布式发电、储能、微能源网、主动配电网（ADN）等关键技术，构建智能化电力运行监测、管理技术平台，使电力设备和用电终端基于互联网进行双向通信和智能调控，实现分布式电源的及时有效接入，逐步建成开放共享的能源网络。

3）探索能源消费新模式。开展绿色电力交易服务区域试点，推进以智能电网为配送平台，以电子商务为交易平台，融合储能设施、物联网、智能用电设施等硬件及碳交易、互联网金融等衍生服务于一体的绿色能源网络发展，实现绿色电力的点到点交易及实时配送和补贴结算。进一步加强能源生产和消费协调匹配，推进电动汽车、港口岸电等电能替代技术的应用，推广电力需求侧管理，提高能源利用效率。基于分布式能源网络，发展用户端智能化用能、能源共享经济和能源自由交易，促进能源消费生态体系建设。

4）发展基于电网的通信设施和新型业务。推进电力光纤到户工程，完善能源互联网信息通信系统。统筹部署电网和通信网深度融合的网络基础设施，实现同缆传输、共建共享，避免重复建设。鼓励依托智能电网发展家庭能效管理等新型业务。

项目完成后，会形成一套“面向需求侧、分布式多源协调的微能源网”综合解决方案，可为政府产业园区、企业自有工业园区、公共建筑（学校、机场、商业综合体、写字楼，医院、政府办公楼等）、高耗能企业厂房、个人家庭等应用领域提供光伏、风能、燃气三联供、水能、生物质能等新能源、可再生能源接入及能源微循环运行、监控、优化、柔性协调及高效利用等一整套解决方案。

项目的实施不仅给社会带来良好的经济效益，还将带动本企业的各方面的进步，带来管理和经营的快速增长。

16.3.2　系统组成及功能介绍

园区微能源网的结构如图 16-27 所示。

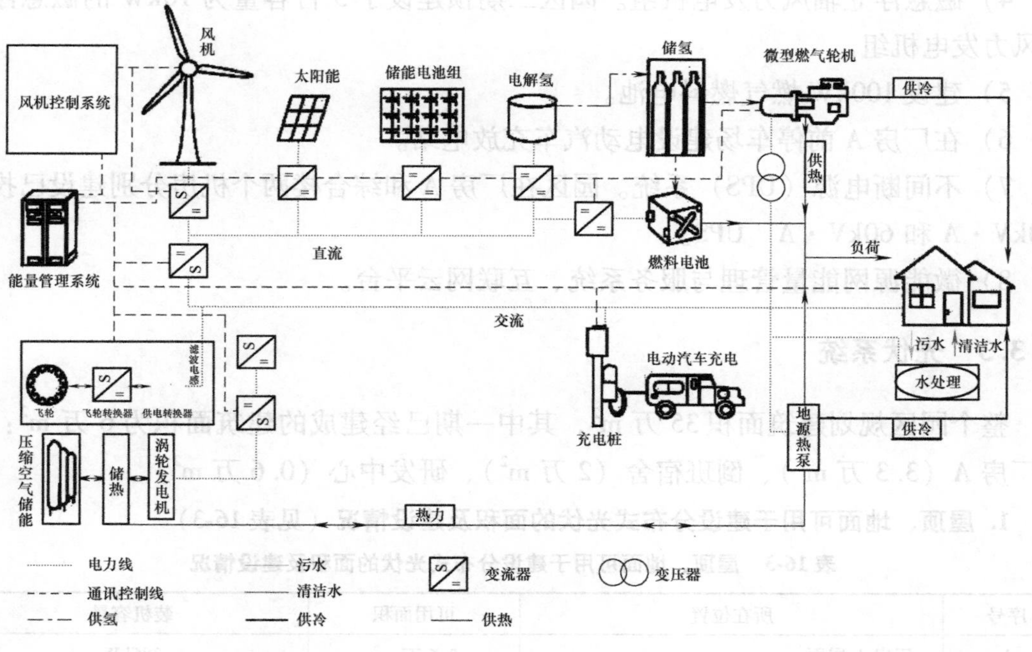

图 16-27　园区微能源网的结构

系统主要有以下几部分组成：

1）光伏发电系统。一期在厂房 A 屋顶建设 400kW 太阳能光伏发电系统；二期在厂房 A 前停车场建设 950kW 太阳能光伏发电系统。

2）燃气内燃机冷热电联供系统。它作为园区的备用电源，同时缓解园区用电高峰期的压力。园区建设 2 台装机容量为 1160kW 燃气内燃机冷热电联供系统。冷热电联供系统以天然气为燃料，利用小型燃气内燃机进行发电，其发电主要满足园区高峰电价时的用电负荷需要。原动机产生的余热，可在冬季通过换热或者驱动吸收式热泵供暖，在夏季通过驱动吸收式制冷机来供冷。同时，冷热电联供系统还可以供应生活热水，或者驱动溶液除湿机除湿，其综合能源利用效率可以达到 80% ~90%。

3）水储能空调系统。园区空调系统采用 2 台制冷量为 1392kW 的冷水机组和 2 台换热量为 2000kW 的板式换热器，冷却水循环泵、储冷水泵、放冷水泵各 3 台，低噪声、集水型冷却塔 2 组。园区利用企业必建的消防水池（2000m^3）进行保温等二次改造，建成了“水储能”空调系统，通过利用夜间电网低谷电力运转制冷水，以低温冷水的形式存储于消防水池中，在白天用电高峰期时将储冷装置内冷水抽出供冷，从而达到转移高峰电力负荷、降低空调运行费用和提高空调品质调的效果，总储冷量为 4000RTH⊖。

4）磁悬浮立轴风力发电机组。园区二期预建设了 5 台容量为 10kW 的磁悬浮立轴风力发电机组。

5）建设 100kW 燃气燃料电池。

6）在厂房 A 前停车场建设电动汽车充放电站。

7）不间断电源（UPS）系统。园区在厂房 A 和综合楼两个机房分别建设已投运 100kV · A 和 60kV · A　UPS。

8）微能源网能量管理与服务系统、互联网云平台。

16.3.3　光伏系统

整个园区规划建筑面积 35 万 m^2，其中一期已经建成的建筑面积为 6 万 m^2：分为厂房 A（3.3 万 m^2）、倒班宿舍（2 万 m^2）、研发中心（0.6 万 m^2）。

1. 屋顶、地面可用于建设分布式光伏的面积及建设情况（见表 16-3）

表 16-3　屋顶、地面可用于建设分布式光伏的面积及建设情况

序号	所在位置	可用面积	装机容量
1	厂房 A 屋面	0.6 万 m^2	385kW

⊖ RTH：冷吨 · 小时，制冷量单位。1RTH = 3.517kW · h。

（续）

序号	所在位置	可用面积	装机容量
2	停车棚	0.8 万 m^2	974kW
3	燃气管线占压区	0.7 万 m^2	650kW
4	合计	2.1 万 m^2	2009kW

2. 光伏项目所采用的组件及逆变器等设备情况及清单（见表 16-4）

表 16-4　光伏项目所采用的组件及逆变器等设备情况及清单

序号	所在位置	装机容量	光伏组件	逆变器	支架系统
1	厂房 A 屋面	385kW	255kW 多晶组件	逆变器 20kW	铝合金支架系统
2	停车棚	974kW	275kW 单晶组件	组串逆变器 30kW	铝合金支架系统
3	燃气管线占压区	650kW	275kW 单晶组件	组串逆变器 30kW	铝合金支架系统
4	合计	2009kW			

光伏发电系统所在地年平均日照时数 2100h 左右，年光照辐射强度达 5121.36MJ/m^2，年等效可用小时在 1423h 左右，是太阳能资源较好的区域之一。

该项目在所有主建筑的楼顶、管道占压区的临时空地建设总装机容量为 2MW 的太阳能光伏发电站，所产生电能首先用于厂区用电需求。工程按 25 年运营期考虑，设计主要技术指标按 25 年电量输出衰减不超过 20%，逆变器及变压器效率按 95% 考虑，变压器和线路损失及其他损失为 5%，光伏发电设计从第 1 年末到第 25 年末，年发电量由第 1 年的 247.011 万 kW · h 发电量到第 25 年的 210.07 万 kW · h。25 年运营期内总发电量为 5702.381 万 kW · h，年均发电量约为 228.135 万 kW · h，可减少碳排放约为 2190t/年。

16.3.4　燃气内燃机冷热电联供系统

根据整个园区的电力负荷情况，并结合园区已有燃气资源等条件，在园区内建设装机容量为 2400kW 的燃气发电系统，并采取燃气冷热电联供（简称燃气三联供）的形式，提高能源利用效率，节约运行费用。

1. 燃气发电系统具体建设情况（见表 16-5）

表 16-5　燃气发电系统具体建设情况

序号	项目名称	所在位置	装机容量
1	燃气三联供 1 号机	7 号楼	1200kW
2	燃气三联供 2 号机	7 号楼	1200kW
	合计		2400kW

2. 燃气三联供所采用的设备情况（见表 16-6）

表 16-6 燃气三联供所采用的设备情况

序号	项目名称	装机容量	溴化锂设备
1	燃气三联供 1 号机	1200kW	烟气热水型冷温水溴化锂机组
2	燃气三联供 2 号机	1200kW	

园区冷热负荷采用电制冷和市政供暖辅以电制热满足，能源利用效率较低。建设燃气分布式能源工程实现能源的梯级利用，就近实现冷热电联供和电力后备保障，节能减排效果好，缓解园区夏季电高峰期的压力和保障冬季采暖的稳定性。对全国燃气分布式能源的利用也起到重要的示范带头作用。

园区建设装机容量为 1160kW 燃气内燃机冷热电联供系统，以燃气为燃料，利用小型燃气内燃机进行发电，其发电首先满足建筑物本身的用电负荷，多余的电上网。原动机产生的余热可以进入余热锅炉继续发电，也可以直接在冬季通过换热或者驱动吸收式热泵供暖，在夏季通过驱动吸收式制冷机供冷。此外，燃气三联供系统还可以同时供应生活热水，或者驱动溶液除湿机除湿。这种技术充分利用了原动机的余热，其综合能源利用率可以达到 80% ~90%。经综合测算，节约 1252. 54tec/年。可减少污染物排放 $CO_2$26549. 12t，$SO_2$288. 37t，NO_x2684. 74t。

16. 3. 5 水储能空调系统

园区建成了高效费比的"水储能"空调系统，通过利用夜间电网谷电运转制冷剂制冷，并以低温冷水的形式储存，在白天用电高峰期时将储冷装置内冷水抽出供冷，从而达到转移高峰电力负荷、调高电厂一次能源利用效率、降低空调运行费用和提高空调品质的效果。

该空调系统充分利用企业必建的消防水池进行二次改造，既能平衡电网峰谷负荷差，降低空调系统相关设备（制冷机、冷却塔、冷却水泵等）的初始投资和企业配电系统投资，又能合理利用电网峰谷电力差价，降低空调运行费用。

该储能项目总投资 1136 万元，日转移高峰负荷 2790kW，年节约高峰电量 33. 5 万 kW · h，选用 2 台制冷量为 1392kW 的冷水机组和 2 台换热量为 0. 2 万 kW 的板式换热器，冷却水循环泵、储冷水泵、放冷水泵各 3 台，低噪声、集水型冷却塔 2 组。

16. 3. 6 磁悬浮立轴风力发电机组

所在地区标准年平均风速为 3. 05m/s，风速≥3m/s 为 4500h 以上，年平均风速大于 2m/s 以上的时间约占全年时间的 86. 5%，有效风能密度为 16. 5 ~

290.7W/m^2。从数据分析来看，地区风能资源较为丰富，地区实行风力发电具有良好的自然条件。

园区内建设验证性风力发电站，采用磁悬浮立轴风力发电机组，低风速启动性能优良，且可以适应风向及风速的频繁变化，且无噪声。设计装机容量为 100kW，年发电量约为 20 万 kW · h，可有效减少碳排放约为 192t/年。

16.3.7　燃气燃料电池

园区建设 100kW 燃气燃料电池，与其他分布式能源组网，完成电能储存和转移。当日照充足时，光伏发电系统将以满功率发电；在电负荷轻的时间，光伏电池发出的电能将全部或部分的通过功率分配器流向燃料电池。当夜间无光伏发电时，燃料电池利用存储电能放电，供负荷使用；当日照不足时，光伏发电系统发出的电能不能满足负荷需要，此时，起动燃料电池发电，与光伏电池同时向负荷供电。

16.3.8　微能源网能量管理系统及智慧能源云平台

根据园区微能源网的整体布局规划，为实现对微能源网内各分布式电源、储能系统和各种运行设备的远程运行状态监控、设备远程维护、能效分析与预测和用户服务等核心功能，需要基于云平台技术、大数据技术、移动互联网技术等构建园区的微能源网云平台，并随着各微能源网的建设推进，最终实现上网交易、虚拟电厂、金融服务等能源互联网系统要求，构建集成微能源网的能源互联网平台。

微能源网云平台将充分利用能量管理系统、设备终端和智慧能源云平台等技术储备和系统建设经验，基于国家智能电网的运行标准，充分互联网云平台的技术优势，不断进行技术创新、系统创新和商业模式创新，不断加快推进各种形态的微能源网的部署推进。

园区微能源网云平台如图 16-28 所示。

1. 功能方案

（1）总体功能

微能源网云平台的核心功能将包括运行状态管理、远程监控、能效分析与预测、设备远程维护、能源市场交易及云平台系统管理等核心功能。

园区微能源网云平台功能框架如图 16-29 所示。

（2）运行状态管理

微能源网云平台将从各个能量管理系统中实时获取运行数据，提供系统运行状态监视、仿真分析和运行管理，并提供大屏幕、控制终端和移动终端等各种形式的系统交互展示形式，保障云平台安全可靠运行，第一时间提供运行数据进行支撑。

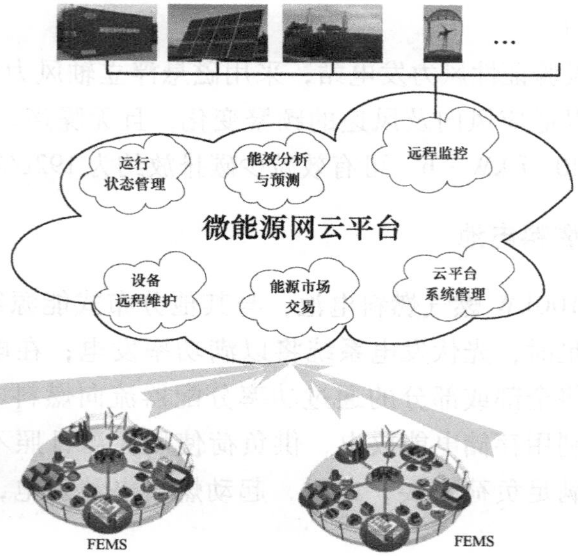

图 16-28　园区微能源网云平台

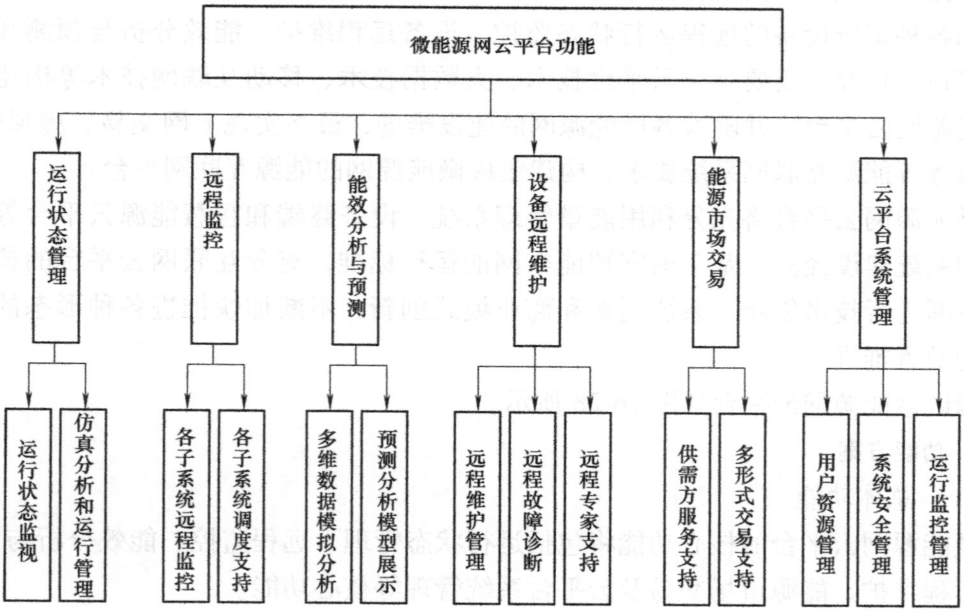

图 16-29　园区微能源网云平台功能框架

（3）远程监控

系统支持对储能、光伏、燃气、风力等各种分系统进行实时远程监控与调度，与现场的能量管理系统和生产管理系统配合使用，协调优化微网内各分布式电源、负荷及各种调节设备运行，保证各分系统的各项指标处在安全稳定的运行状态。

（4）能效分析与预测

针对微能源网云平台从各能量管理系统中抽取的实时数据进行综合分析，提供系统处理数据分析、能耗分析模拟、数据分时比对、能源预测等数据分析功能，并提供基于大数据的多维能效分析。

（5）设备远程维护

通过对微能源网内系统设备的远程视频监控、状态监控和故障分析等功能，针对运行设备进行远程维护管理及优化；一旦某个分系统出现不稳定状态，及时反馈给现场管理人员及云平台能源安全专家，通过专家的远程技术指导完成所有设备日常维护及紧急维护。

（6）能源市场交易

配合智能电网的主体交易平台，实现系统的用户撮合管理、交易价格管理、补贴核算、财务结算等市场交易功能，通过多余电量并网实现企业的多能源发电收益，实行企业能源运营。

（7）云平台系统管理

具备云平台系统的资源分配、服务管理、存储管理、用户管理、权限管理和安全管理等核心功能，保障微能源网云平台的稳定可靠运行。

2. 主要特点

微能源网云平台采用开放、成熟、可扩展的云平台技术架构，物理上基于稳定可靠的公有云基础环境平台或企业云平台基础环境，系统具备的主要特点如下：

1）提供对电、热、冷等多种分布式能源网络的运行的监控、管理和服务。

2）支持国家智能电网的所有运行、接口和数据标准，实行与智能电网的无缝接入。

3）可与各种能量管理系统实现无缝对接。

4）采用云计算、大数据、移动互联网、软件即服务（SaaS）和远程监控等核心技术。

5）随着能源互联网的发展，微能源网云平台将提供方案规划、项目实施、运行监控、设备维护、金融服务等全生命周期的管理支持。

3. 系统功能

（1）基本功能

主要完成对企业日常生产经营活动中涉及的电、水、蒸汽等各类能源的能耗数据实时采集和计量统计；监控和分析企业在各重点用能工序和用能设备的用能状态和能源利用效率，并建立企业内部用能考核机制。通过使用该系统可保证企业用能供应的连续、高效、安全、经济和环保，减少能源消耗，降低企业的生产成本，提高能源利用率。

（2）主要性能特点

1）实时显示各计量仪表的显示值，及时了解生产耗能量，尽可能地节省能源。

2）远程自动抄表，避免人工抄表的不方便、不准确、不及时、不经济的缺点。

3）对企业各个地点的各种能源的使用的离散数据进行整理、编排、计算、汇总，得到各个地点的详细用能信息。

4）根据企业消耗各种能源数量及生产量等数据，对企业用能情况进行全面、系统分析，明确企业能量利用程度，以及能量损失的大小、分布。

5）计算企业能源利用效率和产品的能源使用效率，考量企业、部门、产品生产线等对能源的使用情况，帮助企业计算产品成本。

6）负荷预测，分析天气、产量、设备利用率、生产班次等外在因素对能源的消耗量产生的影响；对能源消耗量和影响能源消耗的关联数据建立数学模型，并得出函数关系，使得输入影响能源消耗的关联数据即可给出预测的能源消耗量。

7）质量评估，根据企业一段时间内的耗费能源和产品产量的统计、分析，对能源的质量做出评价。

8）提供对企业现场计量器具的设备信息、保养维护信息进行管理，并按时间做出保养、报废提示。

9）建立云平台，完成统一的运维管理。

16.3.9　案例分析

微能源网作为能源互联网建设重要组成部分，相关项目建设的推进，将会加快能源互联网建设的进程。微能源网是基于局部风、光、天然气等各类分布式能源多能互补，具备较高的新能源电力介入比例，可通过能源存储和优化配置，实现本地能源生产，与用能负荷基本平衡，可根据需要与公共电网灵活互动，且相对独立运行的智慧能源综合利用局域网。微能源网示范项目的建设，能够推动更加具有活力的电力市场化、创新发展，形成完善的微能源网技术体系和管理体制。采用先进的互联网及信息技术实现能源生产和使用的智能化匹配及协同运行，以新业态方式参与电力市场，形成高效清洁的能源利用新载体。

园区微能源网系统建成投运后，园区将成为太阳能、风能、燃气等清洁能源高效综合利用的环境保护示范园区，园区将汇聚各类能源利用的最新技术，并将智能微能源网的概念落地，从而形成以环保自动化、信息化技术为依托的环保产业链和环保企业生态群落，为优化积成产业结构，打造绿色环保产业集群打下坚实基础。

该园区的成功示范将带动光伏、风电、储能、燃气等能源产业链的发展和合作，大大增强各种能源的应用范围和经济价值，同时也能为微能源网的发展研究、积累数据提供了现实的平台，大大推动微能源网进入社会，带来巨大的社会效益和经济效益，为推动能源生产与消费革命提供了典型的示范效应。

16.4 能源互联网环境下数据中心能耗优化管理案例分析

随着分布式电源并网、储能及需求响应的实施，带来了包括气象信息、用户用电特征、储能状态等多种来源的海量信息；而且，随着高级量测技术的普及和应用，能源互联网中具有量测功能的智能终端的数量将会大大增加，所产生的数据量也将急剧增大。如此大规模数据的处理必须是以拥有大量服务器和异构网络结构的专用数据中心（IDC）为物理依托的。然而，当前 IDC 的高能耗，不仅严重制约了企业的发展，也造成了资源的极大浪费。大规模数据中心每年的耗能占据了世界电能总消耗量的 1.3%，占据了美国电能总消耗量的 2%。因此，具有高效能耗管理的 IDC 对促进能源互联网发展具有重要意义。

四川大学与上海电力公司联合开展的能源互联网环境数据中心能耗管理研究比较具有典型性，符合未来的发展方向。该案例主要研究能源互联网环境下 IDC 的优化管理技术。具体而言是，能源互联网下的 IDC 借助访问查询各地区的电力价格、碳排放成本、平均散热成本等实时信息的自身优势，在满足服务延迟约束的基础上，以 IDC 负荷周期内总的能耗成本最小化为目标，建立 IDC 数据负荷在多时空尺度下的优化调度模型，将待处理数据负荷分配到综合成本低的 IDC 进行处理。

16.4.1 专用数据中心能耗组成和优化管理方案

1. IDC 能耗组成

IDC 一般由所在地电网或专用的发电设施提供电能，其能耗组成如图 16-30 所示，包括供配电系统、散热系统、IT 设备、办公照明设备等。IT 设备包括计算、存储、网络等用于承载 IDC 运行的应用系统，并为用户提供信息处理和存储、通信等服务的不同类型的设备。IDC 散热系统是为保证 IT 设备运行所需温、湿度环境而建立的配套设施，主要包括机房内所使用的空调、风扇、湿度调节设备等。IDC 供配电系统用于满足设备使用的电压和电流，并保证供电的安全性和可靠性，供配电系统通常由变压器、配电柜、UPS、电池等设备组成。在 IDC 中其他耗能设施，包括照明设备、办公设备及相关数据中心建筑的管理系统等。其中主要的能耗来自于 IT 设备中的服务器和散热系统，两者几乎占到 IDC 总能耗的 80% 以上。

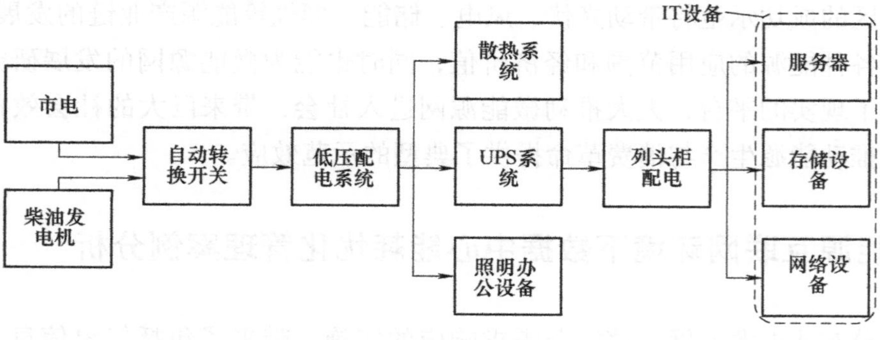

图 16-30　IDC 能耗组成

2. 优化管理方案

假定在能源互联网环境下建立了图 16-31 所示的跨区域的多个 IDC，用于处理电网中产生和收集到的实时数据。由于地域差异，各 IDC 所面对的电力市场均不同；同时由于地域差异带来的气候差异，使得各 IDC 的平均散热成本也存在巨大差异。因此，如果将电网中待处理的实时数据负荷在满足要求的情况下响应到综合成本低的 IDC 进行处理，就能有效提高资源的利用率，并降低 IDC 的能耗成本。具体来说，就是在满足最大传输带宽约束、最大时间延迟约束及 IDC 服务器最大处理能力约束下，尽可能地利用各地 IDC 的综合成本差别降低能耗成本。

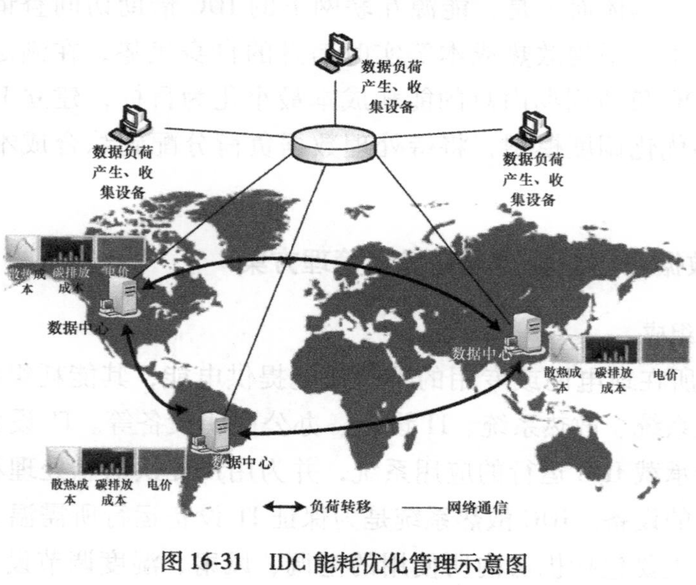

图 16-31　IDC 能耗优化管理示意图

3. IDC 能耗优化管理模型

忽略存储、网络等产生的能耗成本，主要考虑服务器运行能耗 $P_{i,t}^{S}$、散热能耗 $P_{i,t}^{C}$及两者能耗带来的碳排放成本 $C_c(i)$，具体模型为

$$\begin{cases}\min C_{\text{total}} = \sum_{i=1}^{I}\left[\sum_{t=1}^{T} P_{i,t}\,|t|\,\text{Pr}_{i,t} + C_{\text{c}}(i)\right]\\ P_{i,t} = (P_{i,t}^{\text{S}} + P_{i,t}^{\text{C}})\end{cases}$$

式中，C_{total}为整个周期内所有 IDC 总的能耗成本费用（美元）；T 为一个周期内的总时段数；i 为 IDC 的地区；$P_{i,t}$为 i 地区 IDC 在 t 时段的平均功率（MW）；$|t|$为 t 时段的时间长度（h）；$\text{Pr}_{i,t}$为 i 地区在 t 时段的平均电价［美元/(MW · h)］。

4. IDC 服务器运行功耗模型

一般 IDC 服务器有两种工况：在线运行状态；待机状态。因此，i 地区 IDC 在 t 时段的平均功耗模型为

$$P_{i,t}^{\text{S}} = \sum_{j=1}^{J_i}[O_{i,j,t}P_{i,j,t}^{\text{active}} + (1 - O_{i,j,t})P_{i,j,t}^{\text{idle}}]/10^6$$

式中，$O_{i,j,t}$为第 j 台服务器的工况，0 为待机、1 为在线运行；$P_{i,j,t}^{\text{active}}$为第 j 台服务器的运行功耗（W）；$P_{i,j,t}^{\text{idle}}$为第 j 台服务器的待机功耗（W）；J_i 为 i 地区数据中心服务器数量。

服务器的能耗与运行频率之间存在如下三次函数关系：

$$P_{i,j,t}^{\text{active}} = A_{i,j,t}f_{i,j,t}^3 + B_{i,j,t}$$

式中，$f_{i,j,t}$为 i 地区 IDC 第 j 台服务器在 t 时段的运行频率（GHz）；$A_{i,j,t}$、$B_{i,j,t}$为常数型物理量，可通过实验得出。

5. IDC 散热功耗模型

IDC 的散热主要有两种模式：一种是采用空调设备散热，包括机房专用空调、行间制冷空调、湿度调节设备等；另一种是采用风冷系统散热，包括风冷室外机、送风、回风风扇、加/除湿设备、风阀等。假设数据中心采用风冷系统散热，则 i 地区 IDC 在 t 时段的平均散热功率模型为

$$\begin{cases}P_{i,t}^{\text{C}} = \dfrac{Q_{i,t}q_{i,t}}{3.6\times10^9\eta_1\eta_2}\\ Q_{i,t} = \dfrac{3.6\times10^9 P_{i,t}^{\text{S}}}{\rho_{i,t}c_{\text{p}}\Delta T_{i,t}^{\text{e}}}\end{cases}$$

式中，$Q_{i,t}$为实际所需的平均散热风量（m^3/h）；$q_{i,t}$为散热风扇的风压力（Pa）；η_1为风机效率；η_2为机械传动效；$\rho_{i,t}$为空气密度（kg/m^3）；c_{p}为空气的定压比热［J/(kg · ℃)］；$\Delta T_{i,t}^{\text{e}}$为数据中心允许的温升（℃）。由于量纲之间转换关系的存在，故需考虑系数 3.6×10^9。

6. IDC 碳排放成本模型

IDC 碳排放成本折算模型为

$$C_c(i) = (\beta_i - \gamma_i)\tau_i \sum_{t=1}^{T} P_{i,t} |t|$$

式中，β_i为 i 地区所规定的碳排放标准；τ_i为 i 地区所规定的碳排放惩罚或奖励因子；γ_i为 i 地区 IDC 在整个周期内的清洁能源使用率，求解方式为

$$\gamma_i = \frac{\sum_{t=1}^{T} \alpha_{i,t} P_{i,t} |t|}{\sum_{t=1}^{T} P_{i,t} |t|}$$

式中，$\alpha_{i,t}$为 i 地区 IDC 在 t 时段电网中可再生能源的占有率。

7. 约束条件

（1）IDC 处理平衡约束

假设 t 时段 k 地区产生的平均数据负荷量为 $L_{k,t}$（单位为 GB/s），其中分配到 i 地区 IDC 处理的数据负荷量为 $\lambda_{k,i,t}$（GB/s），为了保证 k 地区产生的所有数据负荷 $L_{k,t}$都得到处理，则有

$$\sum_{i=1}^{I} \lambda_{k,i,t} = L_{k,t} \qquad \forall k = 1,\cdots,K$$

（2）时延约束

数据传输总的时延等于发送时延，传播时延和处理时延的总和[19]。在实际系统中，时延是一个影响系统功能的主要因素。因此，将优化调度过程中所产生的时延纳入考虑是很有必要的。由于发送时延是节点在发送数据时，数据块从节点进入传输介质所需要的时间，对这里的优化求解不产生影响，故作忽略处理。

传播时延是指 1bit 从发送方向接收方传播所需要的时间，它是发送方和接收方之间距离的函数，与该分组的长度或该链路的传输速率无关。因此 t 时段 k 地区前端服务器将 $\lambda_{k,i,t}$（$\lambda_{k,i,t} \neq 0$）数据负荷量传输到 i 地区数据中心，所产生的传播时延为

$$\begin{cases} D_{k,i}^{\mathrm{TRA}} = \dfrac{S_{k,i}}{V_{k,i}} \\ \forall i = 1,\ \cdots,\ I;\ \forall k = 1,\ \cdots,\ K \end{cases}$$

式中，$S_{k,i}$为 i 地区 IDC 与 k 地区前端服务器之间的信道长度（m）；$V_{k,i}$为 i 地区 IDC 与 k 地区前端服务器之间传输速率（m/s）。

处理时延是数据在交换节点（数据中心）进行存储转发等必要处理所需要的时间。以 M/M/n 排队理论来构建 IDC 处理时延模型。在该理论中，平均处理时延为

$$D = P_Q/(n\mu - \lambda)$$

式中，n 为 IDC 的服务器数量；μ 为单台服务器的处理速率（GB/s）；λ 为数据传输到服务器的数据负荷量（GB/s）；P_Q为用户等待概率，认为 IDC 总处于运行忙碌状态，故 P_Q恒为 1。因此，t 时段 i 地区 IDC 所产生的处理时延为

$$\begin{cases} D_{i,t}^{\mathrm{CPU}} = \dfrac{1}{\sum\limits_{ij=1}^{J_i} O_{i,j,t}\dfrac{f_{i,j,t}}{H} - \sum\limits_{ik=1}^{K} \lambda_{k,i,t}} \\ \forall i = 1,\cdots,I \end{cases}$$

式中，H 为服务器处理速率与实际运行频率之间的常数型物理转换量纲。

假设 D^{MAX} 为终端用户所能接受的最大传播时延和处理时延两者之和，则

$$\begin{cases} D_{k,i}^{\mathrm{TRA}} + D_{i,t}^{\mathrm{CPU}} \leqslant D^{\mathrm{MAX}} \\ \forall i=1,\ \cdots,\ I;\ \forall k=1,\ \cdots,\ K \end{cases}$$

（3）设备物理性能约束

由于物理限制的存在，每台服务器都有其工作的频率上限 $f_{i,j}^{\mathrm{MAX}}$，即

$$\begin{cases} f_{i,j,t} \leqslant f_{i,j}^{\mathrm{MAX}} \\ \forall i=1,\ \cdots,\ I;\ \forall j=1,\ \cdots,\ J_i \end{cases}$$

8. 模型求解

该案例模型为含耦合约束的非线性混合整数规划模型。针对该模型，采用反馈分支定界算法进行求解。在不影响全局优化结果的情况下，为简化模型，假设同一个 IDC 内的在线运行服务器运行频率相同，则，i 地区 IDC 在 t 时段的平均功耗模型、处理时延的公式可以分别改写为

$$P_{i,t}^{\mathrm{S}} = [\,J_{i,t}^{\mathrm{active}} P_{i,j,t}^{\mathrm{active}} + (J_i - J_i^{\mathrm{active}}) P_{i,j,t}^{\mathrm{idle}}\,]/10^6$$

$$\frac{1}{D^{\mathrm{MAX}} - D_{k,i}^{\mathrm{MTRA}}} \leqslant \frac{J_{i,t}^{\mathrm{active}} f_{i,t}}{H} - \sum_{ik=1}^{K} \lambda_{k,i,t}$$

式中，$J_{i,t}^{\mathrm{active}}$ 为 t 时段 i 地区 IDC 内服务器在线运行数量；$D_{k,i}^{\mathrm{MTRA}}$ 为 k 地区数据负荷传输到 IDC 处理所产生的最大时延（s）。

模型求解流程图如图 16-32 所示，步骤如下：

第一步，对不满足约束条件的变量进行直接赋值处理，即当地理传输产生的时延值 $D_{k,i}^{\mathrm{TRA}}$ 大于规定的最大时延值 D^{MAX} 时，则该信道上传输的数据负荷量 $\lambda_{k,i,t}=0$。

第二步，将最大传输延迟初始值设为 0 进行初步解耦（当 $D_{k,i}^{\mathrm{MTRA}}$ 为某一确定常数时，模型就被转化成传统的规划模型）。

第三步，运用分支定界（Branch and Bound）算法对解耦后的规划模型求解。

第四步，根据第三步求解出的本次最优结果，求解出新的 $D_{k,i}^{\mathrm{MTRA}}$ 值，并代入

$$\frac{1}{D^{\mathrm{MAX}} - D_{k,i}^{\mathrm{MTRA}}} \leqslant \frac{J_{i,t}^{\mathrm{active}} f_{i,t}}{H} - \sum_{ik=1}^{K} \lambda_{k,i,t}$$

得到新的模型，利用 BB 算法重新求解。

依次重复第二步和第三步，直到 $D_{k,i}^{\mathrm{MTRA}}$ 收敛于某一确定值，输出结果。

9. 算例

在美国加利福尼亚州山景城（Mountain View）、德克萨斯州州休斯敦市（Houston）、佐治亚州亚特兰大市（Atlanta）分别建立了 IDC 以便对能源互联网环境下电网中产生和收集的实时数据进行处理。下面对其进行分析。

在美国存在多个电力市场，如加利福尼亚州的每小时预前报价市场，得克萨斯州的每 15min 预前报价市场。山景城和休斯敦市采用的是完全自由电力市场交易模式，而亚特兰大市采用的是固定电价市场模式。整理出 2014 年 4 月份某天（按西二区时间统计）三座城市的电价变化曲线（见图 16-33）和电网中清洁能源比例（见图 16-34）。

IDC 服务器的 CPU 型号如下：

山景城的 IDC 采用美国英特尔公司 Pentium D 950 3.4GHz CPU；亚特兰大市的 IDC 采用美国 AMD 公司 Athlon 64 X2 4800 +3.0GHz CPU；休斯敦市的 IDC 采用英特尔公司 Pentium 4630 3.0GHz CPU。三座城市 IDC 的服务器耗能参数见表 16-7。

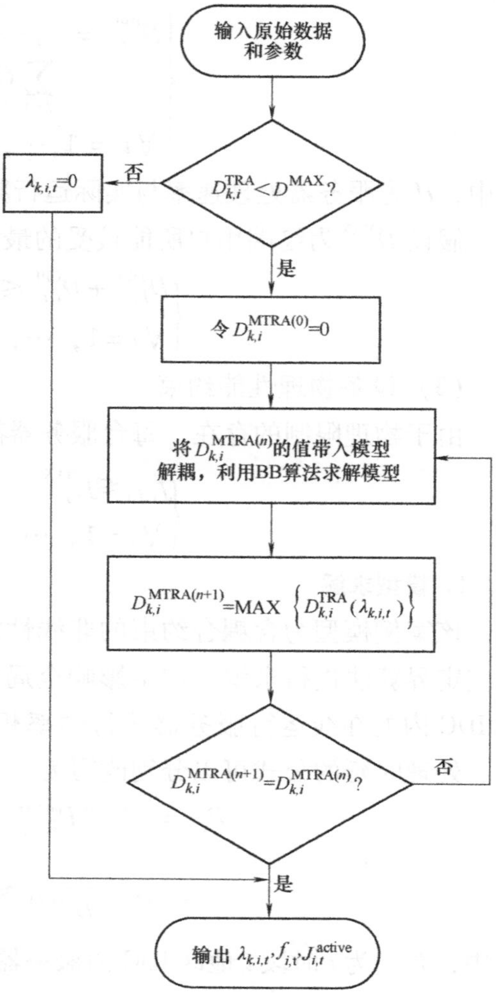

图 16-32 模型求解流程图

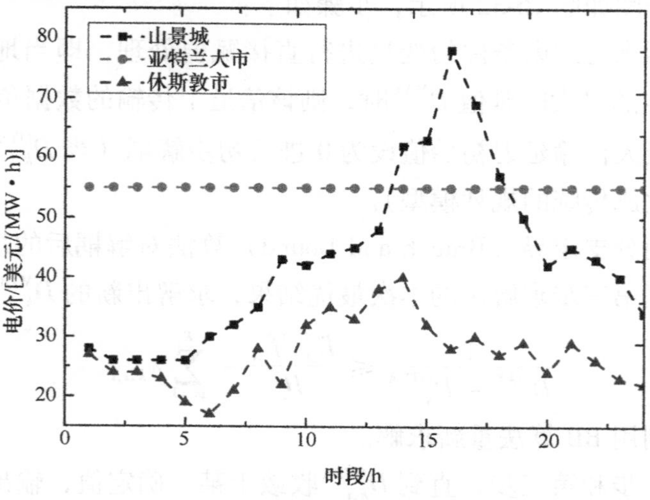

图 16-33 三地区各时段电价曲线

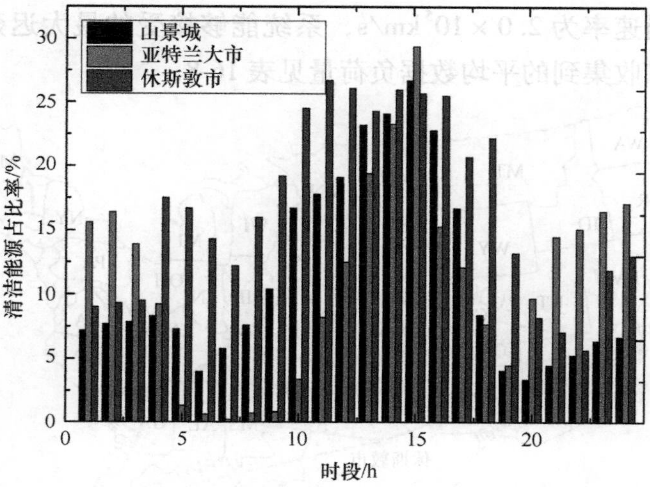

图 16-34　三地区各时段清洁能源比例

表 16-7　三座城市 IDC 的服务器耗能参数

i	$f_{i\max}$/GHz	J_i	A_i	B_i	$P_{i,j,t}^{\mathrm{idle}}$/W	H
山景城 IDC	3.4	50000	32.06	680	250	1.5
亚特兰大市 IDC	2.4	50000	44.85	530	250	1.5
休斯敦市 IDC	3	50000	23.7	700	250	1.5

三座城市 24 小时的室外温度曲线如图 16-35 所示。

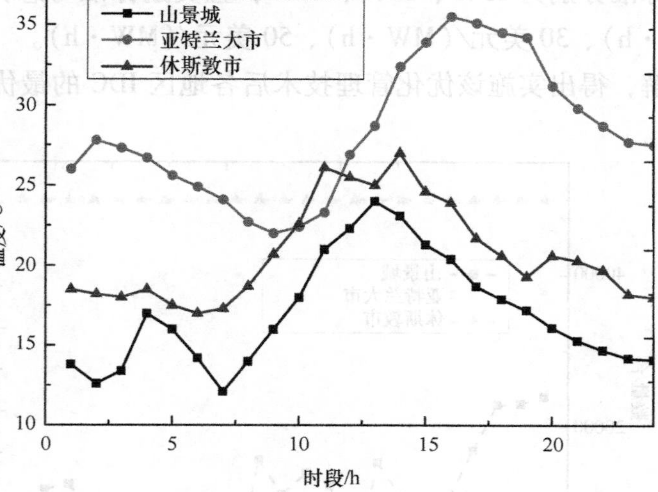

图 16-35　三座城市 24 小时的室外温度曲线

下面以山景城、亚特兰大市、休斯敦市、得梅因市（DesMonies，美国爱荷华州州府）、塔拉哈西市（Tallahassee，美国佛罗里达州州府）五个地区的数据负荷进行分析。假设各负荷区与 IDC 之间的信道长度为地理直线距离（见图 16-36），且都采用光纤通信，传播速率为 2.0×10^5km/s，系统能够接受的最大迟延为 0.02s。五个地区电网中产生和收集到的平均数据负荷量见表 16-8。

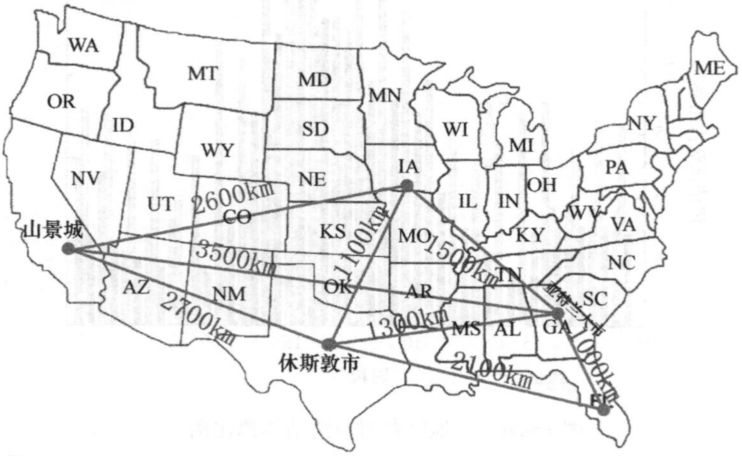

图 16-36　各负荷区与 IDC 地理直线距离

表 16-8　五个地区电网中产生和收集到的平均数据负荷量

k	山景城	亚特兰大市	休斯敦市	得梅因市	塔拉哈西市
L_k(GB/s)	30000	15000	15000	20000	20000

假设 IDC 机房允许的最高温度为 38℃。山景城、亚特兰大市、休斯敦市三地区的清洁能源配额标准分别为 15%、12%、18%；且奖励标准与惩罚标准相同，分别为 40 美元/(MW · h)、30 美元/(MW · h)、50 美元/(MW · h)。

通过仿真求解，得出实施该优化管理技术后各地区 IDC 的最优运行参数（见图 16-37、图 16-38）。

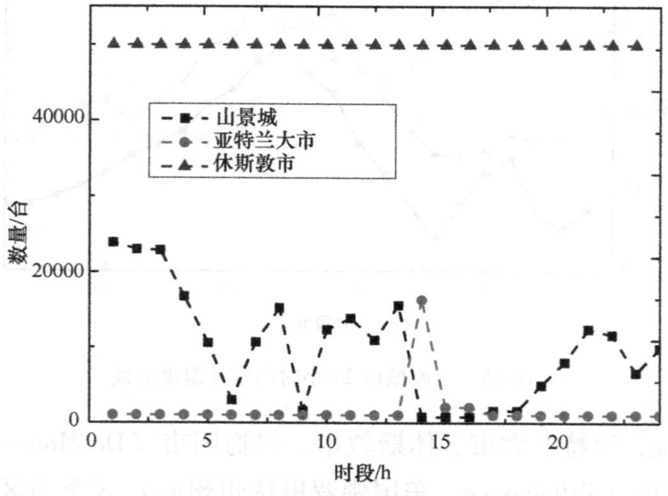

图 16-37　各 IDC 服务器在线运行数量

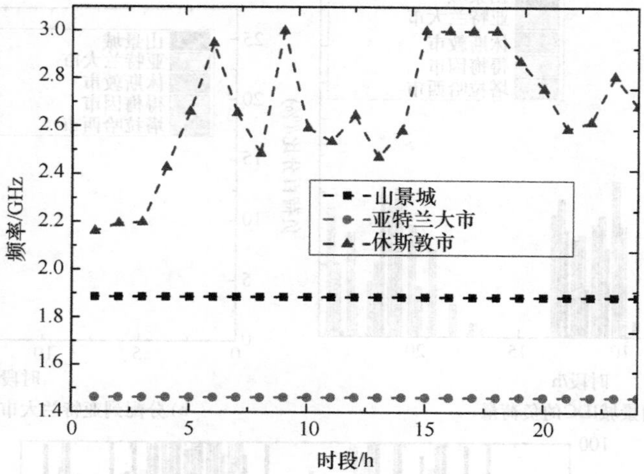

图 16-38　各 IDC 服务器在线运行频率

从图中可以看出，在整个周期内休斯敦市 IDC 几乎处于满负荷运行状态。这是因为对比各时段三地区电价，其电价在整个周期内都处于最低状态，且休斯敦市 IDC 的室外温度也比较低，这就使得该 IDC 所需要的散热功耗也相对较低；加上休斯敦市电网中清洁能源占比相对比较高，具有较低的碳排放成本。由于这三方面的因素，可以发现休斯敦市 IDC 的平均能耗成本是最低的，所以其数据负荷量在三个地区中最大。由于亚特兰大市较高电价和室外温度，带来了较高的电价成本和散热成本，故而亚特兰大市 IDC 在整个周期内的数据负荷量都比较低。各 IDC 数据负荷量如图 16-39 所示，是优化的分配方案。

对比三地区电价、清洁能源比例、室外温度及最终的优化分配方案，可以明显地看出它们之间存在很强的关联关系。例如，在 14:00，由于山景城的电价明显高于亚特兰大市和休斯敦市，所以全部负荷被分配到亚特兰大市 IDC 和休斯敦市 IDC。可是，在 15:00～17:00，虽然山景城的电价还是高于其他两地区，但是被分配到较低电价亚特兰大市 IDC 的负荷量很少。这是因为在 15:00～17:00 亚特兰大市的室外温度大大高于其他两座城市，且电网中清洁能源比例比其他两地区要低，带来很高的散热成本和碳排放成本。所以，即使亚特兰大市的电价比山景城的便宜，也会使得大量的数据负荷被优先分配到其他城市 IDC 进行处理。实施方该案后带来的具体成本、能耗和环保效益如图 16-40～图 16-42 所示。

从图 16-40 可以看出，方案实施后，IDC 的能耗成本得到了大幅度削减，一个周期内总能耗成本降低了 9723 美元。但是从图 16-41 和图 16-42 看出，整个周期内 IDC 的能耗只降低了 48.4MW·h，清洁能源使用量只增加了 43.8MW·h。

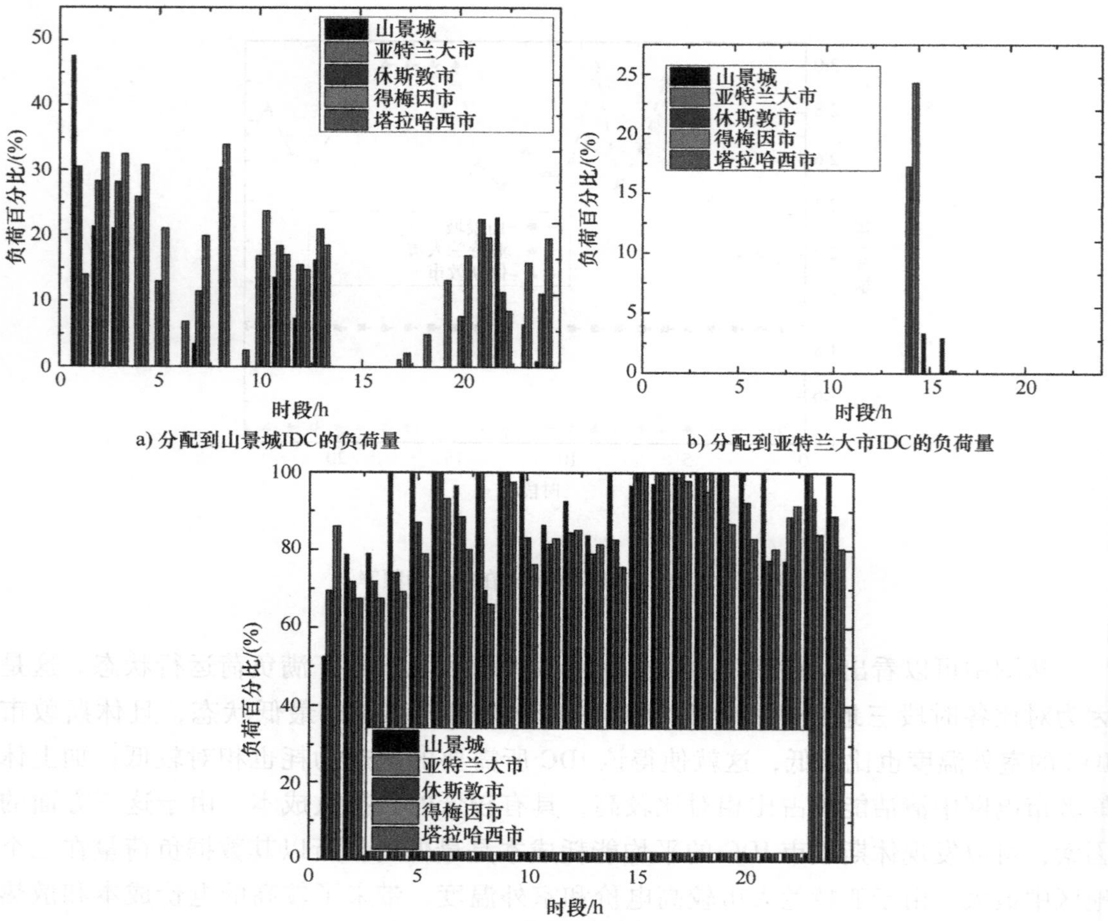

a) 分配到山景城IDC的负荷量　　b) 分配到亚特兰大市IDC的负荷量

c) 分配到休斯敦市IDC的负荷量

图 16-39　分配到山景城、亚特兰大市和休斯敦市 IDC 的负荷量

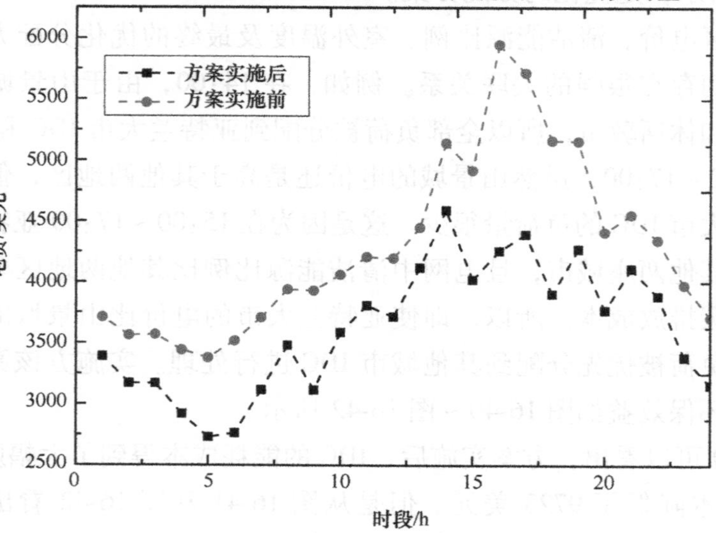

图 16-40　各时段 IDC 总的能耗成本

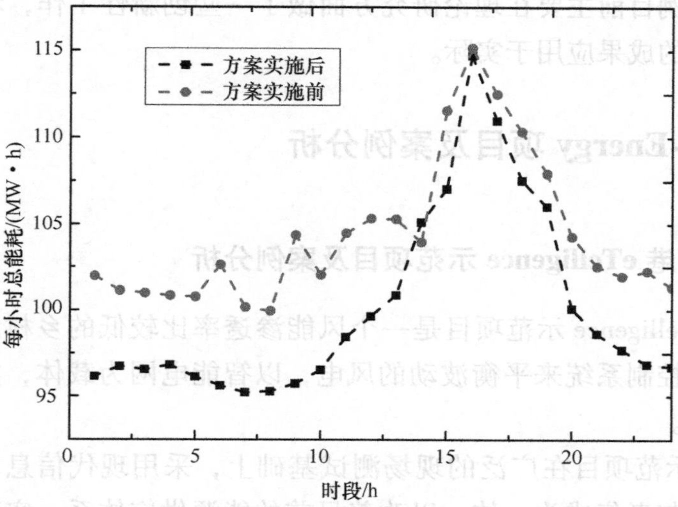

图 16-41　各时段 IDC 总的能耗

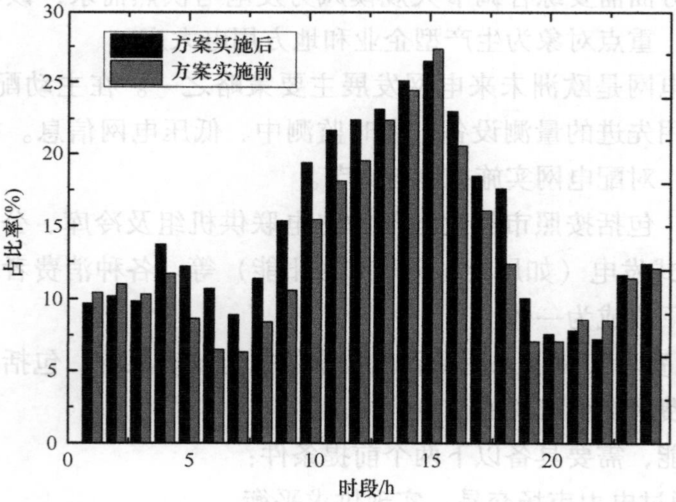

图 16-42　各时段 IDC 总的能耗中清洁能源比例

16.4.2　案例分析

该案例在实时电价和多电力市场构成的能源互联网市场环境下，研究了针对高能耗 IDC 的优化管理技术。结果显示，通过互联网通信技术，将需求处理的大量数据负荷响应到电价便宜、散热成本低、清洁能源比例高的地区 IDC 进行处理，可以大大降低其能耗成本；与此同时，还可以带来了良好的节能与环保效益，对企业和社会发展都能起到积极的推动作用，也显现出能源互联网所提出的负荷跟随发电的策略优势。该案例目前主要在理论研究方面做了一些创新性工作，希望能够继续深入研究，把更多的成果应用于实际。

16.5　德国 E-Energy 项目及案例分析

16.5.1　库克斯港 eTelligence 示范项目及案例分析

库克斯港 eTelligence 示范项目是一个风能渗透率比较低的乡村示范项目。它开发了一个复杂的控制系统来平衡波动的风电，以智能电网为载体，实现可再生能源的电力市场交易。

eTelligence 示范项目在广泛的现场测试基础上，采用现代信息和通信技术，将电力市场各个参与者集成为一体，以改善目前的能源供应体系，实现可再生能源的广泛集成，如风能、太阳能和生物质能等。

在电能使用方面需要综合调节大规模风力发电与供热需求，该项目利用价格杠杆进行自动控制，重点对象为生产型企业和地方用电大户。

建设主动配电网是欧洲未来电网发展主要策略之一。在主动配电网建设方面，该项目主要是采用先进的量测设备，实时监测中、低压电网信息。在对监测信息进行分析的基础上，对配电网实施控制与调节。

在该项目中，包括按照市场化运作的热电联供机组及冷库、公寓（容量为 0.5 ~1MW）和分布式发电（如风能、沼气和太阳能）等。各种消费者和可再生能源发电商通过虚拟电厂集成为一体。

为 2000 户消费者安装了采用最新的技术的智能仪表系统，包括互联网门户网站和触摸屏，为消费者提供有关的信息。

实现上述功能，需要具备以下两个前提条件：

1）一个是通过电力市场交易，实现供求平衡。

2）采用现代信息和通信技术，传输测量和控制信号。采用标准 IEC 61850 和 IEC 61970/IEC 61968 的公共信息模型（CIM）实现信息互操作。

在分布式信息处理平台上，采用标准的消息总线技术，向用户传递信息。项目的信息和通信体系结构，主要依赖标准 IEC 61850 和 IEC 61970/IEC 61968 实现业务流程层面的互通。

在电力市场交易平台上，通过公共信息模型实现互操作，分布式能源控制器之间的控制和状态信息采用 IEC 61850 标准通信。

eTelligence 示范项目主要成果见表 16-9。

表 16-9　eTelligence 示范项目主要成果

（续）

序　号	功　能	内　容
集成多个分布式能源	需求响应	直接负荷控制程序；需求响应计划；电动汽车充电（研究项目）；储热
	储能	德国柏林的电池储能项目包括，小于等于 100kW · h 的公用工程系统电池存储和大于 100kW · h 公用工程系统电池存储 飞轮储热、储冷和储电相结合的方法，相当于"虚拟"储能
	可再生能源发电	太阳能光伏发电（客户自备和公用事业投资）；太阳能集热发电；风力发电；沼气发电
	分布式发电	柴油发电机；微型燃气轮机；燃料电池；热电联产；压缩空气储能
关键集成技术和标准	客户系统接口	6LoWPAN；ANSI C. 12. xx；BACnet；DNP3；HomePlug IEC 61850 基于互联网（有线或无线、IP、TCP、HTTP）；ModBus 或协议 ModBus/TCP；oBix；OpenADR/OASIS 互操作；SEP 1. 0 或 2. 0；ZigBee（IEC 802. 15. 4） 无线局域网（符合 IEC 802. 11）供触摸屏系统使用
	分布式系统接口	DNP3；IEC 60870（ICCP） IEC 61850；IEC 61968；IEC 61970 基于互联网（有线或无线、IP、TCP、HTTP）；ModBus 或 ModBus/TCP；Multispeak 该项目非常依赖信息和通信技术，架构符合标准 IEC 61850；CIM 通过 TCP/IP（IEC 61968 和 IEC 61970）实现
	输电系统接口	DNP3；IEC 60870（ICCP） IEC 61850；IEC 61968；IEC 61970 基于互联网（有线或无线、IP、TCP、HTTP）；ModBus 或 ModBus/TCP；Multispeak
	服务系统接口	基于无线通信（1xRTT、GPRS、EVDO、CDMA 等）；ANSI C. 12. xx；DNP3；Fix ML IEC 60870（ICCP）；IEC 61850；IEC 61968；IEC 61970 基于互联网（有线或无线、IP、TCP、HTTP）；ModBus 或 ModBus/TCP；Multispeak；OpenADR/OASIS 互操作
	系统运行接口	DRBizNet；Fix ML IEC 60870（ICCP）；IEC 61850；IEC 61968；IEC 61970 基于互联网（有线或无线、IP、TCP、HTTP）；ModBus 或 ModBus/TCP；Multispeak；OpenADR/OASIS 互操作
	能源交易市场接口	ANSI C. 12. xx；DNP3；DRBizNet；Fix ML IEC 60870（ICCP）；IEC 61850；IEC 61968；IEC 61970 基于互联网（有线或无线、IP、TCP、HTTP）；ModBus 或 ModBus/TCP；Multispeak；OpenADR/OASIS 互操作
	WAN 通信架构	AMI 的基础设施（双向）；射频塔；射频网 互联网 基于无线通信的（1xRTT、GPRS、EVDO、CDMA 等）；电力线载波；WiMAX 3 层 VPN，将用于大多数连接；或者使用 CDMA、GPRS；DSL 或光纤
	网络安全	认证；加密；入侵检测

（续）

序号	功能	内容
纳入动态连接	客户多样性	住宅用户；商业用户；工业用户
	关于价格	实时定价（RTP）；提前一天定价；高峰定价
	激励机制	紧急需求响应；需求招标/回购；容量市场；辅助服务；直接负荷控制
系统集成规划	系统集成	分布式能源实时系统可视化；配电管理系统集成 分布在线测量获得的实时信息
	系统整合与规划	分布式发电未来规划
	集成工具	建模、模拟工具 光伏发电和风力预测、负荷预测、商业/工业用户和热电联产系统信息
项目兼容性	商业案例开发	虚拟电厂与需求响应和 DER 兼容；商业案例的重要文件需求申请
	相关领域标准的采用	客户领域；配电领域；输电领域；服务提供商；调度领域；能源市场领域
	实现分布式发电的最大程度整合	商业案例分享；用户案例分享；成本效益分析结果分享；经验教训分享；标准组织；先进的软件资源开放 整合利用区域市场的分布式能源和虚拟电厂。该项目参考架构和使用信息通信技术标准主要是 IEC 的标准
资金	资金来源	政府（地方、州、联邦）；科研单位以外的组织；大学；供应商 该项目是由德国联邦经济部资助

案例分析

1）该示范项目的主要创新点在于创建了以智能电网为载体的可再生能源参与电力市场交易的模式。

2）项目示范区是一个乡村示范区，有得天独厚的地理位置，存在各种能源与负荷合理搭配的可能性，通过与当地的旅游业相结合和优化用户的用能习惯，保证电网的安全和经济运行。

3）该示范项目从一开始就非常重视依靠技术标准和规范制定解决方案，通过开发统一信息平台，实现从发电到输电，再到分布电源和用电的信息互操作，并可以很容易地将信息映射到其他地区。这有助于提高电网的安全和可靠性。

16.5.2 曼海姆示范城市项目及案例分析

德国曼海姆示范城市（Mannheim model city）项目的主要特点是可再生能源的渗透率很高。作为 E-Energy 项目的一部分，该项目实现了通过建设智能电网，提高能源效率和电能质量，将可再生能源就近整合到城市用户的电力市场交易网络；在储能技术不成熟的情况下，避免了电力远距离传输造成的损耗。用户可根据价格变动的实时信息来调整自己的能源消费行为，达到提高能源效率的目的。

2007 年，在曼海姆选择了部分家庭用户进行了现场测试，这些家庭用户的特点是洗衣机和烘干机的数量特别大；在屋顶安装了太阳能发电装置，通过项目培训使这些家庭知道，在太阳光最充足的时候立即起用洗衣机和烘干机，因为这时屋顶太阳能装置发出的电能已经产生。在曼海姆的大部分区域都配备了宽带电力线通信的基础设施，允许用户实时访问智能电网的信息。

在曼海姆示范城市项目中，新的能源供应体系和服务导向架构已经形成。客户可以在合适的电价区间内选择自己的用电量，这种方式有利于推动能源效率的提高和用户参与能源市场交易通的行为的普及。

可以预测未来几年，随着分布式发电和可再生能源的逐渐渗透，能源效率将不断提高。作为 E-Energy 项目的一部分，该项目还考虑了冰箱和空调控制系统参与智能电网，通过虚拟电厂的方式实现节能降耗。

案例分析

1）该项目是一个具有代表性的智能电网大型试验项目，通过可再生能源参与电力市场交易，实现能源效率的提高，从而降低化石能源的应用，在减少二氧化碳排放量方面具有积极的作用。

2）通过项目培训，使大量的消费者参与到电力市场中来，用户通过提供的实时信息，来控制并优化他们的个人消费行为。

3）该项目重点是提供了一个基于宽带电力线载波通信的开放式平台，允许用户实时访问可再生能源和分布式能源上网发电量的信息，通过价格激励政策，鼓励消费者更有效率使用能量，可再生能源就近整合到城市用户，通过优化配电网运行，减少传输损失。

16.5.3 莱茵鲁尔区示范项目及案例分析

莱茵鲁尔区示范项目包括两个地区农村和一个城市地区，通过创建一个智能信息和通信网络，实现智能信息处理。该项目是基于智能电表和新型信息技术开发了通信网关，创建家庭能源网络，提高能源效率。一个主要目标是建立一个智能用电控制系统和及时记录电力消费数据的功能。另一个目标是优化分布式网络系统的管理。

莱茵鲁尔区自然环境非常好，周围拥有大量森林、田野、大水库和湖泊。在莱茵鲁尔区 E-Energy 项目中，实现了可再生能源发电由分散到整合的综合能源网络，并参与电力市场交易。

该项目计划由智能电表系统集成智能网关，形成用户入口，除电能计量功能外，还可以对电价信息进行处理，同时控制信息的传输。这样用户可以通过价格信号选择最便宜的时段用电，提高能源效率。通过向用户提供激励信息，提高每个家庭的能源效率。

项目规划采用斯特林发电机、取暖设备和燃料电池等实现热电联产方式，智能网关同时控制能源消耗和能源供应，智能网关具有无线接口和用户可以配置系统；客户能够通过笔记本式计算机等，在掌握市场价格信息的基础上，直接控制他们的家电。

案例分析

该项目的主要创新点是基于智能电表和新型信息技术开发了通信网关，创建家庭能源网络，提高能源效率，使终端用户积极融入和参与到能源市场中来。

该项目主要希望通过试点验证加强消费者与电力系统之间互动的效果，消费者也可以作为小型电力供应商发挥更积极的作用。即消费者可同时扮演发电者与电力消耗者的专家消费者角色，形成专家消费者能源过多或不足时的交易市场。

16.5.4 哈尔茨地区100%可再生能源发电项目及案例分析

（1）2050年使可再生能源电力达到80%

德国已经决定在2022年之前停用所有核电站，提出到2030年使可再生能源发电占到总发电量的50%[70]。各地区的可再生能源资源参差不齐，在可再生能源丰富的地方，可再生能源发电占到总发电量的比例要达到100%，甚至扩展到其他各种领域[70]。

扩大可再生能源发电的开发意味着增加风力及太阳能的发电量。但风力及太阳能的发电量受天气影响，如果可再生能源达到100%，就会产生发电量超过或是大幅低于当地需求的情况。这就需要从区域外输入电力，或向区域外输出电力。

地区的电力消费量减去地区利用风力及太阳能生产的发电量，剩下的部分称为“剩余电力”（residue power），而风力发电及太阳能发电会有波动，因此要想提高可再生能源发电的比例，剩余电力就必须是能够被柔性负荷所吸收，而且还需要具备足够应对天气变化的容量。天然气与生物质的热电联产可满足这个条件。抽水蓄能和电池虽然灵活，但自身无法发电，而且容量有限。

为提高可再生能源的比例，生物质能发电备受期待。德国等欧洲各国拥有丰富的森林资源，而且牧畜业繁荣，牲畜粪便的排放量大；而且种植着大量的玉米等燃料作物作为生物燃料，还有木质等固体燃料，牲畜粪便和玉米等则通过微生物发酵生成沼气。

但开发生物质发电也面临着不少课题。作为风力和太阳能的剩余电力，生物质发电不仅有可能得不到有效利用，而且还需要兼顾与热需求之间的平衡。这些课题需要逐一解决[70]。

（2）哈尔茨地区100%可再生能源发电愿景

德国哈尔茨RegModHarz（Regenerative Model Region Harz）地区位于德国中心偏北的山区。原本是一个拥有24万人口的地区，但受到之前东、西德分裂的影响，这里如今分属3个州。为了实现宏伟的能源目标，该项目以哈尔茨为样板，努力实现

100%的可再生能源的尝试。

该项目进行模拟的对象是 2008 年实际数据、2020 年方案及 100%可再生能源方案；其中风力和太阳能的输出功率将大幅增加。风力将按照 151MW→248MW→630MW，太阳能将按照 10MW→90MW→708MW 的速度扩大。随着两种发电方式的比例增加，发电量的变化随之增大，输入/输出的规模也会扩大。而且，在不同的季节和时段，发电量会发生变化，电力价格也会发生变化。两者的权重越大，天然气发电与生物质发电一类的灵活电源就越发重要。

（3）在电力交易市场上直接买卖可再生能源电力

对于生物质发电，德国采取了市场直接交易（direct marketing）的政策。

德国政府于 2009 年 1 月修改上网电价（Feed in Tariff，FIT）制度，使可再生能源发电可直接在电力交易市场上销售。按照固定价格收购制度的规定，输配电企业要在 20 年的时间里，以固定的优惠价格收购可再生能源发电，但随着制度的修改，发电方也可选择直接向市场销售。但是，因为市场价格一般低于收购价格，所以市场销售不受青睐。

直接交易需要企业提供销量与销售时间的预期，偏离预期需支付违约金。为了弥补风险，国家将向企业支付“管理溢价”。随着预测精度的提高，溢价逐渐缩小。并且，对于生物燃气发电，由于要按照供需调整输出，运营会受到限制，因此为了弥补损失，国家将向企业支付“弹性溢价”[70]。

（4）生物质发电直接交易的研究

生物质虽然得到了政策支撑，但需要研究和解决的课题也不少。推行直接交易后，越来越多的生物质发电企业开始采取在市场电价高的时候发电并销售，在市场电价低的时候停止发电的方式。生物质发电通过包括供热在内的热电联产系统，利用效率会大幅提升。但电力市场的价格走向与地区的热需求未必一致。

如果根据电力市场的走向安排设备运转，生产的热量有可能超过需求。这就需要通过精确的合理控制，提高热泵的输出，或是利用储热设备增加热需求。如果热量低于需求，则要减少热需求，并且利用储热槽和锅炉增加供热。这就必须建设热电联产系统、锅炉、储热槽、热泵等设备。

（5）构建灵活的能源供应消费系统

要想实现 100%可再生能源发电，重点在于增加风力发电和太阳能的发电量，开发能够吸收发电量变化的灵活生物质电源，构筑推动需求转移的机制。修改固定价格收购制度，采用与电力交易市场进行直接交易的方式，是一种行之有效的措施。生物质热电联产需要使电能与热能取得平衡。电力交易的最佳答案并不一定适合当地的热需求。热电联产同时产生一定比例的热能。而传统的热电联产一般是以热需求为准，同时产生电能，因此，借助以需求响应为基础的热需求转移，应该可以实现一定程度的调整。

但是，对于普及可再生能源发电来说，根据电力市场的动向，使供电利润达到最大，作为副产品而产生一定的热能，这才是合理的运营方式。按照固定价格收购制度的评价方式，生物质热电联产作为本地灵活电源的价值要高于作为供热设备的价值。因此，调整地区的热需求将会采用开关锅炉、储热设备储热放热、供热管道储热放热、需求转移等方式。

但是，要想实现100%可再生能源，单靠热需求转移、设置储热设备等措施还存在局限性，还需要构筑包含电能、热能及燃料在内的灵活的能源供应与消费系统。在生物质热电联产方面，与生成作为燃料的"生物燃气"之间进行协调将变得重要，能源基础设施的相互关系如图16-43所示。

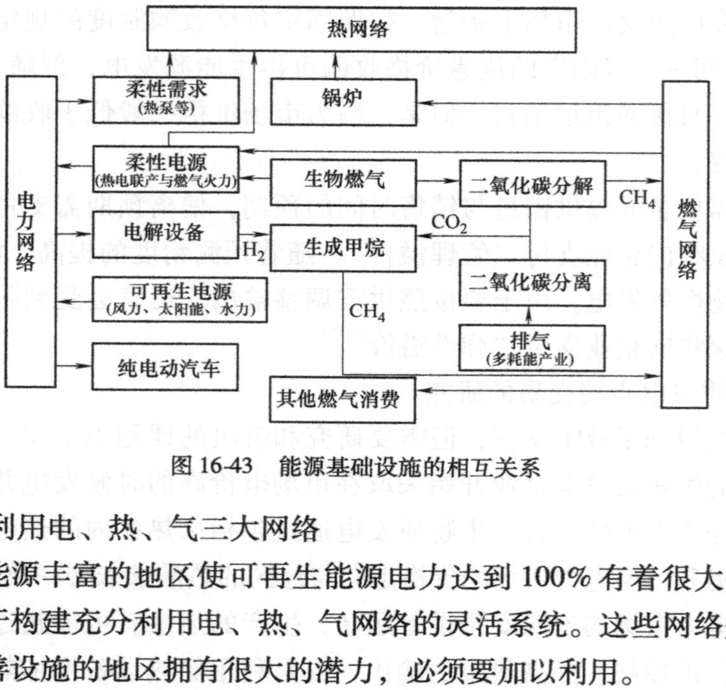

图16-43　能源基础设施的相互关系

(6)协调利用电、热、气三大网络

在可再生能源丰富的地区使可再生能源电力达到100%有着很大的可行性，但实现的关键在于构建充分利用电、热、气网络的灵活系统。这些网络是关键的基础设施，拥有完善设施的地区拥有很大的潜力，必须要加以利用。

通过利用热泵和冷库等"灵活能源消费"设施和利用生物质发电及电池的"灵活供应设施"，吸收电力输出的变化。而且，作为"灵活供需要素"，把电能转化成燃料储存，按需供电、供热的系统也将变得重要。因为这样不仅能够有效利用火力发电和抽水蓄能等现有稳压电源，还有望起到稳定风力发电和太阳能发电功率的效果（使天气不同的各地之间平均化）。

但这些的前提是广域电网有余力，而且建设供电网需要相当长的时间。再考虑到燃料和热需求，完善广域能源调整及地区能源调整能力都是必备条件。

要在地方城市及地区实现100%利用可再生能源，需要充分利用输配电网、热力管网、燃气管网三大网络，制定电、热、燃气的最佳调度计划，在地区内建立能源良性循环。如果得以实现，还可以根据三个价格，实现合理的协调控制。德国，电、热、气网络已经基本完善，为成功创造了条件[70]。

案例分析

德国哈尔茨可再生能源示范区 RegModHarz 项目充分考虑了哈尔茨地区风力、太阳能等自然能源较为丰富且该地区已经建立抽水蓄能电站的实际情况，依靠可再生能源联合循环利用实现电力供应的最佳调度，对可再生能源发电与抽水蓄能电站进行协调调度，使其目标效果达到最优。

此外，德国亚琛 Smart W@TTS 项目的主要目的是希望建立完全自由零售市场。如果零售商能够完全自由地采购与销售，从而可以多角度提升电网的效率，促成符合成本效益和环保的电力供应。

德国莱茵-内卡（曼海姆）MOMA 项目采用了开源软件 OGEMA 直接控制次日价格的提示与家电供电，Energie butler 系统能够帮助个人管理能源，同时也促进了需求响应机制的实现。例如，在电力昂贵或电力不是来自可再生能源时，系统会自动关闭冰箱。

德国斯图加特 MEREGIO 项目。该项目利用智能电表及各种信息和通信技术，在很大程度上实现对电力生产、电网负荷、电力消耗的自动调节，以达到有效控制二氧化碳减排的效果[73]。

16.6 日本综合能量管理系统项目及案例分析

16.6.1 综合能源与社会网络项目及案例分析

在日本，为了实现低碳社会，对可再生能源、电动汽车、节能住宅、零排放建筑等开展了一系列研究与工程实践。这样的研究与工程实践，是要实现包括电力供应商、可再生能源发电单位和用户等在内的区域整体对象的最优能量管理。它不局限于电能，不是以单一形式采用节能设备等，而是通过以智能电表为代表的双向通信，在区域整体内以实现能源的高效利用为目标。

其研究与工程实践包括创建高效利用热能、燃气和水环境，变革居民生活方式。日本相关的环境和谐型城市实践项目也正在推进，行管的城市及工业园的电、热、气及水环境和交通等基础设施也呈现出积极发展的态势。

1. 综合能源与社会网络

综合能源与社会网络分别指综合能源网络和社会网络。它们的目标是构建采用区域分散形式实现区域内的电力稳定、节能和低碳，而又降低其并网影响。它的实现包括以下两个阶段：

（1）智能电网

随着大量可再生能源并网带来了电力质量问题，智能电网可以完善电力信息网络，对能源的供需进行实时调整。这些措施要实现的目标包括，确保电力稳定、降低大规模停电的风险；与用户携手推进节能及提高能效；高水平地维护管理电力设备。

（2）智能社区

在低碳前提下，智能社区要力争实现改善居民生活便利性和城市改造升级，充分利用智能电网等最新技术构建的新一代区域社区。除了高效利用能源之外，还包括应用可再生能源、升级交通系统、创造兼顾改善舒适性和节能的生活空间等内容。连接这些项目的信息网络则承担着极为重要的功能。

综合能源与社会网络的目标，是实现区域内的电力稳定、节能和低碳化，在区域内解决与能源相关的课题，如大量光伏发电并网导致的电压上升、采用智能电表进行直接或间接负荷控制以实现节能、热量与燃气等的相互补充等。

图 16-44 给出了区域综合能源与社会网络结构示意图，可用于智能电网和智能社区。

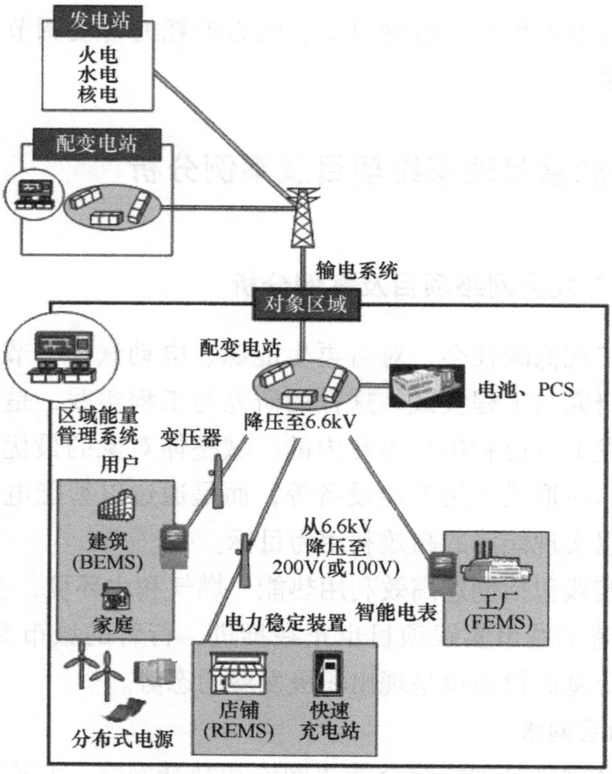

图 16-44　区域综合能源与社会网络结构示意图

2. 工程实践规划

日本在上述各方面做出规划，如制定了 2020 年实现光伏发电 2800 万 kW、风力发电 490 万 kW 的以光伏发电为主的可再生能源目标，以及 2020 年全面采用智能电表并利用智能电表双向通信进行直接或间接的负荷控制等。2010 年 6 月，日本政府进行了以对这些技术的实践项目的公开招标（如区域能量管理系统和储电复合系统等项目），并于 2010 年起在北九州市、京阪奈学研都市、横滨市、丰田市实施综合能源与社会网络项目。主要的工程实践包括如下两大类：

（1）智能电网相关项目

1）日本九州、冲绳的孤岛微网系统（2009 年）。

2）新式输配电系统的最优控制（2010 年），采用新配电自动化系统集中电压控制方式。

3）智能电表的间接、直接负荷控制（2011 年）。

（2）智能社区相关项目

综合能源与社会网络（2010 年），包括北九州市的区域能量管理系统和储电复合系统，以及京阪奈学研都市的储电复合系统。

下面，从规模、电能质量、能量管理等角度解析日本实施的分析综合能源与社会网络项目，以阐述其在低碳化和电力系统稳定取得的成果。

1）虽然规模大小不一，但对象区域基本上包括了小型城市、大型企业、工业园、供电孤岛和不供电地区。

2）为了避免对送电系统造成影响，通过在对象区域内应用分布式电源来保证在对象区域内部消化电压变动和频率变动，以保障电力的稳定。

3）在住宅、充电站、店铺、商业建筑、工厂内充分利用电力和热源，同时利用信息网络实时收集现场信息，进行能量管理，确保能够区域内能源的互用性。

4）输电系统和区域热电联产系统、分布式电源系统等协调控制，实现自产自销。

3. 相关技术

日本的综合能源与社会网络包括，配电自动化系统、控制系统、能量管理系统、分布式电源、发电供需实时平衡系统、电能质量稳定设备、电力计量测试仪器、配电设备及逆变器和转换器等相关技术；除了要求实现从能源供应到用户的能源供应链全程管理、基于监控的高效和最优化技术之外，还包括为这些技术提供支持的信息网络技术。

这些技术分为低碳化技术和电力系统稳定技术两大类。

（1）低碳化技术

1）区域能量管理系统（CEMS）。

2）住宅、店铺、建筑、工厂能量管理系统（HEMS、REMS、BEMS、FEMS）。

3）智能电表及相关无线通信技术。

4）作为分布式电源的质轻且可折弯的薄型太阳电池板、100kW 磷酸型燃料电池、低落差可发电的微管（micro-tubular）水力发电机、将低热能源高效转化为电力能源的双工质地热发电等相关技术。

(2) 电力系统稳定技术

1）故障检测及恢复、电流检测、电压和频率调整的新型配电系统技术。

2）电力变换系统（Power Conversion System，PCS）、区域储能电池充放电控制及电力系统稳定装置相关技术。

3）稳定电网电能质量的配电设备，如有载调压变压器（Load Ratio control Transformer，LRT）、无功功率补偿装置（SVC）、自动电压调整器（AVR）、不间断电源（UPS）装置等相关的技术。

4）在孤岛等封闭电网内对能源供应进行快速最优控制的微网技术，发电供需实时平衡技术。

综合能源与社会网络系统整体架构如图 16-45 所示。

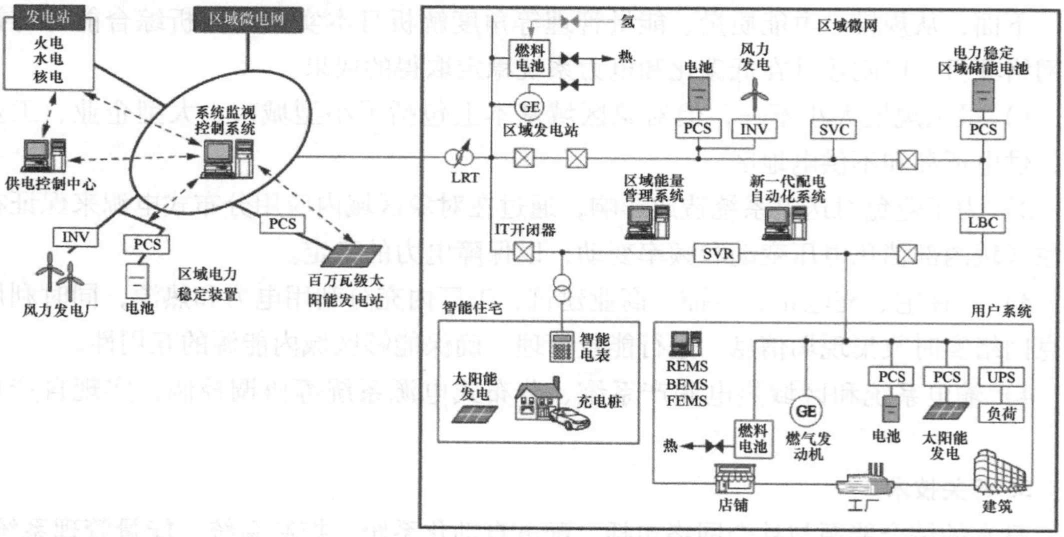

图 16-45 综合能源与社会网络系统整体架构

4. 综合能源与社会网络项目实践

日本实施相关项目实践的主要目的如下：

1）推进智慧城市、智能社区建设。

2）推进能源集成度较高的大型联合企业、工业园区建设。

3）推进能源集成度较低的孤岛、未通电地区的应用。

（1）区域能量管理

日本北九州市的“以区域节电用户为核心的区域能量管理系统的开发”项目推进了以北九州市东田地区为对象的建设低碳城市的活动。

该地区是能源供需先进示范地区，目标是实现在日常生活和工作中开展节能。其中采用了可再生能源与热电联产系统协作技术，电动汽车充、放电以充分利用电力的技术，采用区域储能电池的电力系统稳定技术，各用户的能源可视化技术，以及通过动态价格和环保反馈制度抑制需求的措施。如图 16-46 所示，通过信息网络连接对象区域的能源供应方和用户，区域能量管理系统进行了电、热、氢的计量、使用计划、供需平衡控制。在能量综合管理方面，它有可能成为今后推广的智慧城市的示范实例。

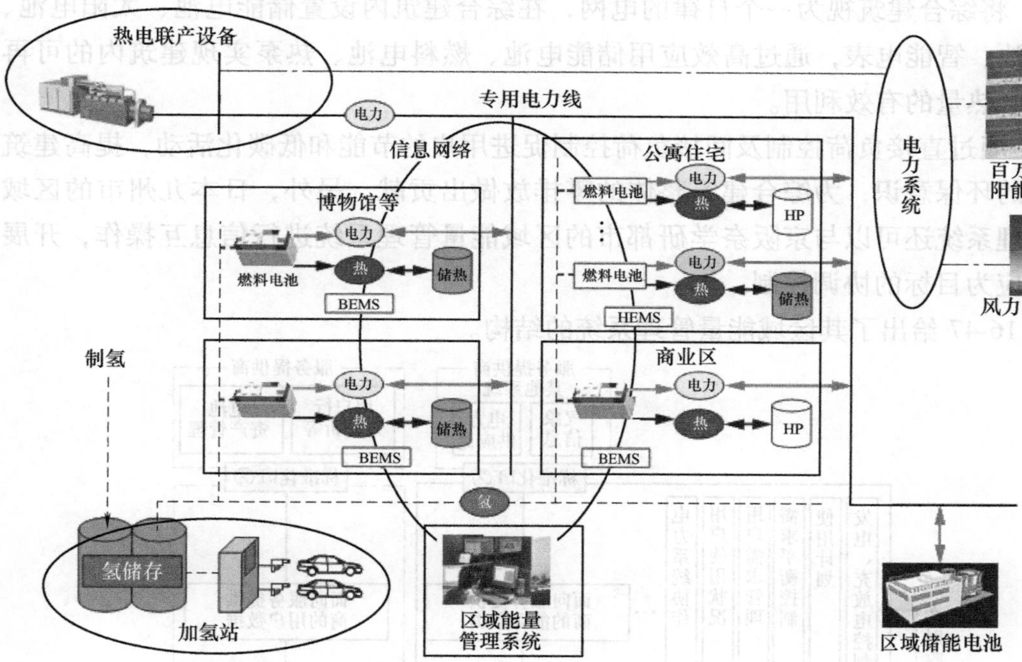

图 16-46　日本九州市综合能源网络架构图

该项目所采用的低碳化技术区域能量管理系统的特点包括以下三点：

1）区域能量管理系统根据必要性（快速响应等）通过专用线缆和常规措施收集所需的综合能源数据，对其进行统一管理。

2）可根据对象区域的要求，实时控制发电、充放电发送指令，实时掌握各用户用能情况，实时制定能源供需计划等，并可对这些业务进行多点、独立分布配置。

3）将所收集的信息提供给外部的服务提供商，从而有可能拓展新的服务。

表 16-10 给出了区域能量管理系统的主要功能。

表 16-10　区域能量管理系统的主要功能

项目	组合了能源需求预测、气象预测、应用新能源时的系统控制和电池、电动汽车的区域整体能量管理
	通过与电力系统的协调运行实现稳定化
	实时掌握各用户的能源使用状况
	用户负荷控制及动态价格等用电需求管理
	采用标准步骤与用户、能源设备进行连接
	通过利用能源使用量、CO_2 的可视化数据拓展新的服务

（2）用户能量管理

在开发面向用户的综合能源与社会网络方面，主要是以电网设施为对象，开展了包括写字楼、礼堂、宾馆、餐厅在内的综合建筑的低碳化技术的实践。

1）将综合建筑视为一个自律的电网，在综合建筑内设置储能电池、太阳电池、燃料电池、智能电表，通过高效应用储能电池、燃料电池、热泵实现建筑内的可再生能源和热量的有效利用。

2）通过直接负荷控制及间接负荷控制促进用户的节能和低碳化活动，提高建筑使用者的环保意识，为综合建筑整体的零排放做出贡献。另外，日本九州市的区域能量管理系统还可以与京阪奈学研都市的区域能量管理系统进行信息互操作，开展需求响应为目标的协调控制。

图 16-47 给出了其区域能量管理系统的结构。

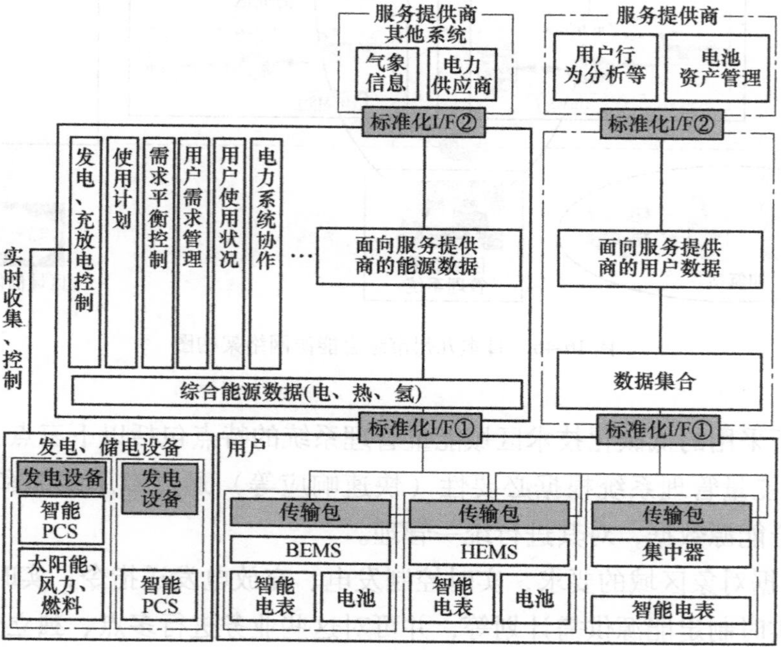

图 16-47　区域能量管理系统的结构

用户能量管理系统是通过在综合建筑内设置紧凑型建筑能量控制器实现的。该控制器在对综合建筑的电池和燃料电池等能源设备进行直接控制的同时，还借助智能电表进行用户负荷间接控制。通过与传统的以监测和可视化为中心的建筑管理系统进行协作，可以进一步提高建筑内能源利用效率。

表 16-11 为建筑能量控制器的主要功能。

表 16-11　建筑能量控制器的主要功能

功能项目	利用电池实现负荷平衡（削峰、移峰）
	电池（电力）和热泵（热能）的控制运行
	通过用户室内智能电表进行间接负荷控制
	通过电动汽车运行计划进行充电控制
	燃料电池的废热利用
	与空调进行联动控制
	达到区域能量管理的需求目标值

用户能量管理系统结构如图 16-48 所示。

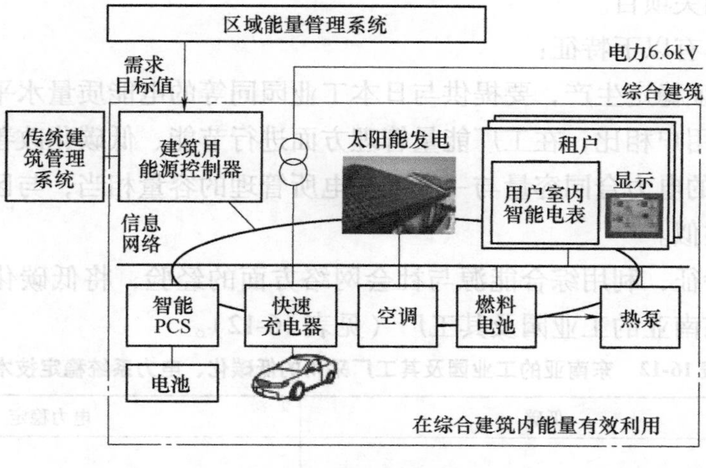

图 16-48　用户能量管理系统结构

（3）新型配电系统最优控制技术

如何抑制包括太阳电池在内的分布式电源大量连接配电系统时所引起的电压上升，是智能电网研究的重要课题之一。针对这一课题，开展了与抑制太阳能发电电压相关的均衡控制等工作。在新型配电自动化系统中，通过中央监控系统对连接于电压调整设备和太阳电池的电力调整器进行集中控制，力图解决这一课题。

在配电方面，应通过实施主动配电网为分布式电源的大量应用做好准备，应用具备电压调整设备集中控制功能的新型配电自动化系统和具备电力系统稳定功能、无功功率调节功能、储能功能的分布式电源用电力调整器。图 16-49 给出了最优电压控制技术示意图。

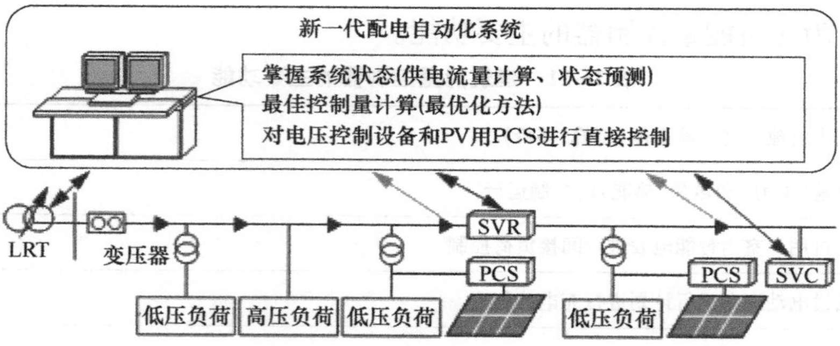

图 16-49　最优电压控制技术示意图

5. 日本企业在东南亚实施的项目

新能源产业技术综合开发机构（NEDO）的委托日本富士电机公司，以能源集成度较高、有望获得良好节能和低碳化效果的东南亚工业园为对象，开展了应用智能电网技术的相关项目。

该工业园具有以下特征：

1）为了保证稳定生产，要提供与日本工业园同等的电能质量水平。

2）与其他用户相比，在工厂能量管理方面进行节能、低碳化改善的余地较大。

3）工业园的电力合同容量与一个配变电所管理的容量相当，与区域能量管理的对象区域规模类似。

基于上述特征，利用综合能源与社会网络方面的经验，将低碳化、电力系统稳定技术应用于东南亚的工业园及其工厂（见表 16-12）。

表 16-12　东南亚的工业园及其工厂采用的低碳化、电力系统稳定技术

	低碳	电力稳定
工厂	工厂能量管理 削峰/抑制需求 直接/间接负荷控制 通过智能电表进行自动计量 更换采用高效设备 可再生能源设备 逆变器控制、空调控制 厂内信息网络	UPS 应急自发电设备 无功功率补偿装置(SVC) 自动电压调整器(SVR) 电力用电容器

（续）

	低碳	电力稳定
工业园	区域能量管理 削峰/抑制需求 直接/间接负荷控制 可再生能源设备 工业园内信息网络	应急电源设备 电力质量稳定化装置 无功功率补偿装置(SVC) 自动电压调整器(SVR) 工业园内配电自动化系统

图 16-50 给出了工业园区应用智能电网系统模型。

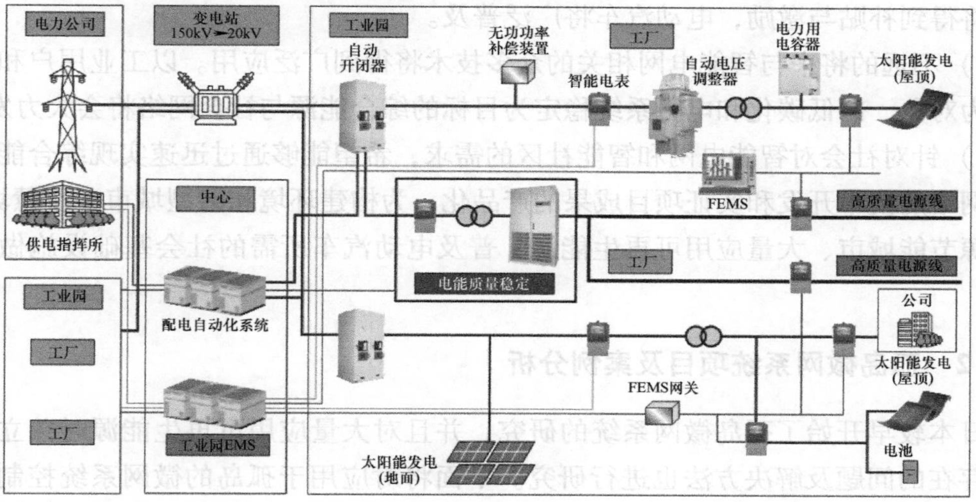

图 16-50　工业园区应用智能电网系统模型

该模型将工业园整体视为区域能量管理对象，在工业园整体范围内通过电力系统稳定和能量管理系统实现节能、削峰。其主要技术包括以下两点：

1）在工业园设置向多家工厂提供高质量电源的电能质量稳定装置。

2）通过中心对工厂需求和能量管理进行集中管理的工业园能量管理系统。

6. 未来发展方向

1）未来发展以工业用户和区域能源为对象、以低碳化和电力系统稳定为目标的综合能源与社会网络。

2）未来向希望节能并对电、热实现充分利用的用户及能源特区和开展新能源规划的日本各级政府推广这一系统。对于电力公司，将以电力稳定和高质量为目标，针对 2020 年目标（太阳能发电 2800 万 kW、风力发电 490 万 kW、所有用户采用智能电表）推进新型配电自动化系统的应用。

3）未来将向智能社区、工业园、孤岛、配电领域推广可同时实现低碳化和电力系统稳定的“以智能电网为基础的社会基础设施一揽子方案”。智能社区的基础设施构建不仅包括能源基础设施，还要完善水环境基础设施、包含充电状态管理等在内的电动汽车相关基础设施、信息基础设施。将与成熟的水处理相关系统、店铺系统互相协作，推进系统的构建。

此外，由于以综合能源与社会网络为对象的业务领域属于全新的服务范畴，拥有综合能源与社会网络的业务单位和对系统进行应用、维护的业务单位的收益非常重要，相关单位要从业务可行性调查和基本计划制定的阶段就参与规划。

7. 案例分析

1）太阳电池和智能电表将逐步普及，以低碳化为目标的分布式电源和高效储能设备将得到补贴与激励，电动汽车将广泛普及。

2）不远的将来与智能电网相关的众多技术将得到广泛应用。以工业用户和区域能源为对象、以低碳化和电力系统稳定为目标的综合能源与社会网络将会大力发展。

3）针对社会对智能电网和智能社区的需求，希望能够通过迅速实现综合能源与社会网络的技术开发和实证项目成果的产品化，为构建环境和谐型城市、智慧城市、新能源节能城市、大量应用可再生能源、普及电动汽车所需的社会基础设施做出贡献。

16.6.2　孤岛微网系统项目及案例分析

日本较早开始了孤岛微网系统的研究，并且对大量应用可再生能源时独立系统中所存在的问题及解决方法也进行研究。下面将对应用于孤岛的微网系统控制功能和所采用设备进行介绍。

1. 微网系统

微网系统是采用多台分布式电源，在保持区域电力供需平衡的同时进行电力运行的电力网络，具有以下特征：

1）适用于存在多个用户的特定区域，由分布式电源和小规模电力供应网络构成，可独立于现有大规模电力系统进行现场电力供应。

2）在系统并网方面涉及两个方面，分别为系统并网类型和独立系统类型。通常使用信息和通信技术对多个分布式电源及负荷进行统一控制。

这样的小规模系统，作为区域内互补型电力供应系统可利用可再生能源，属于环保型电力系统；同时还可通过电力、热能储存设备来缓解区域内可再生能源造成的输出变动和需求的变化，避免对现有电力系统造成影响。能够广泛支持现有电网系统的微网系统，有望得到广泛普及。

2. 孤岛微网的研究目的和研究内容

世界上许多岛屿有人居住，其中的大多数都采用独立的电力系统（即孤岛电力系统）来供电。日本在这方面更为突出。

孤岛微网系统是继承了微网固有特征的专门化中小规模独立系统，其目的是在大量应用可再生能源时维持现有系统的电能质量，并确保其可靠性。

受到运行限制等问题的影响，孤岛系统通常采用内燃机发电，使用的也是 CO_2 排放系数较高的化石燃料。而且，由于远距离输送燃料也导致发电成本较高，面临着经济性方面的问题。为了解决这些问题，大量应用不需化石燃料的可再生能源可同时降低环境负荷并解决经济问题。

但是，大量应用可再生能源会导致系统电能质量和供电可靠性降低，需要采取措施解决这些问题。孤岛应用可再生能源时需要研究的内容见表 16-13。

表 16-13　孤岛应用可再生能源时需要研究的内容

方　向	内　容
供需运行	需要维持供需平衡（只允许的在现有发电机的调速器响应能力范围内变化）
频率电压维持能力	可再生能源及负荷变动导致频率变化大，变化瞬时产生
备用功率	备用功率极小（因发电机的单机容量小）
经济性	当设有对可再生能源的变动量进行补偿的备用功率（提升量）时，柴油发电机的运行工作点输出功率降低，燃料效率降低

3. 孤岛微网系统

图 16-51 给出了孤岛微网系统的基本结构。

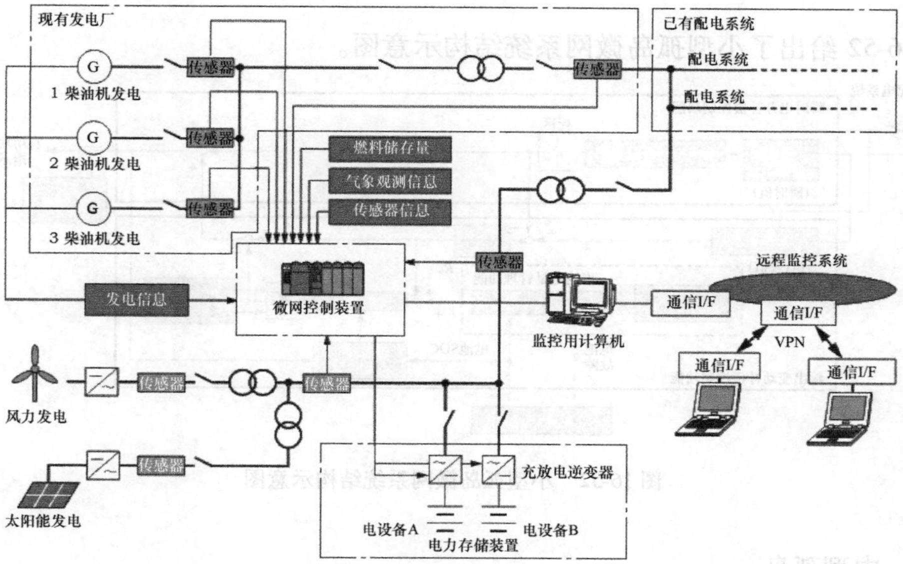

图 16-51　孤岛微网系统的基本结构

孤岛微网系统主要由已有的内燃发电系统，以及可再生电源和储能装置构成；通过传感器分别对各系统所产生的电能和电能质量评估项目（频率、无功功率等）进行测定，并向微网控制装置高速发送信息。

由于小规模电力系统主要采用惯性能量较小的小容量内燃发电机，所以会因可再生能源输出的急剧变动或停止等而导致出现瞬时频率波动等电能质量降低的现象。现有的发电系统的控制装置（调速器控制）无法及时响应这样的急剧波动，如果不采取措施，就有可能导致频率偏离规定数值等系统电能质量降低的问题。

对于系统规模仅为数百千瓦的孤岛（小型孤岛）来说，这种瞬时频率波动有更加明显的趋势，需要通过快速补偿功能来抑制波动。对于规模更小的孤岛来说，由于发电机的运行台数少，运行调整范围也较小。因此，当可再生能源发电比例较高时，很难保持在现有发电机的运行范围内稳定运行，需要采取限制可再生能源输出、大储能装置冗余、需求侧管理、需求响应等来实现移峰运行等解决措施。

此外，对于系统规模为1000kW左右的孤岛（中型孤岛），以多台内燃发电机的台数控制为中心，如果预备容量冗余较多，就能够设定较宽的运行范围。因此，微网系统可实现在现有发电设备的控制范围内的最经济的系统结构。

（1）小型孤岛

采用可捕捉负荷的瞬时的相关设备，实现极短时间内的瞬时补偿，利用电力稳定控制技术及储电设备的应用管理技术，开发面向小型孤岛的微网控制功能。从而实现包括风力发电切除、太阳能功率调节器停止等在内的瞬时控制，避免系统频率偏离。

图16-52给出了小型孤岛微网系统结构示意图。

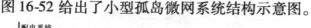

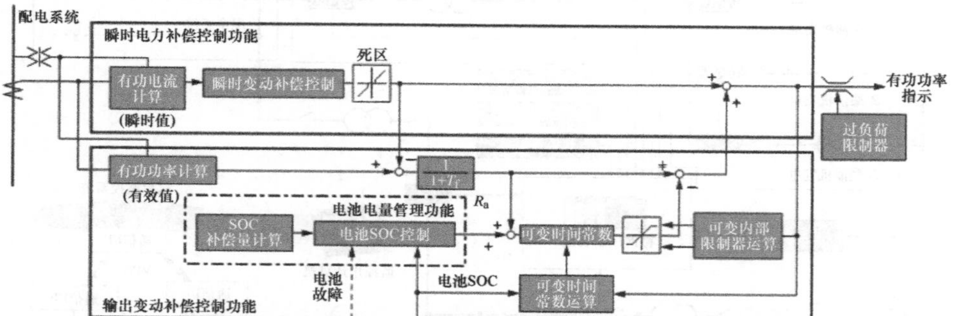

图16-52　小型孤岛微网系统结构示意图

（2）中型孤岛

通常使用多台旋转发电设备实现中型孤岛系统的运行，并可借助发电机的惯性容纳一定的瞬态变化。在类似系统中，发电机的运行范围比较广，当考虑所采用设备的经济性时，重要的是选择合适的储电设备和减少容量。

当系统规模进一步扩大时，可再生能源的设置点进一步增加，可再生能源的输出波动的检测将变得困难。在这种情况下，包括需求响应在内的系统快速频率补偿机制将成为有效的手段。

（3）储电设备

微网中选用的储电设备要同时考虑运行及经济性，这非常重要。另外，还要考虑镍氢电池、高循环寿命铅酸蓄电池、双电层电容器等储电设备的允许充放电深度和循环寿命相关特性，来进行储电设备管理。

通常，用于移峰等负荷均衡化用途的储电设备需要较大容量，比能量或者能量密度较高的电池相对更有优势。

另外，还需要针对储电设备的补偿功能进行研究。对于几分钟之内这样较短周期的情况，循环寿命和能量密度方面占优势的超级电容器相对更有优势。而对于周期达几十分钟以上的情况，锂离子电池等新型电池应用较多。

在对以上多种储电设备进行适用性试验的同时，还有联合设备，如电力变换用锂离子电容器。它与双电层电容器的用途基本一致，但相比等容量双电层电容器可实现小型化、轻量化。

图 16-53 所示为日本富士通（FDK）公司 EneCapTen 锂离子电容器，规格见表 16-14。

图 16-53　日本富士通（FDK）公司 EneCapTen 锂离子电容器

表 16-14　锂离子电容器模块的规格

参　数	规　格
额定电压	直流 45V(27~45V)
初始静电容量	200F 以上(1A 放电)
初始内部直流电阻	19mΩ 以下(100A 放电)
充放电电流(额定)	20A
外形尺寸	203mm×134mm×193mm
质量	6kg

（4）频率快速检测装置

对于微网来说，频率检测不仅是电能质量的一个指标，也是掌握包括内燃发电机在内的微网区域内的电力供需是否平衡所需的重要指标。

为了实现孤岛电力系统整体的协调控制，对于现有控制装置无法及时响应的瞬时频率变动，要采用保证微网有效工作的方法。

传统的频率检测，是采用在规定周期内系统交流电压由负（－）变正（＋）的次数（设为 N）除以所需的时间来计算的。在这种情况下，频率检测需要几百毫秒甚至十几秒的检测时间。

通过将系统交流电压作为信号源，采用独有的误差压缩算法、最佳特性滤波器，开发储相实时的频率检测方法。该频率快速检测装置频率响应特性为 30ms，可将其应用于微网控制功能中的。图 16-54 所示为某频率快速检测装置的应用示例。

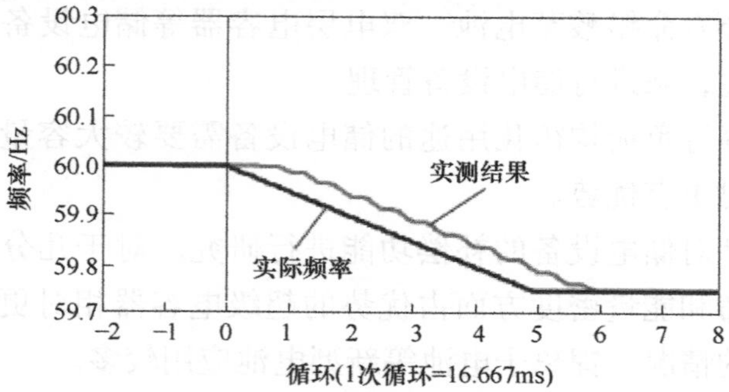

图 16-54　某频率快速检测装置的应用示例

4. 孤岛微网系统试验

（1）小型孤岛项目试验

日本九州电力株式会社接受日本经济产业省资源能源厅“孤岛独立型新能源应用实证业务补贴”，开发了数个小型孤岛微网系统。相关各小型孤岛微网系统设备性能见表 16-15。

表 16-15　相关各小型孤岛微网系统设备性能

设备 / 岛名	太阳能 /kW	风力 /kW	铅蓄电池 /(kW · h)	锂离子电池 /(kW · h)
黑岛	6.0	10	256	66
竹岛	7.5	—	—	33
中之岛	15.0	—	80	—
诹访之濑岛	10.0	—	80	—
小宝岛	7.5	—	80	—
宝岛	10.0	—	80	—

各项目的新能源应用存在 10% ~30% 左右的差异，与以春季、秋季为代表的普通季节的最低需求量相比，其应用比例超过 50%。储能电池采用高循环寿命的铅酸蓄电池和锂离子电池，用于功率补偿及移峰等。由于受到从日本本土到这些岛屿的运输距离较长的限制，并网设备及并网逆变器等电力设备均采用小型集装箱（见图

16-55）装配集成后，再运至各岛屿，实现了现场施工的简便化。某小型孤岛微网系统整体外观如图 16-56 所示。

图 16-55　装配集成了并网设备及并网逆变器等电力设备的小型集装箱外观

图 16-56　某小型孤岛微网系统整体外观

（2）中型孤岛项目试验

日本冲绳电力株式会社接受日本经济产业省资源能源厅“孤岛独立型新能源应用实证业务补贴”，开发了数个中型孤岛微网系统。相关各中型孤岛微网系统设备性能见表 16-16。

表 16-16　相关各中型孤岛微网系统设备性能

设　备 岛　名	太阳能/kW	电力储存装置	
		转换器/kW	电容器/(kW · h)
多良间岛	250(25)	300	7.2
与那国岛	150(15)	200	4.7
北大东岛	100(10)	100	2.9

该项目中，世界上首次将锂离子电容器模块应用于电力系统稳定。各设备的电容器均按照能够将系统所发生的剧烈输出变化平滑至现有控制装置的响应范围内的容量进行设计。

另外，控制装置采用了频率快速检测装置，具备当系统频率发生变化时在现有发电设备的自由调速功能响应之前实现频率稳定的能力。图 16-57 所示为某中型孤岛微网系统整体外观。

图 16-57　某中型孤岛微网系统整体外观

参考文献

[1] 里夫金·杰里米. 第三次工业革命[J]. 当代检察官，2014（10）：43.

[2] 吴安平. 能源互联网有两种技术模式[R/OL]. [2015-07-16]. http：//www. cpnn. com. cn/zdgc/201507/t20150716_816217. html.

[3] 查亚兵，张涛，黄卓，等. 能源互联网关键技术分析[J]. 中国科学：信息科学，2014，6：004.

[4] Huang A Q，Crow M L，Heydt G T，et al. The future renewable electric energy delivery and management (FREEDM) system：The Energy Internet[J]. Proceedings of the IEEE，2011，99(1)：133-148.

[5] O' Malley M，Zimmerle D. Energy System Integration [R/OL]. http：//www. nrel. gov/esi/publications. html.

[6] Ruth M F，Kroposki B. Energy Systems Integration：An Evolving Energy Paradigm[J]. The Electricity Journal，2014，27(6)：36-47.

[7] Greg Guthridge. 能源消费市场正在发生革命[EB/OL]. [2015-07-21] http：//yuanchuang. caijing. com. cn/2015/0721/3930727. shtml.

[8] 景春梅，刘满平. 新常态下能源体制变革路线图[EB/OL]. [2015-06-03] http：//news. cnstock. com/industry/sid_rdjj/201506/3450047. html.

[9] 鲁淑祯. 智慧能源全球在行动 看美、德如何创新[EB/OL]. [2015-08-19] http：//psd. bjx. com. cn/html/20150819/654379-2. shtml.

[10] BDI. Internet of Energy：ICT for Energy Markets of the Future [R/OL]. http：//www. e-energy. de/documents/Vortrag_Orestis_Terzidis. pdf.

[11] Smart Grid Coordination Group. Standards for the grid to make it Smart [R/OL]. http：//docbox. etsi. org/Workshop/2013/201311_M2MWORKSHOP/S05_STANDARDSTOMAKETHINGSHAPPEN/SMARTGRID_CoordGroup_Forbes. pdf.

[12] Smart Grid Coordination Group. WG Methodology[R/OL]. http：//stargrid. eu/downloads/2014/04/1002_SGCG_Stargrid_2. 2_Methodology_140410. pdf.

[13] Liu X，Jenkins N，Wu J. Combined Analysis of Electricity and Heat Networks[J]. Energy Procedia，2014，61：155-159.

[14] Smart Energy System-The Road to Fossil Free Denmark [R/OL]. http：//www. energyplan. eu/smartenergysystems/.

[15] 日本经济产业省. Demonstration of a Next-Generation Energy and Social System [R/OL]. http：//www. meti. go. jp/english/press/data/20100408_01. html.

[16] 日本经济产业省. Seletion of Next Generation Energy and Society System Demonstration Areas [R/OL]. http：//www. meti. go. jp/english/press/data/pdf/N-G%20System. pdf.

[17] 日本经济产业省. ANRE's Initiatives for Establishing Smart Communities [R/OL]. http：//www. meti. go. jp/english/policy/energy_environment/smart_community/pdf/201402smartcomunity. pdf.

[18] The Digital Grid Consortium. Digital Grid. [R/OL]. http：//www. digitalgrid. org/en/technology/.

[19] 刘振亚. 全球能源互联网[M]. 北京：中国电力出版社，2015.

[20] 黄如，叶乐，廖怀林. 可再生能源互联网中的微电子技术[J]. 中国科学：信息科学，2014，6：006.

[21] Ronan E R, Sudhoff S D, Glover S F, et al. A power electronic-based distribution transformer[J]. Power Delivery, IEEE Transactions on, 2002, 17(2): 537-543.

[22] Zhao T, Yang L, Wang J, et al. 270 kVA solid state transformer based on 10 kV SiC power devices[C]//Electric Ship Technologies Symposium, 2007. ESTS'07 IEEE. IEEE, 2007: 145-149.

[23] She X, Burgos R, Wang G, et al. Review of solid state transformer in the distribution system: From components to field application[C]//Energy Conversion Congress and Exposition (ECCE), 2012 IEEE. IEEE, 2012: 4077-4084.

[24] 何湘宁，宗升，吴建德，等. 配电网电力电子装备的互联与网络化技术[J]. 中国电机工程学报，2014，34(29): 5162-5170.

[25] 曹军威，孟坤，王继业，等. 能源互联网与能量路由器[J]. 中国科学：信息科学，2014，44(6): 714-727.

[26] R Takahashi, K Tashiro, T Hikihara. Router for power packet distribution network: Design and experimental verification[J]. IEEE Transaction on Smart Grid, 2015, 6(2): 618-626.

[27] 马艺玮，杨苹，王月武，等. 微网典型特征及关键技术[J]. 电力系统自动化，2015，39(8): 168-175.

[28] 中国储能网新闻中心. 我国热电装机超过 2 亿千瓦时居世界第一[R/OL]. http: //www. escn. com. cn/news/show-96607. html.

[29] Watterson J, White L, Bhattacharya S, et al. Operation and design considerations of FID at distribution voltages[C]//Applied Power Electronics Conference and Exposition (APEC), 2013 Twenty-Eighth Annual IEEE. IEEE, 2013: 2206-2211.

[30] Zhang M R, Liu J H, Jin X. Research on the FREEDM micro-grid and its relay protection[J]. Power System Protection and Control, 2011, 7.

[31] Tatcho P, Jiang Y, Li H. A novel line section protection for the FREEDM system based on the solid state transformer[C]//Power and Energy Society General Meeting, 2011 IEEE. IEEE, 2011: 1-8.

[32] Kaul H, Anders M, Hsu S, et al. Near-threshold voltage (ntv) design: opportunities and challenges[C]//Proceedings of the 49th Annual Design Automation Conference. ACM, 2012: 1153-1158.

[33] 王怀民，吴文峻，毛新军，等. 复杂软件系统的成长性构造与适应性演化[J]. 中国科学：信息科学，2014，6: 007.

[34] 曹寅. CPS 时代的能源和工业大融合[J]. 可编程控制器与工厂自动化(PLC FA)，015 (3): 22-25.

[35] 许少伦，严正，张良，等. 信息物理融合系统的特性、架构及研究挑战[J]. 计算机应用，2013，33(A02): 1-5.

[36] Wang H M, Shi P C, Ding B, et al. Online evolution of software services[J]. Jisuanji Xuebao (Chinese Journal of Computers), 2011, 34(2): 318-328.

[37] 赵俊华，文福拴，薛禹胜，等. 电力 CPS 的架构及其实现技术与挑战[J]. 电力系统自动化，2010 (16): 1-7.

[38] 何积丰. Cyber-physicalsystems [J]. 中国计算机学会通讯，2010，6(1): 25-29.

[39] Morris T H, Srivastava A K, Reaves B, et al. Engineering future cyber-physical energy systems: Challenges, research needs, and roadmap[C]//North American Power Symposium (NAPS), 2009. IEEE, 2009: 1-6.

[40] Lin J, Sedigh S, Miller A. Modeling cyber-physical systems with semantic agents[C]//Computer Software and Applications Conference Workshops (COMPSACW), 2010 IEEE 34th Annual. IEEE, 2010: 13-18.

[41] Lin J, Sedigh S, Miller A. Towards integrated simulation of cyber-physical systems: a case study on intelligent water distribution[C]//Dependable, Autonomic and Secure Computing, 2009. DASC'09, Eighth IEEE International Conference. IEEE, 2009: 690-695.

[42] Faure C, Ben Gaid M, Pernet N, et al. Methods for real-time simulation of cyber-physical systems: Application to automotive domain[C]//Wireless Communications and Mobile Computing Conference (IWCMC), 2011 7th International. IEEE, 2011: 1105-1110.

[43] Vale Z, Morais H, Faria P, et al. Distributed energy resources management with cyber-physical SCADA in the context of future smart grids[C]//MELECON 2010-2010 15th IEEE Mediterranean Electrotechnical Conference. IEEE, 2010: 431-436.

[44] 胡雅菲，李方敏，刘新华. CPS 网络体系结构及关键技术[J]. 计算机研究与发展，2010，47(2)：3114-311.

[45] 沈晓晶，陈明，池涛. 多 Agent 水质监控系统中的信息融合算法[J]. 山东大学学报(工学版)，2014，44(4)：39-45.

[46] Cao J W, Wan Y X, Tu G Y, et al. Information system architecture for smart grids[J]. Jisuanji Xuebao (Chinese Journal of Computers), 2013, 36(1): 143-167.

[47] Wang Z J, Xie L L. Cyber-physical systems: a survey[J]. Acta Automatica Sinica, 2011, 37(10): 1157-1166.

[48] Lu X, Wang W, Ma J. An empirical study of communication infrastructures towards the smart grid: Design, implementation, and evaluation[J]. Smart Grid, IEEE Transactions on, 2013, 4(1): 170-183.

[49] 辛培哲，李隽，王玉东，等. 智能配用电网通信技术及组网方案[J]. 电力建设，2011，32(1)：22-26.

[50] 程学旗，靳小龙，王元卓，等. 大数据系统和分析技术综述[J]. Journal of Software，2014，25(9).

[51] 陈昌松，段善旭，殷进军，等. 基于发电预测的分布式发电能量管理系统[J]. 电工技术学报，2010，25(3)：150-156.

[52] 曹培，翁慧颖，俞斌，等. 低碳经济下的智能需求侧管理系统[J]. 电网技术，2012，36(10)：11-16.

[53] 路保辉，马永红. 智能电 AMI 通信系统及其数据安全策略研究[J]. 电网技术，2013，37(8)：2244-2249.

[54] 李轶鹏. 智能电网中的需求响应机制[J]. JIANGXI ELECTRIC POWER，2012.

[55] 葛乃成，庄立伟. 需求响应实施方法综述及案例分析[J]. 华东电力，2012，40(5)：744-747.

[56] 刘敏，严隽薇. 基于面向服务架构的企业间业务协同服务平台及技术研究[J]. 计算机集成制造系统，2008，14(2)：306-314.

[57] 毕艳冰，蒋林，王新军，等. 面向服务的智能电网调度控制系统架构方案[J]. 电力系统自动化，2015，39(2)：92-99.

[58] Moslehi K, Kumar A B R, Dehdashti E, et al. Distributed Autonomous Real-Time System for Power System Operations -A Conceptual Overview[C]//IEEE PES Power System Conference and Exhibition, 2004: 27-34.

[59] 刘雨娜. 大用户能效分析平台的设计与实现[D]. 北京：华北电力大学，2013.

[60] 纪越峰，张杰，赵永利. 软件定义光网络（SDON）发展前瞻[J]. 电信科学，2014，30(8)：19-22.

[61] 国务院. 国务院关于积极推进"互联网+"行动的指导意见. 2015.

[62] 刘振亚，等. 智能电网技术[M]. 北京：中国电力出版社，2010.

[63] 国网能源研究院. 国内外智能电网发展分析报告[M]. 北京：中国电力出版社，2011.

[64] 埃森哲. 智能电网 2010 年发展报告[R/OL]. http://doc. mbalib. com/view/948e149e3e2b0611b90a73ade39e41b9. html.

[65] 丁道齐. 复杂大电网安全性分析——智能电网的概念与实现[M]. 北京：中国电力出版社，2010.

[66] 王相勤. 当前我国电动汽车发展的瓶颈问题及对策 [J]. 能源技术经济，2011，23(3)：1-5.

[67] 国务院. 节能与新能源汽车产业发展规划(2011—2020 年). 2010.

[68] 智慧能源管理系统[EB/OL]. 今日能源. http://www. todayenergy. cn/News/Info/? id = 12.

[69] Srinath Balaraman，Anil Khanna. ZigBee. 智能能源规范 2. 0 标准概述[J/OL]. 电子工程专辑，2013(11). http://www. eet-china. com/emag/1311_09_DC. html.

[70] 山家公雄. 德国实现"100% 可再生能源地区"的策略[R/OL]. 北极星电力网. http://news. bjx. com. cn/html/20131128/476092. shtml.

[71] 杨大为. 微网和分布式电源系列标准 IEEE 1547 述评[J]. 南方电网技术，2012，6(5).

[72] 曹军威，杨明博，张德华，等. 能源互联网——信息与能源的基础设施一体化[J]. 南方电网技术，2014 (4).

[73] 王叶子，王喜文. 德国版智能电网"E-Energy"[J]. 物联网技术，2011(5)：3-5.

[74] 李娜，陈晰，吴帆，等. 面向智能电网的物联网信息聚合技术[J]. 信息通信技术，2010，4(2)：21-28. DOI：doi：10. 3969/j. issn. 1674-1285. 2010. 02. 004.

[75] 曾令康，李祥珍，欧清海，等. 物联网、云计算在智能电网信息通信调度中的应用[C]//2012 年电力通信管理暨智能电网通信技术论坛论文集. 2013.

[76] 王德文，宋亚奇，朱永利. 基于云计算的智能电网信息平台[J]. 电力系统自动化，2010，34(22)：7-12.

[77] Rusitschka S，Eger K，Gerdes C. Smart grid data cloud：a model for utilizing cloud computing in the smart grid domain[C]//Smart Grid Communications (SmartGridComm)，2010 First IEEE International Conference. Gaithersburg，MD：IEEE，2010：483-488.

[78] Akella R，Meng F，Ditch D，et al. Distributed power balancing for the FREEDM system. In：Proceedings of IEEE International Conference on Smart Grid Communications，Gaithersburg，2010. 7-12.

[79] Kawasoe S，Igarashi Y，Shibayama K，et al. Examples of distributed nformation platforms constructed by power utilities in apan[C]//CIGRE 2012. Paris，France：CIGRE，2012：108-113.

[80] Kenneth P Birman，Lakshmi Ganesh，Robbert van Renesse. Running mart grid control software on cloud computing architectures[C]//orkshop on Computational Needs for the Next Generation Electric rid，Cornell University. Ithaca，NY：DOE，2011：1-28.

[81] 冯江华，陈晓丽. 能源互联网的误解：智能电网就是能源互联网[EB/OL]. [2015-08-19]. http://www. chinasmartgrid. com. cn/news/20150819/608316. shtml.

[82] 刘世民. 能源互联网环境下的微网[EB/OL]. [2015-08-13]. http://www. chinasmartgrid. com. cn/news/20150813/608179. shtml.

[83] 钟良，等. 基于 ZigBee 组网技术的企业能量管理云服务系统解决方案[J]. 互联网天地，2013，(1).

[84] 北极星智能电网在线. 电改格局重塑 清洁能源推进发售电市场放开[EB/OL]. [2015-08-13]. http://www. chinasmartgrid. com. cn/news/20150805/607902. shtml.

[85] 北极星智能电网在线. 前景设想：多能源融合不是梦[EB/OL]. [2015-08-25]. http://www. chinasmartgrid. com. cn/news/20150825/608530. shtml.

[86] 互联网周刊. 什么是智慧能源产业创新与能源互联网? [EB/OL]. [2015-08-25]. http: //www. ci-week. com/article/2015/0713/A20150713568023. shtml.

[87] 北极星智能电网在线. 国家能源局发力微网2万亿投资陆续推进[EB/OL]. [2015-08-25]. http: //www. chinasmartgrid. com. cn/news/20150910/609002. shtml.

[88] Dave Evans. The Internet of Things How the Next Evolution of the Internet Is Changing Everything[EB/OL]. [2011-04]. http: //www. cisco. com/web/about/ac79/docs/innov/IoT_ IBSG _0411FINAL. pdf.

[89] Itron. GrDF Selects Itron to Deploy Smart Metering System in France[EB/OL]. [2010-07-29]. http: //investors. itron. com/releasedetail. cfm? ReleaseID = 493973.

[90] Milen Stefanov. Enabling next gen smart utility meters[EB/OL]. [2012-10-02]. http: //www. eetimes. com/document. asp? doc_id = 1279963.